CHANYE ZHUANLI
FENXI BAOGAO

产业专利分析报告

（第91册）——新能源汽车动力电池安全关键技术

国家知识产权局学术委员会◎组织编写

知识产权出版社
全国百佳图书出版单位
—北京—

图书在版编目（CIP）数据

产业专利分析报告．第91册，新能源汽车动力电池安全关键技术/国家知识产权局学术委员会组织编写．—北京：知识产权出版社，2023.7

ISBN 978-7-5130-8636-3

Ⅰ.①产… Ⅱ.①国… Ⅲ.①专利—研究报告—世界 Ⅳ.①G306.71

中国国家版本馆CIP数据核字（2023）第002788号

内容提要

本书是新能源汽车动力电池安全关键技术的专利分析报告。报告从该行业的专利（国内、国外）申请、授权、申请人的已有专利状态、其他先进国家的专利状况、同领域领先企业的专利壁垒等方面入手，充分结合相关数据，展开分析，并得出分析结果。本书是了解该行业技术发展现状并预测未来走向，帮助企业做好专利预警的必备工具书。

责任编辑：王玉茂 章鹿野　　**责任校对**：潘凤越

封面设计：杨杨工作室·张 冀　　**责任印制**：刘译文

产业专利分析报告（第91册）

——新能源汽车动力电池安全关键技术

国家知识产权局学术委员会 组织编写

出版发行：知识产权出版社有限责任公司　　**网 址**：http：//www.ipph.cn

社 址：北京市海淀区气象路50号院　　**邮 编**：100081

责编电话：010-82000860转8541　　**责编邮箱**：wangyumao@cnipr.com

发行电话：010-82000860转8101/8102　　**发行传真**：010-82000893/82005070/82000270

印 刷：天津嘉恒印务有限公司　　**经 销**：新华书店、各大网上书店及相关专业书店

开 本：787mm×1092mm 1/16　　**印 张**：21.75

版 次：2023年7月第1版　　**印 次**：2023年7月第1次印刷

字 数：484千字　　**定 价**：128.00元

ISBN 978-7-5130-8636-3

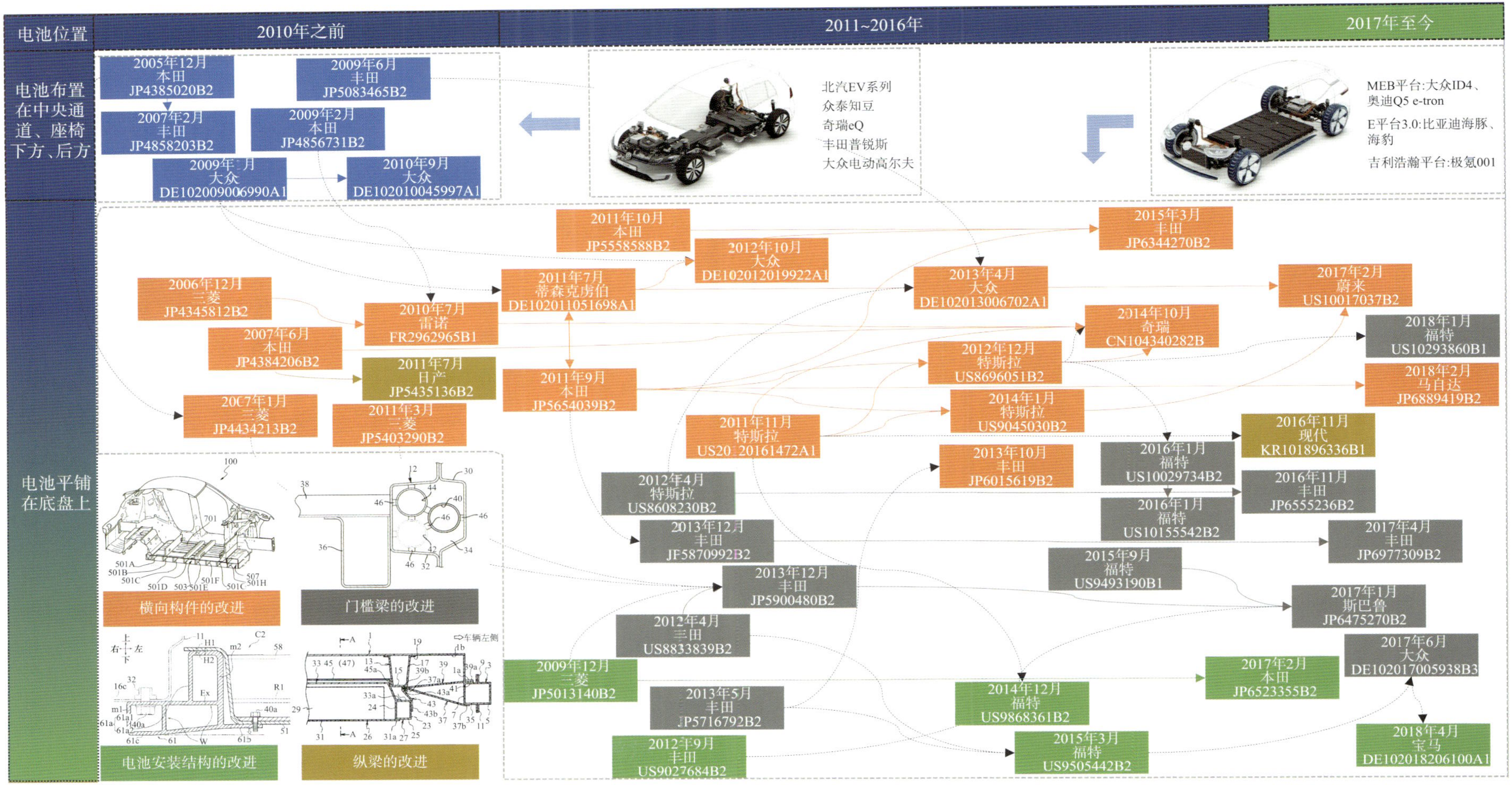

图 4－4－10　动力电池侧面碰撞防护技术专利发展路线

（正文说明见第 62 页）

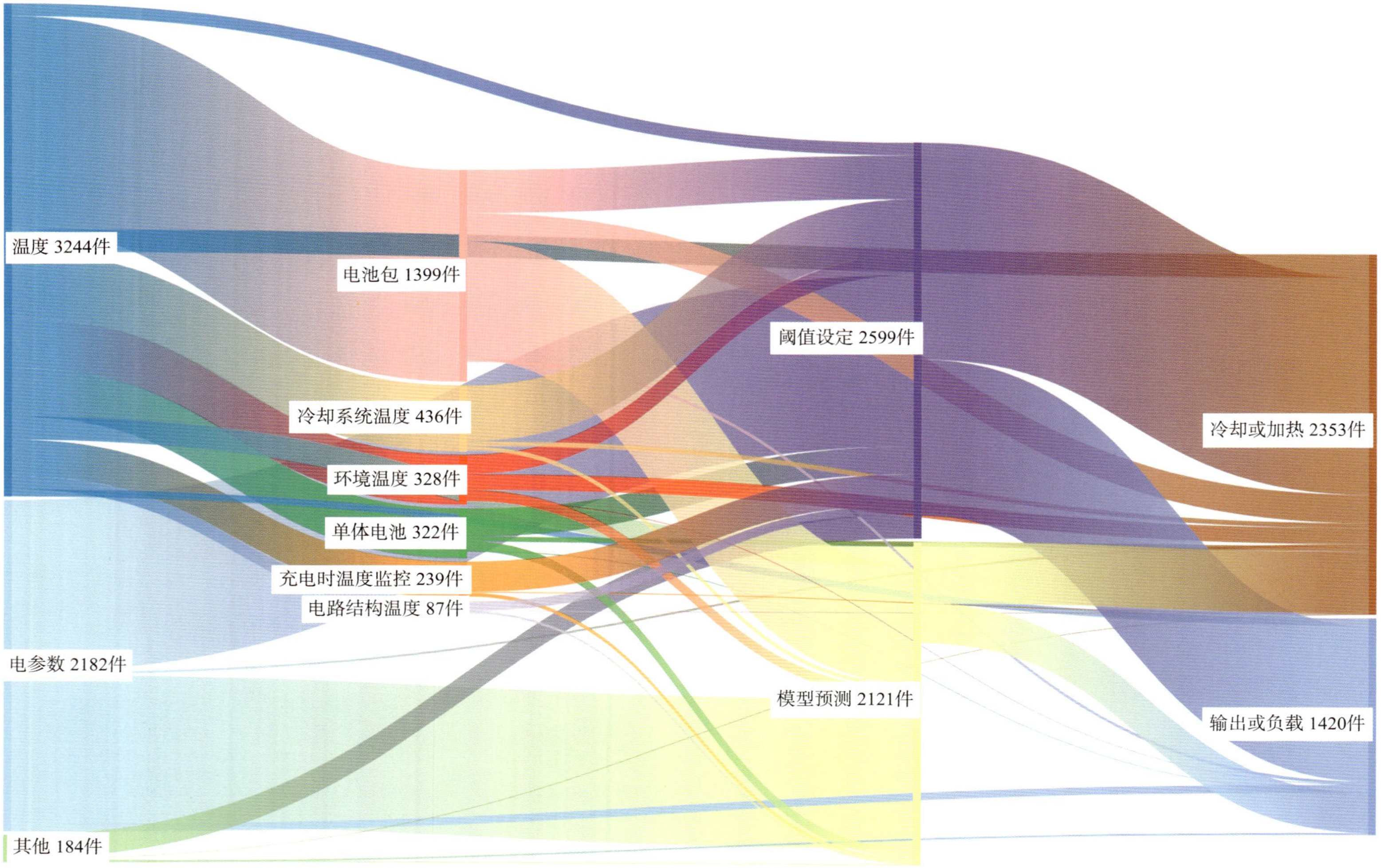

图 5-4-1　热监控关键技术各技术分支专利申请流向

（正文说明见第 100 页）

注：图中数字表示专利申请量，单位为件。

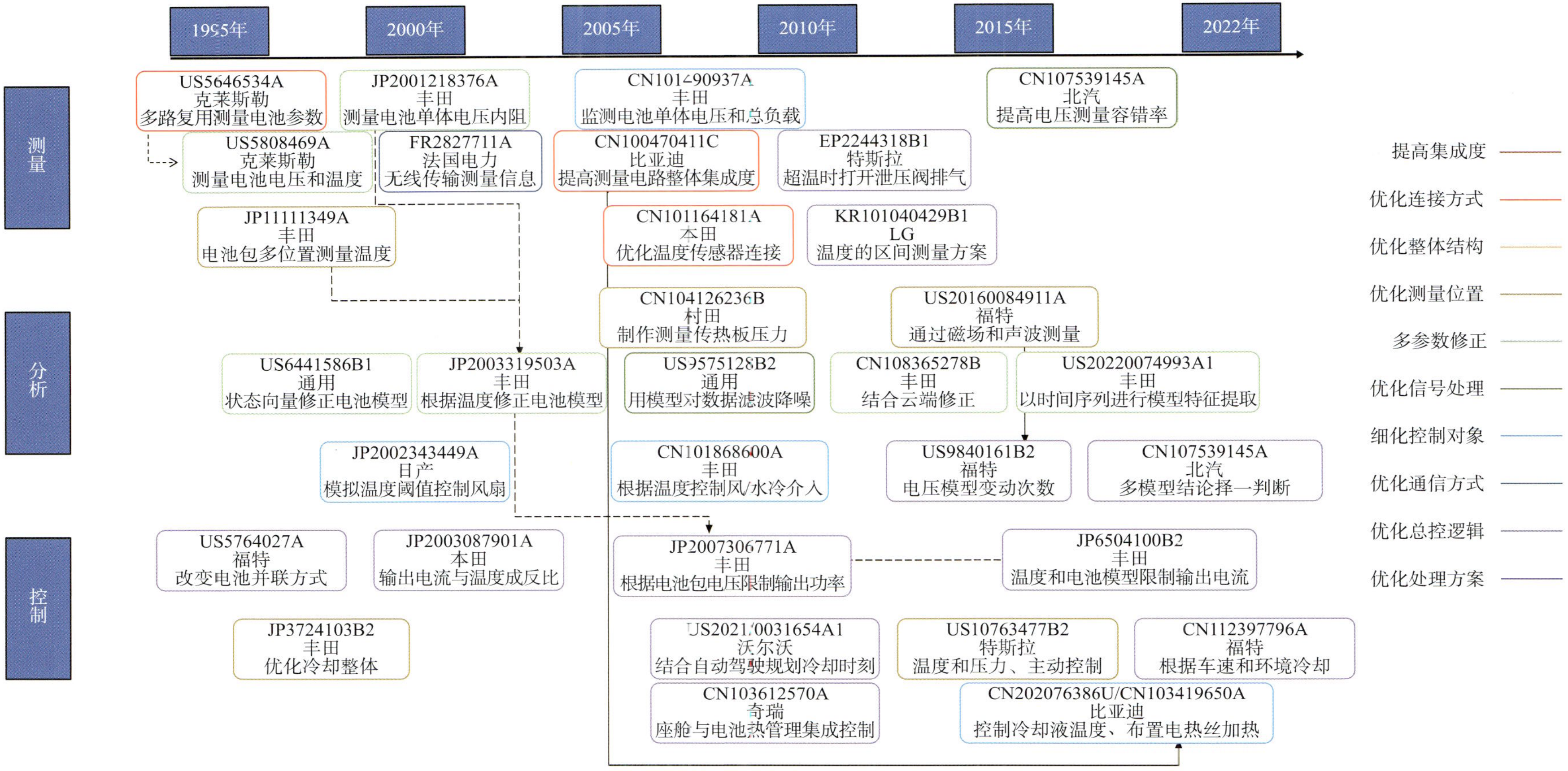

图 5-4-5　热监控技术各技术分支专利发展路线

（正文说明见第 106 页）

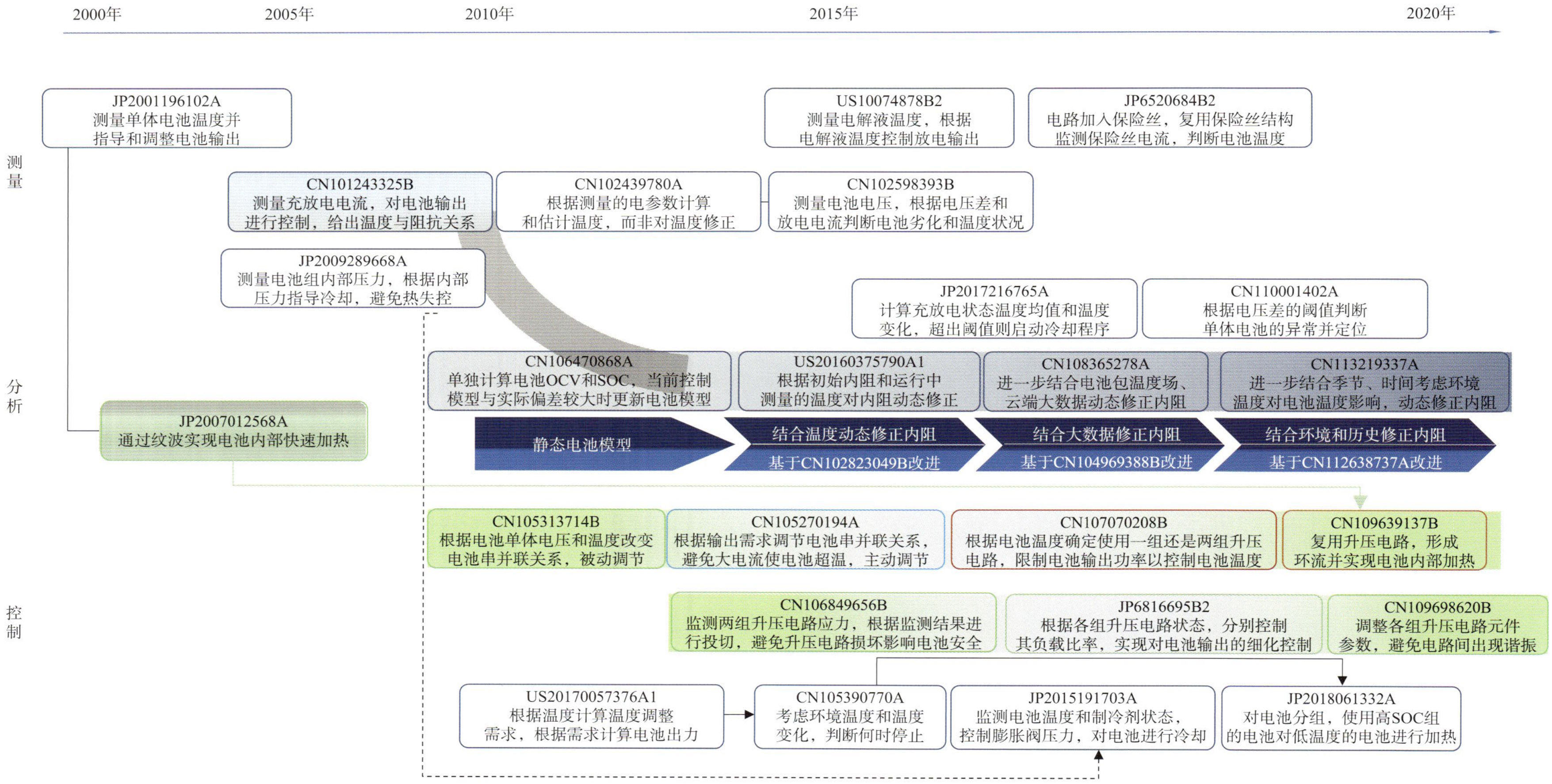

图5-4-26　丰田热监控技术各技术分支专利发展路线

（正文说明见第129页）

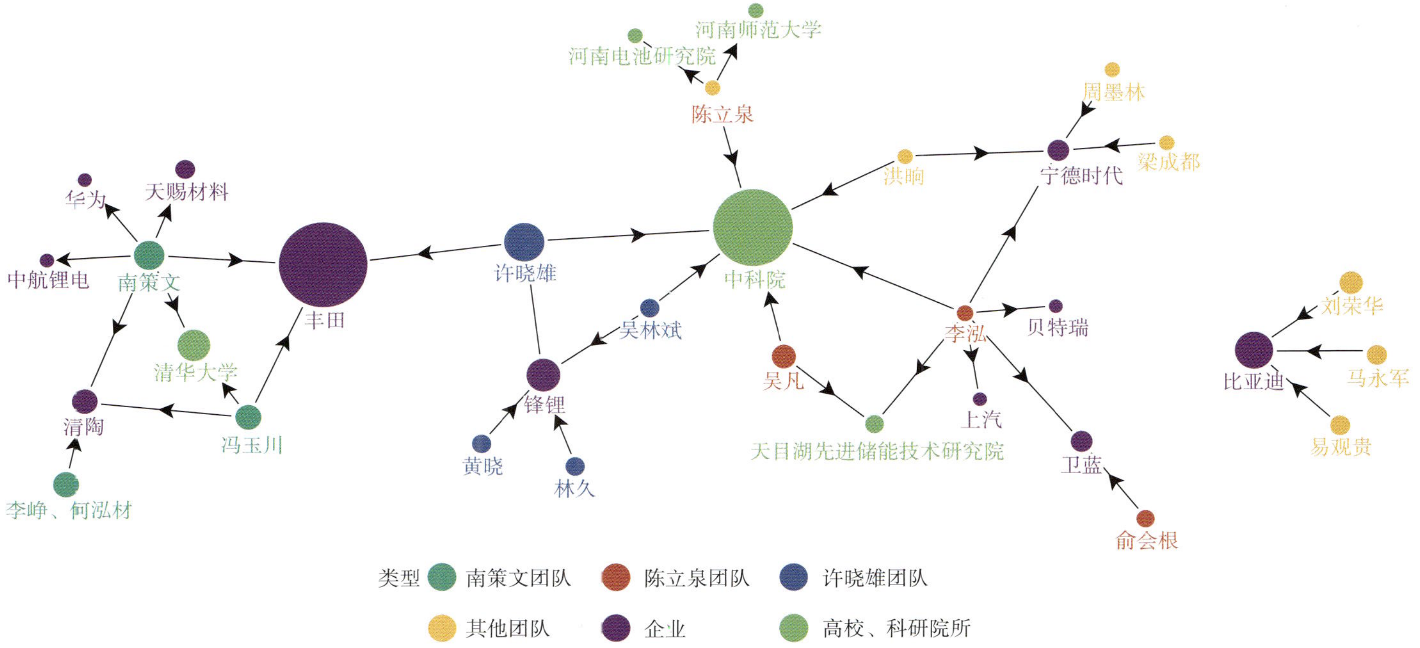

图 8-2-2　固态电解质材料中国主要发明人团队和相关申请人关系网络

（正文说明见第 231 页）

注：线条粗细、圆圈大小分别表示合作强度和专利申请量多少。

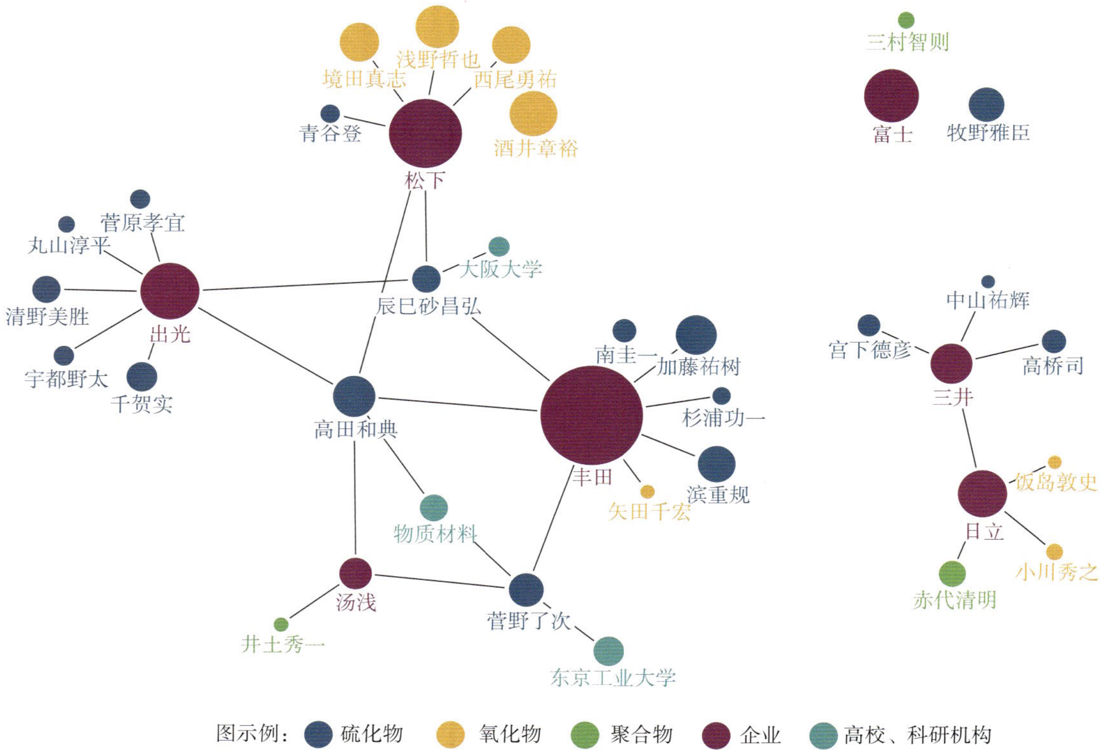

图8-2-4　固态电解质材料日本主要发明人团队和相关申请人关系网络

（正文说明见第232页）

注：线条粗细、圆圈大小分别表示合作强度和专利申请量多少。

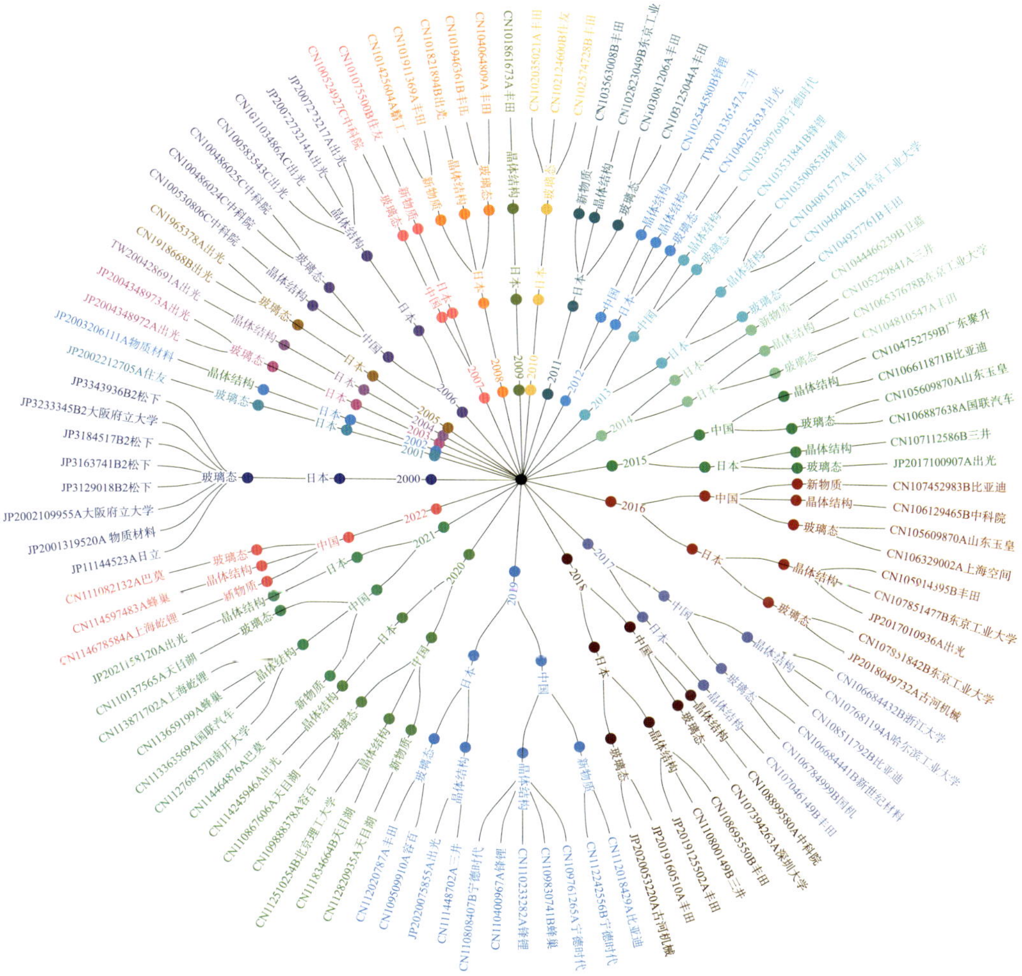

图 8-3-43 硫化物固态电解质中国和日本专利技术路线对比分析

（正文说明见第 268 页）

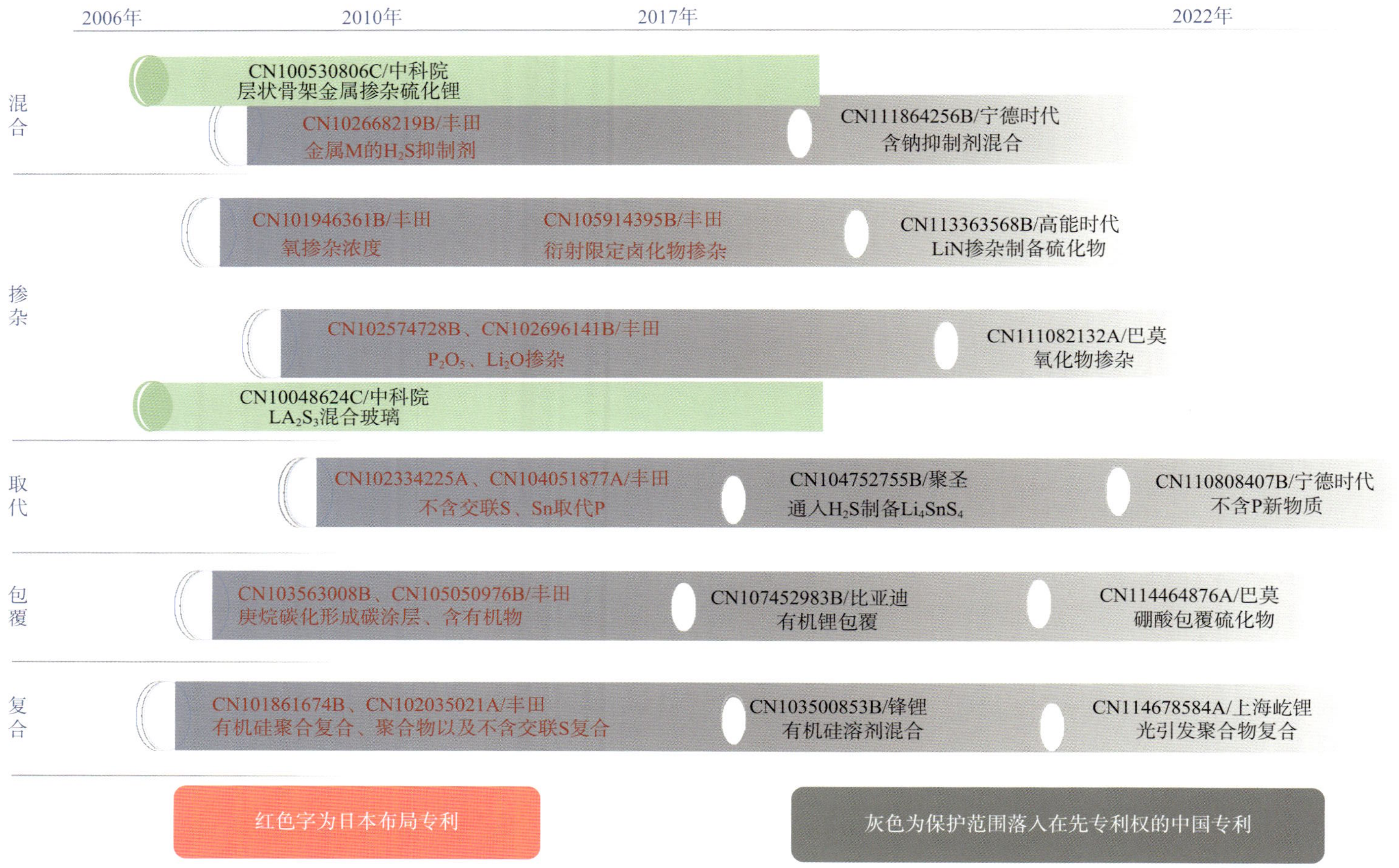

图 8－3－44　硫化物固态电解质专利侵权风险预警分析

（正文说明见第 268 页）

编 委 会

前 言

2022年是党和国家历史上极为重要的一年。党的二十大胜利召开，擘画了全面建设社会主义现代化国家的宏伟蓝图，吹响了奋进新征程的时代号角。党的二十大报告指出，加强知识产权法治保障，形成支持全面创新的基础制度。站在新的起点，国家知识产权局学术委员会坚持以习近平新时代中国特色社会主义思想为指导，深入学习贯彻党的二十大精神，深入实施《知识产权强国建设纲要（2021—2035年）》和"十四五"规划，充分发挥知识产权制度供给和技术供给双重作用，持续聚焦破解"卡脖子"技术难题，深化关键核心技术的专利情报分析，加强科技创新的专利大数据支撑，有效服务创新驱动发展。

这一年，国家知识产权局学术委员会在广泛调研产业需求基础上，重点聚焦新一代信息技术、人工智能、清洁能源、新材料、生物医药和高端装备等领域，确定15项研究课题，组织20余家单位220名研究人员开展研究，邀请近百名行业和技术专家指导，历时8个月高质量完成所有研究任务，形成一批突出分析方法、彰显行业特色、体现情报价值的研究成果。遵照示范引领原则，选取其中5项成果继续以《产业专利分析报告》（第89~93册）系列丛书的形式正式出版，技术领域主要涉及EDA、近眼显示、新能源汽车动力电池安全关键技术、可持续航空燃料、航空航天用特种钢材等方面。

《产业专利分析报告》（第89~93册）的顺利出版离不开社会各界一如既往的关心和支持，凝聚着业界的汗水和智慧。希望系列丛书能够在服务行业决策、研发路径选择、布局方向确定和分析方法借鉴等方面为行业和企业提供启发和帮助，助力科技攻关和成果转化运用，为加快实现我国高水平科技自立自强贡献知识产权特有力量。由于研究人员水平有限，书中难免有纰漏之处，所涉及的数据分析和结论建议仅供读者参考。

《产业专利分析报告》丛书编委会

2023年6月

新能源汽车动力电池安全关键技术专利分析研究课题研究团队

一、项目管理

国家知识产权局专利局：张小凤　孙　琨　秦　龙

二、课题组

承 担 单 位：国家知识产权局专利局专利审查协作河南中心

课题负责人：秦　奋

课题组组长：李广辉

统　稿　人：李明娟　樊江波

主要执笔人：石现林　肖　琪　孟　栋　竺国卿　崔海洋
王　克　王　青

课题组成员：

秦　奋　国家知识产权局专利局专利审查协作河南中心

李广辉　国家知识产权局专利局专利审查协作河南中心

李明娟　国家知识产权局专利局专利审查协作河南中心

樊江波　国家知识产权局专利局专利审查协作河南中心

石现林　国家知识产权局专利局专利审查协作河南中心

肖　琪　国家知识产权局专利局专利审查协作河南中心

孟　栋　国家知识产权局专利局专利审查协作河南中心

竺国卿　国家知识产权局专利局专利审查协作河南中心

崔海洋　国家知识产权局专利局专利审查协作河南中心

王　克　国家知识产权局专利局专利审查协作河南中心

王　青　国家知识产权局专利局专利审查协作河南中心

楚林疋　国家知识产权局专利局专利审查协作河南中心

李显阳　国家知识产权局专利局专利审查协作河南中心

李琳琳　国家知识产权局专利局专利审查协作河南中心

赵炜楠　北京理工大学

三、研究分工

数据检索：石现林　肖　琪　孟　栋　竺国卿　崔海洋　王　克
楚林疋　李显阳　李琳琳

数据清理：石现林　肖　琪　孟　栋　竺国卿　崔海洋　王　克
楚林疋　李显阳　李琳琳

数据标引：石现林　肖　琪　孟　栋　竺国卿　崔海洋　王　克
楚林疋　李显阳　李琳琳

图表制作：王　青　李琳琳

报告执笔：石现林　肖　琪　孟　栋　竺国卿　崔海洋　王　克
王　青　楚林疋　李显阳　李琳琳

报告统稿：李明娟　樊江波

报告编辑：肖　琪　孟　栋　竺国卿　王　青　赵炜楠

报告审校：秦　奋　李广辉　李明娟　樊江波　石现林

四、报告撰稿

王　青：主要执笔第1章，第8章第8.2.1~8.2.2节，第9章第9.1~9.2节，第10章第10.1.7节

孟　栋：主要执笔第2章，第4章第4.1~4.2节、第4.5.1~4.5.3节，第10章第10.1.2节

竺国卿：主要执笔第3章，第5章第5.1~5.2节，第9章9.4~9.5节，第10章第10.1.1节

石现林：主要执笔第4章第4.3~4.4节、第4.5.4节，第10章第10.2.1~10.2.2节

李琳琳：参与执笔第4章第4.4节，第9章第9.2~9.3节，第10章第10.2.2节

李显阳：参与执笔第5章第5.3节、第5.4.4~5.4.5节

王　克：主要执笔第5章第5.4.1~5.4.3节，第10章第10.1.3节、第10.2.1~10.2.2节

肖　琪：主要执笔第6章第6.1～6.3节，第7章第7.1～7.2节，第8章第8.1节，第10章第10.2.2节

崔海洋：主要执笔第6章第6.4～6.5节，第8章第8.3.3节，第10章第10.1.4～10.1.6节、第10.2.1节

楚林疋：参与执笔第6章第6.6节，第7章第7.3～7.4节，第8章第8.2.3节、第8.3.1～8.3.2节

五、指导专家

行业专家（按姓氏音序排序）

王高武　深圳市比亚迪锂电池有限公司

技术专家（按姓氏音序排序）

刘成勇　宁德时代新能源科技股份有限公司

彭青波　深圳市比亚迪锂电池有限公司

吴晓刚　哈尔滨理工大学

张彩萍　北京交通大学

专利分析专家（按姓氏音序排序）

李银锁　国家知识产权局专利局材料发明审查部

吴军芳　国家知识产权局专利局专利审查协作河南中心

张　谦　国家知识产权局专利局专利审查协作河南中心

赵　强　国家知识产权局专利局专利审查协作河南中心

目　录

第1章 概　述

1.1 新能源汽车动力电池安全技术发展概述

新能源汽车是指采用非常规的车用燃料作为动力来源的车辆，根据其驱动结构，大致可分为：油电混合动力电动汽车（HEV）、插电式混合动力汽车（PHEV）、增程式混动汽车（REEV）、燃料电池电动汽车（FCEV）、纯电动汽车（BEV）以及其他新能源（如超级电容器、飞轮等高效储能器）汽车。其中，以锂电池作为动力来源的电动汽车较其他类型的新能源汽车而言，技术门槛更低，技术成熟度更高，且更加符合2030年前碳达峰、2060年碳中和（“双碳”）目标，因此成为当前主流的新能源汽车发展方向，已具有一定的产业化规模。锂电池本身拥有的良好充放电特性和较为扎实的研究基础，为电动汽车带来了很好的发展前景。

然而，近年来，新能源汽车安全事故呈递增态势，消费者已由“里程焦虑”转入“安全焦虑”。动力电池作为新能源汽车核心部件，由其引起的新能源汽车安全问题越来越引起社会关注。新能源汽车动力电池安全技术已成为新能源汽车产业持续健康发展的基础和新一轮的重点发展方向，因而有必要对其进行深入分析。考虑到当前主流量产的电动汽车大多基于锂电池平台，因此，本报告的分析将聚焦新能源汽车动力锂电池的安全性。需要说明的是，本报告后续讨论的“电动汽车”均指代搭载有锂电池作为动力电池的新能源汽车。

动力电池安全问题是指由于电池热失控造成的电池安全问题。从热失控诱因的角度，电池安全问题可以分为机械滥用、热滥用、电滥用三种。①机械滥用：一般是由电池受力发生机械变形造成的，具体表现为车辆碰撞以及随之带来的挤压、针刺等情况；②热滥用：一般是由于对电池温度管理不当引起的，包括对电池参数测量不准、对电池发热分析不准，以及对电池温度控制不准等因素；③电滥用：一般由电压管理不当、电器元件故障或制造不良等引起，包括短路、过充、过放等情况。上述三种热失控触发方式之间并非完全独立。机械滥用一般会导致电池隔膜的破裂或变形，引起电池正负极直接接触造成内短路，进而出现电滥用。而电滥用伴随焦耳热和化学反应热的产生，引起电池温度上升，发展为热滥用，进一步触发电池内部的链式产热副反应，最终导致发生热失控。

当单体电芯发生热失控时，内部各材料相继发生热分解反应，致使电芯内部温度不可逆地快速升高。具体包括：①第一阶段：发生负极副反应，包括固体电解质界面（Solid Electrolyte Interface，SEI）膜的反应与分解，嵌锂负极与电解液反应产生气体；②第二阶段：隔膜熔融、电芯内部产生大量焦耳热，正极分解、析出氧气，电芯内部气体泄放和加速升温；③第三阶段：正负极材料与电解液放热反应以及电解液分解反应造成电芯热量急剧增多，引发电芯热失控。

基于动力电池安全问题的诱因和电池热失控的机理，可以从以下三个方面分析新能源汽车的动力电池安全问题和解决策略：①碰撞安全：从动力电池外部机械保护的角度，分析包壳、车身结构设计对于动力电池的安全防护；②热管理：从系统的角度，分析对于电池的发热、散热、隔热等方面进行电池安全的综合管理；③电池本征：从单体电芯层面的热失控机理着手，分析电芯材料的热稳定性和改性方向以及电芯结构的安全性设计。电池本征安全是电池安全的基础。

1.1.1 电池碰撞安全技术概述

当动力电池受到碰撞以及随之带来的挤压、针刺等情况时，电池发生机械变形，容易导致电池隔膜破裂或变形，引起电池正负极直接接触造成内部短路，进而伴随焦耳热和化学反应热的产生，引起电池温度上升，出现电池起火燃烧等严重影响安全的问题。为解决上述问题，一般从电池包壳设计和车身设计两个维度出发，提升对于电池的外部防护。

1. 包壳技术概述

早期的电动汽车都是由燃油车改款而来，各个厂家都对电池包的安装有自己的想法，导致电池形状各异。德国汽车工业联合会（VDA）发布了动力电池的标准尺寸和结构要求，也就是德国汽车工业联合会标准模组，并在行业内获得了广泛的认可，由此，动力电池进入1.0时代。VDA标准模组的好处是统一了动力电池制造标准，便于大规模推广，但劣势是制造难度加大、结构复杂、可靠性受到影响。随着电动汽车的进一步发展，消费者对于电动汽车的续航能力有着更高的要求，而让车企不能接受的是电池模组结构复杂导致电芯布置数量减少，在电池能量密度偏低的时代严重影响车辆续航——这种方法显然不再适用。

为了解决VDA标准模组的问题，汽车行业开始探究更加高效的电池包结构。一个简单的解决方案就是减少电芯封装结构对底盘空间的占用，让电芯直接跨过模组阶段，直接组成电池包。无模组设计（cell to pack，CTP）应运而生，动力电池进入2.0时代。从2019年开始，宁德时代、比亚迪、蜂巢能源、中创新航等都发布了自家的CTP技术。改变电池包结构之后，单位尺寸内可布置数量更多的电芯，使得车辆续航表现优于应用VDA标准模组的产品。另外，由于结构缩减，新的电池包在制造便利度和可靠性以及成本方面的表现都有所提升。目前国内针对CTP有两套技术路线，一是彻底取消模组的方案，以比亚迪刀片电池为代表；二是小模组整合为大模组的方案，以宁德时代CTP技术为代表。

CTP是针对电池包精简的一种技术，但是电池包安装到底盘上同样有很多“中间商”，并且底盘上需要作出冗余设计，因此发展出了电芯直接集成到车辆底盘（cell to chassis，CTC）技术，动力电池进入3.0时代。最早提出CTC概念的是特斯拉。根据特斯拉展示的CTC技术方案，电池包上盖与电芯黏接在一起，与座椅等车辆结构件集成，成为乘员舱地板的结构；此外，电芯间的蛇形管布置与车桥方向平行，通过减少蛇形管长度而减少流阻，增加冷却均匀性。

2. 车身技术概述

随着我国加大对新能源汽车的研发支持力度，各个汽车企业、高校和科研院所对电动汽车的研发积极性很高。为解决电动汽车的碰撞安全问题，从不同方面进行了探索和研究。在电动汽车的碰撞安全结构方面，同济大学的接桂利等通过有限元分析了某电动汽车的正面全宽碰撞工况，指出了电动汽车发生碰撞时高压电部件和高压线束存在的安全风险。中国汽车技术研究中心有限公司（以下简称“中汽研”）的张亚军等利用计算机辅助工程（computer aided engineering，CAE）进行碰撞仿真计算，解决某电动汽车高压电部件的布置问题，确定了电动汽车的碰撞安全临界条件和获取电动汽车断电保护所需信号，指出了电动汽车高压防护需要注意的内容。在电动汽车的动力电池安全方面，刘存娜在电动汽车的动力电池采取换电式电池的前提下探讨了电池箱运用主动安全设计即一键脱离的技术。东风技术中心的李仲奎根据纯电动汽车关于动力电池防护等功能的要求，利用CAE分析的方法验证了对动力电池改进结构方案的优化设计和振动试验方法，提升了性能并降低了动力电池的重量。南昌大学的吴晓东进行了电动汽车的碰撞CAE分析，通过拓扑优化方法优化了动力电池箱体结构，获得动力电池包较佳的加强筋结构和厚度分布。北京航空航天大学的许俊等总结了碰撞情况下锂离子电池可能出现的危险情况以及指出了锂离子电池碰撞安全研究未来重点发展方向。大连理工大学的林久标通过有限元软件研究了动力电池在冲击载荷作用下结构损伤和累积损伤的规律，提出了采用多次冲击累积损伤方法来评价和改进动力电池的结构设计。对于高压电的断电保护控制方面，上汽商用车技术中心的陈彦雷等针对一款纯电动汽车设计其碰撞断电保护和测试验证方案，提供了电动汽车碰撞高压电的安全设计经验。东风的刘爽等设计了一种断电保护系统，断电保护的控制单元能够通过三种途径获得碰撞信号。北京理工大学的刘佳通过碰撞CAE分析，建立了碰撞工况下的电池分断保护控制方法，同时对分断器进行了设计和研究。

20世纪末，国外已经开始在电动汽车的碰撞安全方面进行仿真分析和试验研究。对于汽车碰撞CAE仿真分析，国外运用得比国内早。Motevalli等利用有限元CAE分析方法对某款燃料电池汽车进行正碰和侧碰分析，研究燃料电池汽车的最佳结构布局。Zeng等通过CAE分析研究了电动汽车的偏置碰撞情况，分析了动力电池在碰撞过程中受挤压的风险并对车体结构提出了改进意见，得出了动力电池应该布置在车辆碰撞非变形区的结论。

1.1.2 电池热管理技术概述

1. 电池热结构技术概述

电池热结构技术包括散热、隔热和灭火。

散热方案根据传热介质的不同可以分为空气冷却、液体冷却和相变材料（phase change material，PCM）冷却。空气冷却因为结构简单、成本较低，被广泛应用在电动汽车上。空气冷却一般有自然对流冷却和强制对流冷却两种方案，后者主要是利用风扇对电池进行降温。液体冷却是一种利用液体具有高导热系数的特点，从而能够及时将电池产生的热量传递到外部环境中的冷却方案。根据冷却液和电池是否直接接触可以将液冷方案分为直接接触式和间接接触式。间接接触式冷却系统主要通过管道与电池接触进行传热，因此对冷却液的要求较低，但是要求管道密封良好。直接接触式冷却系统要求冷却液必须具有绝缘性和较高导热系数，但是实际生产中同时满足这两个条件的液体较少。相变冷却是一种比较新颖的冷却方案，它主要是利用相变材料具有较大的相变潜热，能够吸收或者释放出巨大的热量，进而保证电池的温度在合理范围内。相变材料根据化学组成成分的不同可以分为无机相变材料和有机相变材料，其中有机相变材料多指石蜡、酯等有机物，可逆性较好。不同于空气冷却和液体冷却方案，相变冷却结构简单，不会大幅度降低电池组的能量密度，且不需要额外增加动力元件。

隔热包括电芯间、模组间、系统隔热。隔热基本策略是利用低导热系数、高化学稳定性的隔热材料防止模块间热蔓延。目前常用防火隔热材料主要有气凝胶、云母、防火涂料、热陶瓷等。从应用场景来看，电芯间隔热一般采用气凝胶等隔热材料、中间复合板隔热，模组间隔热一般采用防火棉隔热，系统隔热一般采用防火毯隔热。

锂电池火灾不同于常规火灾，其热失控反应涉及化学反应和电化学反应过程，反应过程持续强，火灾极易复燃。有效的锂电池灭火剂既需要扑灭电池火，又需要冷却电池。目前，国内外研究者已开展了高压二氧化碳、七氟丙烷、细水雾、全氟己酮等灭火剂扑灭锂电池火灾的研究。高压二氧化碳气化热较低，虽然能快速扑灭锂电池火灾，但锂电池在扑灭后出现复燃；七氟丙烷和全氟己酮含有氟元素，可中断燃烧链式反应，快速扑灭火灾，但是由于汽化热较低，降温效果差；细水雾汽化热高，降温效果较好，且细水雾雾滴越小，降温效果越好。细水雾采用水灭火，雾化水虽然电气绝缘性能好，但锂电池热失控开阀后喷出大量碳粉和溶于水的导电盐，可能在水的润湿下破坏电气设备绝缘，造成火灾扩大和其他次生灾害。因此，需要研究灭火降温性能好且绝缘的锂电池火灾灭火介质。

2. 电池热监控技术概述

热监控的核心是电池管理系统（battery management system，BMS），其要能够准确预测电池状态，合理控制电池边界，防止电池出现超出边界的状况。同时BMS要能够对由内短路、制造不良、使用不良等引起的电池安全隐患进行提前预警。目前比较可行的解决方案是提升芯片算力、增加传感器的数量。热监控包括热检测和热控制。

动力电池热检测系统由各类传感器和微处理器单片机组成，具备监测和信号分析处理两大功能，通过实时采集电动汽车动力电池温度、放电电压、工作电流以及电池充电状态等参数信号，监测动力电池技术状况；同时，运用微处理器单片机分析判断采集的信号，当信号异常超过设定阈值时，会向动力电池控制模块发出控制指令并启动声光报警提醒驾驶员。

动力电池热控制系统通常以温度为控制目标，根据不同温度区间对应不同热管理模式的控制策略。如温度较高，致使电动汽车动力电池的温度传感器检测到温度异常时，热管理系统进入“限功率＋制冷”模式，在限制电池组放电倍率的同时，控制制冷元器件介入工作，以达到电池包降温的效果；当检测到电池箱温度在正常范围时，冷却系统停止工作。为防止热管理系统在不同模式间频繁切换，通常给系统设定某温度区间的滞回阈值，如±5℃，当温度处于阈值范围内时，不进行模式切换，当超过阈值极限时自动转换模式。低温时的热管理系统处理模式与高温时类似。进一步地，在发现电池已进入热失控状态时，热管理系统立即启动电池隔热和灭火措施。热管理系统通过参数测量、趋势分析、多方式控制以及设立多层保护屏障，为电池安全提供保障。

1.1.3 电池本征技术概述

电池本征技术主要涉及电池材料和电芯结构。

1. 电池材料技术概述

锂电池四大主材包括正极、负极、电解质和隔膜，其中，正极、电解质和隔膜与电池安全性较为相关。

电池正极作为锂离子的供给端，对锂电池能量密度的提高和成本的降低起着决定性作用，同时其热稳定性的高低也是决定锂电池是否热稳定的主要因素之一。因此，在对动力电池安全的研究中，对正极材料的关注是十分必要的。对于正极材料而言，其关键技术包括磷酸铁锂（LFP）、三元正极材料等。如今在产业中使用较多的正极材料包括六方层状结构的材料如钴酸锂（LCO）、锂镍钴铝氧化物（NCA）、锂镍锰钴氧化物（NMC），尖晶石结构的锂锰氧化物（LMO）和橄榄石结构的磷酸铁锂（LFP）。其中，钴酸锂具有高能量、高功率的优点，但其热不稳定、寿命较短、负载能力有限；锂镍钴铝氧化物具有高比能量、良好的比功率及长循环寿命，但安全性相对较低且成本更高；锂镍锰钴氧化物中镍具有高比能量、锰的成分可降低电池内阻、可提供高比能量及功率，但镍的稳定性不高且锰提供的比能量较低；锂锰氧化物具有高功率、热稳定、高安全性、成本低的优势，但较其他阴极材料容量相对较低且寿命有限；磷酸铁锂具有固有的安全性和热稳定性优势，在滥用状态下表现更为安全，以磷酸铁锂为正极材料的电池电流额定值更高且具有长的循环寿命，但低电压和低容量是磷酸铁锂材料的缺点，这也导致了磷酸铁锂材料的能量密度相对其他材料要低。随着材料、结构与工艺技术的不断进步，我国动力电池装机单体和系统能量密度持续提升，目前形成了三元锂电池和磷酸铁锂电池两种技术共同主导动力电池市场的局面，二者装机量呈现交替上升趋势。

SEI 膜的分解是电池热失控的起点，后续伴随着电解液与正负极材料的反应与电解液性质直接相关。因此，从目前来看，使用高安全性电解液是较为实用和有效的措施，可以从根源上改善锂电池的安全性。锂金属能够被应用于电池，首先得益于能够与之相匹配的电解质的发现。20 世纪 50 年代，人们发现锂在一些非水溶剂中能够稳定存在，而该稳定性来源于锂表面形成的一层能够阻隔锂与电解质进一步反应的钝化层。而人们对于金属锂二次电池的改进研究也开始于对电解质的改进研究。这是因为“枝晶”“死锂”和SEI膜等影响锂二次电池安全性和效率的因素都与电解质的组成息息相关。从20世纪70年代到80年代，锂二次电池的研究主要集中于寻找最佳的电解液配方，以期获得能够抑制甚至消除锂枝晶的电解质溶液和电解质盐。已实现规模化生产的锂离子电池中，碳酸酯为综合性能最佳的溶剂，但其闪点低，受热时易分解并产生气体，在高温下易燃易爆；六氟磷酸锂（$LiPF_6$）作为应用最为广泛的锂盐，对电解液中的痕量水敏感，高温下易分解并产生有毒、有腐蚀性的气体。

早在19世纪末，E. Warburg就发现了一些固态化合物为纯离子导体。在20世纪初发现了越来越多的离子导体，于是诞生了固态电化学这门学科。锂离子无机电解质源于晶体材料如卤化锂（LiX）、氮化锂及其衍生物、含氧盐和硫化物。与其他几种电解质相比，无机固态电解质具有如下优点：①不可燃烧、不会爆炸、无泄漏、不腐蚀，具有更高的安全性，是彻底解决安全问题的根本途径；②无气胀，具有超长的使用寿命；③高温寿命不受影响，在较宽的温度范围内具有良好的锂离子传导性能，即电化学稳定性，可以应用于严苛的极端环境；④无机固态电解质电化学窗口宽，分解电压高，可应用于高电压电极，提高电池能量密度；⑤无机固态电解质具有更高的致密度和机械强度，能够有效地抑制锂枝晶刺穿造成短路引起的安全性问题；⑥对原材料纯度要求低，制造成本、全寿命周期成本下降。

隔膜是锂离子电池的主要组成部件之一，起到将电芯正极和负极隔开的作用，具有离子导电性和电子绝缘性。其锂离子传导能力直接关系到锂离子电池的整体性能，隔离正负极功能使电池在过度充电或者温度升高的情况下能限制电流的升高，防止电池短路引起的爆炸。因此，隔膜的安全性对锂离子电池的安全性非常重要。目前锂离子电池隔膜主要为多孔性聚烯烃，可分为单层聚丙烯微孔膜（PP）、单层聚乙烯微孔膜（PE）、聚丙烯、聚乙烯多层微孔膜。其中，只有PP/PE/PP多层隔膜可用于动力锂电池隔膜，但高温收缩率大（熔断温度低所致），膜的强度低，依然存在安全隐患。所以，要满足动力锂电池对安全性的要求，需要对动力锂电池隔膜开展进一步研究。

2. 电芯结构技术概述

除电芯材料外，电芯结构整体设计也是电芯本征安全的重要影响因素。对于锂离子电池来说，电芯结构通常包括极片结构、电流传导以及各种连接结构的位置设计和功能设计等，需要精确配合达到高安全性需求。电芯作为电池模组的最小单元，其热失控通常包括引发、扩散和失控的过程。在电芯的引发和扩散阶段进行有效控制是提高安全性能的主要改性手段。

电失控是诱发电芯安全问题的一个重要因素，而短路是电失控常见的一种重要形式，其包括电芯内部短路和外部短路。内部短路可以通过电池材料选择、制备工艺优化和结构强度设计等进行抑制，而外部短路由于引发因素不可控，除优化外部应用环境的被动手段外，设置保险丝也是重要的配置手段。当外部短路造成热量上升时，可以通过保险丝的熔断，切断电流，降低热量产生，防止热量聚集，从而提高电池安全性。

电芯强度设计是对抗电池外部恶劣因素和提高电池内部机械稳定性的基础。通过电芯强度的结构设计可以提高电池抗冲击能力，降低外部短路的风险。此外，电芯内部短路多是隔膜被穿透造成正负极接触引起，而隔膜的被穿透一种是由于锂枝晶的生成刺穿了隔膜，另一种是结构不稳定造成隔膜被电芯部件物理刺穿。因此，通过对电芯结构强度进行设计，电池隔膜可以保证不被物理刺穿，是提高电芯的安全性能的重要手段。

此外，为了防止电池热失控，通过安装防爆阀、平衡阀等，可以平衡温度、电池包内外压差，同时可以保证电池包内部的气体和压力定向排出。一旦发生热失控，防爆阀、平衡阀等可以保证极端情况下电池包的安全。平衡阀具备防水、透气、防油、防灰的功能，在起到防护作用的同时，还可以平衡电池箱内外部压力，保护内部元器件。平衡阀的透气膜材一般较厚、韧性较强，能承受较大压力而不发生损坏。针对汽车动力电池内部电芯发生电化学反应的特点，在平衡阀的基础上开发出了具有爆破或开启功能的防爆阀，其在电池箱正常工作时起到防水透气作用，当电池箱内部电芯发生热失控或热扩展，释放出大量气体而导致电池箱内部气压迅速升高时，其隔膜爆破或开启，定向快速打开泄压通道，防止电池箱箱体及电池发生爆炸。

1.2 新能源汽车动力电池安全产业发展概述

1.2.1 产业现状

随着化石能源的过度应用，环境问题日益凸显，以美国、日本、德国为首的发达国家先后对各类新能源进行探索。美国在奥巴马政府时期即开始实施“绿色新政”，提出在2015年普及100万辆插电式混合动力电动汽车，并提出研究和发展纯电动汽车相关技术。日本把发展新能源汽车作为“低碳革命”的核心内容，并在2020年普及包括混合动力汽车、电动汽车在内的“下一代汽车”的应用。德国则在2008年就提出实施未来十年普及100万辆插电式混合动力汽车和纯电动汽车的计划，进入新能源汽车时代。显然，新能源汽车技术发展最早、最先进的发达国家成为新能源汽车产业起步和最初发展的风向标。

我国以纯电动汽车为主的新能源汽车行业虽然起步稍晚，但是近年来的蓬勃发展有目共睹。发展新能源汽车可缓解我国能源短缺状况，使我国由石化能源向可再生能源转型，有力推进生态环境保护，符合我国“双碳”发展目标。同时，新能源汽车是新一代信息技术、人工智能、5G通信、物联网等重要技术的应用产品，有利于推进我国汽车产业数字化转型发展。随着国产新能源汽车在科技驱动下持续进步，将为中国带来又一新兴产业增长极。据工业和信息化部提供的数据表明，2021年新能源汽车产业表现亮眼，产销双双突破350万辆，同比增长1.6倍，连续七年居全球第一。

随着新能源汽车的产业化和推广使用，新能源汽车在日常应用中出现的问题也越来越多。据高工产业研究院旗下的高工锂电产业研究所（GGII）不完全统计，2021年上半年国内一共发生41起新能源汽车起火事故，相比于2020年上半年同比增长

90.4%；2021年上半年新能源汽车发生的起火事故数量占汽车起火事故总数近80%。据《2019年动力电池安全性研究报告》，行驶中自燃、停车自燃、充电自燃、碰撞自燃是电动汽车发生事故的四个主要原因，占主要事故总数的66.4%。因此，新能源汽车动力电池安全问题愈发成为新能源汽车发展中被重点关注的问题。

1.2.2 市场格局

动力电池安全涉及新能源汽车产业链的多个环节，从产业链上来看，包括电芯材料制造、电池制造、汽车制造。其中，电芯材料制造主要涉及电芯材料的改进，电池制造主要涉及电池隔热散热等热结构性能的改进以及电芯结构的改进，汽车制造主要涉及车身结构的改进、车载集成的电池热检测和热管理系统的改进。

在电芯材料制造环节，代表企业包括涉及磷酸铁锂材料的德方纳米、国轩高科等，涉及三元材料的容百科技、当升科技等，涉及隔膜的恩捷股份、星源材质等，涉及电解质的天赐材料、新宙邦等。总体上看，代表企业以国内企业为主。

在电池制造环节，代表企业包括宁德时代、比亚迪、LG、三星、特斯拉等，代表产品包括比亚迪的刀片电池、宁德时代的麒麟电池、特斯拉的4860圆柱电池等。

在汽车制造环节，代表企业包括比亚迪、蔚来、特斯拉、大众等，代表的车身结构包括特斯拉的CTC平台和比亚迪的CTP平台，代表的热管理系统包括特斯拉的液冷式电池热管理系统、比亚迪的集成热泵系统和大众的CROZZ热管理系统等。

1.2.3 政策标准

2018年3月13～16日召开的联合国世界车辆法规协调论坛（WP.29）第174次会议上，由中国、美国、欧盟和日本共同牵头制定的电动汽车安全全球技术法规（EVS－GTR）获得全票通过。EVS－GTR紧紧围绕整车及动力电池的安全性能提出技术要求，同时规定了电动汽车满足安全性能要求的试验方法，以保障电动汽车在各种使用环境下以及发生正面碰撞、侧面碰撞等事故时能够最大限度地保护乘员安全。EVS－GTR制定工作自2012年启动，在中国、美国、欧盟和日本共同牵头下成立了专门的法规起草工作小组，联合全球近50个国家和地区开展大量的技术研究、试验验证和沟通协调工作。中国组织来自中汽研、一汽、北汽、比亚迪、宁德时代、中国电子科技集团公司第十八研究所（以下简称“中电十八所”）等的国内专家，牵头了其中3个研究小组的工作，对电动汽车整车防水、动力电池热扩散和商用车安全等方面的问题进行了系统研究。

2020年5月，我国发布国家标准《电动汽车安全要求》（GB 18384—2020），这是我国电动汽车领域首批强制性国家标准，其以原有推荐性国家标准为基础，综合我国电动汽车产业的技术创新成果与经验总结，与我国牵头制定的联合国电动汽车安全全球技术法规全面接轨，进一步提高和优化了对电动汽车整车和动力电池产品的安全技术要求，对提升新能源汽车安全水平、保障产业健康持续发展具有重要意义。

2020年11月，国务院办公厅发布了《新能源汽车产业发展规划（2021—2035

年)》（以下简称《规划》），计划到2025年纯电动新能源汽车平均电耗降至12.0kWh/100km，新能源汽车新车销售量达到汽车新车销售总量的20%左右，高度自动驾驶汽车实现限定区域和特定场景商业化应用；计划到2035年，纯电动汽车成为新销售车辆的主流，公共领域用车实现全面电动化，燃料电池汽车实现商业化应用。《规划》还特别提到了“鼓励车用操作系统”“动力电池的开发创新”“加强轻量化、高安全、低成本、长寿命的动力电池核心技术攻关”“加快固态动力电池技术研发及产业化”。国家支持全产业链生态布局，推动生产工艺、关键装备、智能制造的突破发展以及电池梯次利用。

1.2.4 行业需求

从整个动力电池产业来看，高能量密度和高安全性两方面需求贯穿电池技术发展的始终。根据我国《节能与新能源汽车技术路线图2.0》相关规划，至2035年普及型、高端型动力电池比能量分别要达到300Wh/kg、500Wh/kg，同时，用户端对于长续航、快速充电的高性能电池需求也是急迫的、现实的；但是现有电池技术较此目标差距明显，进一步挖掘、匹配高能量密度电极材料是电池企业核心首要目标之一。然而现有锂离子电池体系热稳定性差且电解液副反应危害电池安全，不论是车身结构、电池本身还是热管理层面均出现了高能量密度与高安全难以兼顾的局面。因此，解决安全性问题是电池技术发展的关键。

现有市场主流锂离子电池体系以磷酸铁锂和三元锂电池为主。为了满足对电池比能量的需求，针对不同的电池体系，优化侧重点不同。磷酸铁锂相对三元材料而言，其理论容量较低，但理论产热相对较低，安全性较高。因此，对于磷酸铁锂材料，前期多通过结构优化来提高体积能量密度，提高成组比能量；对于三元材料，其理论容量较高，且为了满足对长续航的追求，目前多采用高镍三元材料，同时加上成组方式的改进，例如采用CTP等技术，进一步提升了电池能量密度。随着单位体积内能量密度的提高，电池之间的间距缩小，局部热量更容易积累；对于高镍三元材料而言，其特点为自生热触发温度更低、产热速率更高等。因此，对于电池安全产业，首先是要研发高安全性电池材料，从本质上解决热失控问题；其次是优化电芯结构，提高电池的抗冲击能力，降低外部短路的风险；再次是设计安全的包壳结构和车身结构，降低碰撞对电池安全的影响；最后是改进电池安全系统、散热隔热结构，实现热失控前预报警、热失控中延缓扩展和蔓延、热失控后减小损失。

1.3 研究对象和方法

本课题基于目前的新能源汽车动力电池安全的产业需求，重点分析了动力电池安全技术在国内外的专利申请趋势，从技术分支上主要分析了与新能源汽车动力电池安全紧密相关的三个方面，即碰撞安全、热管理、电池本征的专利技术发展路线，找出主要的竞争对手以及其专利布局情况，以供国内的企业和高校、科研院所在技术研发和市场布局等方面进行参考。

1.3.1 技术分解

通过前期文献研究、专家交流和技术咨询等多种形式，对动力电池安全技术开展全面调研，最终确定本课题的技术分解如表1-3-1所示。

表1-3-1 动力电池安全技术分解

一级分支	二级分支	三级分支	四级分支	五级分支	六级分支
碰撞安全	包壳	吸能	—	—	—
		加强	—	—	—
		其他	—	—	—
	车身	正面碰撞	—	—	—
		后面碰撞	—	—	—
		侧面碰撞	—	—	—
		底部碰撞	—	—	—
		一般加强	—	—	—
热管理	热结构	冷却	风冷	—	—
			液冷	—	—
			相变材料	—	—
		隔热	—	—	—
		灭火	—	—	—
	热监控	测量参数	温度	电池包	—
				单体电池	—
				充电时温度	—
				冷却液温度	—
				环境温度	—
			电参数	电压	—
				电流	—
				电阻	—
			其他	—	—
		分析方式	阈值设定	—	—
			模型预测	—	—
		热控制	冷却或加热	—	—
			输出或负载	—	—

续表

一级分支	二级分支	三级分支	四级分支	五级分支	六级分支
电池本征	电芯材料	正极	—	—	—
		隔膜	—	—	—
		电解质	液态电解质	—	—
			凝胶电解质	—	—
			固态电解质	聚合物	聚氧化乙烯
					聚碳酸酯
					聚硅氧烷
				氧化物	石榴石型
					钙钛矿型
					快离子导体
					反钙钛矿
					LIPON
				硫化物	二元硫化物
					多元硫化物
	电芯结构	电路设计	—	—	—
		气路设计	—	—	—
		强度设计	—	—	—

其中，碰撞安全一级分支下，根据改进的部分划分为包壳设计和车身设计。其中包壳设计是指包壳自身及其车身连接件的设计和改进。车身设计是指通过车身横梁、纵梁、副车架等的设计和改进来提高动力电池碰撞安全。

对包壳设计进一步细分为吸能、加强和其他。其中，加强是指通过结构、材料、工艺等的设计提高包壳及其安装支架的强度、刚度等；吸能是指通过缓冲结构、材料、工艺等的设计提高包壳及其安装支架的能量吸收、溃缩能力，以形成对动力电池内部电芯的防护；其他包括加强、吸能之外的包壳碰撞安全防护设计方案。

按照行业习惯，对车身设计进一步细分为正面碰撞、后面碰撞、侧面碰撞、底部碰撞和一般加强。其中正面碰撞是指障碍物从车辆正面与车辆相撞的情形的防护设计，包括了25%正面碰撞和50%正面碰撞等；后面碰撞是指障碍物从车辆后面与车辆相撞的情形的防护设计，包括常见的追尾情形等；侧面碰撞是指障碍物从车辆侧面与车辆相撞的情形的防护设计，包括侧面柱撞的情形等；底部碰撞是指障碍物从车辆底面与电池包直接相撞的情形的防护设计，包括地面隆起、飞溅的石子等与包壳相撞的情形等；一般加强是除了上述分支之外的，没有明确碰撞方位的车身设计方案。

热管理一级分支下，进一步细分为热结构和热监控。热结构是指车身硬件的结构改进技术。热监控是指偏向电池管理系统的热监控技术。

对于热结构技术，根据热失控的严重程度进一步细分为冷却、隔热和灭火三个层次作为热结构的三级分支。冷却技术进一步细分为不同的冷却形式，包括风冷、液冷和相变材料，其中包括根据不同的冷却形式以及冷却介质的特点在结构上进行如风道、换热接触面等改进。隔热技术包含了针对不同类型电池的特点，对隔热方式、隔热结构以及对隔热材料的布置的改进。灭火技术分支包含了对于电池失火后进行灭火的技术改进。

对于热监控技术，依据监控工作流程可以分为"测量""分析"和"控制"三个阶段。首先是"测量"阶段，其是指通过传感器采集和测量需要监控的参数，在此基础上对测量参数进行分析比较，判断是否在正常范围内。当判断出异常情况时，及时采取对应的控制措施，以实现对热失控的预警和提前防范。进一步地，测量参数可以包括直观的温度或是与电池热失控相关的其他因素，如电压、电流等电参数或是电池内压力、机械尺寸等其他参数。其次是"分析"阶段。分析过程可以是将测得的参数、参数的一阶导数等数值与预设阈值进行比较，或是通过建模的方式对电池状态进行预测判断，实现提前预警。最后是"控制"阶段。对电池的控制可以是通过热量传导的方式对电池进行冷却或加热，也可以是通过电池输出功率的调节和带载情况的调整实现对电池温度的控制。根据以上三个阶段，搭建了热监控技术的三级与四级分支。

对于动力电池安全涉及的电池本征技术，主要从电芯结构和电芯材料两个维度进行分析。具体地，对于电芯结构而言，考虑到提高电芯结构安全性的主要方式，分别从电路设计、气路设计、强度设计进行分析。根据电芯材料的组成部分，将正极、隔膜、电解质设为三级分支。考虑到SEI膜的分解是电池热失控的起点，后续伴随着电解液与正负极材料的反应，这些热失控过程都与电解液性质直接相关，因此，将电解质作为重点研究分支，并根据电解液的形态分为液态电解质、凝胶电解质、固态电解质，进一步地从聚合物、氧化物、硫化物等方面重点分析固态电解质。

1.3.2 数据检索

本课题采用的专利文献数据来源于国家知识产权局的智能化检索系统。其中，中国专利数据主要来自中国专利文摘数据库（CNABS）和中国专利全文文本代码化数据库（CNTXT）。全球专利数据主要来自德温特世界专利数据库（DWPI）和外文全文数据库。

本课题检索的主题动力电池安全包括碰撞安全、热管理和电池本征三部分内容，因此检索时采用的检索策略是分总式策略，对于上述三部分内容按照技术分解表进行各个分支的细致检索，扩展关键词和分类号，必要时在全文库中进行补充检索。检索过程中，本领域审查员综合运用精确关键词、相关关键词、精确IPC分类号以及相关IPC分类号，经过初始检索策略的制定、检索式的编写以及多回合反复调试与手动抽样检测，最终形成中文专利数据与全球专利数据的检索式。

为了全面了解动力电池安全技术相关专利的情况，将检索范围设定为至检索截止时间在中外文数据库中已公开的所有专利与专利申请文献；在检索时间范围的选择上没有规定起始时间，中文、外文数据库的检索截止时间为2022年7月。课题组成员对所有检索到的专利数据进行详细的去噪处理和技术分类，形成最终的动力电池安全技术专利检索结果，如表1－3－2所示。

表1－3－2 动力电池安全技术专利检索结果

一级分支	二级分支	三级分支	四级分支	中文结果/件	外文结果/项
碰撞安全	包壳	—	—	2548	4707
	车身	正面碰撞	—	1052	442
		后面碰撞	—	878	289
		侧面碰撞	—	1164	560
		底部碰撞和一般加强	—	1400	675
热管理	热结构	冷却	风冷	12410	3330
			液冷	10126	2485
			相变	2932	427
		隔热	—	3133	1693
		灭火	—	1759	499
	热监控	测量参数	温度	784	1348
			电参数	896	731
			其他	188	49
		分析方式	阈值设定	1217	295
			模型预测	1026	124
		控制方式	冷却或加热	1949	1144
			输出或负载	620	325
电池本征	电芯材料	电解质	—	7211	3711
		正极	—	3214	1321
		隔膜	—	4770	3755
	电芯结构	—	—	6491	985

进一步对检索结果进行查全率和查准率的评估，具体结果如表1－3－3所示。

表1－3－3 动力电池安全技术各技术分支查全率和查准率汇总

技术分支		中文		外文	
		查准率	查全率	查准率	查全率
碰撞安全	车身设计	87%	86%	87%	86%
	包壳设计	86%	89%	86%	89%

续表

技术分支		中文		外文	
		查准率	查全率	查准率	查全率
热管理	冷却	87%	89%	91%	85.8%
	隔热	88%	86%	88%	86%
	灭火	87%	92%	88%	85%
	热监控	87%	92%	89%	90%
电池本征	电解液	87%	91%	92%	90%
	正极	86.5%	91%	90%	86.7%
	隔膜	89.3%	92.5%	90.5%	90.5%
	电芯结构	94%	89.9%	92.5%	87.7%

1.3.3 相关事项说明

1. 数据完整性说明

就普通专利申请而言，根据《专利法》相关规定，发明专利申请一般自申请日（有优先权的，自优先权日）起18个月（要求提前公布的申请除外）公开；实用新型专利申请在授权后才能公布；通过《专利合作条约》（PCT）途径进入相关国家的专利申请，其通常自申请日（有优先权的，自优先权日）起18个月（要求提前公布的申请除外）进行国际公布，30~32个月（要求提前进入国家阶段的申请除外）才进入国家阶段，而后才由相应国家以本国语言公开。

鉴于上述原因以及本报告的检索截止时间为2022年7月，对于全球和中国专利中的国内申请，其2021年1月后的数据均存在不完整问题；而对于中国专利中的国外来华申请，如果其中包含PCT申请，则其2019年11月后的数据可能存在不完整问题。因此，本报告中如在专利申请量趋势变化中呈现出近期年份的申请量小幅下降，并不必然意味着该技术领域专利申请量进入下降阶段，需结合其他信息综合分析判断。

2. “项”与“件”说明

本课题全球专利数据主要通过DWPI进行检索。该数据库经由德温特公司整理，将同一件专利申请在多个国家同时进行申请而形成的一组同族专利申请称为一“项”，即在全球范围内统计的一项同族专利申请可能包括若干件专利申请。通过CNABS检索得到的国内专利申请和国外来华专利申请统一以“件”来表示。一般而言，“一项”专利申请可能包含“一件”或“多件”专利申请。

第2章　“要素式”特色专利分析方法

2.1　概　　述

发展新能源汽车是我国从汽车大国迈向汽车强国的必由之路，是应对气候变化、推动绿色发展的战略举措。新能源汽车产业涉及动力电池、整车、智能化等多方面内容，其中，动力电池是新能源汽车产业“三纵三横”中的重要一环。近年来各种原因引起的动力电池起火等事故也越来越引起人们的注意，因此有必要针对影响动力电池安全的相关方面进行深入的专利分析。然而，现有的专利分析技术多是针对某个产业或者某个产品进行的，鲜有课题组针对产业或产品的特定影响因素进行专利研究分析，这也给课题组研究提出了新的挑战。

对此，课题组深入研究了现有的专利分析方法，结合该研究的特点和难点，提出了“要素式”特色专利分析方法，为类似的针对产业或产品的某一方面特性进行专利分析提供参考。

2.2　专利分析的特点和难点

传统的专利分析研究对象主要包括三个方面：一是围绕某个产业链或产业链中的上中下游进行技术分解和专利分析；二是围绕产品进行技术分解和专利分析；三是围绕特定技术或者特定技术功效进行技术分解和专利分析。而本报告针对的对象较为特殊，重点关注和研究的是动力电池安全问题而非整个动力电池产业或者动力电池的产品，研究范围仅限定于与动力电池安全技术相关的技术，这使课题组在技术分解、专利检索、专利分析等各方面均与传统的专利分析有所不同，需要开展专门的分析方法研究。

2.2.1　针对动力电池产业的特定问题

动力电池是新能源汽车的重要零部件之一，对新能源汽车的续航里程、整车寿命、安全性等关键指标具有重要影响。动力电池在新能源汽车整车成本中占比接近40%，是新能源汽车成本占比最大的部分。其上游可追溯到锂、钴、镍等矿产资源端，中游是正极、负极、电解质、隔膜四大锂电材料及其他辅助材料，下游是新能源汽车。整车之后是下游运营与服务等环节，其产业链特别长，涉及材料、机械、热管理、控制等多个方面。同时动力电池的安全性、续航、能量密度、环保性等多个问题均受到人们的广泛关注，技术问题极其繁杂。针对动力电池进行全面深入的专利分析难度相对较大，也容易出现面面俱到但分析不够深入的问题。

近年来，新能源汽车起火事故呈持续增加态势，不同车辆类型、不同使用场景的火灾事故不断增加，给广大人民群众的出行安全造成了较大的威胁，也成为新能源汽车进一步推广应用的障碍。上述火灾事故大多是由动力电池各种原因导致的热失控引起的。动力电池起火造成的新能源汽车事故的新闻报道也引起了社会的广泛关注。各车企和电池厂商也将动力电池安全性作为一个卖点宣传。综上，新能源汽车动力电池衍生的安全问题已经成为行业高度关注的热点问题。

与传统的专利分析研究对象不同的是，影响动力电池安全的因素纷繁复杂，涉及车身对电池的保护设计、电池热管理、电芯结构设计以及电池材料选择等多个方面，上述任何一个方面存在问题均会导致安全事故的发生。动力电池的安全性与其能量密度、续航性能等方面相互交织，各车企和电池厂商迫切希望能够研发出一种在不牺牲其他性能的前提下具有高安全性的动力电池。也就是说，对新能源汽车动力电池安全的分析，既不是单纯地围绕动力电池产品本身，也不是直接针对产业链的上中下游，而是针对动力电池的安全性影响因素这一产业中的特定问题开展的专利分析研究。

2.2.2 影响动力电池安全的要素复杂独立

如前所述，动力电池技术涉及方方面面，影响其安全的因素也是多种多样。课题组经过调研、查阅期刊文献、咨询技术专家等方式，得出新能源汽车的电池安全问题可以从三个方面进行考量：①碰撞安全：从包壳、整车角度，分析包壳、车身结构为电池提供的碰撞防护安全；②热管理：从系统的角度，分析对于电池的发热、散热进行综合管理的热管理；③电池本征：从电池本身的角度，分析电池材料的选用和电芯结构的设计对安全的影响。这三个方面相对独立，各具特点，但又存在一定的内在联系。

对于碰撞安全方面，其影响因素繁杂，具体原因在于：

（1）碰撞结构复杂

碰撞结构涉及包壳和车身多个方面，包含车身底盘中的电池安装结构、电池包壳、纵梁、横梁、门槛梁等多种结构，上述结构互相耦合、相互影响。

（2）碰撞工况多

新能源汽车的碰撞工况多，包含正面碰撞、侧面碰撞、后面碰撞、底部碰撞。正面碰撞还涉及偏置碰撞等。侧面碰撞还涉及柱碰等多种情形。每种碰撞工况的安全需求不同，设计方式和方法也有所区别。

对于热管理方面，其影响因素具有如下的特点：

（1）多学科综合

热管理的总分支下涵盖了热结构与热监控。热结构偏向于结构改进，例如冷却结构、灭火结构的改进等，同时还涉及冷却流体控制技术、隔热材料技术等；热监控则偏重于控制方法，涉及电路结构设计、计算机软件控制等技术。由此可见，热管理技术覆盖了机械结构、电学、流体、材料等多门学科，呈现多学科综合的特点。

（2）热结构、热监控表面独立，实则相互耦合

表面上看热结构和热监控两者相对独立，没有关系，实际上两者之间有一定的耦合关系，即热结构主要执行热监控的部分控制行为，热监控则贯穿热管理的各个环节，涉及对动力电池、热结构的监测，对数据的分析，以及对热结构、输出负载的控制。

（3）软硬件结合，技术发展路径多元化

热管理部分还涉及软硬件结合，通过计算机软件技术的辅助，实现最大化发挥硬件改进作用的目的。同时，由于计算机软件技术、机器学习在近年来飞速发展，热管理技术发展呈现爆发式增长。在这样的产业和技术背景下，不同的车企都有各自特色的技术发展路径。

对于电池本征方面，影响电池本征的安全性因素也是多方面的：

（1）电池本征涉及电池结构

电池结构从外部承载着缓解以及阻断电芯内部产生热失控带来的后果，比如电芯热失控温度升高带来的电芯内部压力增大，可以通过设置防爆阀、薄弱部位等气路设计提高安全性。为了提高电芯结构的内外部的机械稳定性，一般是通过强度设计的方式进行。而单个电芯的安全性也会影响整个动力电池的安全性，在电芯结构内往往通过优化电路设计来避免与其连接的电芯发生次生危害。

（2）电池本征涉及电池材料

电池材料涉及正极材料、电解液材料、隔膜材料、负极材料等多种材料。其中，电池正极材料作为锂离子的供给端，是电池热失控时的主要热量产生部件，其产生热量的高低影响热失控的严重程度。负极材料表面沉积的SEI膜分解往往是引起电池热失控的起点。热失控初期，电解液首先着火，后续伴随着电解液与正负极材料的反应。这些热失控因素都与电解液性质直接相关。隔膜起到将电芯正极和负极隔开的作用，其隔离功能使电池在过度充电或者温度升高的情况下能限制电流的升高，防止电池短路引起的爆炸。

（3）电池本征与热管理和碰撞安全相互影响

在电芯使用过程中随着电化学反应的发生，电池的温度不断升高，如果热管理不及时，还将导致内部压力过大、温度过高、电极材料的热分解以及次生危害发生等；而机械碰撞则会导致电芯结构受损，加剧内部化学元素的运动从而导致起火。

2.2.3 常规专利分析方法的局限性

常规专利分析方法是通过对专利信息进行分析、加工、组合，并利用统计学方法和技巧使这些信息转化为情报信息，从而为企业、行业发展提供参考。但是这种常规的专利分析方法一般是针对某个产业或者某个产品，其具有特定组成，能够较好地进行技术分解和检索，分析后整体反映该产业或者产品的情况。

然而，本课题仅是针对新能源汽车动力电池安全性这一特定问题开展，没有特定组成，动力电池包含的零部件不一定对动力电池安全性能具有影响，动力电池之外的部件或者结构也有可能对动力电池的安全性产生影响，因此难以按照常规方法进行技

术分解和检索。

同时，动力电池安全性的影响因素之间存在一定的独立性，常规专利分析方法难以将多个部分组合成一个整体，难以全面、深入、准确地反映动力电池安全整体情形。

综上，课题组在深入研究课题特点以及现有的专利分析方法后提出了“要素式”特色专利分析方法。

2.3 “要素式”特色专利分析方法

“要素式”特色专利分析方法是指在针对产业中的特定问题开展专利分析时，首先按照影响该问题的要素进行专利技术分解和检索，通过常规的专利技术分析寻找影响动力电池安全的关键因素，并针对关键要素重点深入分析，同时兼顾其他要素的专利分析，最后结合市场状况进行特色申请人分析，以期全面、准确、深入地反映该产业特定问题，为产业发展提供助力。

2.3.1 按影响要素进行专利技术分解和检索

如前文所述，本课题有自身的特点和难点，难以按照常规方式进行专利技术分解和检索，因此需要深入分析本课题针对的新能源汽车动力电池安全性这一特定问题，确定影响动力电池安全的要素，并根据影响要素进行专利技术分解和检索。

新能源汽车动力电池安全的影响要素包括车身结构等碰撞安全方面的影响要素、电池热管理方面的影响要素以及电芯结构、材料等电池本征方面的影响要素，因此课题组将碰撞安全、热管理、电池本征作为一级技术分支。

而针对不同技术分支也有不同的技术分解和检索方式，具体如下。

1. 碰撞安全

根据前文分析，碰撞安全涉及电池包壳设计和车身设计的影响因素，即为二级技术分支。然而，在车身设计时，涉及纵梁、横梁、门槛梁、电池安装结构等多种结构，且在碰撞时上述结构相互配合保障电池安全，因此难以按照具体结构进行技术分解。如图2-3-1所示，课题组采用按照碰撞工况进行技术分解，将其分解为正面碰撞、后面碰撞、侧面碰撞、底部碰撞等技术分支，能够完整呈现碰撞情况下各个部件之间的配合关系，准确反映产业技术问题，也得到了行业专家认同。而对电池包壳设计则从加强、吸能等技术效果的角度进行技术分解。根据上述技术分解，在检索时采用了正面、侧面、后面、底部等表征碰撞工况的关键词以及表征电池的关键词；同时由于碰撞工况也有可能是保护车辆成员的，课题组也排除了相关的专利文献。

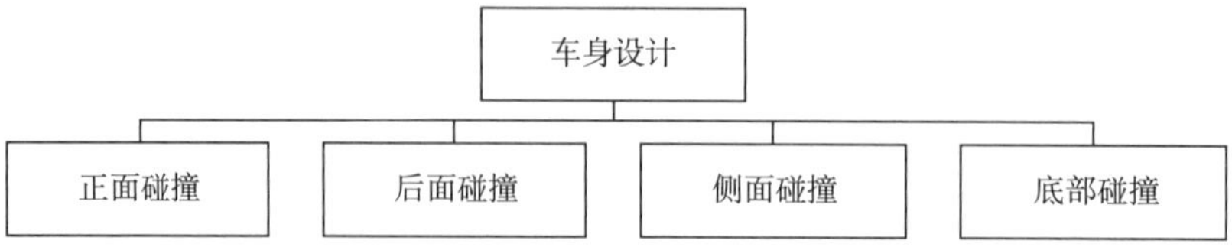

图2-3-1 车身设计的进一步技术分解

2. 热管理

热管理部分按照结构和控制方法分为热结构和热监控两部分，热结构中按照适用场景的严重程度依次划分为冷却、隔热、灭火。冷却主要是热失控发生前的主动干预手段，其目的是将热失控消灭于萌芽状态。隔热则是为了阻止热失控出现热蔓延。灭火属于动力电池出现热失控后的救济、防护结构。冷却结构中按照冷却介质依次分为气体冷却、液体冷却、相变材料。热监控则基于监测信号采集、数据的分析处理、采取相应控制措施这一管理控制的基本流程，分为测量、分析、控制三个三级技术分支，如图2－3－2所示。测量方式中，依据监测参数类型分为温度参数和电参数。温度参数中涉及不同位置温度的测量，电参数则主要包括电压、电流、内阻三个参数。分析方式依据数据分析过程的特点分为阈值分析或模型分析。控制方式根据内外控制手段分为外部的冷却或加热控制以及内部的输出或负载控制。针对以上分支，课题组按照分总的方式分别对热结构和热监控进行检索。

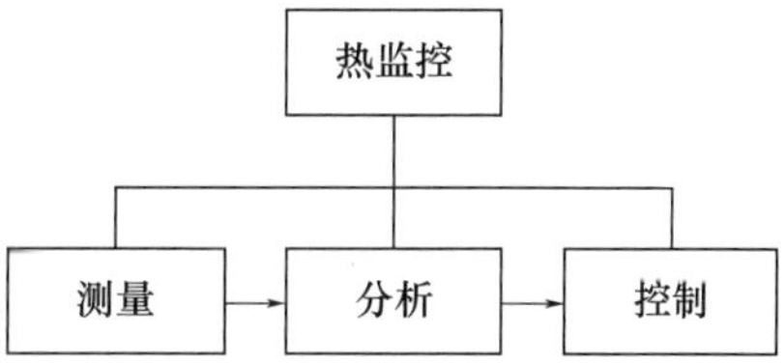

图2－3－2　热监控的进一步技术分解

3. 电池本征

结合对于电池本征带来的影响因素，分别针对电池本征材料和电芯结构设置两个二级技术分支。在电池本征材料部分，结合对于电池本征安全性带来影响的因素，设置正极、隔膜、电解液三个三级技术分支，以期对各技术分支进行安全性能改进的专利分析。在电池电芯结构部分，设置气路设计、电路设计和强度设计三个技术分支，以期从被动提升电池安全性能的结构改进角度进行专利分析。

在检索过程中，除了正向检索各三级技术分支对应的部分，同时需要使用与安全性能相关的原因分析要素、功能效果要素进行限定，以获取各技术分支部分与安全性能改进相关的专利申请，具体情况如表2－3－1所示。

表2－3－1　电池本征检索关键词分类

关键词类型	具体表达
引起安全问题的原因	热失控、滥用、过充、泄漏、碰撞、短路、枝晶……
期望实现的安全性能	安全、防爆、耐高温、耐热、关断、热稳定、高温稳定……

2.3.2 常规的整体分析

在完成检索后，首先进行常规的整体态势分析，包含整体专利申请的全球态势、中国态势、技术构成、重要申请人等分析，并结合行业调研找出重点技术分支、重要申请人等，把握课题的整体方向，为进一步深入分析打下基础。根据常规的整体分析找出影响电池安全最重要的因素，也就是重点技术分支，是该部分专利分析的重要内容，也是下一步深入分析的重要依据。

具体到该课题，如表2－3－2所示，三个一级分支中热管理的专利申请数量最多，但是结合行业调研情况，并经过深入分析后发现，动力电池的材料、结构等本征特征是影响动力电池安全最重要的要素，因此在一级分支中将其作为重点和深入分析技术分支。该课题其余的重点技术分支也是通过类似的方式获得。

表2－3－2　全球热管理各技术分支专利申请数量　　单位：项

一级分支	碰撞安全	热管理	电池本征
专利申请数量	13715	49490	31458

2.3.3　各要素下的深入专利分析

在完成整体分析后，对各要素开展深入的专利分析。课题组使用了如下的特色专利分析方法。

1. 重视数量更重视质量，聚焦高价值专利分析

不同的技术分支如热管理一级分支、侧面碰撞三级分支等，涉及的数据量基础庞大，但其中部分专利质量不高。为了使分析结论更加准确，课题组针对热管理关键技术分析时，从专利类型、申请人、专利价值度等角度对专利进行筛选，以对专利申请质量较高的专利进行深入的技术分析，如图2－3－3所示。对其他重点分析的技术分支也进行了专利质量的筛选。

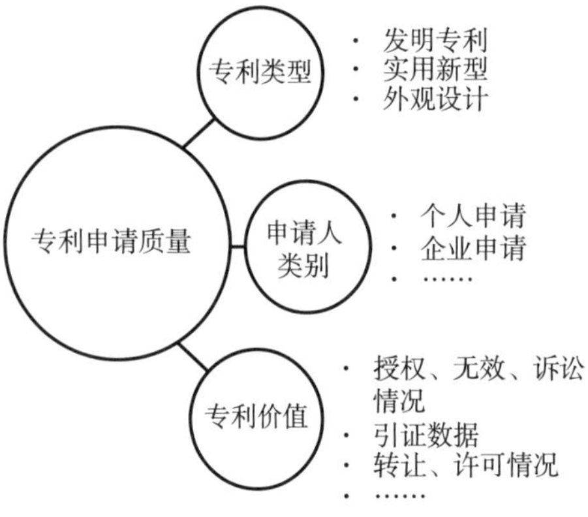

图2－3－3　专利申请质量的影响因素

同样地，专利申请数量的多少，在一定程度上反映了创新主体对于创新技术的研发、创造和保护。专利申请数量越多，往往说明创新主体对于技术的研发创新和专利保护更为重视。但是，单一地依靠专利申请数量的多少来确定创新主体的创新质量还有失偏颇。为了更全面、客观、准确地反映创新主体的创新质量，课题组在硫化物固态电解质技术分支分析时，全面衡量专利申请的数量、引证数据、技术贡献率、有效专利情况、专利维持时间、权利要求项数、首项权利要求字数等进行标准化，以期深度挖掘创新主体的竞争实力。

2. 深入开展对比分析，研究专利布局和研发模式特点

为了更直观地展现中国国内相关企业的技术研发状况，课题组采用了对比分析的方式，将中国国内重要申请人的相关数据与全球范围申请人数据作对比，分析各自研发的特点，借鉴国外在专利布局、研发方向中的优势，以更好调整国内申请人自身的研发方向和专利布局方向。例如课题组将中国和日本重点申请人的情况、中国和日本在固态电解质领域的技术路线等方面均进行了深入的对比分析，主要涉及从申请主体和发明人及其团队的合作关系分析对比研发模式特点，以期进行借鉴；从技术发展脉络分析对比技术路线的差异，以发现不同创新路径的优劣，取长补短，相互借鉴。

3. 分析专利技术“异常”点，深挖关键技术的发展路径

针对专利分析中发现的“异常”点进行挖掘，深挖不同国家关键技术的发展路径。比如在电池本征部分的整体分析中，各个技术分支的中国的总体申请数量均居全球第一。但是，固态电解质中的“硫化物”技术分支却并非如此，日本在这一领域的专利申请量占据全球第一，体现了日本作为技术来源国对于硫化物固态电解质的重视程度。深入挖掘这一现象背后的原因，发现日本在硫化物固态电解质技术上研发起步最早，而且一直处于领先地位。2018 年，日本经济产业省与日本新能源产业技术综合开发机构宣布启动新一代高效电池“全固体电池”核心技术研发。包括丰田、松下、日产等 23 家汽车、电池和材料企业，以及京都大学、日本理化研究院等 15 家学术机构参与了该项目。

4. 采用“系统思维”注重展示技术全面性，聚焦主流技术发展路线

课题组注重采用系统思维展示技术全面性，聚焦主流技术发展路线。以热监控这一技术分支为例，其涉及数据测量、分析以及控制三个三级技术分支。由于测量－分析－控制三方面技术存在前后的关联性，仅分析三个三级分支无法全面对三者之间的关系进行展示。课题组创新性地借鉴桑基图中的数据流向方式表达三者之间的关系，即以测量的具体参数、分析的方式、控制的方式为支点，以不同支点间的数据流向展示相关的技术联系，并将其命名为技术流向分析。为了全方位地展现热监控技术流向，课题组针对热监控中高价值专利的多个维度进行详细标引，以技术流向的方式展现当前热监控所涉及的主要技术手段以及这些技术手段在流向中所占的位置，在全方位展示热监控技术流向的同时，能够突出重点，突出当前主流技术流向。通过对主流技术流向中技术脉络的梳理，能够更加深入地分析主流技术的技术发展路线，为未来技术研发指引方向。

5. “多维度”标引深化技术功效分析，聚焦空白点助力优化专利布局

在碰撞安全、热管理等技术分支下，通过技术功效对比分析的方式，分析国内外在各个技术分支中研究方向上的热点差异，为国内相关技术的研发提供参考性建议；聚焦国内申请人研究方向上的空白点、薄弱环节，提供相应的专利技术研发思路，以助力国内企业早日突破“卡脖子”技术。

同时在技术功效分析时采用多维度的技术标引，提高技术功效矩阵的准确性、全面性。例如由于热管理关键技术中热监控采用技术流向的方式对其整体的专利技术流向全貌进行分析，这就需要针对每一项专利在技术流向中的位置进行标引，而一项专利会涉及技术流向中的多个技术分支，如同时涉及测量、分析和控制中的多个。因此，同一项专利面临多个维度的技术分支标引，标引难度大增；而在针对不同维度分析时也会出现多项专利重复出现的情况，数据统计难度较高。课题组针对上述问题将筛选后的高价值专利在测量—分析—控制三个维度上进行了详细的标引，标引过程中将具有多维度分支的专利进行特殊标记，并将其技术分支设定为主要分支、辅助分支，在技术分析流向时采用多维度的方式表示这些技术分支，在进行重点专利筛选和技术功效分析时则以其主要技术分支为入口进行专利的归类、筛选，以抓住关键、突出重点，更准确地呈现专利技术脉络。

2.3.4 结合市场和产业分析特色申请人

在课题组对各个要素进行专利分析过程中，由于前期重点申请人多是基于专利申请数量和行业内的影响力两个方面进行筛选的，因此存在申请数量不多但在整个行业内影响突出的特色申请人。具体而言，由于近几年国内新能源市场发展火热，出现了大量的新能源汽车新势力品牌。结合国内新能源汽车销量信息可知，除了比亚迪、特斯拉销量排名靠前之外，其他新势力车企如小鹏、哪吒、理想、零跑、蔚来等销量也十分靠前。然而由于这些新势力车企成立较晚，其专利申请量有限并且各有特点。因此课题组针对新势力车企的专利布局情况进行了详细分析，通过对标比亚迪、丰田、特斯拉等企业，发掘新势力车企专利布局的特点，挖掘专利布局中的不足，为新势力车企的专利布局、知识产权保护提供参考性的建议。

2.4 “要素式”特色专利分析方法的推广和应用

常规专利分析方法一般包含明确的技术主题，检索边界也相对清晰。然而随着技术的发展，也出现了越来越多的针对产业的某一特定问题进行分析的需求。课题组提出的“要素式”专利分析方法是建立在常规专利分析方法之上的、针对该需求提出的专利分析方法，具有一定的普及推广应用价值。

2.4.1 有助于针对产业的特定问题进行深入分析

目前各个产业均有急需的、重点关注的热点难点问题。针对这些问题，通过全景式的、整体的专利技术分析无法得出准确的结论，例如针对动力电池产业进行全面分析，一般仅涉及动力电池的电芯材料、电芯结构等，难以聚焦动力电池安全性，因此难以进行深入全面、有针对性的分析。而采用“要素式”特色专利分析方法，从影响要素入手，全面掌握影响该问题的要素，深入分析重要要素的技术发展情况、专利布局情况等，可以得出更精准、更深入的结论和建议。

2.4.2 有助于给出全方位的建议

“要素式”特色专利分析方法在针对特定问题进行分析时，能够全面考虑影响特定问题如动力电池安全性的因素，能够从包括产品自身、相关系统、控制管理等多个角度分析，进而挖掘解决该特定问题的多种方法，找出全方位的技术发展脉络，提供全方位的意见和建议。

第3章　动力电池安全技术专利分析

3.1　研究概况

课题组根据新能源动力电池安全技术领域的技术分解表，为了详细地对涉及新能源汽车动力电池安全技术领域的各个技术分支进行深入的分析，在一级技术分支下详细地划分了更为细化的技术分支。本章针对涉及新能源汽车动力电池安全技术领域的整体专利技术进行分析，以了解全球和国外主要国家/地区在新能源汽车动力电池安全技术领域方面的发展情况，同时对比中国的专利申请情况，分析我国在这方面的发展特点。在技术分支分析中，本章主要涉及一级技术分支的分析，对于二级及以上技术分支的分析将在后续章节中进行详细、深入的分析。本章通过对一级技术分支的分析，旨在了解全球范围及主要技术来源国的研究情况。在重要申请人分析中，本章主要分析了全球和中国的主要申请人的相关专利申请、技术构成等，以便了解全球和中国范围内申请人的主要研究方向以及历年来主要申请人的迁移情况。

3.2　整体专利竞争态势分析

3.2.1　全球专利竞争态势分析

从图3－2－1中新能源汽车动力电池安全技术领域的全球专利技术发展趋势可以看出，新能源汽车动力电池安全技术方面的专利申请经历了较长的发展时期，其发展阶段大致划分为以下三个阶段。

1. 第一发展阶段：技术萌芽期（1914~1990年）

在全球方面，新能源汽车动力电池安全技术相关的专利出现得比较早，可以追溯到1914年。这主要是因为新能源汽车中的纯电动汽车早在19世纪已经出现，19世纪末至20世纪初是电动汽车的黄金时期。在当时，电动汽车是金融巨头的代步工具和财富象征。与此同时，虽然美国在汽车的普及上比欧洲稍晚，但其在电动汽车方面有自己的优势，在电力技术发展和普及上领先于欧洲。因此，这一时期的电动汽车技术主要以美国为主，同时欧洲的英国、法国也开始在19世纪末量产电动汽车。伴随着电动汽车的发展，在20世纪初出现了动力电池碰撞安全方面的相关专利。从图3－2－1中可以看出，虽然1914年开始已经出现了相关专利申请，但是直至1990年左右，其申请量一直维持在较低水平，年均申请量低于100项，这主要是因为新能源电动汽车不适应长距离行驶，受限于当时的技术水平和社会环境，其发展几乎停滞不前。但是这一时期的研究并未中断，因此关于新能源汽车动力电池安全技术的相关研究正处于萌芽阶段。

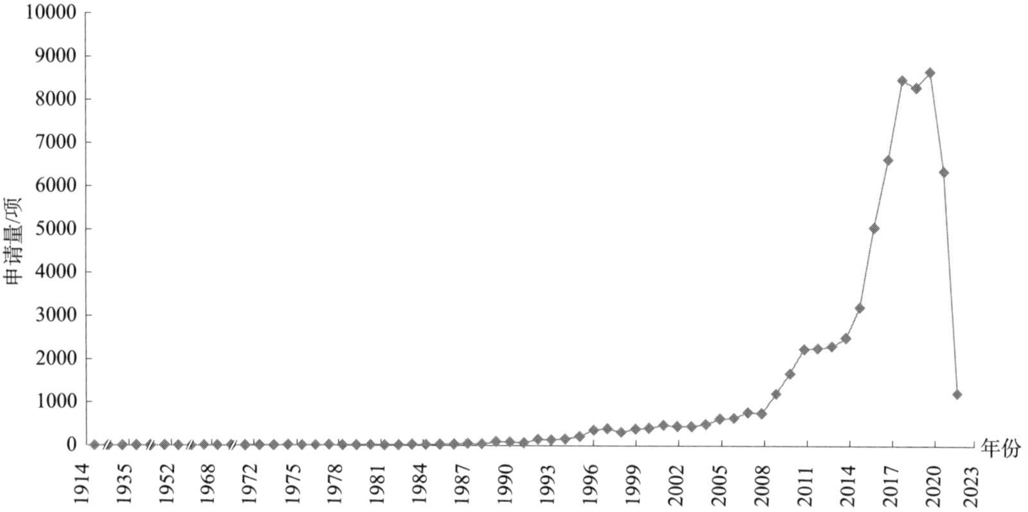

图3-2-1　新能源汽车动力电池安全技术领域全球专利技术发展趋势

2. 第二发展阶段：稳定增长期（1991~2008年）

1991~2008年，关于新能源汽车动力电池安全技术的相关专利申请处于稳定增长阶段。从其申请量来看，1992年全球专利申请量首次突破100项，2005年突破至500项，2008年则达到751项。由此可以看出，这一时期关于新能源汽车动力电池安全技术方面的相关研究取得了一定的进展。这主要是因为在经历以石油危机为代表的能源危机后，人们开始反思日益严重的环境问题，电动汽车受到人们越来越多的关注。然而在这一时期，尤其是在20世纪90年代，电池技术的发展相对滞后，这给电动汽车制造商带来了巨大的挑战。汽车制造商在市场压力下主要以研发混合动力汽车为主，以克服电池续航里短的问题。21世纪初，随着电池技术的突破，电动汽车进入了大规模应用阶段。这一阶段，随着电池能量密度提升，电动汽车的续航水平也以每年50公里的速度提升，电机的动力表现已经不弱于一些低排量的燃油车发动机。我国的电动汽车开始蓬勃发展，并逐步成为全球新能源汽车稳步发展的主要推动力之一。

3. 第三发展阶段：快速增长期（2009年至今）

2009年至今，新能源汽车动力电池安全技术的相关专利申请处于快速增长阶段。在图3-2-1中，由于2021~2022年相关专利申请公开滞后的原因，检索的申请量数据并未反映出这两年的真实数据。结合实际的产业调研可知，2021年动力电池技术研究取得了一定突破。另外，大部分企业的专利申请趋势稳定，每年都会进行一定量的专利申请，因此推测这两年的实际专利申请量依然呈现增长的趋势。从申请量来看，2009年，专利申请量首次突破1000项，2016年突破5000项，2020年则高达8652项。由此可以看出，这一时期新能源汽车动力电池安全技术发展势头迅猛，处于快速增长阶段。这主要是因为2010年左右大部分国家开始大力出台相关政策扶持新能源汽车，此时以特斯拉、比亚迪等为代表的车企相继推出新的纯电动汽车、混合动力汽车等新能源汽车，同时随着新能源车企大量上市，其引发的安全问题也越来越受到社会公众的关注。整车企业和电池厂商对电池安全越来越重视，因此这一阶段动力电池安全的专利申请进入了一个快速增长阶段。

3.2.2 中国专利竞争态势分析

我国在新能源汽车动力电池安全技术方面的研究相对于国外而言起步比较晚，但是发展速度较快。图3-2-2显示了新能源汽车动力电池安全技术领域中国专利技术发展趋势。整体发展历程主要分为以下三个阶段。

1. 第一发展阶段：缓慢发展期（2005年以前）

在2005年以前，国内关于新能源汽车动力电池安全技术相关的申请量处于平缓期，每年的申请量逐渐缓慢增加，但都低于100项。这一时期我国自主研发的新能源电动汽车实际上尚处于研发阶段，并未开展大规模的商业应用，因此其发展相对缓慢。

2. 第二发展阶段：快速增长期（2006~2015年）

这一时期，我国在新能源汽车动力电池安全技术方面的研究呈现出了快速发展阶段，其专利申请量从2006年的158项到2014年突破1000项，呈现了快速发展势头。这一时期，我国新能源汽车技术方面积累了一定的基础。2013年，新能源汽车开始规模化进入公共领域。这一时期，我国新能源汽车实现了从小规模示范阶段到商业化应用的转变。尤其是商业化应用之后，关于新能源汽车的研究越来越多，呈现出快速发展的趋势。与此同时，随着我国专利保护制度的逐步完善，各大车企和研究机构也开始逐渐重视知识产权。因此，在这一阶段，伴随着技术的进步和专利保护意识的提升，关于新能源汽车动力电池安全技术方面的专利申请也越来越多。

3. 第三发展阶段：迅猛增长期（2015年至今）

由于专利数据公开滞后性的原因，2021~2022年部分专利申请尚未公开，统计中的数据并未反映出这两年的真实申请量情况。但从我国新能源汽车在2021~2022年的发展情况来看，我国在新能源汽车方面的发展一直比较稳定。因此，推测这两年我国关于新能源汽车动力电池安全技术方面的专利申请量依然较大。

这一时期，我国的专利申请量呈现出迅猛增长的态势，2016年突破3345项，2020年达到6625项。这一时期我国专利申请量之所以增长迅猛，与我国2015年以后新能源汽车销量暴涨以及相应的政策支持密不可分。2014年，我国新能源汽车销售7.5万辆；2015年这一数据翻了近5倍，达到33.1万辆；2018年这一数据达到125.6万辆；2021年达到352.1万辆。与之相应的，2015年4月，我国发布了《关于2016—2020年新能源汽车推广应用财政支持政策的通知》，该通知公布了在2016~2020年继续实施新能源汽车推广应用补助政策。2015年5月，《电动汽车碰撞后安全要求》（GB/T 31498—2015）国家标准发布，并于2015年10月实施。随后该标准又有了进一步修订:《电动汽车碰撞后安全要求》（GB/T 31498—2021）发布并实施以替代旧的国家标准。2020年10月，国务院办公厅印发了《新能源汽车产业发展规划（2021—2035年)》，强调了发展新能源汽车是我国从汽车大国迈向汽车强国的必由之路，是应对气候变化、推动绿色发展的战略举措。一连串利好政策和不断增长的销量为我国新能源汽车产业和市场的起步打下了坚实的基础，也吸引了全世界的生产制造主体在我国进行相关专利布局。上述相关政策、标准的实施极大推动了我国新能源汽车产业的发展，我国新能源汽车动力电池安全技术方面的专利申请量也达到了新高度。

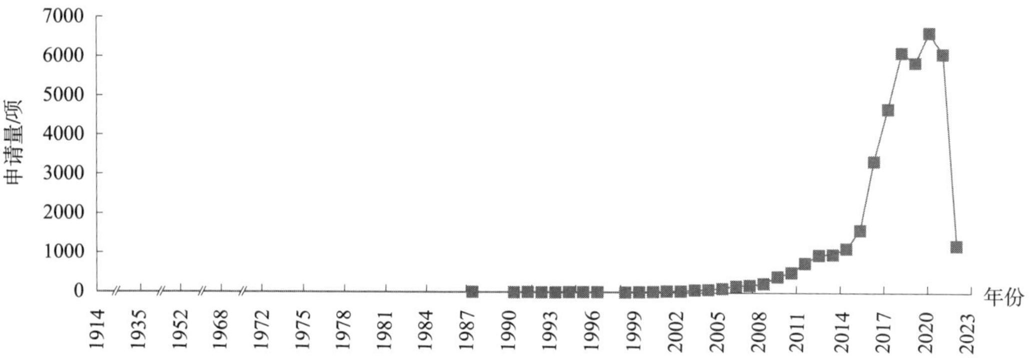

图3-2-2 新能源汽车动力电池安全技术领域中国专利技术发展趋势

3.2.3 国外主要国家专利竞争态势分析

图3-2-3为新能源汽车动力电池安全技术领域国外主要国家专利技术申请趋势。从图中可以看出，日本在国际上的专利申请相对比较活跃，其次依次是韩国、美国、德国、法国。这几个国家在新能源汽车动力电池安全技术方面虽然经历了不同的发展期，但是其整体的发展阶段类似。下面主要以日本为例，分析日本以及其他国家的专利申请趋势。

1. 日本专利申请趋势分析

（1）第一发展阶段：技术萌芽期（1971~1990年）

1967年，日本成立了日本电动汽车协会以促进电动汽车事业的发展；1971年，日本制定了电动汽车开发计划，伴随着早期日本政府对电动汽车的大力支持，其电动汽车行业开始逐步发展。日本于1971年开始出现了新能源汽车动力电池安全技术方面的专利，之后一直到1990年其发展相对缓慢。这一时期，日本主要以传统的燃油汽车发展为主，电动汽车由于受制于电池技术，其续航里程等无法满足正常需求。从20世纪70年代开始，日本有很多企业开始开发纯电动汽车，但能够坚持下来进行研发和销售的不多。总的来看，这一时期日本在新能源汽车动力电池安全技术方面研究机构相对匮乏，发展缓慢，处于技术萌芽期。

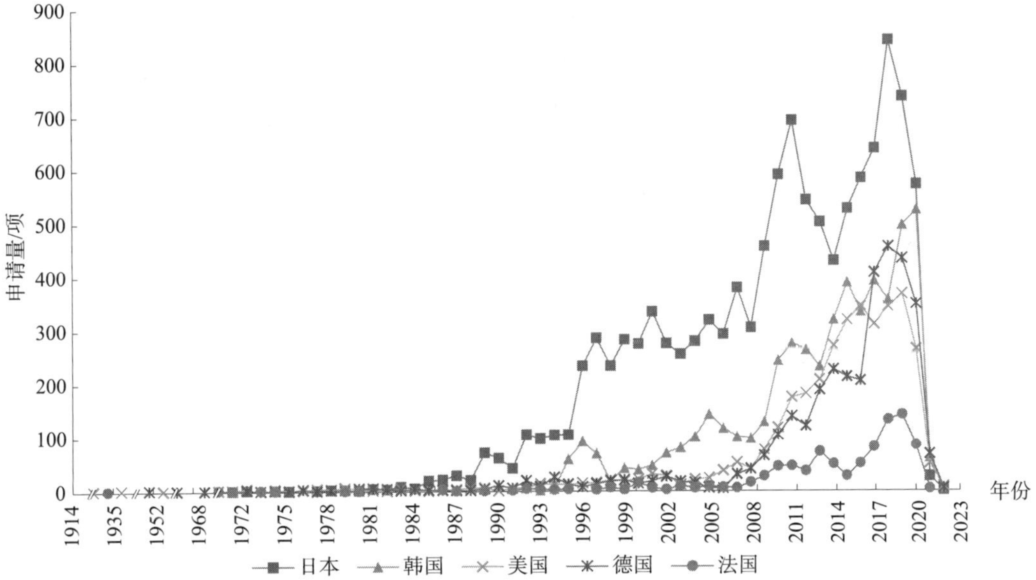

图 3-2-3　新能源汽车动力电池安全技术领域国外主要国家专利技术发展趋势

（2）第二发展阶段：快速增长期（1991～2011 年）

这一时期，由于环境等问题，日本的主要汽车企业开始重新重视新能源汽车的研究。1991 年，日本制定了第三届电动汽车普及计划，提出到 2000 年日本电动汽车的年产量要达到 10 万辆，保有量达到 20 万辆。以丰田为代表的日本车企于 1997 年 12 月推出第一代丰田 Prius 混合动力车型并在日本本土上市销售。这是丰田第一款基于丰田混动系统（Toyota HyBrid System，THS）的量产车型。随后在 2000 年，丰田将升级版的第一代 Prius 推广到北美和欧洲市场；2001 年，丰田推出了中大型汽车 Estima 混合动力车型；2003 年，丰田采用与 Estima 混合动力车型相同的混动系统，推出了 Alphard 混合动力车型。日本的日产由于具有锂离子电池技术方面的优势，其主要研发方向也集中在纯电动汽车方面。1997 年日产推出了 Prairie Joy 电动汽车——这是全球第一辆装备了锂离子电池的新能源汽车。这一时期，日本的新能源汽车得到了快速发展，其在新能源汽车动力电池安全技术方面的专利呈现快速增长的态势。

（3）第三发展阶段：高位震荡阶段（2012 年至今）

日本新能源电动汽车产业经过了前期快速增长阶段之后，从 2012 年至今，其新能源汽车动力电池安全技术方面的专利申请进入了高位震荡发展阶段。2016 年 5 月 4 日，据美国相关媒体报道，丰田宣布在北美研究所研发的镁电池已取得突破性进展。同年，丰田进行了大量的专利布局。这也带动了随后几年日本专利申请量的逐步增长。

2. 其他主要国家的专利申请趋势分析

其他主要申请国家中，韩国、美国、德国的专利申请量大致相当。这几个国家专利申请量之所以较大和其国内主要新能源电动汽车企业有着密切关系。韩国方面，LG是国际上知名的动力电池研发、制造企业，其在动力电池研发方面占据主要地位；美国的传统车企福特、通用等也是新能源汽车行业的主力军；德国的大众、宝马、戴姆勒等公司则引领着德国的新能源电动汽车行业的发展。虽然这些国家在发展历程中出现了波动的情况，但是其整体发展趋势类似，均呈现持续增长的态势——这也推动了全球范围内新能源汽车动力电池安全技术的持续发展。

3.2.4 国内外发展趋势对比分析

图3-2-4为新能源汽车动力电池安全技术领域的中国与国外专利技术发展趋势对比图。图中反映出不同时期中国和国外的专利申请量占比情况，可以明显看出，在1987年之前，我国在新能源汽车动力电池安全技术方面的专利申请为空白，这主要和我国专利制度建立相对较晚有关。众所周知，《专利法》于1985年4月1日正式施行，因此在这之前我国并未进行专利申请。而从1987年开始，我国开始出现了新能源汽车动力电池安全技术方面的专利，但是其申请量一直比较低。从图3-2-4中也可以看出，随着中国技术的发展，全球专利申请量中，中国的贡献比重逐步加大，并且于2016年首次超越外国申请量总和，成为推动新能源汽车动力电池安全技术发展的主要推动力。这也从侧面反映出我国新能源汽车技术在政策的大力支持下正逐步进入世界先进行列。我国的新能源汽车申请人研究虽然起步较晚，但是得益于国家政策的大力支持，发展势头迅猛，并逐步掌握了新能源汽车中的一些关键技术，形成了一系列新能源汽车动力电池安全技术方面的自主知识产权，通过一系列的技术研发、市场布局将知识产权保护融入其中，为我国实现汽车行业换道超车奠定了良好的基础。

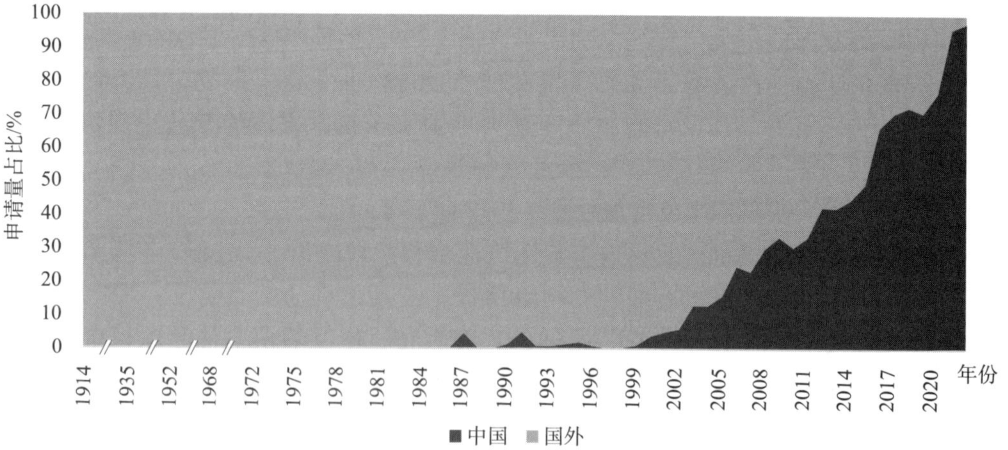

图3-2-4 新能源汽车动力电池安全技术领域中国与国外专利技术发展趋势对比

3.2.5 专利申请技术流向分析

图3－2－5给出了新能源汽车动力电池安全技术领域的专利申请技术流向。从图中可以明显看出，我国专利申请量最大，但是主要以本国布局为主，通过世界知识产权组织提交的PCT申请量相对于其他国家比较少，在国外专利布局中主要以美国、欧洲地区的专利布局为主，同时在日本、韩国也进行了一定程度的布局。而日本作为新能源汽车动力电池安全技术的第二大国，其专利申请量虽然也以本国为主，但是整体来看，其通过世界知识产权组织提交了大量的PCT专利申请，在美国、中国的专利申请量占到日本本国申请量的40%左右。由此可见，美国、中国是日本新能源汽车动力电池安全技术的主要海外市场，日本也比较重视在这两个国家的知识产权保护。除此之外，日本还通过欧洲专利局（EPO）提交了大量的专利申请，同时在德国、韩国等国家也进行了一定量的专利布局。韩国、德国、美国、法国的专利布局情况类似，都是以本国布局为主，同时也比较重视美国、中国、日本等国的专利布局，在这些国家进行了一定量的专利申请。从中国国内的专利申请来看，来自海外的主要竞争对手主要有日本、韩国、美国、德国和法国。这提醒我国企业在进行新能源汽车动力电池安全技术研究和应用时要关注这些国家的专利申请，避免潜在的侵权风险。

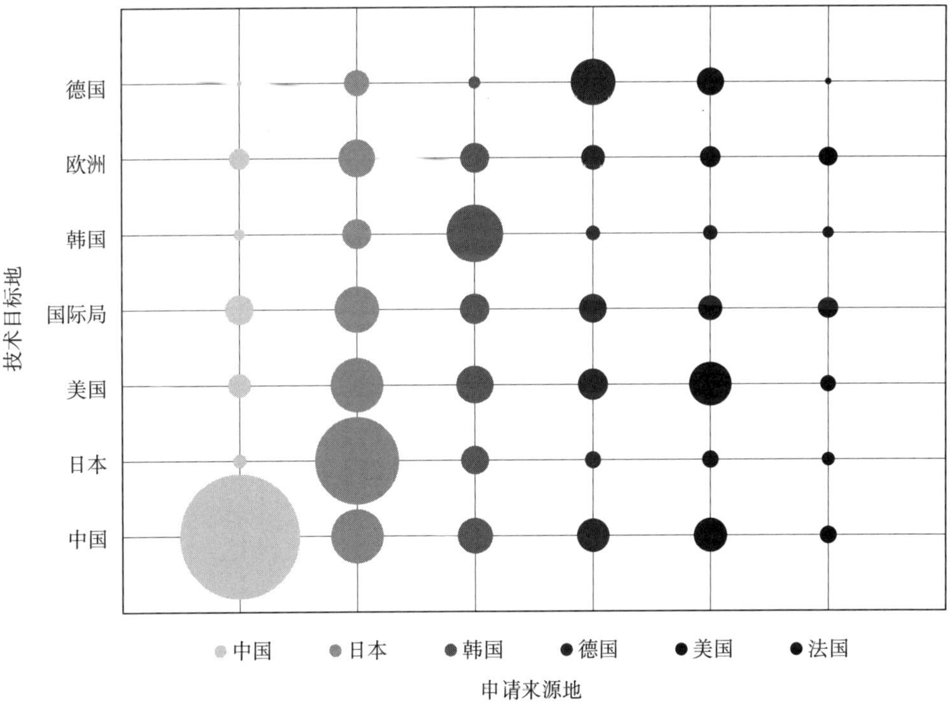

图3－2－5 新能源汽车动力电池安全技术领域主要国家/地区专利申请技术流向

注：图中圆圈大小表示申请量多少。

从图3－2－6中新能源汽车动力电池安全技术领域主要国家专利申请技术输出占比可以看出，来自中国的专利申请量最大，占据全球专利申请量的61%。

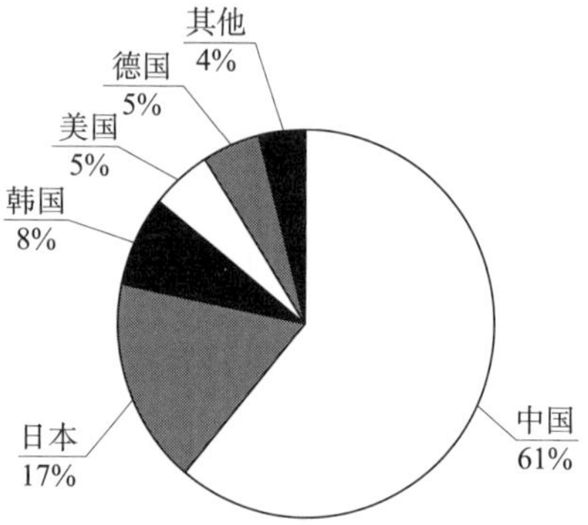

图3－2－6　新能源汽车动力电池安全技术领域主要国家专利申请技术输出占比

进一步从图3－2－7来看，其中，发明占比56%、实用新型占比44%，这说明我国专利申请人通常采用发明为主、实用新型为辅的方式进行专利保护。这和发明、实用新型的保护特点、保护期限有着密切的关系。在其他国家中，日本的专利申请量占比为17%。韩国、美国、德国的占比分别为8%、5%、5%。

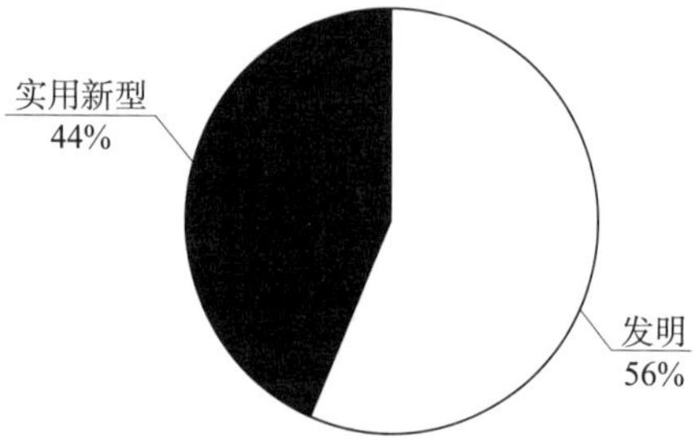

图3－2－7　新能源汽车动力电池安全技术领域中国专利类型占比

综合以上信息可以看出，在国际市场方面，虽然我国的专利申请量最大，但是在海外市场的专利布局相对比较薄弱。这提醒中国申请人，在产品全球化的过程中，进入国际上新能源汽车竞争激烈的市场，例如日本、美国、韩国等国家，要提前做好专利风险判断，避免侵权。同时，我国也应当加大对重点目标市场的专利布局，以在未来可能的知识产权谈判中占据主动地位。

3.3　技术构成分析

3.3.1　申请态势分析

图3－3－1给出了新能源汽车动力电池安全技术领域一级技术分支专利申请趋势。从专利技术构成分析来看，关于碰撞安全的研究最早，可追溯到1914年。关于电池本

征的专利申请则在1967年开始出现。热管理技术的专利申请相对于电池本征和碰撞安全发展相对较滞后。热管理技术的研究是随着电动汽车、电池技术的发展逐步发展起来的。关于各个一级技术分支的发展，具体来讲，主要概括如下。

在碰撞安全技术方面，其发展经历了三个阶段。第一发展阶段：技术萌芽期（1914～1990年）。纯电动汽车在19世纪就出现了。1914年开始，出现了动力电池碰撞安全方面的相关专利申请，之后一直到1990年，相关专利申请量保持较低态势，是碰撞安全的起步阶段。第二发展阶段：缓慢增长期（1991～2010年）。在经历技术萌芽期的技术积累后，伴随着电池储能技术、电机、电控等技术的进步，20世纪末期以油电混合动力汽车为代表的新能源汽车逐步产业化。1990年以后动力电池碰撞安全的相关专利申请量开始稳步增长，进入了缓慢增长期。第三发展阶段：快速增长期（2011年至今）。2010年左右各国开始大力出台相关政策扶持新能源汽车，此时以特斯拉、比亚迪等为代表的车企相继推出新的纯电动汽车、混合动力汽车等，同时随着新能源汽车大量上市，其引发的安全问题也越来越受到社会公众的关注，关于新能源汽车的安全标准和要求出台，整车企业和电池厂商对电池碰撞安全越来越重视，动力电池碰撞安全专利申请也进入了快速增长阶段。

在热管理技术方面，其大致经历了三个阶段。第一发展阶段：技术萌芽期（1992年之前）。1992年以前，与热管理相关的专利申请数量较少，其间申请量均维持在个位数，总体上申请量不大。这个时期由于锂离子电池的研发刚刚起步，随之关于热管理技术的研发也处于萌芽发展阶段。部分企业开始试探性地开展研究，因此只有零星的专利申请。第二发展阶段：缓慢发展期（1993～2003年）。20世纪末，以油电混合动力汽车为代表的新能源车型开始逐步产业化。伴随着新能源车型产业化的发展，关于热管理技术的研究有了较为持续的投入，但是这一时期关于电池热监测技术的发展处于缓慢发展的阶段。第三发展阶段：快速增长期（2004年至今）。从2004年开始，热管理相关的专利申请数量开始有明显增长。

在电池本征技术方面，其发展大致经历了三个阶段。第一发展阶段：技术萌芽期（1994年之前）。1994年以前，这个时期由于锂离子电池电解质的研发刚刚起步，处于试探性的起步研究阶段，各大企业只有零星的专利申请，申请总量较少；同时动力电池电芯结构方面的技术研究从20世纪80年代末90年代初才开始，此时并未进行大量的专利布局。第二发展阶段：缓慢增长期（1995～2008年）。从1995年开始，关于电池本征的专利申请开始逐步增多，并于1996年首次突破100项，1997年突破至200项，截至2008年已经达到371项，由此可见，这一时期关于电池本征的研究处于初步缓慢发展的阶段。第三发展阶段：快速增长期（2009年至今）。从2009年开始，电池本征的专利申请量快速增长，尤其是自2014年之后呈飞跃式增长，这和新能源汽车行业的蓬勃发展密不可分。自2014年起新能源汽车的渗透率不断提高，对动力电池的需求呈指数增长，从而带动了电池本征的专利申请快速增加。考虑到2021年和2022年提交的专利申请还有较多未公开，可以预期这两年的申请量依然保持在一个较高的水平。

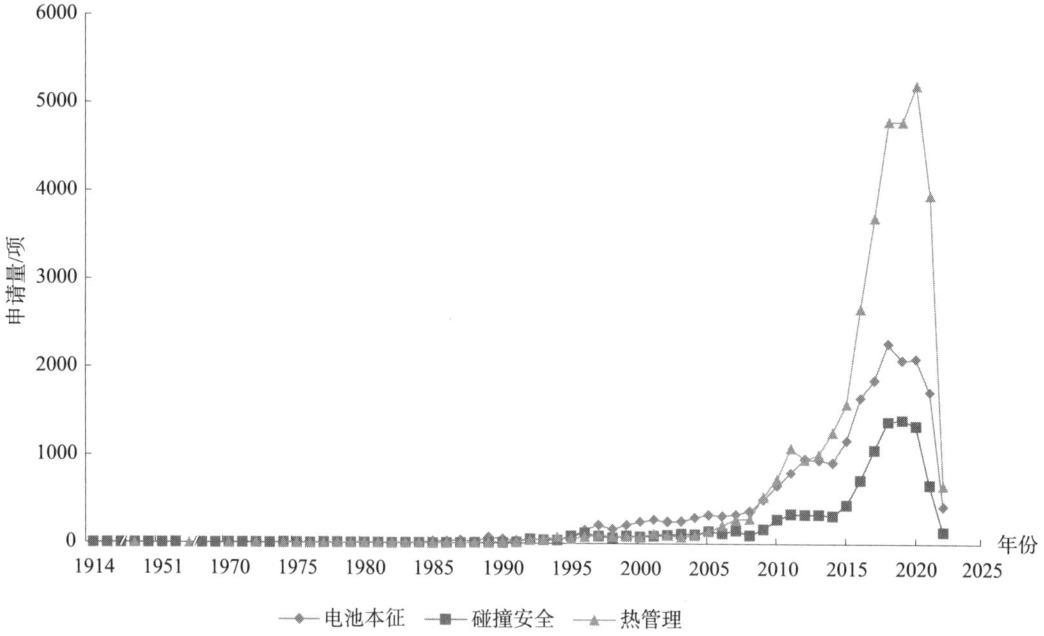

图3-3-1　新能源汽车动力电池安全技术领域一级技术分支专利申请趋势

图3-3-2给出了新能源汽车动力电池安全技术领域一级技术分支专利占比趋势。通过一级技术分支的发展态势并结合历年的研究热度分析可以看出，前期主要是以碰撞安全的专利申请为主，热管理为辅。从1967年开始，转向了对电池本征、碰撞安全和热管理同步进行专利申请。其间关于电池本征和热管理方面的专利申请量逐步增多，而关于碰撞安全的专利申请量占比则呈现出下降的趋势。从1990年开始，碰撞

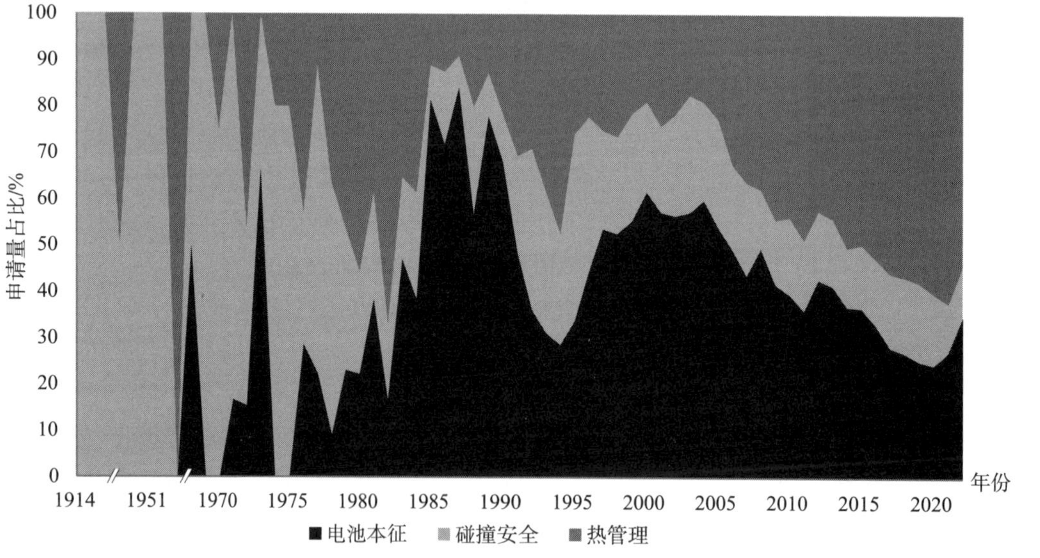

图3-3-2　新能源汽车动力电池安全技术领域一级技术分支专利占比趋势

安全的专利申请量又开始逐步增多，但是其整体数量依然要远低于电池本征和热管理专利申请量，尤其是从2009年开始热管理专利申请量开始超越电池本征，这主要是因为热管理涉及动力电池工作全过程，不仅涉及低温管理，还涉及高温管理。伴随着电动汽车的长期发展，人们意识到电池热量管理的问题越来越突出，成为影响动力电池安全的主要因素，因此在该方面进行了大量的研究，其专利申请量也较大。

3.3.2　主要分布区域分析

图3-3-3显示了新能源汽车动力电池安全技术领域主要国家一级技术分支专利申请量。从主要国家的一级专利技术构成来看，当前大部分国家集中在热管理和电池本征方面进行专利申请。其中，中国、美国、德国、法国都是以电池的热管理专利申请为主。结合图3-3-4可以看出，中国在热管理技术方面的专利申请量达到了50%，同时在电池本征方面研究投入超过30%，其他的则是碰撞安全方面。美国、德国、法国在热管理方面的专利申请量占比均达到70%以上。由此可见，这些国家十分重视电池热管理技术的研究。在这些国家中，美国还比较重视碰撞安全、电池本征方面专利申请，在这两方面投入了相对均衡的研究；而德国、法国则还注重碰撞安全的专利申请，电池本征的专利申请则相对较少；日本则更注重电池本征方面的专利申请。结合调研数据可知，日本在电池本征材料方面投入了大量的研究，其研发相对前沿，这也说明日本在电池本征方面具有一定的技术优势。因此我国在电池本征研究中要多关注日本在这方面的研究。除此之外，日本在热管理和碰撞安全方面也进行了一定量的专利申请。韩国则在电池本征和热管理两方面的专利申请量相当，这与韩国的主要企业例如LG、三星主要是以动力电池为其主营业务之一有着密切的关系，与此同时，韩国在碰撞安全方面也投入了一定的研究精力。

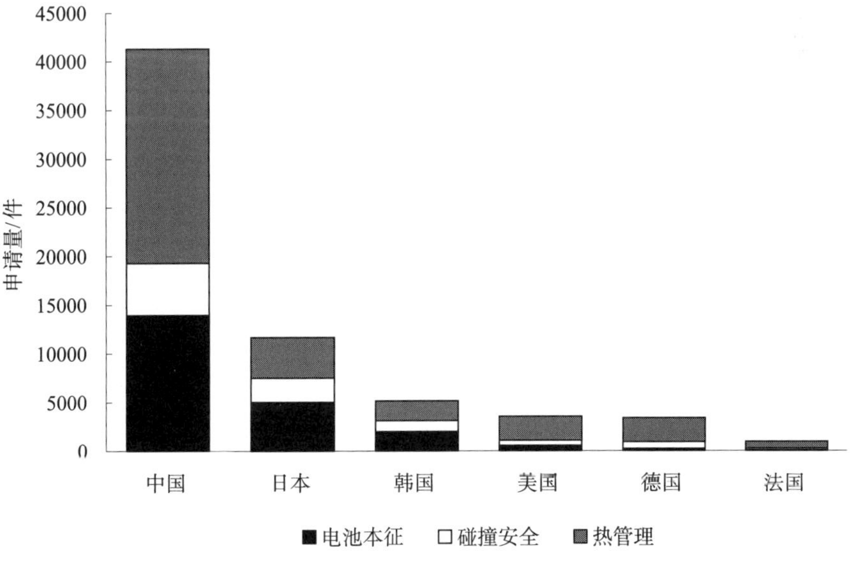

图3-3-3　新能源汽车动力电池安全技术领域主要国家一级技术分支专利申请量

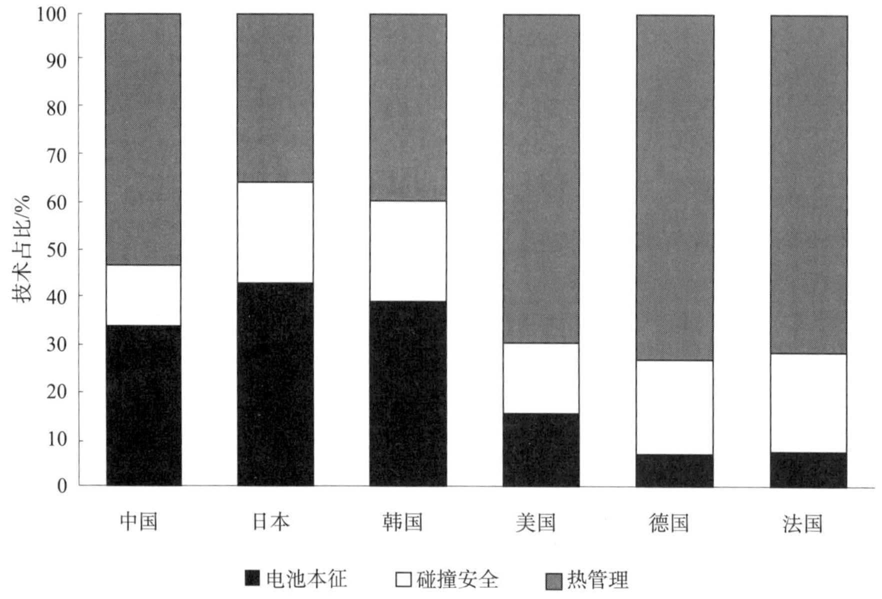

图3-3-4 新能源汽车动力电池安全技术领域主要国家一级技术分支专利占比

3.3.3 技术分支申请趋势分析

表3-3-1为新能源汽车动力电池安全技术领域主要国家一级技术分支专利申请。从表中可以看出，在碰撞安全方面，在2000年之前，日本的研究投入最多，共计申请了322项专利；其次是韩国，申请了191项专利。2001~2012年，日本一直居于碰撞安全方面第一申请国的位置；在2013年，中国超越日本，成为碰撞安全最主要的申请国——这得益于我国新能源汽车行业的快速发展，使得人们越来越重视汽车的碰撞安全。紧随其后的韩国也在碰撞安全方面进行了持续深入的研究，虽然其专利申请量不大，但是一直处于上升阶段；韩国在这方面的专利申请量也处于领先的地位。

在电池热管理方面，2020年之前日本依然申请量最多，并且其申请量远高于其他国家的申请量总和。2001~2011年，日本一直处于热管理研究方面的前沿，是热管理技术最主要的申请人。而中国则从2012年开始取代日本成为热管理技术方面最主要的申请人，并且随后尤其是2015年之后中国在热管理方面的专利申请量出现迅猛增长的趋势，首次破千，并且远高于其他国家专利申请量的总和。这一方面得益于我国新能源汽车行业的快速发展，另一方面和我国知识产权事业的快速发展密切相关。德国、美国虽然前期在热管理方面的研究投入并不多，但是其专利申请量一直处于增长的趋势。尤其是在2013年以后，其专利申请量接近甚至超过日本，并与日本交替成为第二主要专利申请国。韩国近几年则在热管理方面申请了大量的专利。由此可见，在热管理技术方面中，中国占据主导地位，日本、德国、美国近几年的研究产出相当，韩国的发展势头也比较快且正在逐渐成为主要的热管理技术专利申请国。

表3-3-1 新能源汽车动力电池安全技术领域主要国家一级技术分支专利申请

单位：件

技术分支	国家	2000年及以前	2001年	2002年	2003年	2004年	2005年	2006年	2007年	2008年	2009年	2010年	2011年	2012年	2013年	2014年	2015年	2016年
电池本征	中国	33	20	24	52	57	80	127	131	166	255	326	466	579	571	559	729	1203
	日本	1196	193	144	132	166	159	119	134	125	172	242	206	208	220	173	183	261
	韩国	116	42	54	56	60	72	50	42	54	45	61	80	113	110	125	192	145
	美国	73	14	13	2	7	16	15	16	16	13	16	29	30	29	32	38	25
	德国	26	1	11	3	2	1	1	8	0	6	5	13	10	11	14	17	9
	法国	14	0	1	7	2	2	1	0	2	2	0	2	1	1	3	0	1
碰撞安全	中国	7	4	1	6	3	6	9	12	20	33	60	74	95	120	124	176	439
	日本	322	55	59	69	52	75	49	83	40	76	95	141	113	91	88	119	131
	韩国	191	1	8	13	33	51	42	34	19	18	61	55	61	44	47	58	40
	德国	94	9	12	12	8	4	2	8	6	15	23	33	20	33	34	27	39
	美国	78	14	10	8	6	2	6	3	3	8	23	22	28	24	13	41	32
	法国	36	3	2	3	0	3	2	5	4	8	10	3	8	11	6	4	10
热管理	中国	6	2	2	3	4	14	27	36	38	117	134	244	308	303	449	695	1748
	日本	516	87	73	55	62	85	125	163	140	209	253	345	222	191	169	225	192
	德国	99	9	4	3	5	1	2	15	35	45	76	93	91	145	179	169	158
	美国	68	4	6	2	9	6	17	34	23	56	79	124	124	155	226	240	288
	韩国	24	5	9	12	8	20	25	25	25	66	122	141	90	79	148	140	150
	法国	12	3	0	0	4	4	4	1	10	18	36	42	28	61	41	24	40

在电池本征方面，在2000年之前，主要是以日本为主，其专利申请量达到1196项；其次是韩国，其专利申请量为116项。由此可以看出，在2000年之前，日本是电池本征方面最主要的申请国，其研究占据全球主导地位。从2001年开始至2005年，日本在电池本征方面的研究相对比较稳定，年均申请量均在100项左右。然而从2006年开始至今，中国在电池本征方面的专利申请量开始超过日本并且发展迅猛，成为电池本征方面最主要的专利申请国。尤其是2020年，中国专利申请量高达1691项，是其余国家申请量总和的4倍多，这说明这段时期我国在电池本征方面的研究取得了相对不错的成绩。然而，结合行业内技术专家的分析，电池技术的进步是相对缓慢的，通常需要较长的时间才能够取得突破。因此中国虽然在专利申请量方面优势明显，但是技术积累明显低于日本，因此中国企业应当密切关注日本在电池本征方面的研究。除此之外，韩国在电池本征方面的研究投入也比较大，其年均申请量一直稳居第三的位置。

3.4 重要申请人分析

3.4.1 主要申请人申请趋势分析

表3-4-1显示了新能源汽车动力电池安全技术领域主要申请人专利申请量年度变化。从表中可以看出，日本的松下在2000年之前的专利申请量最大，为243项。这说明在2000年之前，松下引领了全球新能源动力电池安全技术的发展，是全球最主要的专利申请人。但是自2000年之后，松下的专利申请量逐步下降，年度申请量为15~50项。这说明松下在此期间依然持续进行研发并每年申请一定量的专利，但是其在全球专利申请量中的占比逐步降低。韩国的LG在2010~2019年的专利申请量比较大，尤其是在2010~2014年其是全球主要的专利技术申请人。这从侧面说明了LG在这一时期研发取得了一定的进展，申请了大量的专利。而日本的丰田在2000年之前已经申请了47项专利，说明丰田早期已经比较重视新能源动力电池安全技术方面的研究。2000年之后，其一直持续进行研究，其中在2016~2019年其专利申请量较大并逐步超越LG。丰田在这段时期专利申请量快速增长主要是其2016年在北美研究所研发的镁电池取得突破性进展，这也带动了随后几年日本的专利申请量的逐步增长。比亚迪在2000年之前的专利申请量不大，但是2000年之后，尤其是2016年之后，比亚迪开始申请大量专利，并于2017年首次跃居全球申请量首位。比亚迪这一时期专利增长相对较快的原因和比亚迪的技术和产品研发有着密切的关系。2016年，比亚迪推出的e平台通过集成式融合创新实现了纯电动汽车关键技术的平台化，正式进入2.0时代。基于此，比亚迪推出了汉EV、唐EV等车型，成为比亚迪强势崛起的重要支撑。而在2021年9月8日，比亚迪正式发布了e平台3.0，成为专属的纯电造车平台，这也成为比亚迪新能源赛道上的又一个重要转折点。这一系列的因素推动了比亚迪在新能源动

力电池安全技术方面的专利申请量的迅猛增长。除此之外，其他主要申请人中，三星的专利申请量相对比较稳定；福特则在2016年开始进行了大量的专利布局，其专利年均申请量逐步超越三星、松下，跃居全球主要申请人前列；宁德时代也在2016年开始加强专利申请并超越福特成为新能源动力电池安全技术发展的重要推动力。排名相对靠后的申请人中，本田、北汽、大众、宝马、戴姆勒等公司最近几年也比较活跃，申请了大量的专利。从主要申请人年度申请量变化来看，全球主要的技术来源国从早期的韩国、日本正逐步向中国、日本、德国转移，这凸显出新能源动力汽车全球化趋势势不可当，各国投入大量的精力进行技术研发。

3.4.2　技术构成分析

图3－4－1显示了新能源汽车动力电池安全技术领域全球主要申请人专利申请排名。从图中可以看出，韩国的LG和日本的丰田专利申请量相当，分别列居第一位、第二位；中国的比亚迪紧随其后，处于全球第三的位置。日本松下、韩国三星、美国福特的专利申请量都处于800～900项，相差不大，分别位居第四至六名。在第7～15名中，主要以来自中国、日本、德国的企业为主。从图中的主要专利申请人可以明显看出，来自日本的企业最多，位于不同的梯队，这说明日本国内已经形成了多元化的发展格局，其技术储备相对更加合理、深厚。从技术分支分布情况来看，这些主要申请人都对动力电池热管理技术投入了相对较多的研究。除此之外，丰田、本田、戴姆勒将碰撞安全放在了次要地位，而对电池本征的研究投入较少。

图3－4－2为新能源汽车动力电池安全技术领域的中国主要申请人排名。图中可以看出，在国内主要申请人方面，比亚迪申请量最多，为1200件左右。宁德时代、北汽处于第二梯队，专利申请量在600件左右。其余依次是蜂巢、国轩高科等，其申请量在400件以下。从技术分支来看，比亚迪是以热管理研究为主，其次还在电池本征方面投入了大量的研究，而在碰撞安全方面研究相对较少。宁德时代和国轩高科作为主要的电池生产企业，以电池本征研究为主，同时在电池热管理方面也进行了一定的研究，而在碰撞安全方面的研究则较少。其他整车生产企业，例如北汽、奇瑞、吉利、东风、长城等，除在电池热管理方面研究较多外，还比较关注碰撞安全方面的研究，在电池本征材料方面的研究相对较少——这主要和这些企业的经营业务有关。国内除了比亚迪的大部分整车企业，其动力电池通常都是直接从其他公司外购，并不直接生产，并不需要在电池本征材料中投入过多的研究。而其余如中科院、华南理工大学等则比较注重关于电池热管理和电池本征材料的研究，对于碰撞安全的研究相对较少——这主要是因为碰撞安全主要涉及整车的设计，而科研院所和高校通常不涉及整车设计、生产。

表3-4-1　新能源汽车动力电池安全技术领域主要申请人专利申请量

单位：件

申请人	2000年及以前	2001年	2002年	2003年	2004年	2005年	2006年	2007年	2008年	2009年	2010年	2011年	2012年	2013年	2014年	2015年	2016年
LG	6	3	5	7	31	39	52	48	45	58	127	102	102	110	166	162	117
丰田	47	10	11	17	26	25	69	98	49	69	53	95	54	58	71	89	107
比亚迪	2	2	0	5	14	24	26	24	37	24	31	12	62	27	30	48	107
松下	243	32	40	34	47	36	48	40	24	38	55	39	26	14	7	20	27
三星	43	29	35	43	48	66	31	15	20	25	20	28	52	37	51	62	61
福特	5	0	1	2	2	0	1	3	0	1	1	14	13	53	108	98	126
宁德时代	0	0	0	0	0	0	0	0	0	0	0	0	6	8	17	36	127
三菱	124	26	17	4	18	15	5	14	15	14	35	50	48	69	41	27	28
本田	62	22	16	7	3	18	5	9	7	22	20	29	16	9	16	40	21
北汽	0	0	0	0	0	0	0	0	0	3	7	12	21	11	27	43	83
日立	124	13	11	9	7	6	14	22	32	24	43	49	29	33	31	29	15
大众	25	0	5	1	3	0	1	0	2	3	10	21	14	20	17	30	38
宝马	8	3	0	0	0	0	1	1	5	3	7	7	14	15	21	37	43
博世	2	2	0	1	1	2	0	0	5	10	6	12	13	46	79	44	43
戴姆勒	41	5	1	5	1	0	3	2	5	5	16	19	12	30	35	12	13
蜂巢	0	0	0	0	0	0	0	0	0	0	0	0	0	0	0	0	2
日产	89	16	19	20	12	18	12	6	4	17	17	18	34	37	13	11	6

续表

申请人	2000年及以前	2001年	2002年	2003年	2004年	2005年	2006年	2007年	2008年	2009年	2010年	2011年	2012年	2013年	2014年	2015年	2016年
通用	7	2	1	0	2	0	10	12	3	7	11	26	32	18	13	9	31
国轩高科	0	0	0	0	0	0	0	0	0	0	1	3	3	2	0	8	53
奇瑞	0	0	0	0	0	0	4	2	2	10	9	22	10	18	14	14	16
中科院	6	1	0	3	1	2	3	4	6	3	7	13	15	15	13	35	19
索尼	75	12	2	10	7	17	15	22	8	22	24	19	18	8	5	6	0
现代	74	4	6	7	4	6	7	5	3	4	1	5	10	12	19	25	17
一汽	0	0	0	0	0	0	0	0	0	1	0	1	3	6	13	9	9
吉利	0	0	0	0	0	0	0	0	0	1	3	7	1	3	11	2	17
法雷奥	1	0	0	0	2	3	1	0	2	9	6	9	1	23	15	6	5
长城	0	0	0	0	0	0	0	0	0	0	1	0	0	3	7	2	12
汤浅	104	18	15	7	0	2	3	1	2	1	3	3	5	6	11	8	10
东风	0	0	0	0	0	0	0	0	0	0	0	3	13	13	5	4	10

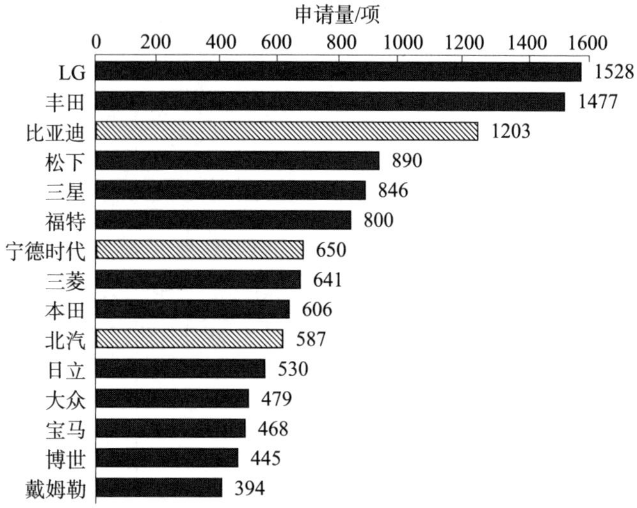

图3-4-1 新能源汽车动力电池安全技术领域全球主要申请人专利申请量排名

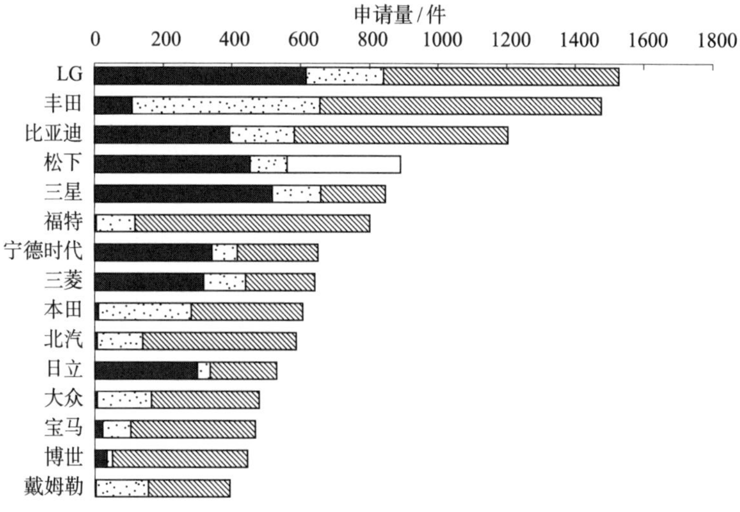

图3-4-2 新能源汽车动力电池安全技术领域中国主要申请人专利申请量排名

第4章　动力电池碰撞安全专利分析

4.1　研究概况

动力电池受到碰撞冲击以及随之带来的挤压、针刺等会导致其发生机械变形，可引起电池隔膜的破裂或变形，进而引起电池正负极直接接触，造成内短路。电池内短路引起焦耳热和化学反应热的产生，导致电池温度上升，引发电池起火、爆炸等安全问题。因此动力电池碰撞安全是新能源汽车动力电池安全的重要技术分支，受到整车企业、电池厂商以及社会公众的广泛关注，具有极为重要的研究意义。

为了解决动力电池碰撞安全问题，创新主体一般从车身设计和电池包壳设计两个维度出发，共同提升动力电池的碰撞安全。在车身设计中，借鉴传统燃油汽车对驾驶员的碰撞保护，一般采用加强横梁、纵梁、门槛边梁等结构部件，设置缓冲、溃缩等吸能结构优化碰撞时力的传递路线，从正面碰撞、底部碰撞、侧面碰撞、后面碰撞等各个工况全方位对动力电池进行保护。电池包壳设计一般也是从材料、结构、工艺等多方面提升电池包壳强度以及应用吸能材料、设置缓冲结构等降低传递至电池模组和/或电芯的力，以对电池包壳内部结构进行保护。同时，随着大众 MEB 平台、比亚迪 e 平台 3.0 等新能源汽车专用平台以及特斯拉 CTC、比亚迪 CTB 等电池车身一体化等新技术的出现，给车身设计和电池包壳设计带来了新的机遇和挑战。

本章首先从专利申请趋势、布局情况、创新主体情况以及技术构成等角度，对动力电池碰撞安全技术的专利概况进行总体分析，以揭示该领域专利申请的发展历程和趋势；在总体分析基础上，重点对动力电池碰撞安全中最重要的侧面碰撞和底部碰撞两大工况进行详细分析，帮助行业了解在动力电池碰撞最严苛的工况下动力电池碰撞防护技术的发展历史以及现状，同时预测动力电池碰撞安全领域在关键技术上的发展方向；另外，本章还选择重点申请人进行分析，研究重点申请人技术路线、专利布局等情况，为相关创新主体的研发和专利布局提供参考。

4.2　全球专利竞争态势分析

4.2.1　专利申请态势

动力电池碰撞安全技术伴随着新能源汽车的发展而发展。从图 4－2－1 来看，新能源汽车中的纯电动汽车早在 19 世纪已经出现，因此，早在 20 世纪初已出现了动力电池碰撞安全相关的专利申请，一直到 1990 年左右均是动力电池碰撞安全的起步阶段；

在经历以石油危机为代表的能源危机后，伴随着电池储能、电机、电控等技术的进步，20 世纪末期以油电混合动力汽车为代表的新能源汽车逐步产业化，1990 年以后动力电池碰撞安全的相关专利申请开始稳步增多，进入了初步增长期；随着世界各国对环境问题的重视，2010 年前后主要国家开始大力出台相关政策发展新能源汽车，此时以特斯拉、比亚迪等为代表的车企相继推出新的纯电动汽车、混合动力汽车等，同时随着新能源汽车大量上市，其引发的安全问题也越来越受到社会公众的关注，主要国家也出台了相应的安全标准和要求，整车企业和电池厂商也对电池碰撞安全越来越重视，这一阶段动力电池碰撞安全的专利申请也进入了一个快速增长阶段。根据国际能源署（International Energy Agency，IEA）发布的 2018 年全球电动汽车展望报告（*Global EV Outlook 2018*），2017 年，全球电动汽车销量达到 114.8 万辆，相比 2016 年大幅增长了 54%。截至 2017 年，全球电动汽车保有量已超过 310 万辆。同时，2018 年联合国世界车辆法规协调论坛（WP.29）第 174 次会议通过了电动汽车安全全球技术法规（EVS - GTR），其紧紧围绕整车及动力蓄电池的安全性能提出技术要求，同时规定了电动汽车满足安全性能要求的试验方法，以保障电动汽车在各种使用环境下以及发生正面碰撞、侧面碰撞等事故时能够最大限度地保护乘员安全。在这一时期各国也陆续出台了相关的动力电池安全的标准，其中涉及碰撞安全。新能源汽车市场的急速发展，相关法律法规、强制标准等强制要求都促使创新主体对动力电池碰撞安全进行研究，推动技术进步，因此在图 4 - 2 - 1 中也可以看出在 2017 年前后申请量大幅度增长。

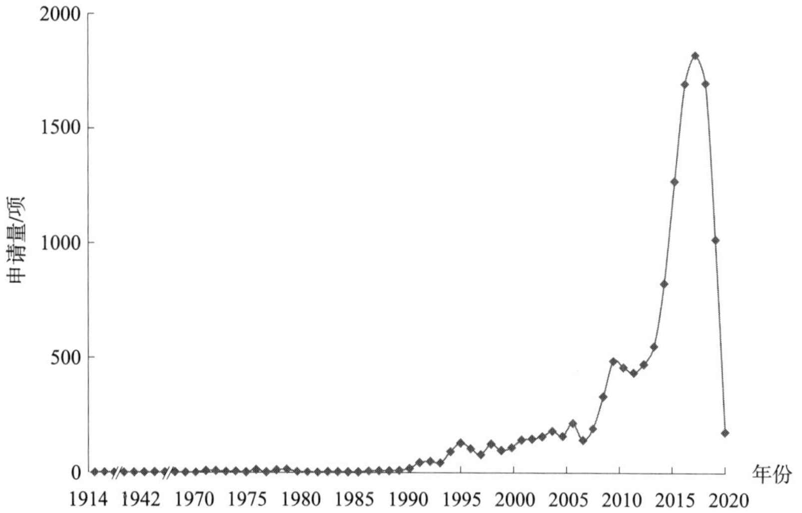

图 4 - 2 - 1　碰撞安全领域全球专利申请趋势

4.2.2　技术来源地分析

如图 4 - 2 - 2 所示，通过对全球专利数据的分析发现，动力电池碰撞安全方面的专利申请的技术来源国主要是中国、日本、韩国、德国和美国，分别占比 41%、28%、11%、8% 和 6%。中国 2010 年之后在新能源汽车领域出台了一系列政策，努力实现在新能源汽车领域的弯道超车，出现了以比亚迪为代表的整车企业和以宁德时代等为代表的电池厂商，专利申请数量大幅度提升。到2016年左右，中国在该领域的专利申请已经占到全球年度申请的50%以上。日本一直是新能源汽车领域的技术研发大国，丰田、本田等整车企业一直非常重视相关技术的研发，其作为技术来源国排名第二。韩国具有以LG、三星等为代表的电池企业，其在动力电池碰撞安全方面也有技术积累。德国、美国作为传统的汽车工业强国，也有一定的相关技术积累。

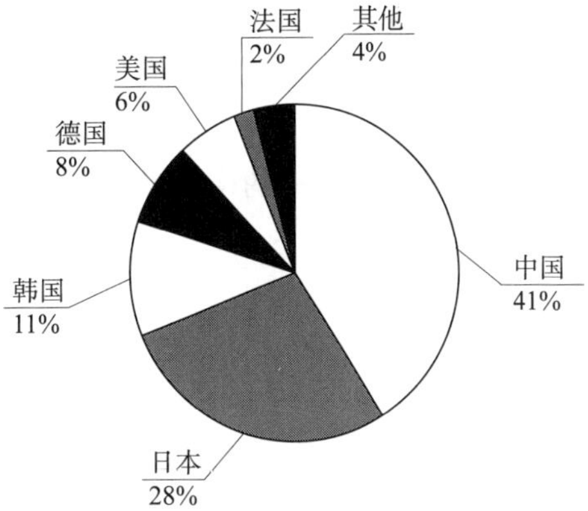

图4-2-2 碰撞安全领域全球专利技术主要来源地分布

4.2.3 目标市场分析

从图4-2-3来看，动力电池碰撞安全领域的相关专利在中国、日本、美国、韩国的布局最多，分别占比50%、18%、10%和9%，在德国、法国等欧洲地区的布局合计也有9%左右，主要是因为这些国家和地区均是传统的汽车消费和生产大国，其中，中国具有巨大的汽车消费市场，各国企业对中国市场比较重视。而从图4-2-3可以看出，中国专利的占比最高，这说明各国对中国市场的重视程度也最高。在2010年，日本专利的占比被中国超越，由第一降至第二，而美国专利的占比排名仍居第三，这表明中国、美国、日本均是汽车消费的大国，各创新主体对上述市场均比较重视。

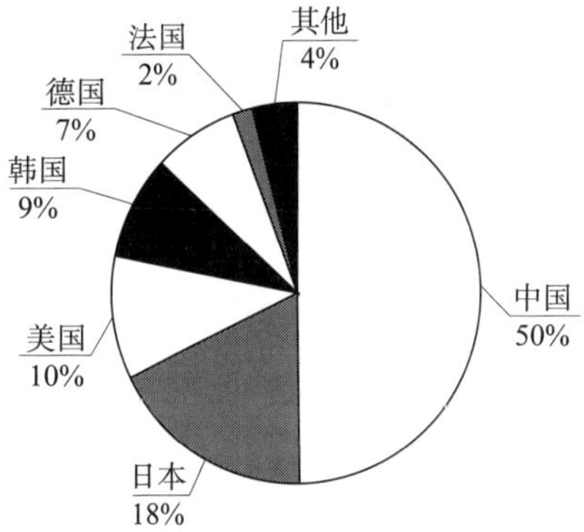

图4-2-3 碰撞安全领域专利技术目标市场分布占比

结合图4-2-4来看，主要技术来源国在中国均有相应的专利布局。日本申请人相对其他国家申请人在其他国家申请专利的布局意识更加强烈——这与日本申请人进入各国的消费市场相关，也反映出日本新能源汽车基本遍布全球的主要消费区域。

4.2.4 重点申请人分析

从图4-2-5中可以看出，在动力电池碰撞安全领域主要申请人中，申请量由高到低依次为丰田、本田、现代、LG、铃木等传统车企和电池制造厂商。丰田、本田、现代等传统汽车企业在混合动力汽车领域深耕多年，车身设计是传统车企最擅长的技术，它们通过传统燃油车的生产积累了大量的车身设计数据和经验，在转型进行新能源汽车车身设计时有一定的基础和较高的起点。同时，以LG等为代表的电池厂商在动力电池碰撞安全方面也有不少的技术积累，申请量也处于前20位。电池包壳的设计不单涉及电池生产厂家，电池包壳的安装布置、防护设计更多是由整车厂来完成或整车厂、电池生产厂双方共同完成，因此整车企业和电池厂商在电池包壳设计方面均有所涉及。其中，中国申请人比亚迪是国内新能源汽车龙头企业，在纯电动汽车和混合动力汽车领域都有不俗的市场表现，专利申请量也居全球第八位。

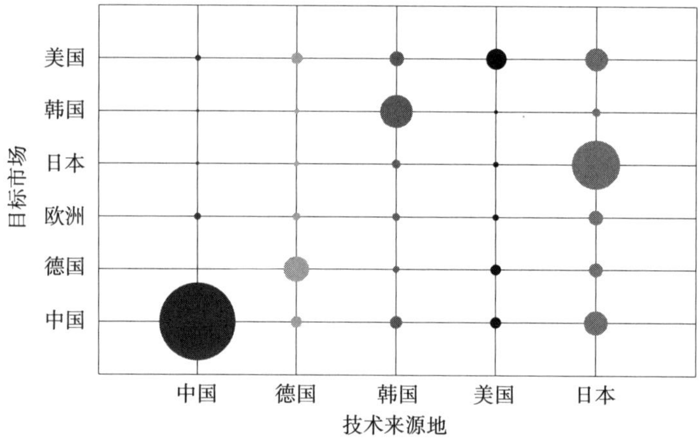

图4-2-4　碰撞安全领域专利技术来源和市场布局流向

注：图中气泡大小表示专利申请量多少。

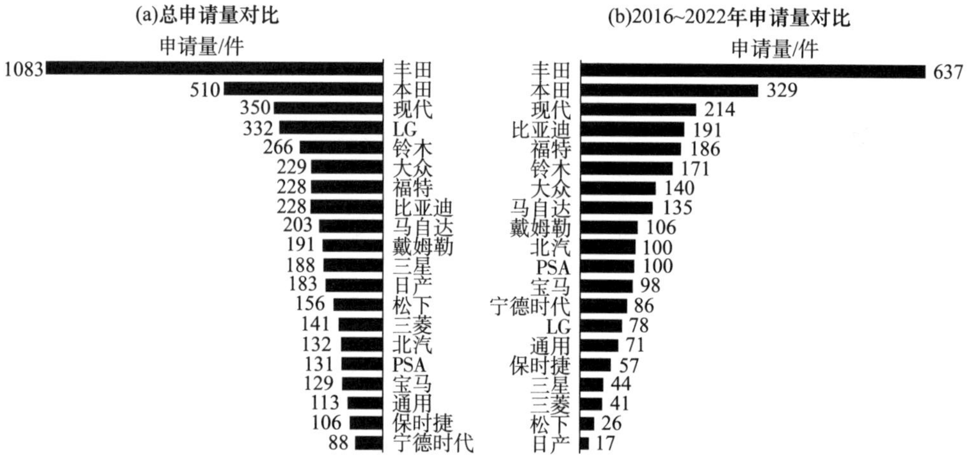

图4-2-5　碰撞安全领域专利技术主要申请人申请量排名

大多数申请人的专利申请是2016年之后完成的，反映了近年来创新主体对动力电池碰撞安全技术的重视，这和新能源汽车在此期间的蓬勃发展一致。同时，中国申请量排名前20位的企业比亚迪、北汽和宁德时代的排名均有所提升，集中反映了我国这一时期技术创新活跃度的提升。同时结合表4-2-1可以发现，中国的主要申请人在2016年以后都有较多的专利申请，而比亚迪更是在2017年集中申请了104件碰撞安全领域的专利申请。

表4-2-1 碰撞安全专利技术主要申请人专利申请量年度变化

单位：件

申请人	2000年及以前	2001年	2002年	2003年	2004年	2005年	2006年	2007年	2008年	2009年	2010年	2011年	2012年	2013年	2014年	2015年	2016年	2017年	2018年	2019年	2020年	2021年	2022年
丰田	21	3	8	10	10	9	11	29	14	26	16	40	23	25	43	30	63	94	167	156	55	19	2
本田	28	3	21	6	2	6	5	6	4	4	4	11	17	10	14	31	34	43	67	114	38	27	6
现代	57	1	2	3	2	7	4	7	2	1	6	18	6	3	3	14	10	12	24	81	113	24	5
LG	1	0	1	0	7	27	26	25	4	5	29	12	21	19	26	51	28	20	4	24	2	0	0
铃木	7	5	1	2	0	1	0	1	1	1	0	12	25	18	11	8	8	12	16	40	51	43	1
大众	24	0	4	6	2	0	1	0	1	2	5	12	8	5	10	9	23	26	35	28	22	4	2
福特	0	0	0	2	2	0	0	2	1	0	0	1	2	3	9	20	52	28	33	27	25	15	6
比亚迪	0	0	0	0	2	0	1	2	4	3	6	2	2	1	6	5	7	104	35	15	13	10	2
马自达	8	1	4	4	4	6	6	4	1	1	4	8	5	1	5	6	5	14	31	24	53	8	0
戴姆勒	25	2	3	7	2	0	1	2	1	3	6	9	5	8	10	1	7	9	15	18	34	22	1
三星	5	0	4	5	10	21	16	8	7	5	4	12	10	11	9	17	6	8	12	8	4	5	1
日产	36	6	9	6	5	4	3	5	0	3	20	12	7	28	16	6	7	0	2	5	3	0	0
松下	34	7	12	6	18	4	9	5	6	2	4	11	6	2	0	4	2	2	12	8	1	1	0
三菱	16	5	7	0	0	2	2	7	3	5	6	8	9	7	11	12	8	9	7	10	6	1	0
北汽	0	0	0	0	0	0	0	0	0	0	3	2	4	2	9	12	16	26	17	20	13	8	0
PSA	0	2	2	1	0	0	0	1	2	3	5	1	3	6	2	3	5	16	27	24	18	10	0
宝马	4	3	0	0	0	0	0	0	2	1	3	1	4	3	6	4	3	5	28	17	37	8	0

续表

申请人	2000年及以前	2001年	2002年	2003年	2004年	2005年	2006年	2007年	2008年	2009年	2010年	2011年	2012年	2013年	2014年	2015年	2016年	2017年	2018年	2019年	2020年	2021年	2022年
通用	5	0	3	0	1	0	0	0	4	5	5	5	4	2	3	5	15	9	8	13	19	7	0
保时捷	0	0	0	0	0	0	0	1	0	0	0	2	1	12	17	16	6	9	10	11	14	6	1
宁德时代	0	0	0	0	0	0	0	0	0	0	0	0	0	1	1	0	16	13	17	11	16	7	6
雷诺	0	9	1	0	0	0	0	1	1	2	4	9	5	17	9	7	5	3	5	4	2	1	0
长城	0	0	0	0	0	0	0	0	0	0	0	0	0	0	3	1	11	5	12	7	15	17	5
蜂巢	0	0	0	0	0	0	0	0	0	0	0	0	0	0	0	0	0	1	17	11	26	13	0
广汽	0	0	0	0	0	0	0	0	0	0	0	0	0	3	1	0	5	3	17	18	11	5	0
吉利	0	0	0	0	0	0	0	0	0	1	2	4	0	0	3	2	2	3	7	14	11	9	4
奇瑞	0	0	0	0	0	0	0	0	0	2	0	1	1	4	1	1	11	2	6	6	5	11	2
索尼	30	1	1	2	4	0	1	6	1	1	0	0	2	0	0	1	0	0	3	0	0	0	0
富士重工	8	1	2	6	1	2	3	0	0	0	1	2	5	2	3	8	7	1	0	0	0	0	0

4.2.5　专利技术构成

从图4-2-6可以看出，动力电池碰撞安全涉及车身设计和电池包壳设计两方面的二级技术分支。在这两个技术分支的专利申请数量上，电池包壳设计稍多于车身设计。同时结合图4-2-7的专利申请变化趋势也可以发现，二者的变化趋势也是基本一致的。这说明从某个地区或者某个创新主体来看，动力电池碰撞安全的解决方式可能有所侧重，如整车企业更习惯从车身设计等方面进行解决，而电池厂商更习惯从电池包壳设计方面进行解决，但是从全球整体趋势来看二者均是解决动力电池碰撞安全必不可少的环节，均受到相应的重视。

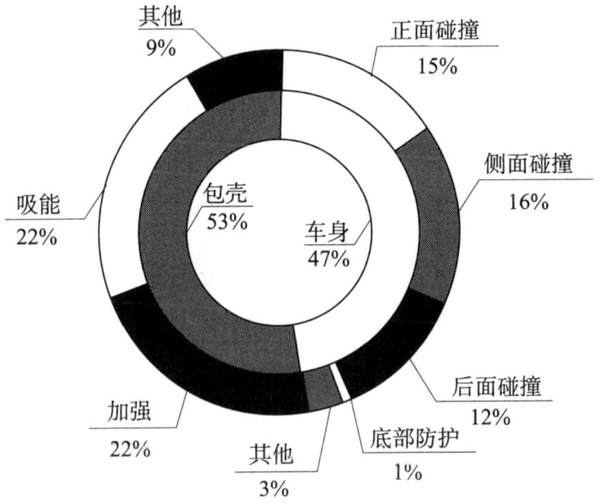

图4-2-6　碰撞安全领域各技术分支专利占比分布

图4-2-7　碰撞安全领域二级技术分支全球专利申请趋势

1. 车身技术构成分析

从图4-2-6可以看出，动力电池碰撞安全技术的车身设计方面按照行业习惯从碰撞方向上分为正面碰撞、后面碰撞、侧面碰撞、底部碰撞等不同工况，因此将车身设计分为5个三级技术分支：正面碰撞、后面碰撞、侧面碰撞、底部碰撞以及其他。其中，正面碰撞、后面碰撞、侧面碰撞占总申请量的比例分别为15%、12%、16%，而底部碰撞占比较小，仅为1%，其他指的是未明确表明应对何种碰撞工况的专利申请。

正面碰撞、侧面碰撞、后面碰撞占比相近，这是因为不同碰撞工况下的动力电池安全均应得到保障。由于车身结构自身的限制，侧面碰撞时吸能和变形的余量相对较小，动力电池易受到直接的撞击，该工况下较为危险，因此创新主体对该工况最为重视。同时，由于受到传统汽车对正面碰撞更为重视的影响，正面碰撞的专利申请量要高于后面碰撞的专利申请量。

虽然底部碰撞专利申请数量不多，但仍然是需要引起高度关注的一个工况。这是因为当前新能源汽车的车身设计大多以传统燃油车的车身设计为基础，而传统燃油车底部关键零部件少，底部碰撞的防护不是其重点，相应的专利技术也少。随着新能源汽车电池越来越大，更多的厂商选择把电池平铺放置在汽车底盘上，而且出于乘用空间的考虑，电池离地间隙越来越小。面临新能源汽车动力电池布置的上述新需求，生产厂商目前还没有在底部碰撞防护上做好充分的技术准备；另外，全球范围内目前还较少对底部碰撞设置相关的强制性标准，企业的研发动力不足。但是新能源汽车动力电池绝大部分设置在车身底部，底部碰撞时容易直接撞击动力电池，极易引发安全问题；同时，底部碰撞隐蔽性强，不容易被发现。全球厂商和研究者对该问题也越来越重视，专利申请的数量在后期预期会出现相应的增长。

2. 包壳技术构成分析

动力电池碰撞安全技术的电池包壳设计方面，一般从加强和吸能两个方面实现动力电池的碰撞安全。加强是指通过应用新材料、设置加强筋等结构，以提升电池包壳的刚度、强度等性能，防止车辆碰撞时电池包壳变形、损坏，进而保护电芯和/或电池模组。吸能则是以应用吸能材料、设置缓冲结构等方式避免传递到电池包壳的力进一步传递至电芯和/或电池模组，以起到保护作用。同时还存在更改电池包壳内电芯、模组等结构的排布方式以实现在碰撞时对动力电池进行保护的其他技术方式。即电池包壳设计的三级技术分支分别为加强、吸能和其他。从技术构成来看，主流的动力电池包壳设计方案均是从加强和吸能两个方面来实现动力电池碰撞安全性的提升。

结合图4-2-8也可以发现三者的专利申请变化趋势也是基本一致的。

4.3 中国专利竞争态势分析

4.3.1 专利申请态势

碰撞安全中国相关专利申请趋势可以一定程度上反映我国新能源汽车产业热度。从图4-3-1可以看出，专利申请量在2015年之前平稳增长，之后迎来了爆发式增长。究其原因，与我国2015年以后新能源汽车销量暴涨以及相应的政策支持密不可分。2014年我国新能源汽车销售7.5万辆；而2015年这一数据翻了近5倍，达到33.1万辆；在这之后，2018 年这一数据达 125.6 万辆；2021 年达到 352.1 万辆。与之相应的，2015 年 4 月，财政部、科学技术部、工业和信息化部、发展和改革委员会联合发布了《关于 2016—2020 年新能源汽车推广应用财政支持政策的通知》，该通知公布了在 2016～2020 年继续实施新能源汽车推广应用补助政策；2015 年 5 月，《电动汽车碰撞后安全要求》（GB/T 31498—2015）国家标准发布，并于 2015 年 10 月实施，随后 2021 年对该标准进行了进一步修订，发布并实施新标准《电动汽车碰撞后安全要求》（GB/T 31498—2021）以替代原有标准；2020 年 10 月，国务院印发《新能源汽车产业发展规划（2021—2035 年）》，该规划强调了发展新能源汽车是我国从汽车大国迈向汽车强国的必由之路，是应对气候变化、推动绿色发展的战略举措。一连串利好政策和不断增长的销量为我国新能源汽车产业和市场的发展打下了坚实的基础，也吸引了全世界的生产制造主体对我国市场的重视，使其加大了在我国进行相关专利的布局。上述相关政策、标准的实施也极大推动了我国新能源汽车产业的发展。

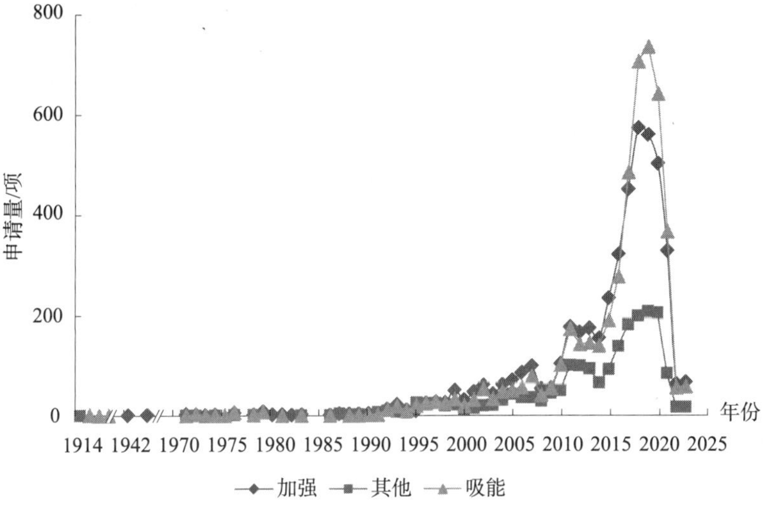

图 4-2-8　包壳三级技术分支专利申请趋势

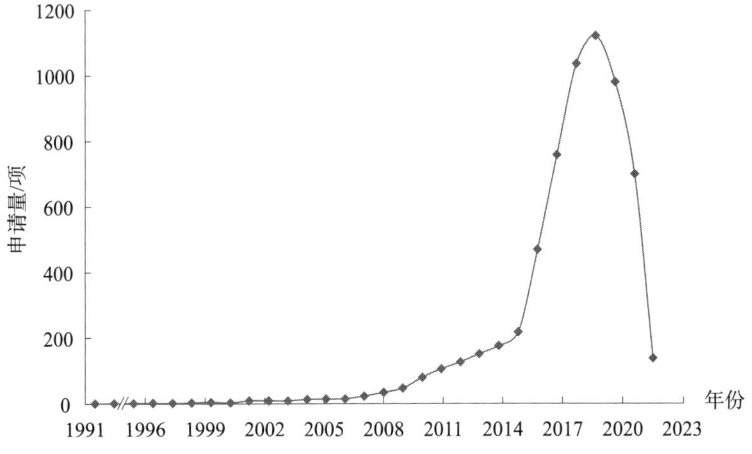

图 4-3-1　碰撞安全领域中国专利申请趋势

4.3.2 申请来源地分布

碰撞安全领域中国专利申请来源地分布如图4－3－2所示，其中，国内申请占据85%，国外申请占据15%。这主要因为，早在2001年，我国“十五”期间启动了国家高技术研究发展计划（“863计划”）电动汽车重大专项，明确认识到发展新能源汽车是我国汽车工业崛起的机遇。经过20余年的发展，我国已经拥有了比亚迪、宁德时代等优秀的新能源汽车相关企业，并通过引入特斯拉等跨国企业进一步完善了配套产业链，在市场规模和技术水平上均跻身世界前列。

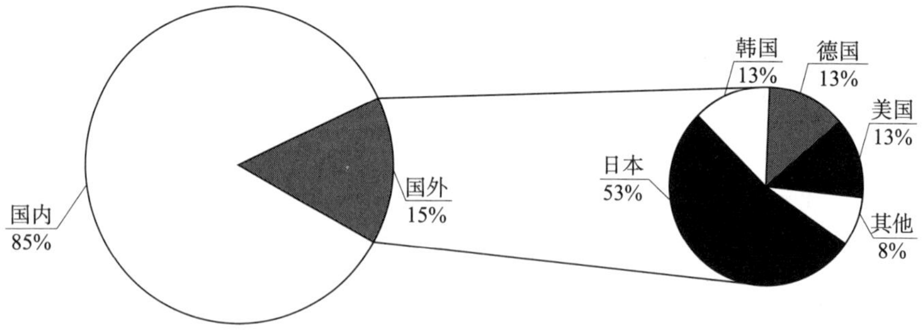

图4－3－2 碰撞安全领域中国专利申请技术来源分布

国外申请人中以日本、韩国、德国、美国申请人为主，其中，日本申请占到了总量的8%。这是因为日本在新能源汽车动力电池碰撞安全方面有较多的技术积淀，同时，丰田、本田、日产等日本企业均高度重视中国市场，在中国申请了大量的专利。

4.3.3 重点申请人分析

碰撞安全领域中国专利主要申请人申请量排名如图4－3－3所示，在中国布局最多的也是比亚迪、丰田、本田等传统车企。不同的是，LG作为国际电池生产巨头，其动力电池碰撞安全技术全球专利申请量较大，但是中国专利申请量并不突出；与之相应的，中国专利申请量靠前的申请人中有蜂巢能源和宁德时代两家电池生产厂商，二者都是国内电池制造龙头企业，在电池包壳设计上有大量的投入。究其原因，主要是自2015年工业和信息化部发布动力电池白名单后，LG等国外动力电池企业一度失去中国市场。随着2019年动力电池白名单失效，LG得以在中国市场大展拳脚。相信随着中国市场的进一步放开，LG在中国的专利申请量将进一步提高。

同时，主要申请人的二级分支中国专利申请占比如图4－3－4所示。从图中可以看出，以丰田、比亚迪为代表的车企主要侧重从车身设计方面提升动力电池碰撞安全，以蜂巢能源、宁德时代等为代表的电池厂商则侧重从电池包壳设计方面提升动力电池碰撞安全。

从表4－3－1中也可以发现，国外的丰田、本田等车企，除少数年份外，每年在中国都有相关申请，这表明整车企业对电池碰撞安全非常重视。同时，比亚迪也有较好的研发基础，从2004年起，几乎每年都在碰撞安全领域进行了相关申请。与之类似，北汽在碰撞安全领域在2009～2021年每年均有专利申请，在2017年专利申请量达到26件；长城和广汽在碰撞安全领域开始布局专利的时间相对较晚，2013年左右才开始有相关的专利申请，每年的专利申请量最高分别为16件和18件。宁德时代、蜂巢能源等电池企业进入该领域也相对较晚：宁德时代在2013年才进行该领域的专利申请，蜂巢能源更是在2017年才有相关的专利申请。新势力车企中，零跑也在该领域申请了29件相关专利，其也是较早采用CTC电池车身一体化技术的车企之一。

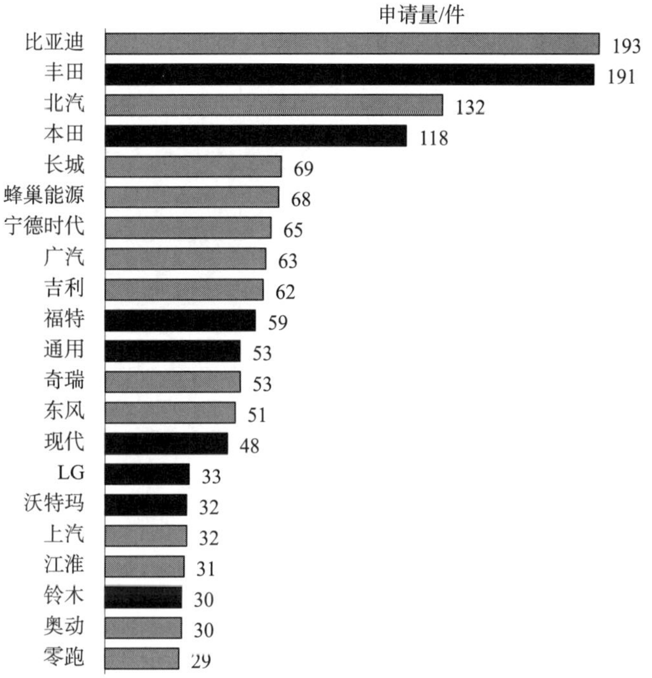

图4-3-3　碰撞安全领域中国专利申请主要申请人申请量排名

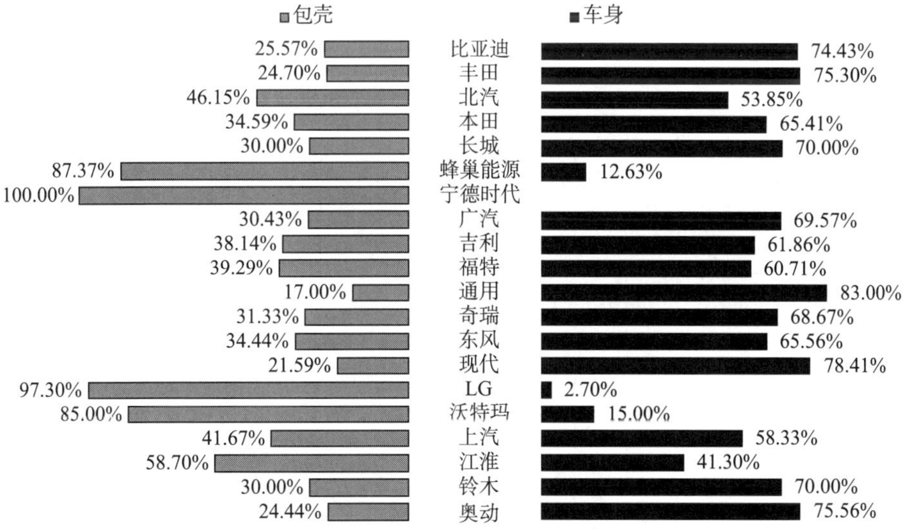

图4-3-4　碰撞安全领域中国专利申请主要申请人二级分支占比

表4-3-1　碰撞安全领域中国专利重点申请人专利年度变化

单位：件

申请人	2000年及以前	2001年	2002年	2003年	2004年	2005年	2006年	2007年	2008年	2009年	2010年	2011年	2012年	2013年	2014年	2015年	2016年	2017年	2018年	2019年	2020年	2021年	2022年
比亚迪	0	0	0	0	2	0	1	2	4	3	6	2	2	1	6	5	7	99	13	12	13	8	2
丰田	0	0	1	1	2	2	0	3	2	7	3	6	4	3	12	3	3	11	26	61	9	4	1
北汽	0	0	0	0	0	0	0	0	0	0	3	2	4	2	9	12	16	26	17	20	13	8	0
本田	0	1	1	0	0	0	2	0	2	0	1	2	5	2	5	4	10	6	14	36	14	11	2
长城	0	0	0	0	0	0	0	0	0	0	0	0	0	0	3	1	11	5	12	7	9	16	5
蜂巢能源	0	0	0	0	0	0	0	0	0	0	0	0	0	0	0	0	0	1	17	11	26	13	0
宁德时代	0	0	0	0	0	0	0	0	0	0	0	0	0	1	1	0	16	12	15	4	6	5	5
广汽	0	0	0	0	0	0	0	0	0	0	0	0	0	3	1	0	5	3	17	18	11	5	0
吉利	0	0	0	0	0	0	0	0	0	1	2	4	0	0	3	2	2	3	7	14	11	9	4
福特	0	0	0	0	0	0	0	0	0	0	0	0	1	1	2	3	14	7	9	8	5	6	3
通用	0	0	0	0	0	0	0	0	1	2	2	1	1	0	2	1	10	7	3	7	11	5	0
奇瑞	0	0	0	0	0	0	0	0	0	2	0	1	1	4	1	1	11	2	6	6	5	11	2
东风	0	0	0	0	0	0	0	0	0	0	0	2	8	8	0	3	2	3	0	3	2	13	7
现代	0	0	0	0	0	0	0	0	0	0	0	4	0	0	0	1	1	1	4	14	17	6	0
LG	0	0	0	0	0	3	1	5	0	0	1	0	2	2	1	8	3	2	0	4	1	0	0
沃特玛	0	0	0	0	0	0	0	0	0	0	0	1	0	0	0	5	13	13	0	0	0	0	0
上汽	0	0	0	0	0	0	0	1	0	0	2	1	1	1	0	2	4	5	3	2	8	2	0

续表

申请人	2000年及以前	2001年	2002年	2003年	2004年	2005年	2006年	2007年	2008年	2009年	2010年	2011年	2012年	2013年	2014年	2015年	2016年	2017年	2018年	2019年	2020年	2021年	2022年
江淮	0	0	0	0	0	0	0	0	0	0	1	0	4	4	12	2	1	2	3	2	0	0	0
奥动	0	0	0	0	0	0	0	0	0	0	0	0	0	0	0	0	0	0	2	0	4	24	0
铃木	0	1	0	0	0	0	0	0	0	0	0	5	6	4	1	1	2	1	3	3	3	0	0
零跑	0	0	0	0	0	0	0	0	0	0	0	0	0	0	0	0	0	0	0	0	4	18	7
长安	0	0	0	0	0	0	0	0	4	0	2	0	1	0	0	1	2	3	4	3	2	5	1
松下	4	1	2	0	4	0	2	1	3	1	1	3	2	0	0	0	0	0	2	2	0	0	0
昶洧	0	0	0	0	0	0	0	0	0	0	0	0	0	0	0	0	0	13	11	0	0	0	0
大众	0	0	0	0	0	0	0	0	0	0	0	2	1	0	0	0	4	2	5	7	2	1	0

4.3.4 申请类型分析

从图4-3-5和图4-3-6可以看出，动力电池碰撞安全方面的申请以实用新型为主，车身和包壳技术分支在发明和实用新型构成上存在差异：车身设计以发明为主，而包壳设计则是以实用新型为主。这也在某种程度上说明车身设计的难度更大、技术含量更高。

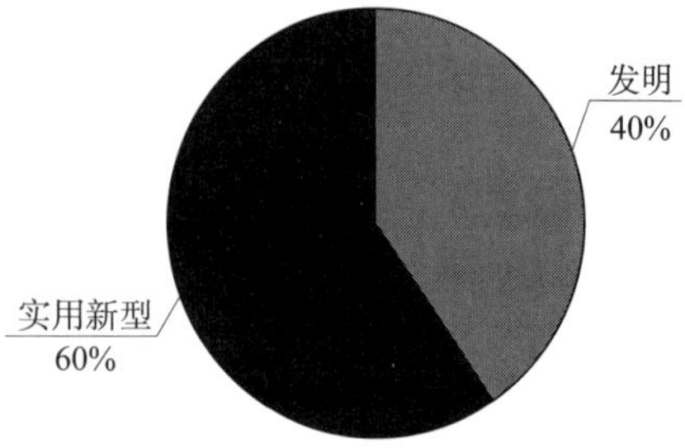

图4-3-5 碰撞安全领域中国专利申请类型分布

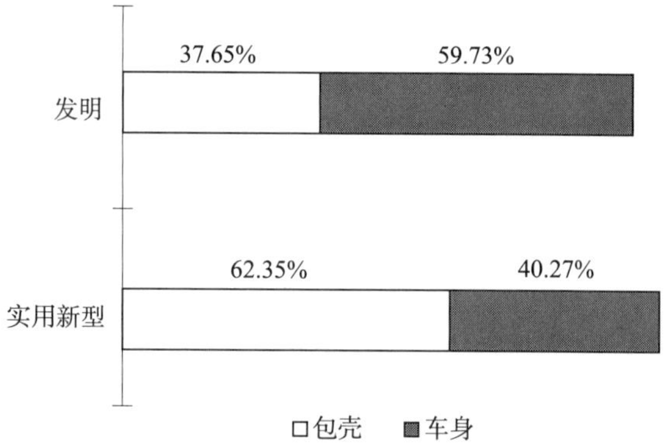

图4-3-6 碰撞安全领域二级分支发明和实用新型申请占比

4.3.5 法律状态分析

动力电池碰撞安全技术中国专利申请的法律状态如图4-3-7所示，维持有效的专利占比为59%，失效专利占比25%，16%的专利处于正在审查状态。

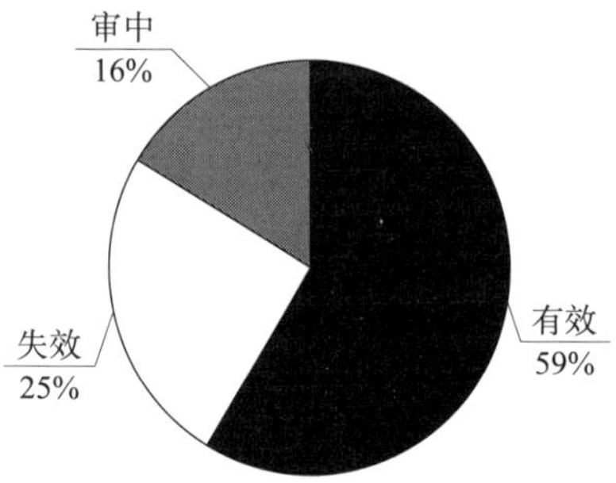

图4-3-7 碰撞安全领域中国专利申请法律状态

从图4-3-8中也可以看出，国外来华申请人的专利申请中维持有效的占比为50.8%，失效占比为13.5%，处于正在审查状态的占比为35.7%；国内申请人对应的占比分别为61.9%、24.6%、13.5%。同时，从图4-3-6中可以看出，中国专利申请以实用新型为主，国外来华申请人的实用新型申请较少，且发明专利申请需要进行实质审查，而实用新型专利公开即授权，因此国外来华申请人处于正在审查状态的专利占比更高。国内申请人实用新型申请占比高，但在审专利较少。由于国外申请人来华申请有127件已经失效，相关企业可以从中借鉴动力电池碰撞安全技术，且侵权风险相对较小；同时相关企业也应及时关注正在审查中的专利申请，其反映了技术发展的最新趋势。

从图4-3-9中可以看出，对于不同的技术分支，包壳技术分支专利的有效状态占比较少，失效专利占比较大，审中专利占比较小。这从另一方面说明，相对于车身技术分支专利申请，包壳技术分支专利申请质量较低。

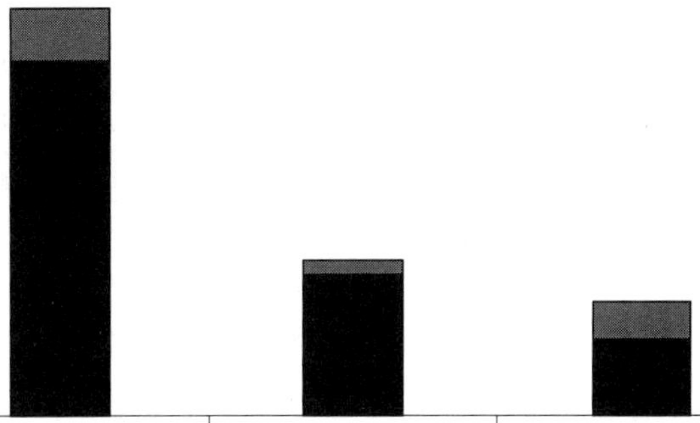

	有效	失效	审中
■ 国外来华/件	476	127	333
■ 国内申请人/件	3182	1266	689

图4-3-8 碰撞安全领域国内和来华申请人专利法律状态分布

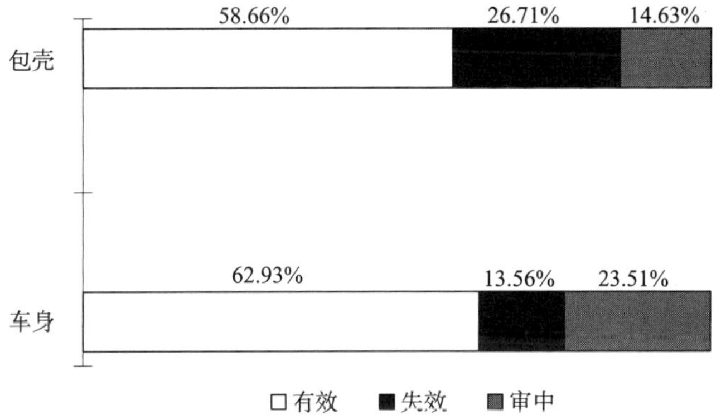

图4-3-9 碰撞安全领域不同技术分支专利法律状态分布

4.3.6 专利技术构成

从图4-3-10的碰撞安全领域中国专利申请的技术构成中可以看出，与图4-2-6的全球专利申请技术构成相比，包壳技术分支的专利申请占比由53%上升至64%，车身技术分支的专利申请相应减少。这反映出在车身设计等需要技术沉淀的领域，中国的创新能力与其他发达国家仍然存在不小的差距；但是在电池包壳设计方面，在华申请占比更高，其更多也是由国内申请人所贡献的，中国有望在该领域实现换道超车。

4.4 动力电池碰撞安全关键技术专利分析

为了提高续航性能，动力电池目前主要平铺在底盘上，距离门槛边梁的距离比较近，侧面碰撞时更容易受损。从上文的分析中也可以看出在全球和中国的技术构成中，侧面碰撞排名均比较靠前，也反映出创新主体对侧面碰撞时动力电池防护技术的重视。因此课题组选取侧面碰撞这一技术分支作为动力电池碰撞安全关键技术

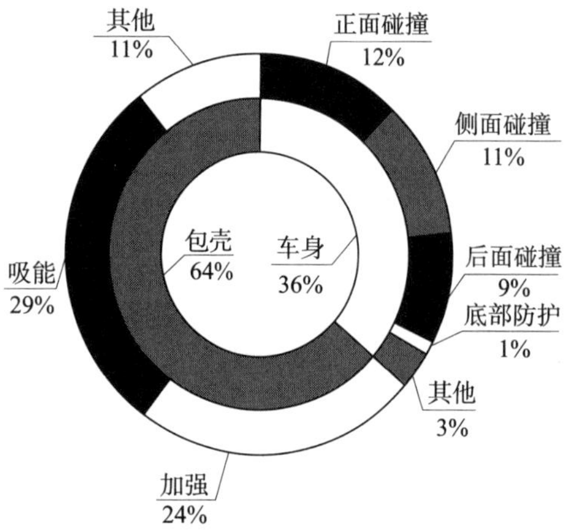

图4-3-10 碰撞安全领域中国专利申请各技术分支构成

进行深入分析。

同时，动力电池的离地间隙较小，在其底部受到碰撞时，极易受到挤压，导致火灾发生。且底部碰撞造成的损伤在电池底部，具有隐蔽性，甚至有些事故虽然在当时未发生短路起火，但后续安全性无法保证。虽然相关专利申请较少，但是国内外有不少针对底部碰撞时动力电池安全防护的研究；经调研，相关人员也认为底部碰撞时动力电池防护是下一阶段动力电池防护新的研究方向；因此，课题组选取底部碰撞这一技术分支作为动力电池碰撞安全关键技术进行深入分析。

4.4.1 侧面碰撞

为了进一步提升分析的精准度，在对该技术分支进行分析时，课题组综合考虑申请人类别、申请时间、合享价值度等因素，选取申请质量较高的专利作为基础进行分析。

1. 全球专利竞争态势分析

如图4-4-1所示，侧面碰撞领域全球专利申请量自2010年起进入了快速增长的阶段，自2017年起进入了爆发式增长阶段。

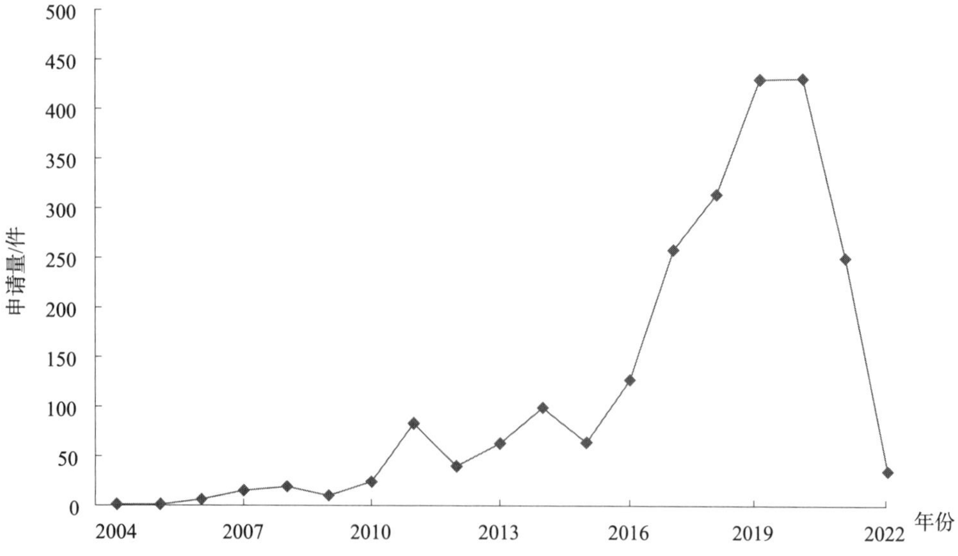

图4-4-1 侧面碰撞领域全球专利申请态势

侧面碰撞领域专利技术来源地分布的情况如图4-4-2所示。与碰撞安全领域整体的技术来源国/地区类似，日本、中国、德国、韩国、美国、法国是主要的技术来源国，但是在侧面碰撞方面日本的申请量要多于中国、德国的申请量多于韩国——这些国家均是传统汽车工业大国和强国。

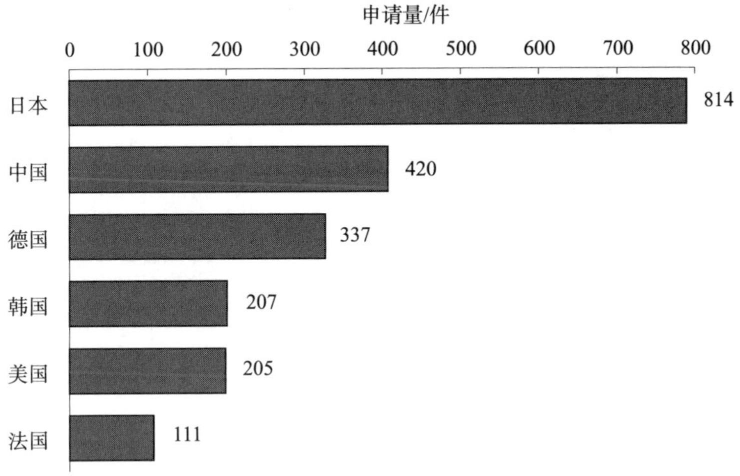

图4-4-2 侧面碰撞领域专利技术来源地分析

而从图4-4-3中可以看出，与碰撞安全领域整体的专利布局流向分布类似，中国申请人在全球的布局不足。除韩国外，其他外国申请人在中国的申请量仅少于本国申请量，这表明外国申请人均非常重视中国市场。

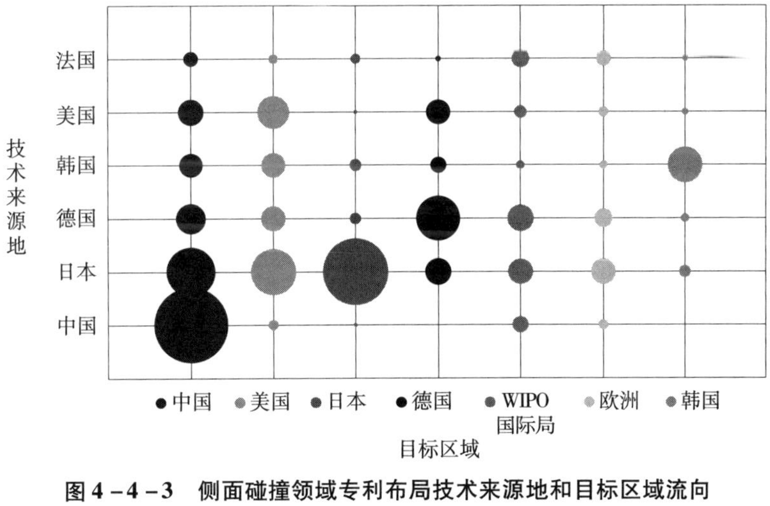

图4-4-3 侧面碰撞领域专利布局技术来源地和目标区域流向

注：图中气泡大小表示专利申请量多少。

侧面碰撞领域专利申请主要申请人申请量分布情况如图4-4-4所示。申请人主要包括丰田、本田、现代、福特、宝马、大众、比亚迪等整车企业，其中仅有一家非整车企业日本制铁——其为日本的钢铁企业，但是其经营范围也涉及汽车部件。排名前15位的主要申请人中仅有一家中国企业比亚迪，这表明中国在该领域专利申请量虽然较多，但是相对分散。

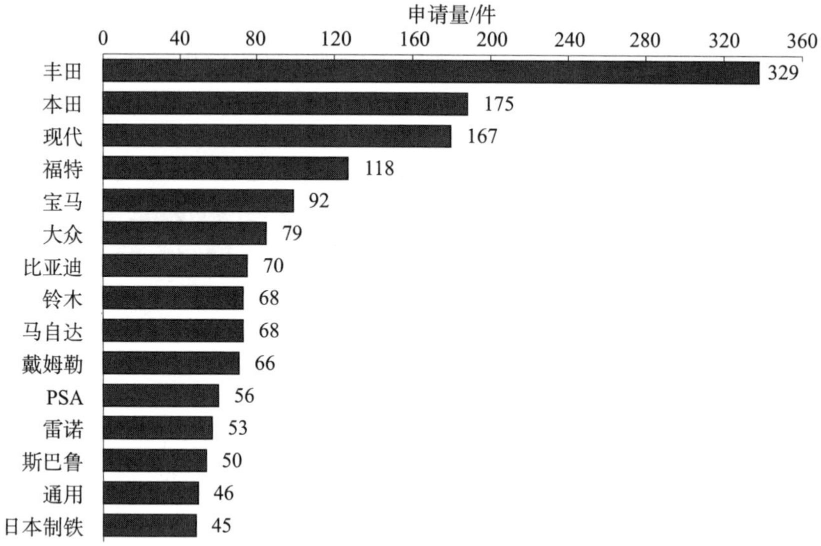

图4－4－4　侧面碰撞领域全球专利申请主要申请人申请量分布

侧面碰撞领域专利技术功效矩阵如图4－4－5所示。侧面碰撞时对电池防护的技术主要涉及对B柱、电池安装结构、横梁或底板、门槛、纵梁等车身结构的改进，改进方向主要包括加强、力传递和吸能三个方向，其中加强是指提高相关部件的强度，防止其入侵电池箱体，避免电池箱体的变形挤压电池；力传递是指通过结构设计将碰撞能量传递至车身其他部位，避免对电池的伤害；吸能是指允许相关部件在一定程度上进行变形，耗散碰撞能量，避免对电池的伤害。另外，综合是指对B柱、电池安装结构、横梁或底板、门槛、纵梁等车身结构中的多个位置同时进行改进的技术；而其他则是指对车门、迎宾踏板等结构的改进的技术。

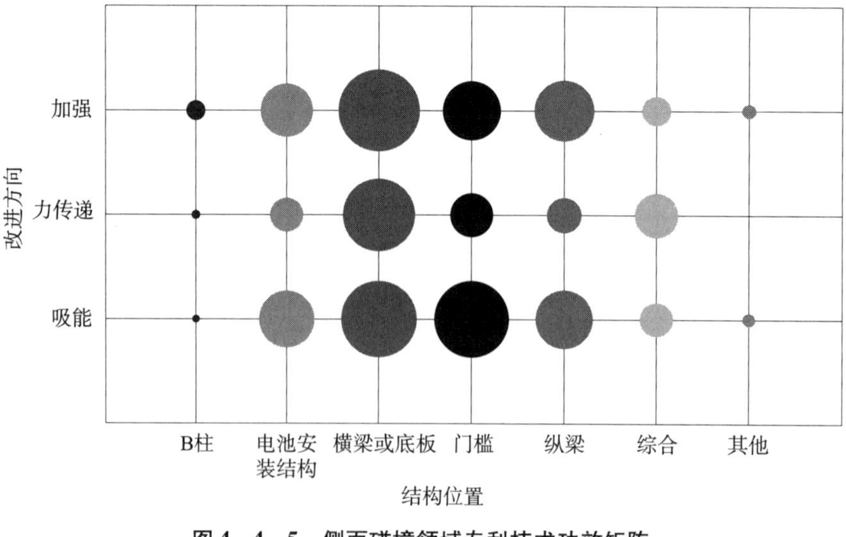

图4－4－5　侧面碰撞领域专利技术功效矩阵

注：图中气泡大小表示专利申请量多少。

从图4-4-5中可以看出，侧面碰撞的改进首先主要集中在电池安装结构、横梁或底板、门槛和纵梁结构的改进上，其中对横梁和底板的改进最多，其改进方向也同时涉及加强、力传递和吸能，这表明横梁或底板是影响电池侧面碰撞安全的最主要的车身部件；其次是对门槛的改进，与底板或横梁在三个改进方向同时发力相比，门槛的改进方向主要集中在吸能，然后是加强，力传递方面的改进相对较少；最后是对纵梁的改进，其改进方向则是以加强为主，吸能略少，力传递最少；对上述部件综合方向的改进则是相对集中在力传递上，在吸能和加强上相对较少。

上述不同部件改进方向的分布与该部件的结构，在侧面碰撞时的作用也是一致的。侧面碰撞时，碰撞力首先经过门槛，而后向横梁或底板、纵梁、电池安装结构等传递，其中横梁或底板是力传递的通道，也是吸能部件，同时也不允许有较大变形，以免伤害电池，因此其三个方向的改进基本相当；门槛由于在车身最外侧，其有相对充裕的变形空间，因此其在吸能方向的改进最多；而纵梁距离电池更近，其变形余量较小，改进主要集中在加强方向；同时碰撞力传递一般需要多个部件的配合，综合的改进方向主要集中在此。

2. 中国专利竞争态势分析

侧面碰撞领域中国专利申请趋势如图4-4-6所示，侧面碰撞领域中国专利申请量2015年起进入了快速增长的阶段。在早期阶段，中国专利申请以国外来华申请为主，而到2015年国内申请量开始超过国外来华申请量，但2018~2020年国内申请量有所下降且被国外来华申请量超越。

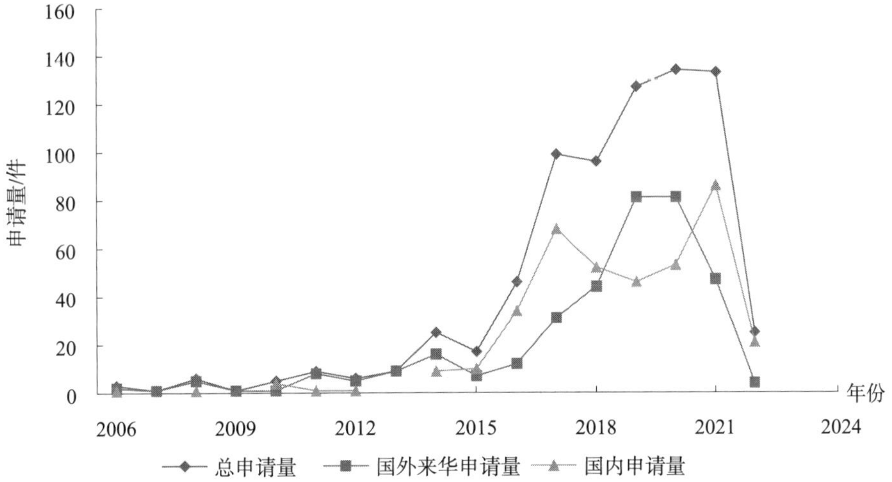

图4-4-6　侧面碰撞领域中国专利申请趋势

侧面碰撞领域中国专利申请的技术来源如图4-4-7所示，其与全球专利申请的技术来源一致，主要为中国、日本、德国、美国、韩国和法国。侧面碰撞领域国外来华专利申请占比为47.8%，远超动力电池碰撞安全领域整体国外来华申请的占比（15%），这表明国内创新主体在这一方面与国外创新主体还有一定的差距。

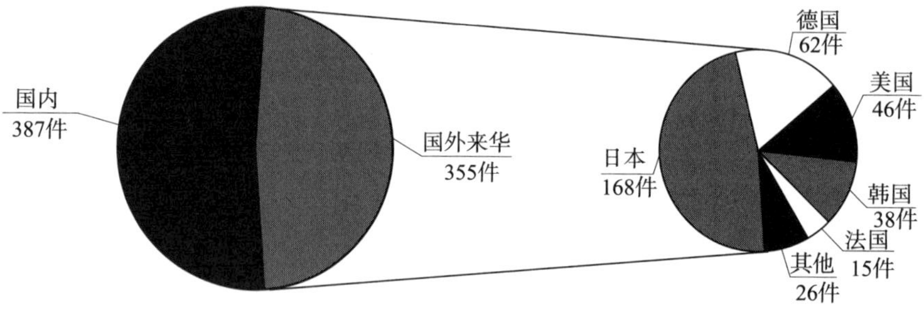

图4-4-7 侧面碰撞领域中国专利申请技术来源分布

侧面碰撞领域中国专利申请量前15位主要申请人如图4-4-8所示。其中，国外申请人包括丰田、本田、现代、福特、宝马等整车企业；而在国内申请人中，比亚迪的专利申请量最多，紧随其后的是北汽和长城，同时零跑和蔚来等新势力造车企业在侧面碰撞方面也有所涉及。

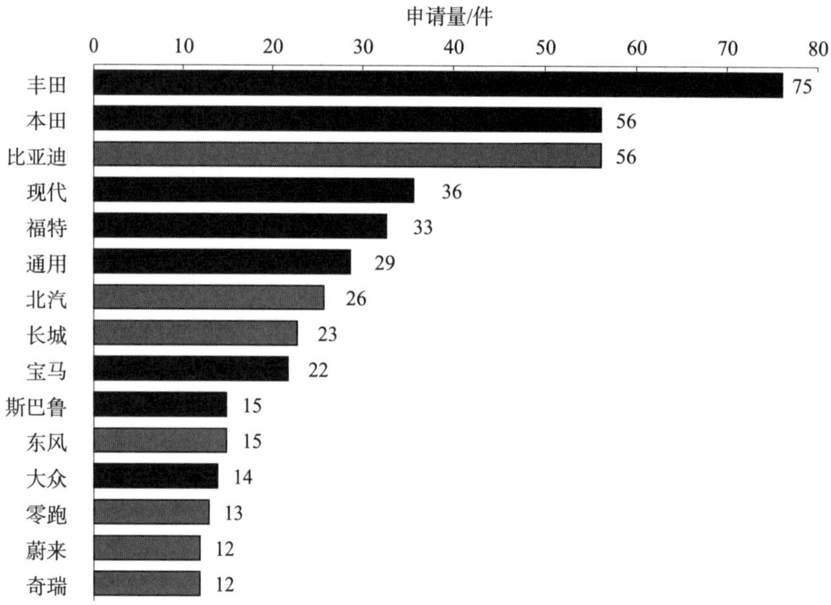

图4-4-8 侧面碰撞领域中国专利主要申请人申请量排名

从表4-4-1可以看出，比亚迪在2017年集中申请了36件有关侧面碰撞的专利申请，后续课题组也会对相关申请的专利布局情况进行深入分析。同时，2017年之后，大部分申请人的申请量较之前有较大的增加，这与碰撞安全领域整体申请量的变化趋势也是一致的。

表4-4-1　侧面碰撞领域中国专利主要申请人申请量年度分布

单位：件

申请人	2006年	2007年	2008年	2009年	2010年	2011年	2012年	2013年	2014年	2015年	2016年	2017年	2018年	2019年	2020年	2021年	2022年
丰田	0	0	3	1	0	1	2	1	7	1	1	7	12	20	8	12	0
本田	2	0	1	0	0	1	0	1	1	1	4	3	6	16	12	7	1
比亚迪	1	0	1	0	3	0	0	0	0	0	0	36	6	2	2	3	1
福特	0	0	0	0	0	0	0	1	1	1	4	6	5	2	5	7	1
现代	0	0	0	0	0	0	0	0	0	1	0	1	2	4	10	13	0
北汽	0	0	0	0	1	0	0	0	2	3	2	4	4	2	4	4	0
长城	0	0	0	0	0	0	0	0	0	0	8	0	4	0	1	8	2
宝马	0	0	0	0	0	0	0	2	0	1	1	1	2	3	11	0	0
吉利	0	0	0	0	0	1	0	0	0	1	0	1	1	3	7	5	1
通用	0	0	0	0	0	0	1	0	1	1	3	1	2	9	8	3	0
东风	0	0	0	0	0	0	0	0	0	1	2	1	0	3	0	6	2
大众	0	0	0	0	0	1	1	2	1	0	0	1	1	5	1	1	0
零跑	0	0	0	0	0	0	0	0	0	0	0	0	0	1	3	7	2
奇瑞	0	0	0	0	0	0	0	0	1	0	6	0	0	1	1	2	1
蔚来	0	0	0	0	0	0	0	0	0	0	0	4	4	0	0	4	0
阿尔特	0	0	0	0	0	0	0	0	0	0	0	2	0	0	3	3	4
马自达	0	0	0	0	0	0	0	0	0	0	0	1	1	1	6	2	0
广汽	0	0	0	0	0	0	0	0	0	0	1	1	2	0	5	0	0

侧面碰撞领域中国专利申请的技术功效矩阵如图4－4－9所示。与全球专利申请的技术功效矩阵相比，中国专利申请改进的车身结构和改进方向是一致的。

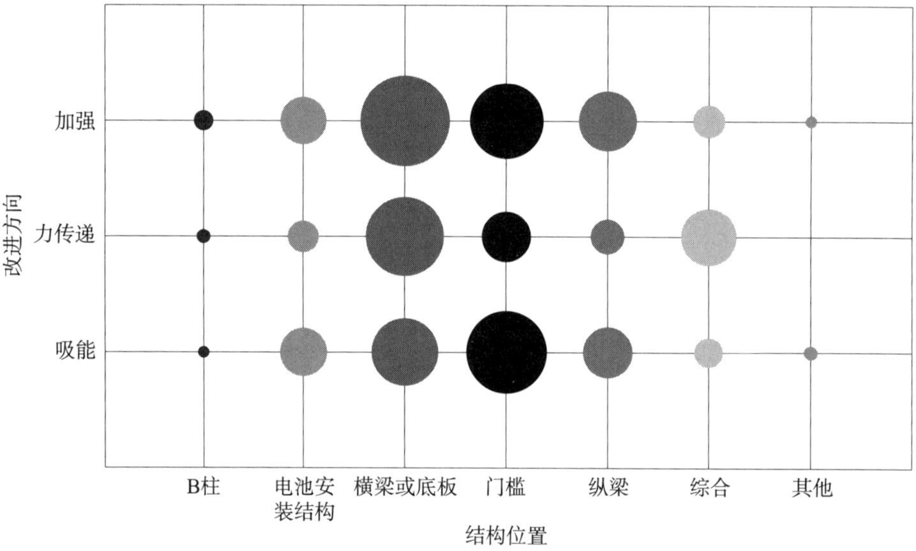

图4－4－9　侧面碰撞领域中国专利申请技术功效矩阵

注：图中气泡大小表示专利申请量多少。

3. 关键技术发展路线分析

课题组依据专利被引次数、申请时间、技术方案和专利保护范围等因素，从动力电池侧面碰撞防护技术中开展关键技术发展路线分析。动力电池侧面碰撞防护技术路线参见图4－4－10（见文前彩色插图第1页）。

在动力电池侧面碰撞防护技术专利发展路线中，箭头代表引用关系，箭头来源为被引证文献，箭头指向为引证文献；其中实线代表了关联的专利文献存在引用关系且处在同一技术路线中。

动力电池侧面碰撞防护技术根据电池布置位置的不同可以分为两大类：第一类是动力电池布置在中央通道、座椅下方或后方等位置的方案，第二类是动力电池平铺在底盘的方案。

早期的电动汽车，比如北汽EV系列、众泰知豆、奇瑞eQ、大众电动高尔夫等，大多是从传统的燃油车辆改造而来的，即“油改电”。车企不约而同地选择“油改电”模式主要因为：一是早期电动汽车市场小、销量低，为电动汽车研发专门的平台耗资巨大，很难实现盈利；二是早期电动汽车动力电池体积小，燃油车底盘经过简单改造足以容纳动力电池。动力电池布置在中央通道、座椅下方或后方等位置的方案适应了早期电动汽车的上述特点。对于这类布置方式下，侧向碰撞时动力电池的防护的技术方案大多记载在2010年之前的专利申请中。其中对于动力电池布置在中央通道的情形，有代表性的是丰田2007年2月申请的专利JP4858203B2，涉及加固部件连接驾驶座和副驾驶座并配置在动力电池的上侧，抑制冲击向动力电池传递；大众2009年1月申请的专利DE102009006990A1涉及在两纵梁之间设置底部安装板以增加对车辆中央通道变形的抵抗力；本田 2009 年 2 月申请的专利 JP4856731B2 在中央通道内布置横梁以将横向力传递至另一侧；大众 2010 年 9 月申请的专利 DE102010045997A1 通过增强电池外壳和中央通道的强度来抵抗侧面碰撞。综上，电池布置在中央通道内的方案中，一旦发生侧面碰撞，则座椅及其安装结构会向内侧侵入中央通道，进而冲击布置在其中的动力电池，其改进路线要么是增强中央通道和电池包壳自身的结构强度，要么是增加额外的横向构件——横向构件可以布置在座椅之间，也可以布置在中央通道内或附近。可以预期的是，在横向空间充足的情况下，在座椅和中央通道之间或者中央通道与电池包壳之间增加缓冲或溃缩结构也是可行的。对于动力电池布置在座椅下方或后方等其他情形，本田 2005 年 12 月申请的专利 JP4385020B2 将动力电池包布置在后纵梁之间，利用后纵梁对电池进行侧向碰撞的保护；丰田 2009 年 6 月申请的专利 JP5083465B2 则利用座椅框架和中央横梁、后横梁一起对动力电池进行侧向碰撞的保护。

随着电动汽车市场的蓬勃发展，消费者对电动汽车续航性能要求越来越高，动力电池越来越大，燃油车底盘已经无法满足大电池包的需要。因此，2010 年之后，动力电池整块平铺在底盘上成为主流方案，近几年新上市的电动汽车都采用了这种方案，更是有多家车企基于此为电动汽车打造了新的制造平台，其中包括大众 MEB 平台和基于 MEB 平台的大众 ID. 4、奥迪 Q5 e – tron，比亚迪 e 平台 3.0 和基于 e 平台 3.0 的比亚迪海洋系列，吉利 SEA 浩瀚平台和基于 SEA 浩瀚平台的极氪 001 等。下面就重点介绍一下动力电池平铺在底盘的方案。

动力电池平铺在底盘的方案包括四个改进方向：对横向构件的改进、对门槛梁的改进、对电池安装结构的改进以及对纵梁的改进。

横向构件包括底盘或包壳的横梁、地板的横向构件、其他横向的连接件等；对横向构件的改进是重点方向之一。早期的侧面碰撞防护方案，无论是电池布置在中央通道还是平铺在底盘上，对横向构件的改进都是重中之重。三菱 2006 年 12 月申请的专利 JP4345812B2、2007 年 1 月申请的专利 JP4434213B2 都记载了早期的利用横梁提高车架横向刚度的技术。

2010 年之后，横向构件的设计逐渐多样化。三菱 2011 年 3 月申请的专利 JP5403290B2、蒂森克虏伯 2011 年 7 月申请的专利 DE102011051698A1、丰田 2011 年 7 月申请的专利 JP5375886B2 都记载了横向构件具有专门设计的弯折点的技术方案——弯折点的设计可以有目的性地将横向冲击往偏离电池的方向引导。本田 2011 年 10 月申请的专利 JP5558588B2、大众 2013 年 4 月申请的专利 DE102013006702A1、马自达 2018 年 2 月申请的专利 JP6889419B2 都记载了横向构件端部的溃缩设计——横梁端部溃缩吸收了一部分能量，减小了横梁的负载，提高了侧向碰撞时动力电池的防护能力。本田 2011 年 9 月申请的专利 JP5654039B2、丰田 2013 年 10 月申请的专利 JP6015619B2、奇瑞 2014 年 10 月申请的专利 CN104340282B 公开了利用多个横向构件上下布置增强车架刚度以提高侧向碰撞时动力电池的防护能力的技术方案。特斯拉 2011 年 11 月申请的专利 US20120161472A1、2012 年 12 月申请的专利 US8696051B2、2014 年 1 月申请的专利 US9045030B2 均记载了在电池包内部布置横梁并利用该电池包横梁实现侧面碰撞防护的技术方案。传统的车身横向构件设计必然会挤占底盘空间，影响动力电池的布置，为电动汽车底盘的设计提出了挑战。而特斯拉的上述专利技术将横向构件集成在电池包内，大大提高了电池包和底盘的集成性。主打换电技术的蔚来在2017年2月申请了专利 US10017037B2，其记载了适应换电需要的电动汽车底盘的横梁结构，如图4－4－11所示：电池包20容纳在侧轨32和横轨36形成的框架中，电池包顶盖52上具有容纳横轨36的通道56，其能在换电的同时兼顾侧向碰撞防护的需求。

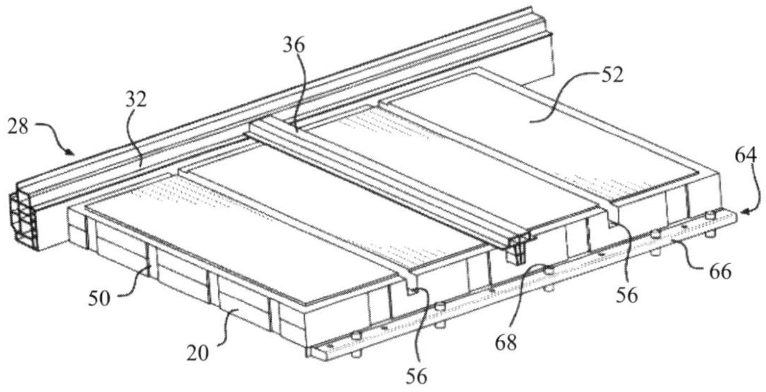

图4－4－11　专利 US10017037B2 附图

为了节省更多的空间以布置电芯、提升电池容量，纯电平台向车身电池一体化方向演进，即省去模组和座舱地板或电池包上盖，电池电芯直接作为车身的一部分。车身电池一体化设计要求电池包横向构件提供整车侧向刚度，在这一方面，特斯拉走在了前列。2011年，特斯拉提出了电池包内的横梁参与侧面碰撞防护的设计理念（US20120161472A1、US8696051B2、US9045030B2），是车身电池一体化设计的开拓者。随后，特斯拉和比亚迪相继提出了车身电池一体化 CTC 和 CTB 技术，而且采用了相同的手段：一方面将电池电芯黏接在电池包壳内，将电芯和包壳整体作为结构件，提升整车刚度（例如比亚迪的专利 CN109216600B）；另一方面，电池包壳上盖代替传统座舱地板，兼顾地板侧向传力功能（例如比亚迪的专利 CN110329362A、CN110329360A）。可以预见，随着集成程度的进一步提高，电池包其他功能构件，包括布置在电芯之间的液冷管道、隔热板，也可作为横向结构件参与提供整车侧向刚度。

比亚迪作为中国主要专利申请人，在碰撞防护上的技术积累虽然不如丰田、本田、大众、福特等车企巨头，但是在车身电池一体化设计上走在世界前列，在碰撞防护上结合该优势技术做出了自身特色。除了比亚迪，高被引专利中包括造车新势力蔚来基于其换电技术而对车身横梁进行专门设计的技术方案。可见，紧密跟随电动汽车发展趋势，基于优势技术打造碰撞安全设计方案是中国车企提高碰撞安全竞争力的机会和关键。

门槛梁是左右侧车门下方的边梁。传统燃油车的门槛梁多为简单的中空结构。而当电动汽车动力电池平铺在底盘上时，电池侧边往往已经抵近门槛梁，门槛梁成为抵御侧向冲击的第一道防线，简单的中空结构无法满足对动力电池侧向冲击的防护。对门槛梁的设计大多出现在 2010 年之后，例如特斯拉 2012 年 4 月申请的专利 US8608230B2、丰田 2012 年 4 月申请的专利 US8833839B2 提出了对门槛梁内部结构的改进，提高了其溃缩吸能能力，如图 4 –4 –12 和图 4 –4 –13 所示。

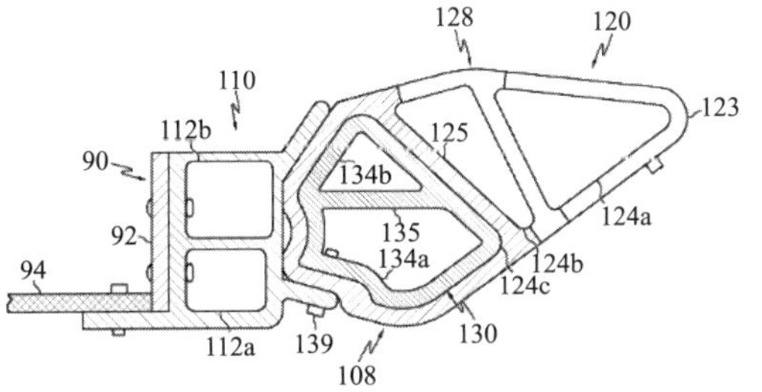

图 4 –4 –12　专利 US8608230B2 附图

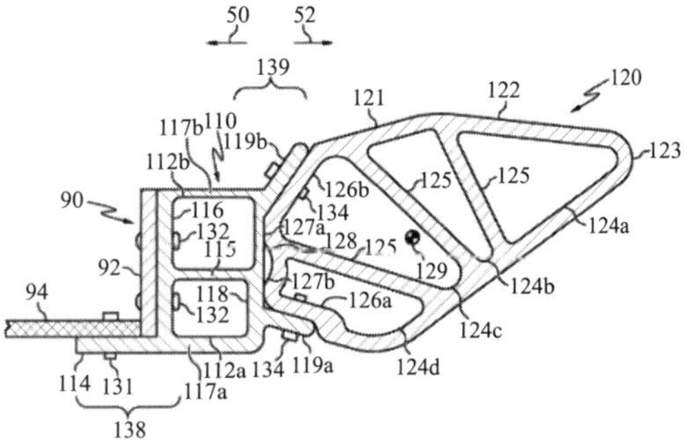

图 4 –4 –13　专利 US8833839B2 附图

门槛梁内部结构的设计方式也是多种多样的。福特 2015 年 9 月申请的专利 US9493190B1 利用门槛加强件的台阶和壁等变形结构吸收碰撞力；2016 年 1 月申请的专利 US10155542B2、US10029734B2 分别设计了不同壁厚的插入件、多个圆柱管等专门的门槛溃缩吸能结构。丰田 2016 年 11 月申请的专利 JP6555236B2 通过吸能空间从内至外逐渐增大提高吸能效果；2017 年 4 月申请的专利 JP6977309B2 则在门槛内部布置上下两个溃缩构件且下溃缩构件比上溃缩构件面积更大以提高吸能效果。福特 2018 年 1 月申请的专利 US10293860B1 则通过在门槛梁中的蜂窝状插入件提高吸能效果。大众 2017 年 6 月申请的专利 DE102017005938B3 则通过在门槛梁中设置变形体提高吸能效果。上述技术方案均进一步提高了门槛梁的溃缩吸能能力，能更有力地在侧向碰撞时保护动力电池。

除了在门槛梁内增加吸能结构，也有部分专利文献记载了在门槛梁下方、电池包外侧增加吸能结构的方案，例如丰田 2013 年 5 月申请的专利 JP5716792B2 和 2013 年 12 月申请的专利 JP5900480B2、JP5870992B2。丰田将门槛的溃缩吸能结构挂接在了门槛下方，并置于电池包外侧，给溃缩吸能结构提供了更大的设计空间，而且给门槛溃缩吸能结构和电池包的耦合设计提供了可能。

除此之外，斯巴鲁 2017 年 7 月申请的专利 JP6475270B2 创新性地提出了在电池侧碰滑动时利用对侧门槛内壁破裂吸能的技术。

总的来说，对门槛梁的改进主要集中在其中空结构内部的加强和溃缩吸能设计上。特斯拉、丰田、比亚迪等主要车企在门槛梁的设计上各有特色，门槛梁设计呈现多样化，设计空间很大，而且现有技术易于规避、可借鉴性高。

在侧面碰撞防护技术中，电池的安装结构同样有很大的改进空间。三菱 2009 年 12 月申请的专利 JP5013140B2 已经提出了在电池托盘外侧安装金属框来减轻侧面碰撞；在此基础上，福特 2014 年 12 月申请的专利 US9868361B2 提出了在电池托盘外侧安装蜂窝状的吸能结构。丰田2012年9月申请的专利US9027684B2提出了在电池包与地板的连接处设置断裂点，以在碰撞时便于电池脱落避撞。福特2015年3月申请的专利US9505442B2、本田2017年2月申请的专利JP6523355B2、宝马2018年4月申请的专利DE102018206100A1则提出了电池包与门槛梁直接连接的新的结构。随着动力电池与底盘的融合，该方向在后技术多集中在电池包与门槛梁的连接结构。可以预期的是，连接结构与门槛梁、电池包的耦合方式，尤其是与电池包中承载结构的传力结构是一大重点。

对纵梁的改进则包括日产2011年7月申请的专利JP5435136B2和现代2016年11月申请的专利KR101896336B1。而需要说明的是，传统的纵梁正在逐步从电动汽车底盘中消失，取而代之的是高强度的门槛梁或集成在电池包中的纵梁结构——这也是适应电池包与底盘融合设计的需要。

总的来说，动力电池侧面碰撞防护技术随着电池与底盘的融合度越来越高而呈现出新的发展态势：横梁、纵梁逐步与电池包集成设计，门槛梁的溃缩设计多样化，电池包与门槛的连接结构设计面临巨大挑战。

4. 比亚迪侧面碰撞专利布局分析

比亚迪在2017年集中申请了较多的侧面碰撞的专利，课题组将深入分析其专利的布局情况。

在专利的整体布局结构中，具体的专利具有不同的功能和作用，主要分为如下七个类型。

（1）基础性专利：覆盖了创新技术成果的核心或基本方案的主要技术特征，为其提供最大保护范围的若干专利，发挥了对该技术成果最基础、最重要的保护和控制作用。

（2）竞争性专利：为解决同一技术问题，或为实现相同或相近的技术效果而采取的不同替代技术方案的专利。

（3）互补性专利：围绕核心或基本方案衍生出的各类改进型方案的专利，包括对技术本身的优化、改进方案，与各种产品结合时产生的具体应用方案等。

（4）支撑性专利：主要是对核心或基本方案的具体实施起到配套、支撑作用的相关技术的专利，该方案相关上下游技术的专利。

（5）延伸性专利：主要是核心或基本方案在其他应用领域的扩展时所衍生的各种变型方案，以及与这些领域中的相关技术结合时产生的技术组合方案。

（6）迷惑性专利：经过内部判断，可以有意选择若干产业前景或市场前景并不看好，或是成本竞争力不足，或是技术缺陷明显等已被放弃的技术方案申请的专利。

（7）防御性公开：对于部分自身价值不大但又有可能为申请人所采用所关注的技术成果，采用防御性公开的方式，阻止他人获得专利，降低自身申请专利的成本。

比亚迪在侧面碰撞电池防护领域于2017年6月30日提交了35件专利申请，其中2件实用新型专利申请，33件发明专利申请，其具体如表4－4－2所示。该系列申请具有基本相同的发明名称“车身结构及车辆”或者“车身结构和车辆”，在说明书内容和说明书附图中存在大量相似或相同内容，可以认为该系列申请为比亚迪针对车身碰撞领域尤其是侧面碰撞领域的一次集中布局。

表4-4-2 2017年6月30日比亚迪相关专利申请

序号	公开（公告）号	公开（公告）日	申请日	专利有效性	当前法律状态
1	CN109204575B	2022/5/13	2017/6/30	有效	授权
2	CN109204505B	2021/12/7	2017/6/30	有效	授权
3	CN109204462B	2021/12/7	2017/6/30	有效	授权
4	CN109204491B	2021/7/9	2017/6/30	有效	授权
5	CN109204530B	2021/3/26	2017/6/30	有效	授权
6	CN109204566B	2020/9/15	2017/6/30	有效	授权
7	CN206984131U	2018/2/9	2017/6/30	有效	授权
8	CN109204468B	2021/12/7	2017/6/30	有效	授权
9	CN109204493B	2021/12/7	2017/6/30	有效	授权
10	CN109204464B	2021/10/22	2017/6/30	有效	授权
11	CN109204523B	2021/10/22	2017/6/30	有效	授权
12	CN109204562B	2021/10/22	2017/6/30	有效	授权
13	CN109204499B	2021/9/3	2017/6/30	有效	授权
14	CN109204533B	2021/9/3	2017/6/30	有效	授权
15	CN109204536B	2021/9/3	2017/6/30	有效	授权
16	CN109204461B	2021/6/18	2017/6/30	有效	授权
17	CN109204465B	2021/6/18	2017/6/30	有效	授权
18	CN109204485B	2021/6/18	2017/6/30	有效	授权
19	CN109204514B	2021/6/18	2017/6/30	有效	授权
20	CN109204520B	2021/6/18	2017/6/30	有效	授权
21	CN109204484B	2021/5/14	2017/6/30	有效	授权
22	CN109204502B	2021/5/14	2017/6/30	有效	授权
23	CN109204508B	2021/5/14	2017/6/30	有效	授权
24	CN109204528B	2021/5/14	2017/6/30	有效	授权
25	CN109204534B	2021/5/14	2017/6/30	有效	授权
26	CN109204463B	2021/4/20	2017/6/30	有效	授权
27	CN109204480B	2021/4/20	2017/6/30	有效	授权
28	CN109204490B	2021/4/20	2017/6/30	有效	授权
29	CN109204517B	2021/4/20	2017/6/30	有效	授权
30	CN109204527B	2021/4/20	2017/6/30	有效	授权
31	CN109204546B	2021/4/20	2017/6/30	有效	授权

续表

序号	公开（公告）号	公开（公告）日	申请日	专利有效性	当前法律状态
32	CN109204563B	2021/4/20	2017/6/30	有效	授权
33	CN109204540B	2020/10/20	2017/6/30	有效	授权
34	CN109204470B	2020/7/10	2017/6/30	有效	授权
35	CN206984139U	2018/2/9	2017/6/30	有效	授权

其中，以下7件专利申请具有基本相同的技术方案和技术效果，可以认为该7件专利申请为同一发明构思下的专利布局，如表4－4－3所示。

表4－4－3　比亚迪同一发明构思的专利布局

序号	公开（公告）号	公开（公告）日	申请日	专利有效性	当前法律状态
1	CN109204575B	2022/5/13	2017/6/30	有效	授权
2	CN109204505B	2021/12/7	2017/6/30	有效	授权
3	CN109204462B	2021/12/7	2017/6/30	有效	授权
4	CN109204491B	2021/7/9	2017/6/30	有效	授权
5	CN109204530B	2021/3/26	2017/6/30	有效	授权
6	CN109204566B	2020/9/15	2017/6/30	有效	授权
7	CN206984131U	2018/2/9	2017/6/30	有效	授权

上述专利申请的具体技术方案如图4－4－14所示：当车辆发生侧面壁障碰撞时，通过由加强横梁240和250与两个加强纵梁130围成的“口”字型闭环框架，不仅能够有效提升车身结构的强度，而且能够将碰撞力从一侧的门槛内板500直接传递给另

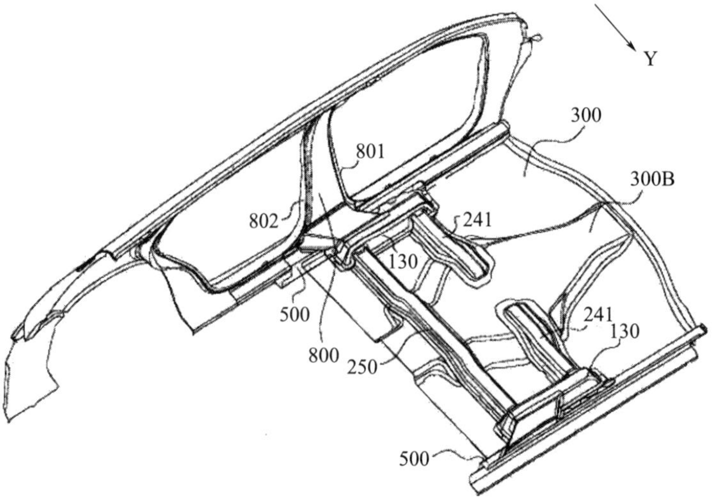

图4－4－14　专利CN109204491B附图

一侧的门槛内板500，从而能够显著减小地板面板300和门槛内板500的横向变形，防止布设在地板面板300下方的电池包受损；并且，当车辆发生侧面柱碰撞时，只要碰撞点在加强纵梁130的范围内，碰撞力都可以通过加强横梁240和250传递到另一侧。

虽然上述7件专利中基本的技术方案类似，但是权利要求撰写内容和保护范围各不相同。其中专利CN109204491B的首项权利要求对方案的主要技术内容进行了全面的记载和保护，不仅包括由加强纵梁、前后安装横梁构成的加强结构，还记载了电池安装横梁等安装结构，具有最多的技术特征和最小的保护范围。而专利CN109204575B的首项权利要求对碰撞结构进行了较为全面的特征记载和保护，其主要利用座椅安装横梁作为横向构件，但权利要求中不涉及电池安装位置或结构。而专利CN109204505B的首项权利要求仅记载了加强纵梁、加强横梁形成了“口”字型闭环框架，并未记载其具体结构以及相对于车体结构的安装位置等。专利CN109204462B的首项权利要求除了限定两个加强横梁和加强纵梁的安装关系外，还限定了前横梁、地板后横梁相对于加强横梁的位置关系。专利CN109204530B的首项权利要求限定了两个加强横梁和加强纵梁的安装关系，但未限定其与地板面板的关系。专利CN109204566B的首项权利要求在总的发明构思基础上将加强纵梁拆分为前、后加强纵梁，并分别对前、后加强纵梁与门槛内板、地板面板等结构的安装关系进行了详细限定。专利CN206984131U的首项权利要求仅为专利CN109204566B中权利要求1的一部分，不涉及地板面板及相关安装关系、门槛内板与加强纵梁和安装关系等内容。

该系列申请通过针对同一核心发明构思，在具体安装关系、实施例的选择等方面提交多件不完全相同的权利要求，实现了对该核心方案更加全面、细致的保护，属于典型的互补性专利布局；同时针对不同的专利申请还综合利用发明专利、实用新型专利等不同专利类型进行不同方式的保护。国内其他申请人可以借鉴比亚迪的专利布局方式，也可采用其他的布局方式，更为有效地保护知识产权。

4.4.2　底部碰撞

1. 关键技术发展路线分析

底部碰撞防护技术有三条清晰的发展路线：一是在动力电池下方设置防护结构，防护结构要求全面覆盖动力电池暴露在底盘外的部分，以避免地面隆起、飞溅的石块等冲击动力电池；二是提高动力电池的离地间隙，包括通过动力电池安装位置的选择、安装结构的优化、主被动抬高电池等方法来保证动力电池的离地间隙，提高底盘的通过性能；三是在动力电池前方设置防护构件，以使底部障碍物先与该防护结构碰撞，避免其直接冲击动力电池。

2. 重点专利技术分析

课题组筛选出了底部碰撞领域各技术分支路线的关键专利，如图4-4-15所示。

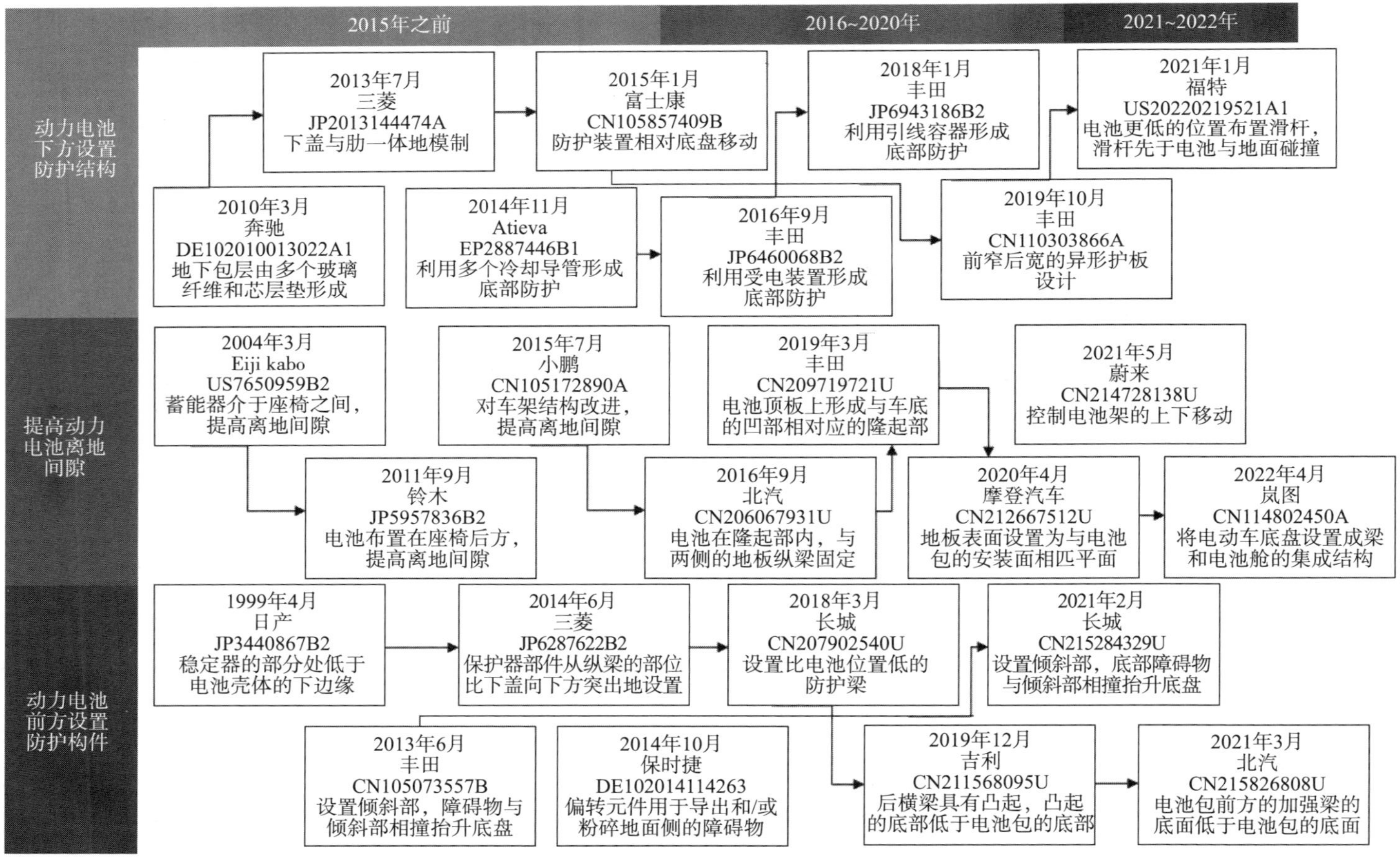

图4-4-15　底部碰撞领域各技术分支重点专利技术发展路线

其中，对于在动力电池下方设置防护结构的技术路线，较早期专利申请以改变电池包壳底部的材料、结构为主，例如专利DE102010013022A1涉及地下包层由多个玻璃纤维垫和芯层垫形成，专利JP2013144474A涉及下盖与肋一体地模制。后期对防护底板的形式提出了创新，例如专利CN105857409B涉及防护装置相对底盘移动，专利CN110303866A涉及前窄后宽的异形护板设计，专利US20220219521A1涉及改由底部的滑杆保护动力电池。除此之外，由于电动汽车底部空间非常有限，而在各厂商将动力电池布置在底盘底部作为主流技术路线的情况下，底部空间的综合运用显得更加重要。如图4-4-16所示，专利EP2887446B1涉及利用多个冷却导管形成底部防护。专利JP6460068B2涉及利用受电装置形成底部防护。专利JP6943186B2涉及利用引线容器形成底部防护。

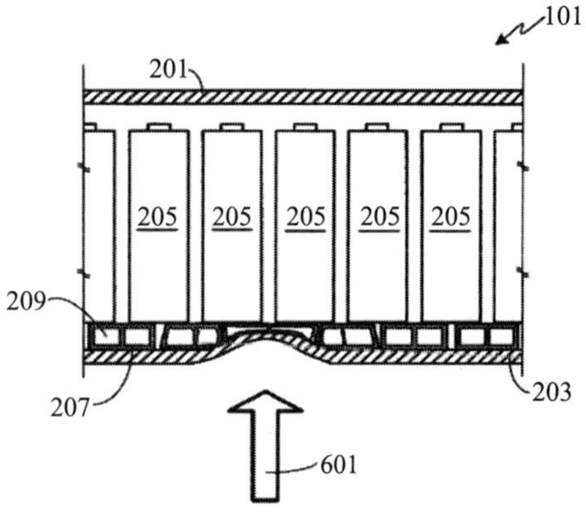

图4-4-16 专利EP2887446B1附图

对于提高动力电池离地间隙的技术路线，由于新能源汽车发展早期对电池体积要求没有那么高，动力电池布置的位置比较灵活，早期专利申请倾向于通过动力电池布置位置的灵活调整来抬高离地间隙。专利US7650959B2涉及蓄能器介于座椅之间，提高离地间隙。专利JP5957836B2涉及电池布置在座椅后方，提高离地间隙。同样，在近几年各厂商将动力电池布置在底盘底部作为主流技术路线的情况下，将动力电池与底盘融合设计成为提高动力电池离地间隙的主流方向。专利CN105172890A涉及对车架结构改进，提高离地间隙。专利CN206067931U涉及电池包位于电池包隆起部内并且与两侧的地板纵梁固定。专利CN209719721U涉及电池组顶板上形成有与车底板的凹部相对应的隆起部。专利CN212667512U涉及将地板下表面设置为与电池包的上安装面相匹配的平面结构。专利CN114802450A涉及将电动汽车底盘设置成前后梁架和电池舱的集成结构。值得关注的是，随着纯电平台的不断涌现，将动力电池与底盘融合为一体，即动力电池作为底盘结构的组成部分已经成为业内公认的发展方向，其为提高动力电池的离地间隙提供了更大的空间。另外也出现了一部分主动调节电池包壳高度或底盘高度以在需要时提高动力电池离地间隙的专利申请，例如专利CN214728138U涉及控制电池架的上下移动。这类专利技术可以兼顾底盘的操控性能和通过性，一定程度上有助于底部防护，但是如前所述，当前新能源汽车底部空间非常有限，举升机构的设置必然占据大量底部空间。

对于在动力电池前方设置防护构件的技术路线，其主要分为在动力电池前方的副车架上设置低于电池包底部的防护构件的方案和在动力电池前方设置倾斜部件的方案。对于前者，随着技术的发展，防护部件的具体类型发生着变化，例如专利JP3440867B2涉及稳定器的部分处低于电池壳体的下边缘；专利JP6287622B2涉及保护器部件从纵梁的部位比下盖向下方突出地设置；专利CN207902540U涉及设置比电池位置低的防护梁；专利CN211568095U涉及后横梁具有凸起，凸起的底部低于电池包的底部；专利CN215826808U涉及电池包前方的加强梁的底面位于电池包的底面的下方。可以看出，其防护部件从凸起等不规则部件向专门的梁部件转变。对于后者，倾斜部件先于动力电池与底部的障碍物接触，例如专利CN105073557B涉及电池包壳上设置倾斜部，障碍物与倾斜部相撞抬升底盘；专利CN215284329U涉及车架上设置倾斜部，底部障碍物与倾斜部相撞抬升底盘。另外，专利DE102014114263A1还涉及公开了偏转元件用于导出和/或粉碎地面侧的障碍物的特殊防护件类型。

上述三种技术路线各有优劣。在动力电池下方设置防护结构的技术路线可以全面防护各种类型的底部冲击，包括地面隆起、轮胎卷起的石子等，但是额外的底部防护结构进一步挤占了车辆底部空间。提高动力电池离地间隙的技术路线同时提高了车辆的通过性，但是对于卷起的石子缺乏有效防护，而且同样需要在空间和离地间隙二者之间进行取舍。在动力电池前方设置防护构件的技术路线可以很好地避免坚硬、大块的障碍物冲击动力电池，但是其对于卷起的石子同样无能为力，同时还存在制造成本低的优点。

2016年之前提高离地间隙和电池前部布置防护构件的技术方案占比更多，但是2016年之后，在动力电池下方设置防护结构的技术路线由于其全面的防护效果而逐渐成为主流。

消费者对续航能力的追求也催生了底部防护构件的集成化设计。结合图4-4-16可以看到有电池底部冷却管做防护构件的方案。利用电池功能构件形成底部防护可以有效提高电池集成度，是未来趋势。对于电芯下方布置液冷管道的方案，可通过增加管道刚度形成底部防护；对于电芯倒立布置的方案，例如宁德时代麒麟电池，高压连接件、烟道布置在电芯下方，可以增加相应构件的结构刚度，形成底部防护。

4.5 重要申请人专利布局分析

在动力电池碰撞安全方面，全球范围内最重要的申请人为丰田，其申请量多于第二名本田和第三名现代的相关专利申请量的总和，由此可见，丰田在动力电池碰撞安全领域具有较为深入的研发和布局；而比亚迪则位居国内新能源汽车领域前列。因此，本章选用丰田和比亚迪作为重要申请人，深入分析二者在申请趋势、专利布局、技术构成等方面的异同。

4.5.1 申请趋势

从图4-5-1所示的碰撞安全领域丰田和比亚迪全球专利申请趋势来看，对于动力电池碰撞安全相关技术，丰田涉及相关领域的时间早于比亚迪，且全球申请量远大于比亚迪，这表明丰田在相关领域的技术积淀较为深厚，其他企业应注意相应的侵权等风险。二者的全球申请态势基本一致：比亚迪在2017年相关申请量达到高峰，而丰田则是在2018年申请量达到高峰——这与该领域全球申请量的变化趋势以及相关原因基本一致。

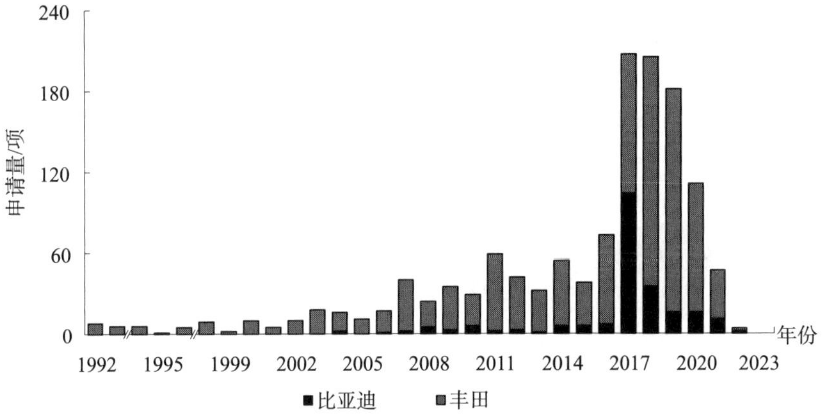

图4-5-1 丰田和比亚迪碰撞安全领域全球专利申请趋势对比

如图4-5-2所示，就在华申请而言，除了2015~2017年等少数年份，丰田涉及动力电池碰撞安全的申请量同样超过了比亚迪，这表明丰田对中国市场高度重视。

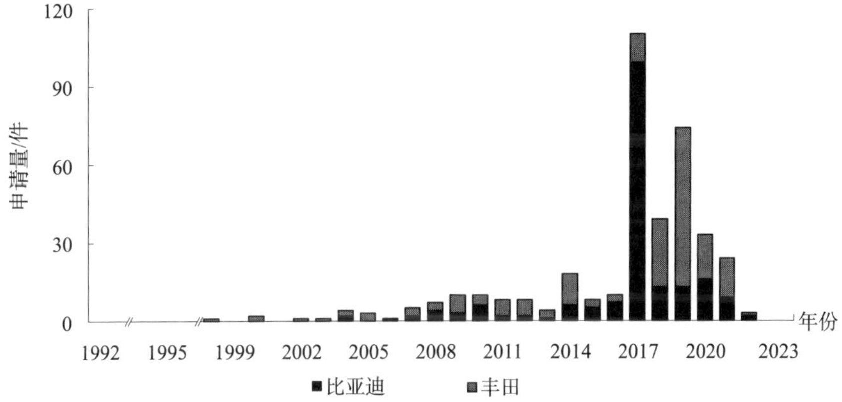

图4-5-2 丰田和比亚迪碰撞安全领域中国专利申请趋势对比

4.5.2 目标市场

如图4-5-3所示，从碰撞安全技术目标市场看，丰田除在本国申请外，在中国、美国、德国、韩国等主要汽车消费市场均有布局；而比亚迪则主要在中国进行专利申请，仅在美国、日本、韩国有少量的专利布局。

不同目标市场下丰田和比亚迪专利申请数量对比如图4-5-4所示，除中国市场外，丰田专利申请的数量具有绝对优势；而比亚迪在中国的动力电池碰撞安全的专利申请数量也仅与丰田的中国申请数量基本相当。综上，比亚迪的申请数量以及市场布局均与丰田有较大的差距。同时丰田在动力电池碰撞安全领域更倾向于在美国进行专利布局，这可能与美国更严苛的碰撞测试标准有关。但是比亚迪已经开始进军日本和欧洲市场，建议其进一步重视丰田在日本和欧洲市场的专利布局，同时注意规避侵权风险。

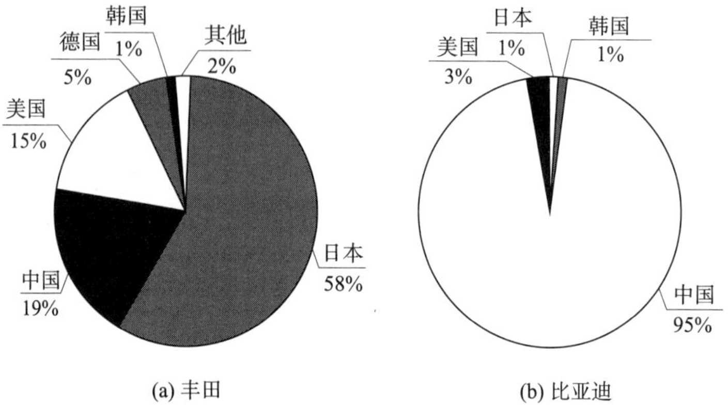

图4-5-3　丰田和比亚迪碰撞安全领域全球目标市场专利申请量占比对比

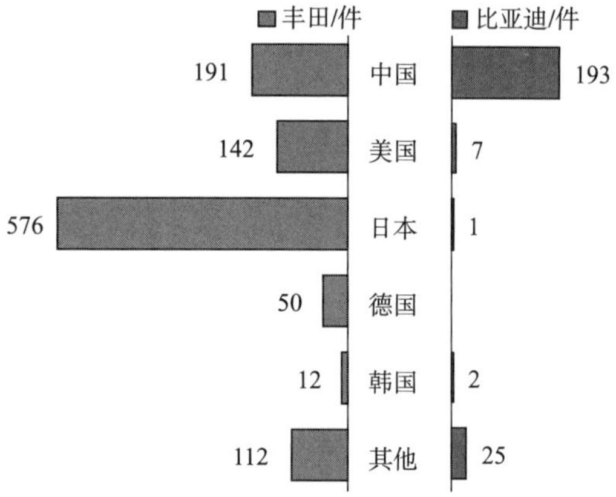

图4-5-4　丰田和比亚迪碰撞安全领域全球目标市场专利申请量对比

4.5.3　技术构成

如图4-5-5所示，就技术构成而言，丰田和比亚迪均涉及动力电池碰撞安全的所有技术分支，这表明二者在动力电池碰撞安全领域均有较为深厚的技术底蕴。

对于二级技术分支，比亚迪在车身设计方面的申请占比更高，而丰田在车身设计和电池包壳设计方面更加均衡一些。

对于两家公司均较为重视的车身设计的三级分支，丰田侧面碰撞三级分支的申请占比为25%，多于其他三级分支，说明其更侧重于车辆在侧面碰撞时对电池的防护；而比亚迪则在正面碰撞和侧面碰撞技术分支的申请数量基本相同，占比分别为26%和25%。同时对于重点技术之一的底部碰撞时动力电池的安全防护技术，两家公司均处于起步阶段，申请数量和占比均相对较少。

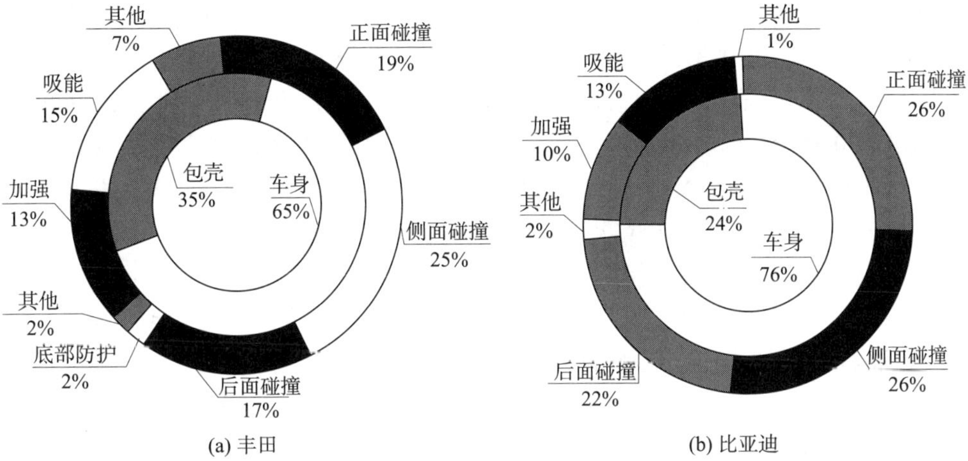

图4-5-5 丰田和比亚迪碰撞安全领域三级技术分支专利构成对比

4.5.4 侧面碰撞技术发展分析

本节选取丰田和比亚迪的专利技术，结合第4.4.1节关于侧面碰撞技术路线的梳理，对侧面碰撞发展趋势进行分析研判。

丰田和比亚迪最新专利技术选取规则如下：选取2016年之后，结合被引次数和同族专利数量排名靠前的各20篇专利文献。

丰田的20篇最新专利技术中有8篇关于横向构件的改进，包括2017年4月申请的专利US20180312200A1，其涉及门槛梁的吸能结构与电池包内的横梁结构重叠对准设计；2017年5月申请的专利JP2018202946A涉及多个电池层叠体被夹持在门槛梁之间并利用电池层叠体中的每一个单体电池在单体电池的层叠方向上承受源自车体框架构件的挤压力；2017年8月申请的专利JP2019031219A则涉及通过横梁之间距离的设计提升对动力电池的保护能力；2018年3月申请的专利JP2019151294A涉及通过在跨过电池包的横梁的两倾斜部之间设置加强板以提升对动力电池的保护能力；2018年3月申请的专利JP2019156030A涉及通过将横梁横向向外突出动力电池确保侧向碰撞时横梁先受到撞击力；2019年1月申请的专利JP2020111101A涉及电池包内布置在上层电池的横向外侧的纵向构件加强对动力电池的保护；2019年6月申请的专利JP2020203650A则涉及在动力电池底部布置波浪形的横向构件来加强对动力电池的保护；2019年9月申请的专利JP2021054102A则涉及将电池包后侧延伸至车厢内横向构件和车厢外横向构件之间以通过多个横向构件加强对动力电池的保护。可以看到，丰田关于侧面碰撞的最新专利技术中，横向构件的改进仍然是最主要的，其中专利JP2019031219A、JP2019151294A、JP2021054102A都是对传统的外置横梁进行优化设计，专利US20180312200A1、JP2018202946A、JP2020111101A则利用了电池包内置的横向构件进行侧向刚度的加强，其中还包括了利用电芯自身刚度来加强侧向刚度。

丰田的20篇最新专利技术中有6篇关于门槛的改进，包括2016年11月申请的专利JP2018090020A涉及通过门槛梁内强化部件外周的多个凸起来优化吸能结构；2017年4月申请的专利JP2018187986A则涉及在门槛梁布置上下两个吸能结构且下部吸能结构尺寸大于上部吸能结构以提高吸能效果；2017年6月申请的专利JP2019006303A涉及门槛梁20吸能结构和电池包40在门槛上的安装结构47的综合设计；2018年2月申请的专利JP2019137255A则涉及门槛梁内的溃缩结构具有波浪形设置的横向结构和上下不对齐的竖向结构以优化吸能效果；2018年8月申请的专利JP2020029150A则涉及通过电池包202受到冲击确保后下游的门槛整体沿碰撞方向偏移以提高对动力电池的保护效果；专利US20180312200A1也涉及门槛结构的改进。可以看到，丰田关于侧面碰撞的最新专利技术中，门槛的改进依然极具多样性，该技术仍然有很大的改进空间。

丰田的20篇最新专利技术中，有5篇关于电池安装结构的改进，包括2016年4月申请的专利JP2017193287A涉及电池包通过连接结构连接在门槛梁上；2020年1月申请的专利JP2021112970A涉及连接电池包和门槛的连接件具有溃缩结构；2020年3月申请的专利JP2021138228A涉及针对电池包与门槛之间连接结构的特殊设计；2020年3月申请的专利JP2021146749A涉及电池包和门槛之间连接结构具有缓冲吸能构件；专利JP2019006303A也涉及电池安装结构的改进。丰田最新的5篇关于电池安装结构的专利中，无一例外都是电池包直接安装在门槛梁上——这也是为了满足电池与底盘集成设计的需要。

丰田的20篇最新专利技术中，还包括2017年7月申请的专利JP2019025935A，其涉及侧门内布置冲击吸收部以在侧向碰撞时对动力电池进行保护；2018年6月申请的专利JP2019214314A涉及滑动门的铰链布置在电池包上方避免侧碰时冲击电池；2020年4月申请的专利JP2021172136A涉及在电池包内布置多个凸起以抑制侧向碰撞时顶板变形对电池包的冲击。

总的来说，丰田作为老牌车企，其侧面碰撞防护技术最新的专利文献所体现的设计思路极具多样性，表现在：横向构件的改进既涉及传统横梁的优化，也涉及电池包内横向构件的优化；门槛梁的改进沿着吸能溃缩的方向不断演进和创新；为了顺应纯电平台电池与底盘高度集成的需要，涉及电池安装结构的改进均沿着电池包直接安装在门槛上的方向演进而未见纵梁的改进。

比亚迪的20篇最新专利技术包括2017年6月集中提交的11件系列专利申请，分别是专利CN109204505A、CN109204493A、CN109204491A、CN109204546A、CN109204462A、CN109204536A、CN109204566A、CN109204530A、CN109204575A、CN206984131U、CN206984139U，其在门槛梁内侧布置纵向构件，两纵向构件间布置两横梁，电池包通过电池安装纵梁安装在门槛梁上，其纵向构件和电池安装纵梁不同于传统的纵梁，而是贴设于门槛梁，起到了提高门槛梁刚度、保护动力电池的作用。

除此之外，比亚迪2018年3月申请的专利CN110329362A、CN110329360A、CN110316259A均涉及采用电池上的密封盖作为地板的CTC技术。其中专利CN110329362A涉及动力电池包的左右侧纵梁直接连接在门槛上，电池包壳体与门槛互相加强；专利CN110329360A涉及动力电池包的安装结构，动力电池嵌入在四根安装梁围成的空间中；专利CN110316259A则涉及通过电池包左右安装纵梁加强门槛的强度。以上三项专利技术都采用了将电池直接安装在门槛梁上、采用电池包壳上的密封盖作为地板的设计，在满足侧向碰撞需求的前提下有力地支撑了比亚迪CTC技术对电池和底盘高集成性的要求。比亚迪2019年9月申请的专利CN210971298U和2021年11月申请的专利CN216468112U均涉及对门槛梁的吸能结构进行的改进。

比亚迪2019年12月申请的专利CN211731599U记载了电池包安装结构具有多个凸起部13来分散侧面冲击力；2020年7月申请的专利CN213007573U则将电池包安装纵梁和门槛内板连接并在电池包安装纵梁上设置有在车辆高度方向上位于前地板下方的电池包安装点以提高对动力电池的侧向防护能力；2022年4月申请的专利CN217124928U则利用电池包传递侧碰力；2020年12月申请的专利CN214688993U则使得电池包能够相对于车身移动，以此提高对动力电池的防护能力。

总的来看，比亚迪的最新专利申请非常注重电池与底盘的集成设计，尤其是专利CN110329362A、CN110329360A、CN110316259A涉及将电池盖板和地板融合设计，同时其大量专利涉及电池包直接安装在门槛梁上的安装结构。

综合丰田和比亚迪2016年之后申请的40件最新专利技术和第4.4.1节关于侧面碰撞技术路线的梳理来看，侧向碰撞最主要的技术演进方向是电池与底盘的高集成化，传统的纵梁设计逐渐消失，电池包直接安装在门槛梁或门槛梁的加强件上；电池内的横向构件，包括横梁、电芯等结构，在横向碰撞中扮演越来越重要的角色；同时，由于没有了纵梁，对门槛梁的要求也越来越高，门槛梁内溃缩吸能结构的设计日趋多样化，有很大的设计空间。

第5章　动力电池热管理专利分析

5.1　研究概况

锂离子电池作为新能源电动汽车关键部件之一，不同工况下电池工作温度差异性会严重影响锂离子电池的使用性能和安全性能。低温充电会使电池内部短路，高温会破坏电池内部化学反应平衡，影响电池的充放电容量，对电池的循环使用寿命、安全性产生影响。根据动力电池的结构材料和工作原理，在充放电的状态下，电池组发生的化学反应放出的热量导致温度升高，而当温度超过一定值时会严重影响电池的性能，甚至引起热失控而导致安全事故发生。因此，为了减小温度对锂离子电池的影响并保证其在合适的温度范围内工作，电池组必须拥有科学和高效的热管理系统。因此，动力电池热管理技术的研究对推动新能源汽车产业的发展具有极大的意义。应用于动力电池热管理系统中的仿真技术、电池温度监控技术以及各种模型和算法不仅可解决新能源汽车领域的问题，对其他领域的发展也发挥着极大的作用。

由此可知，在电池热管理中，对温度的控制是整个系统设计的核心。因此，如何更加准确、及时地检测到电池温度的变化，并对监测的信息进行分析处理，再经过控制器以适当的方式控制电池组中的冷却介质的温度变化等以达到最终对电池温度控制的目的是当前研发的热点问题之一，其对动力电池安全问题至关重要，国内外大部分企业、高校、科研院所在电池热监控方面也投入了大量的精力进行研究。因此，课题组以热监控为切入点，按照“测量—分析—控制”的方式来对热管理中的关键技术进行分析，以更好地分析、梳理现有的热监控技术发展路线，为后期的技术研发提供参考和建议。

5.2　全球专利竞争态势分析

5.2.1　专利申请趋势

1. 第一发展期：技术萌芽期（1992年之前）

如图5-2-1所示，1992年以前，与电池热管理相关的专利申请数量较少，其间申请量均维持在个位数，总体申请量不大。这个时期由于锂离子电池的研发刚刚起步，电池热管理技术也处于萌芽发展阶段，部分企业开始试探性地研究，只有零星的专利申请，申请总量较少。

2. 第二发展期：缓慢发展期（1993～2002年）

20世纪末，在经历以石油危机为代表的能源危机后，伴随着电池储能等相关技术的发展，以油电混合动力汽车为代表的新能源车型开始逐步产业化，而伴随着新能源车型产业化的发展，关于电池热管理技术的研究有了较为持续的投入，但是这一阶段的新能源车企主要以老牌燃油车企为主，新能源车型仅占这些车企极小的市场份额，因此研发投入有限。这一时期电池热管理技术的发展处于缓慢发展的阶段。

3. 第三发展期：快速增长期（2003年至今）

从2003年开始，电池热管理相关的专利申请数量开始有明显增长。在2003～2012年，我国的专利申请量和国外的申请量大致相同，两者均处于快速发展阶段。但是2012年之后，中国在新能源汽车电池热管理方面的专利申请量出现迅猛增长的态势，这主要是因为2009年财政部、科学技术部印发《关于开展节能与新能源汽车示范推广试点工作的通知》和2012年国务院发布《节能与新能源汽车产业发展规划（2012—2020年）》——在上述政策的支持下，新能源汽车技术蓬勃发展，相关的专利申请量与时俱增。从图5-2-1可以看出，2013年之后，我国在电池热管理方面的技术引领了全球技术的发展，我国在该领域占据主导地位。考虑到2021年和2022年提交的专利申请还有较多未公开，可以预期2021年和2022年的申请量依然保持在一个较高的水平。这表明电池热管理正受到持续关注，可以预见未来该领域依然是热门的研究领域。

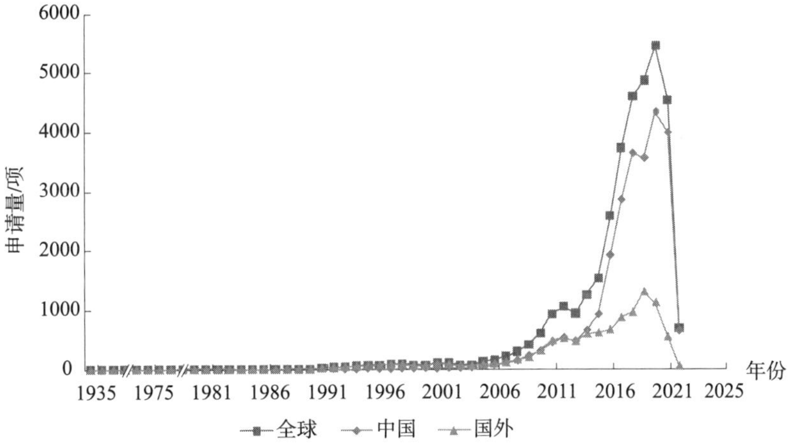

图5-2-1　动力电池热管理领域全球和中国专利申请趋势

5.2.2　专利区域分布

如图5-2-2所示，通过对全球专利数据的分析发现，热管理领域的专利申请来源国主要是中国、日本、德国、美国和韩国，数量分别为21931件、4151件、2464件、2447件和2030件。中国自2009年以来在新能源领域出台了一系列政策，努力实现在新能源汽车领域的换道超车，出现了以比亚迪为代表的整车企业和以宁德时代等为代表的电池厂商，专利申请数量和质量均有大幅度的提升。日本一直是新能源汽车领域的技术研发大国，丰田、本田等整车企业一直非常重视相关技术的研发，其是主要的技术来源国之一。韩国则是出现了以LG、三星等为代表的电池企业，其在电池热管理安全方面也有相应的技术积累。德国、美国作为传统的汽车工业强国，也有相应的技术积累。

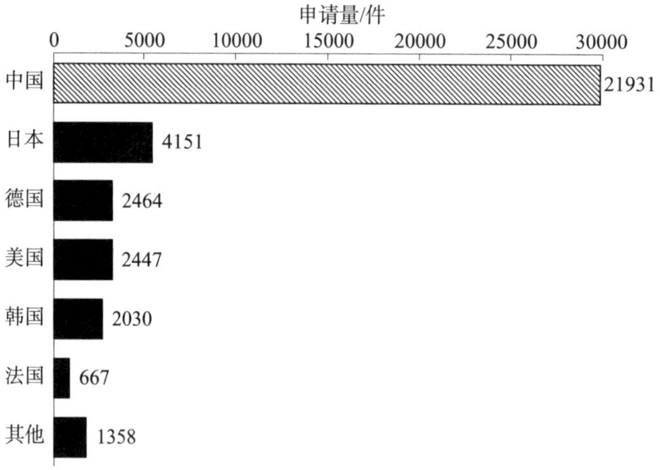

图5-2-2　动力电池热管理领域专利技术来源分布

结合图5-2-3可以看出，在电池热管理技术起步的初期，申请人主要集中在日本、德国和美国。日本作为新能源汽车发展相对成熟的国家，其申请量在21世纪初一直处于波动发展阶段，之后一直处于高位相对稳定阶段，这说明日本在电池热管理方面研发投入比较稳定，技术产出相对稳定。德国和美国在电池热管理方面的技术发展比较类似：它们在2010年之前关于电池热管理方面的专利申请量一直比较少，但是自2010年之后开始增加，随后趋于相对高位的平稳发展阶段，这说明这两个国家也逐步稳定地在电池热管理方面进行布局。而中国则是在2000年前后进入该领域，从2013年开始中国的专利申请量呈现飞跃式增长，其增长量显著高于其他国家。可见，在国家关于新能源政策的推动下，国内创新主体的研发热情高涨，在该领域进行了大量专利布局。

图5-2-4显示了热管理领域专利申请技术流向分布。结合技术流向分析可以看出，从技术输出来看，中国、日本、美国、德国和韩国都普遍重视本国或区域内部自身专利布局。从技术输入来看，中国主要以本土的专利申请为主，另外，日本、美国、德国、韩国四个国家也在中国市场进行了一定数量的专利布局，由此可以看出，这些国家比较重视中国市场；而在美国市场中，来自日本的专利申请量要高于美国自身的专利申请量，因此从美国市场来看，主要是以美、日两国申请人竞争，同时，德国、韩国申请人也具备一定的地位，中国申请人在美国市场份额最小；日本、德国、韩国则主要是以本国的技术为主，同时其他国家在这三个国家也有一定数量的专利布局，但总体不多。从技术输出来看，中国主要以本国市场为主，很少向其他国家进行布局，

而其余四个国家则在其他国家都有所布局，并且占据一定的份额，由此可见，这些国家除了重视本国市场外，也比较重视国际市场的布局。从图 5－2－4 也可以看出，中国市场虽然很大，但是来自跨国企业的申请占比很少，这主要和我国自身的专利申请量有关系：中国的整体专利申请量远高于其他国家和地区的专利申请量，这直接导致其他国家和地区在中国的专利申请量占比偏少。为此，如何提高我国在电池热管理方面的专利申请质量，将我国的数量优势转化为质量优势，成为当前所面临的主要问题之一。

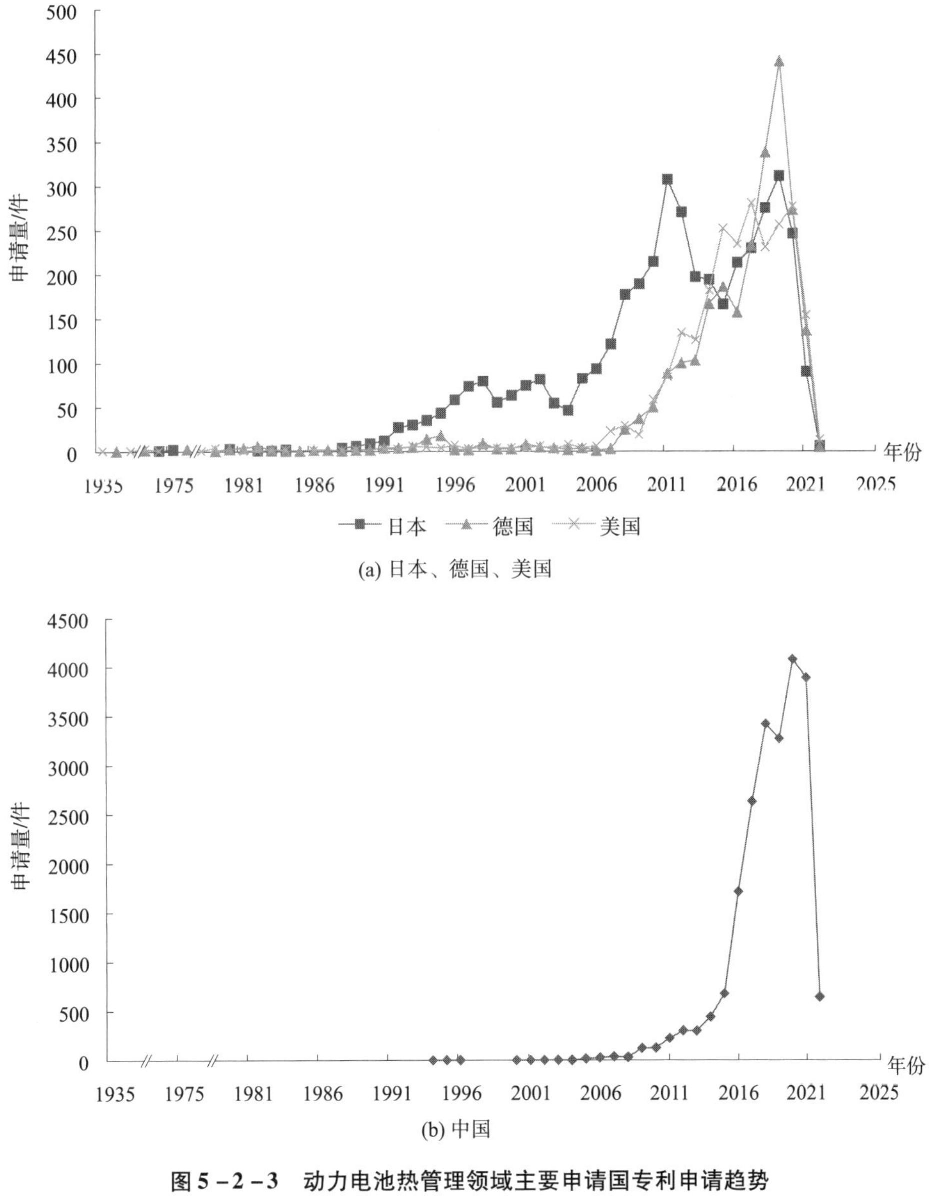

图 5－2－3 动力电池热管理领域主要申请国专利申请趋势

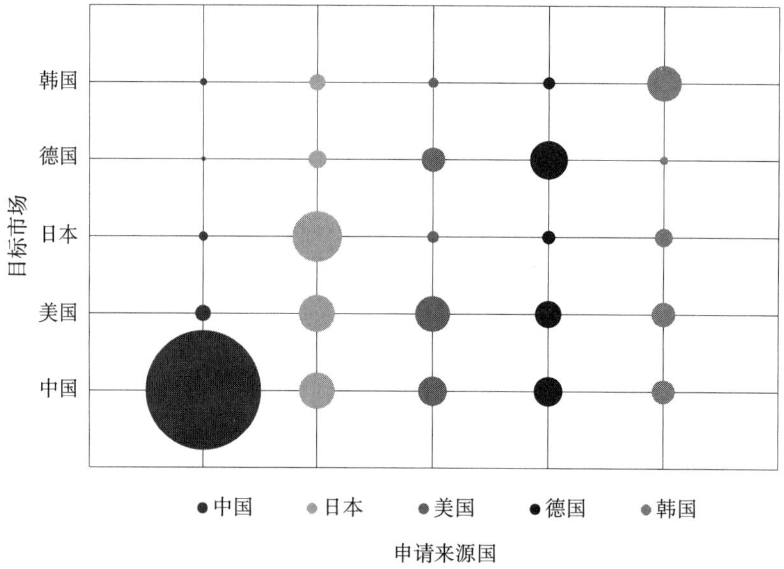

图5-2-4　动力电池热管理领域全球专利申请技术来源和目标市场流向

注：图中气泡大小表示专利申请量多少。

5.2.3　重点申请人分析

从图5-2-5中可以看出，电池热管理领域的主要申请人中，申请量最大的是丰田、比亚迪、LG、福特等企业，而且4家车企在热结构和热监控技术分支上均有一定比例的研发投入。丰田是传统的老牌车企，其以燃油车为主，但在新能源汽车方面也

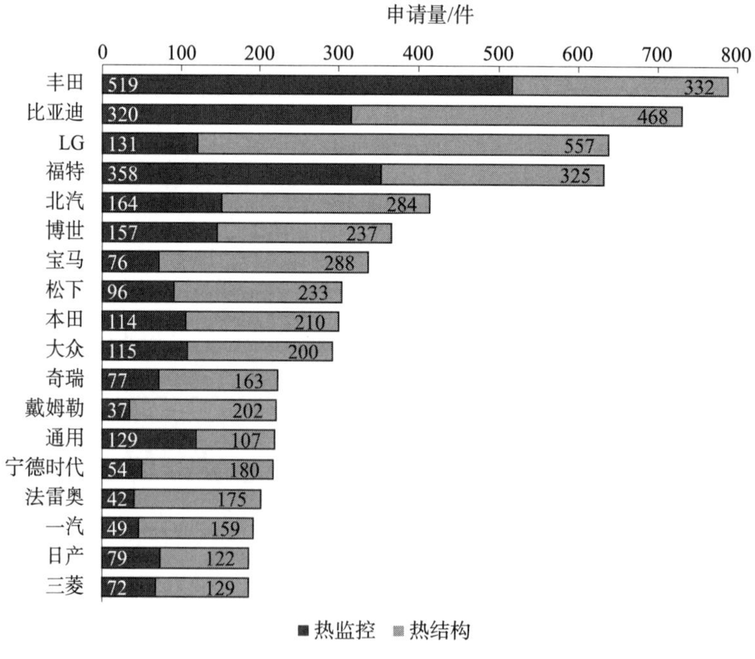

图5-2-5　动力电池热管理领域全球专利主要申请人申请量排名

进行了大量的专利布局，尤其是在电池热管理方面，其专利申请量为851件，显著领先分别排名第二、第三的比亚迪、LG。比亚迪作为国内新能源汽车龙头企业，在纯电动汽车和混合动力汽车领域都有不俗的市场表现，当前除了注重整车的生产之外，其生产的刀片电池也在行业内占据一定的地位。电池热管理技术是防止电池热失效、防止发生事故的关键所在，比亚迪也非常重视这方面的专利申请，因此，比亚迪专利申请量紧随丰田之后，排名第二。而韩国LG的主营业务之一就是动力电池的生产，因此LG在电池热管理方面也进行了大量的专利布局。福特是美国的老牌车企，其紧随LG之后，同样在电池热管理方面占据一定的地位。此外，博世、宝马、松下、本田、大众、奇瑞、戴姆勒、通用、宁德时代等电池厂商在电池热管理方面也有不少的技术积累，申请量也处于前列。

5.2.4　专利技术构成

结合图5－2－6可以看出热管理技术分支下二级与三级分支的专利申请占比情况。从图5－2－6中可以明显看出，热结构中的冷却部分占比最大。通过对专利数据的分析发现，由于结构类的改进难度较低，检索结果中包含大量实用新型专利。通过技术聚类和申请人归集也可以发现，申请人在申请时会采取批量申请的方式，并且选择发明和实用新型同时进行申请。此外，在热结构分支中，冷却、隔热和灭火适用场景的严重程度是依次递增的：全球的消费者和创新主体都希望将事故消灭于萌芽状态，也就是说，技术创新更倾向于在冷却过程中实现对电池安全的控制，而非在出现事故或事故扩散后再进行处理。因此，冷却、隔热和灭火三者的申请量占比呈现依次递减的特征。

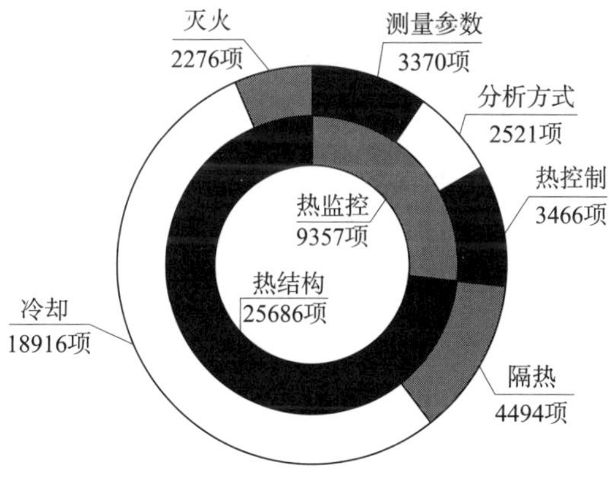

图5－2－6　动力电池热管理领域全球专利各技术分支布局

对于热监控技术分支，其三级技术分支为监控的过程，测量、分析、热控制三个环节环环相扣，缺一不可。从全球的申请量占比来看，全球创新主体对于监控过程的三个阶段的重视程度也是大体相当。由于对测量参数的分析方式涉及触发下一阶段的控制条件，多数分析离不开一个比较的过程和触发的条件，导致该分支手段较为单一，改进点相对较少，体现在申请量上，也比其他两个三级分支的申请量稍低，但差异不大。

1. 热结构技术构成分析

图5－2－7显示了热结构分支下的三级、四级分支申请分布。从图5－2－7中可以看出，在电池冷却形式的使用中，风冷占据绝对主流。这与以下三个因素相关：第一是应用场景：电动汽车在正常行使中天然地可以借助外来的空气相对流动带走热量，因此，使用风冷符合电动汽车应用场景的优先选择。第二是成本：在车辆行驶中，引入气流进行散热几乎不需要任何成本，即使需要进行主动散热，风冷也只需要在布置风道的基础上安装对流装置即可，其成本较另外两种更低。第三是可靠性与故障率：风冷相对于液冷和相变材料的使用，其结构与布局相对更加简单，可能出故障的部件也更少，而车辆在行驶过程中不可避免地会出现振动、碰撞等情况，这种简单的结构可以提高使用过程中的可靠性。液冷与相变材料的使用需要增加较为复杂的换热机构以及与材料相匹配的结构调整，因此会带来内漏、外渗等问题，寻找故障点和维修也更为复杂。

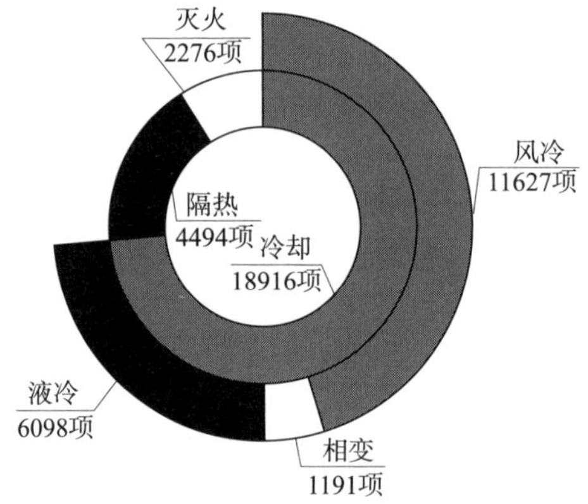

图5－2－7　动力电池热管理领域全球热结构技术分支专利申请分布

隔热和灭火技术分支的申请量依次递减，其原因是，根据热失控的严重程度由低到高依次是冷却、隔热和灭火，其中通过冷却方式的控制可以降低电池的发热量，这是避免电池出现热失控的关键所在；而隔热则相对于冷却而言无法主动地控制热量的产生，只能被动地阻止热量在电芯或者电池模组之间的蔓延以避免造成热失控；灭火则是出现事故之后所采取的手段，其属于事后救济的一种方式，也是最不希望出现的一种情况。为了达到事前控制的目的，需要对电池的冷却采取主动控制的方式——这是最直接也是最高效的电池热管理手段之一，因此其申请量比较大。虽然隔热与灭火技术分支的申请量远低于冷却技术分支，但是二者依然是电池热结构中不可或缺的技术分支。冷却、隔热与灭火三者层层递进，才能够有效地筑起保障安全的三道屏障。

图5－2－8显示了热结构技术分支下三个子分支申请量逐年变化情况。可以看出，冷却技术的研究起步较早，这是符合前文中提到的希望将事故消灭在萌芽状态的技术发展理念。2007～2010年为冷却技术的起步期，2011～2012年为技术发展的平台期。随着电动汽车的产业化推进，动力电池冷却技术的研究在2013～2015年呈现指数级的增长趋势。在2016年出现短暂且小幅的下降后，随着动力电池与新能源汽车车身的进一步融合，冷却技术再次迎来了一轮新的发展。

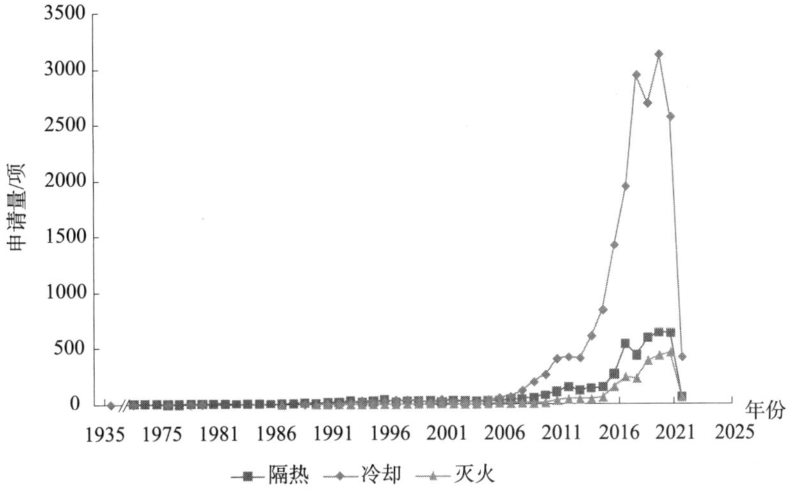

图5-2-8　动力电池热管理领域全球热结构技术各分支专利申请趋势

多数创新主体在技术研发阶段希望将电池的热失控通过温度调整的方式进行控制，但是在技术产业化后必然会存在与期望的偏差，在应用中逐步出现热蔓延与热失控的情况，导致创新主体开始逐渐重视对隔热与灭火技术的研究。因此，冷却、隔热和灭火技术的发展虽然趋势相似，但是从时间维度来看出现了时间间隔的情况。

图5-2-9显示了热管理领域冷却技术分支下各种冷却方式的申请量逐年变化情况。与上级分支申请量随时间变化的情况相似，冷却技术下各子分支的申请量也呈现出了“趋势相似、时间平移”的特点。其中，风冷起步最早，萌芽期可追溯至1990年左右，并且早在2007年前后申请量就开始有较为明显的增加，即进入了技术发展的起步期；在2013年后进入技术发展的爆发期；短暂回落后，由于车身与电池一体化技术的发展，风冷也进入了下一个发展阶段。

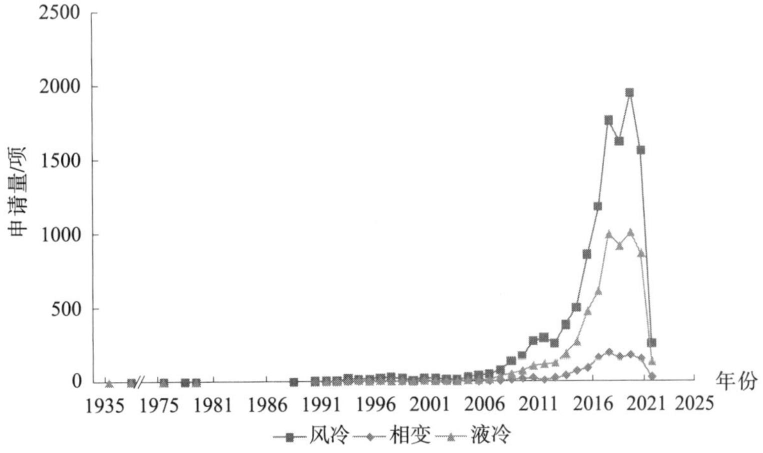

图5-2-9　动力电池热管理领域全球热结构技术冷却分支专利申请趋势

2. 热监控技术构成分析

图5－2－10显示了热监控技术分支下各子分支专利申请量逐年变化情况。整体来看，对于参数的测量技术起步较早，1993年已有技术发展的萌芽；1999～2007年，申请量逐渐增加，技术发展逐渐起步；2007年后，专利申请量迎来了第一次爆发式增长，一直持续至2011年，而后进入技术发展的平台期，申请量下降后趋于平稳。与常规技术发展不同，测量参数技术的申请量在2015年再次迎来了一波增长，之后便持续下降。从中也可以看出，测量参数技术发展已较为成熟，只有在迎来动力电池技术新变革时，创新主体才会为了适应技术的更新而对测量参数技术进行适应性调整。采集到数据后，需要对数据进行分析和处理——该分支中技术的发展从时间来看晚于测量参数技术，在总体趋势上与测量参数和采集大致相同，区别在于变化率较为缓和。与此相反，热控制分支虽然起步较晚（2004年左右），并且起步期较长（2004～2015年），但是在2015年突然呈现爆发式的增长，并在2019年到达平缓期——这也反映了2015年车身与电池技术的发展给热控制技术带来了巨大发展空间。

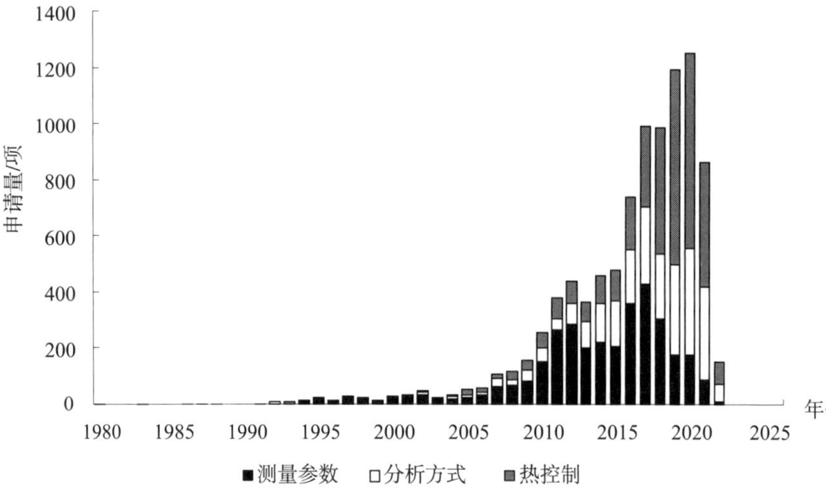

图5－2－10 动力电池热管理领域热监控技术各分支全球专利申请趋势

测量参数分支可以进一步细分为温度、电参数和其他。图5－2－11反映了测量参数技术下各子分支申请量逐年变化情况趋势。对于电池热失控的测量，最直观的测量参数即是温度。同时在研究时发现，可以以电池的电参数为基础，构建电池的劣化和失控模型。而对电池电参数的测量是电动汽车控制必不可少的条件，借助电参数对电池状态进行评价和预测也可以获得相同的技术效果，因此创新主体在温度和电参数的技术发展中并未有明确的选择和侧重，二者在发展趋势上几乎相同，并且在2012年前后选择电参数作为测量指标的创新主体更多，而到了2016年前后对温度的采集又占据上风。在实际应用中，电池热失控会伴随其他理化性质的改变，因此从2008年开始，随着电动汽车的普及和推广，逐渐有了通过测量和采集其他参数作为电池安全的判断指标，如压力、撞击等，也为完善参数和指标提供了新的思路。

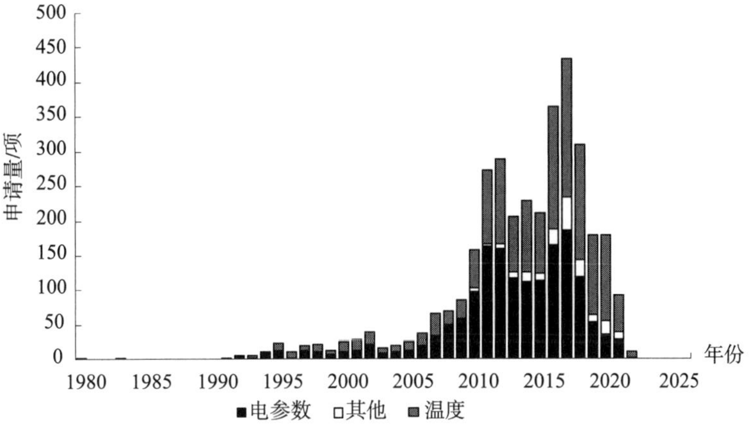

图5-2-11 动力电池热管理领域热监控技术测量参数分支全球专利申请趋势

图5-2-12示出了两种不同分析方式的专利申请量逐年变化情况。在产业化后，阈值设定的分析方式凭借其简单、稳定的优势，其申请量从2011年开始持续超过模型预测技术：可以看出创新主体对于分析方式的选择更加注重简单、稳定的方式。但是实际上，除了2016~2019年，模型预测和阈值设定分支的技术发展趋势几乎相同，这也反映了创新主体并未完全抛弃模型预测分析技术，而是不断进行尝试，希望能够找到更优、更稳定和更精确的分析预测模型。

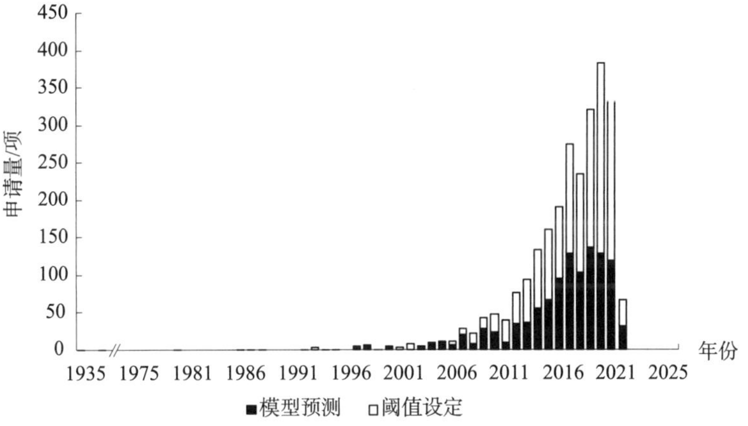

图5-2-12 动力电池热管理领域热监控技术分析方式分支全球专利申请趋势

如图5-2-13所示，与分析方式的技术发展不同，在热监控技术中对于热控制部分的技术发展上，创新主体更加青睐通过冷却或加热的方式进行，其萌芽期明显更早，1999~2004年进入起步期，2012年步入爆发期。究其原因，通过冷却或加热的方式能够更容易地实现对电池热量的控制，并且随着电动汽车一体化的设计，部分创新主体将电池热控制与整车的车厢空调系统进行合并，实现了更加高效的能量利用。反观另一种控制技术是需要对电池输出功率进行调整，或是对负载情况进行调节——这会导致直接影响电动汽车的动力输出或是影响驾乘人员的驾乘体验感。因此该技术分支下，冷却或加热技术在未来仍处于创新主体更加侧重的研发方向，而调节输出与负载可能只会作为后备方案使用。

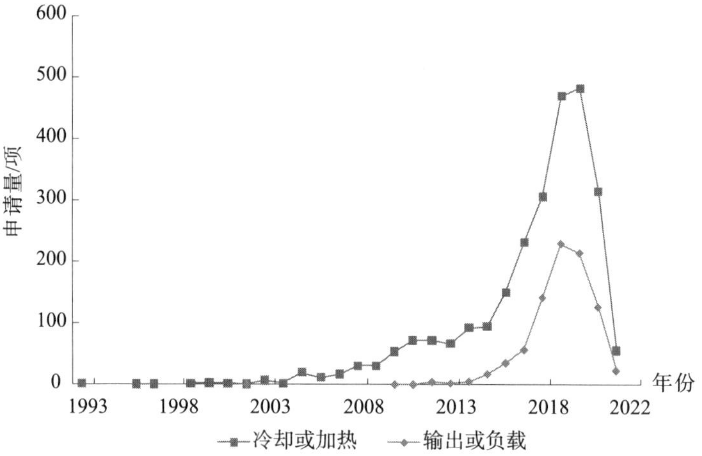

图5-2-13　动力电池热管理领域热监控技术热控制分支全球专利申请趋势

图5-2-14显示了热监控技术专利来源和目标市场流向。结合技术流向可以看出，中国既是最大的技术输出国，也是最大的目标市场国——这不仅得益于国家的政策支持，也得益于社会对于“绿水青山”的向往。从技术输出来看，我国专利申请几乎全为本国申请，仅有极少量流向其他国家/地区，而在这极少量的技术输出中，流向美国的技术占比近一半。日本、美国和欧洲的专利技术有一半流向了中国，韩国也有近1/3的申请流向中国，这足以证明在电动汽车以及动力电池安全领域，我国的市场和发展前景都是值得期待的。

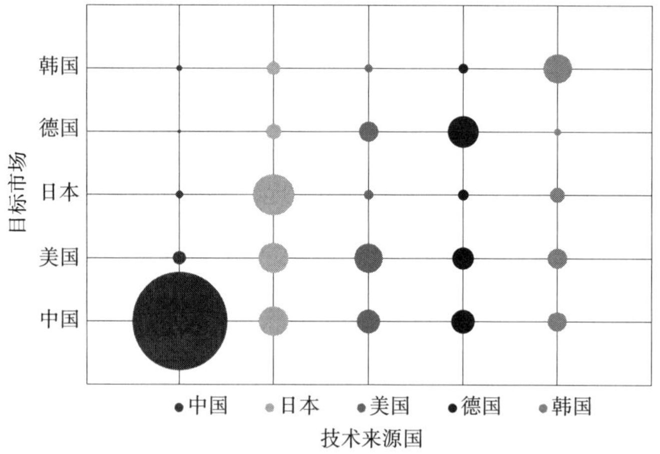

图5-2-14　动力电池热管理领域热监控技术来源和目标市场专利流向

注：图中气泡大小表示专利申请量多少。

从技术输入来看，主要来自我国本土申请，约占总申请量的2/3，其余申请量均是由其他四个国家/地区流入。这样的申请量占比说明国外企业对于该领域的发展十分重视，希望能够以专利布局的方式抢占中国市场。其中，日本企业的申请量占比最高，基本上是其他三个国家/地区申请量之和。日本老牌车企众多，在车辆技术发展和向电动汽车转型的过程中，这些企业并不是因循守旧，而是顺应潮流，主动探索新出路。电动汽车与传统汽车不同，可以说是一条全新的赛道，只有主动求变和探索，才能够避免被“后浪”彻底“碾压”。

此外，从图5－2－14中还可以看出，美国作为技术输入国，在各个国家/地区中技术流入占比是均衡的，而日本和韩国的技术流入占比较小。从技术输入的总量结合国家/地区技术流动情况，可以反映出创新主体对于全球目标市场的重视程度。我国在电动汽车这一市场中受重视程度已经远超美国，得到了全球主要创新主体的广泛重视。

5.3　中国专利竞争态势分析

5.3.1　专利申请趋势

从图5－3－1热管理领域中国专利申请趋势可以看出，中国热管理领域专利申请存在以下两个阶段。

1. 第一发展阶段：缓慢发展期（2013年以前）

在2013年以前，中国动力电池热管理领域相关的申请量处于平缓期，每年的申请量逐渐缓慢增加。

2. 第二发展阶段：快速增长期（2014年至今）

从2014年开始，申请量迅速增加，至2019年有所下滑，后又恢复快速申请的趋势。上述申请量的变化趋势与我国新能源汽车的发展趋势基本一致：2009年，财政部、科学技术部印发《关于开展节能与新能源汽车示范推广试点工作的通知》；2012年，国务院发布《节能与新能源汽车产业发展规划（2012—2020年）》。在上述政策的支持下，新能源汽车行业蓬勃发展，相关专利申请量也与时俱增。

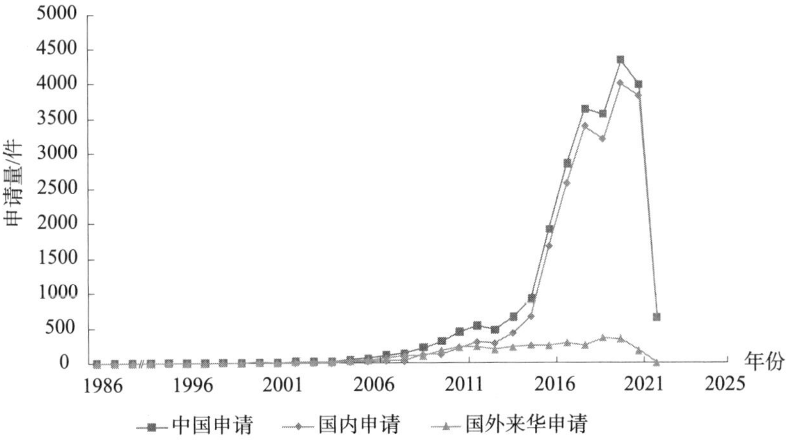

图5－3－1　动力电池热管理领域中国专利申请量变化趋势

图5－3－2显示了不同国家/地区的申请人在中国申请专利数量排名，图5－3－3显示这些国家/地区中国专利申请量占比。从图5－3－2和图5－3－3可以看出，传统的汽车强国如日本、美国、德国、韩国等排名前列。由于新能源汽车的大量技术依托于传动汽车技术，传统车企在转换赛道时具有一定的技术优势，相应也进行了一定的专利申请。

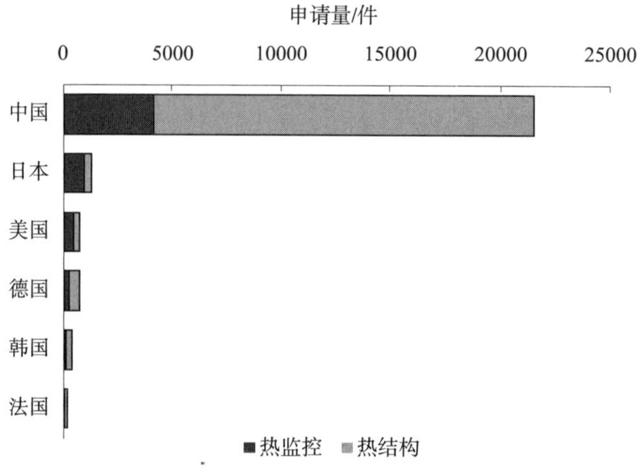

图5－3－2　动力电池热管理领域中国专利国内和来华申请排名

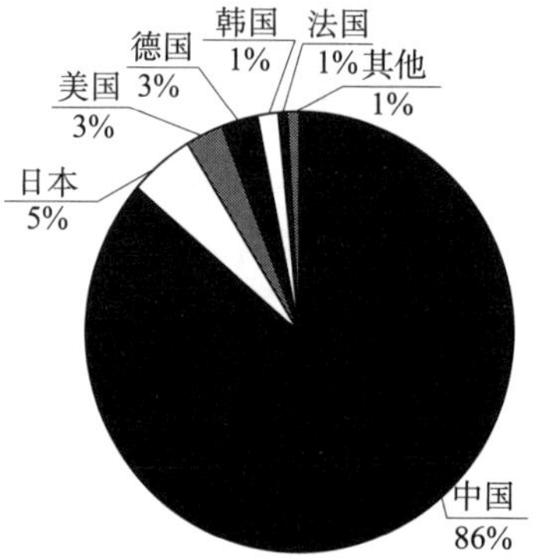

图5－3－3　动力电池热管理领域在中国申请国别占比

从图5－3－4主要来源在华专利申请趋势来看，德国、日本、美国等新能源汽车厂商在动力电池热管理领域早期已经在中国开始申请专利，尤其是2007年之前，中国申请人几乎未在该领域进行申请。而此之后，中国申请人开始发力，在动力电池热管理领域申请量缓慢增加，直至成为该领域的主要申请人。

5.3.2　申请来源分布

从图5－3－5来看，广东、江苏、北京、安徽等汽车强省排名较前。新能源汽车的大量技术依托于传动燃油车技术，新能源汽车厂商大部分也是通过传统车企进行代工生产，因此在相应省市进行了一定的专利申请。

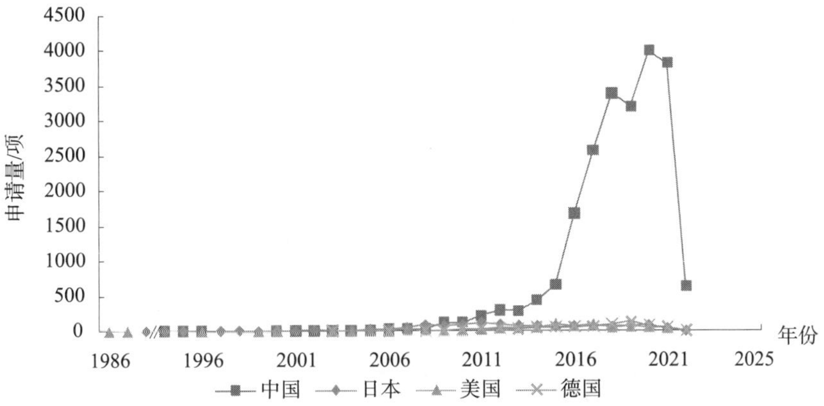

图5-3-4　动力电池热管理领域主要来源在华专利申请趋势

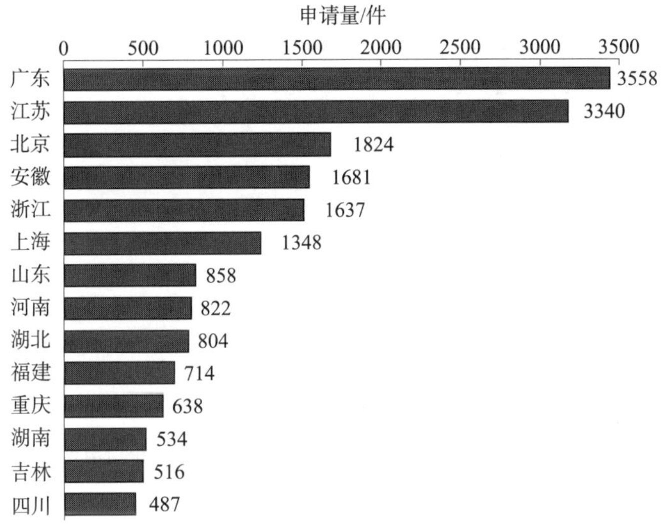

图5-3-5　动力电池热管理领域中国申请人在主要省市专利申请分布

5.3.3　重点申请人分析

从图5-3-6热管理领域中国专利申请人类型构成可以看出，申请人主要以企业和大专院校占比较多，这与新能源汽车属于产业技术、前沿技术密不可分。另外，热管理领域冷却技术如风冷相较于其他新能源汽车技术如电控等，其在技术层面上的壁垒较低，也有一部分个人申请。

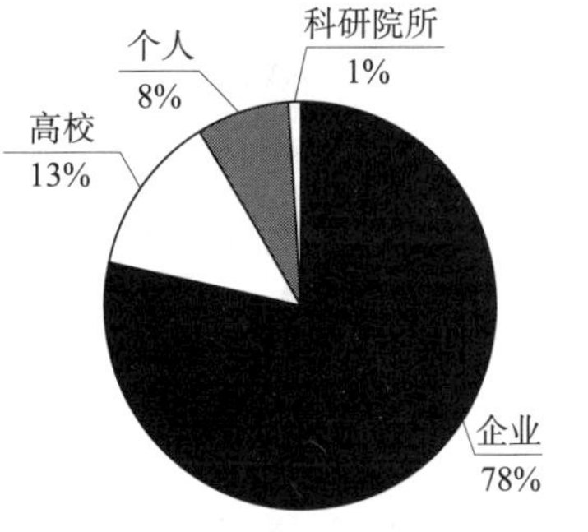

图5-3-6　动力电池热管理领域中国专利申请人类型分布

从图5-3-7热管理领域中国主要专利申请人申请量排名可以看出，比亚迪、北汽、丰田等一些长期布局新能源汽车领域及相应的动力电池生产的厂商，在动力电池热管理领域已经进行了相应的申请和布局。由于在热管理领域，首先是设计动力电池的热结构，进而针对热结构进行相应的监控和控制，因此，申请人在专利申请时也遵循相应的规律，大部分申请人如比亚迪、北汽、奇瑞、一汽等的申请热结构的占比大于热监控。然而，国外申请人如丰田、福特，其热监控的申请占比却大于热机构，且两者在热监控领域的申请量占比也排名前列，可见两者在热监控领域进行了深耕和布局。

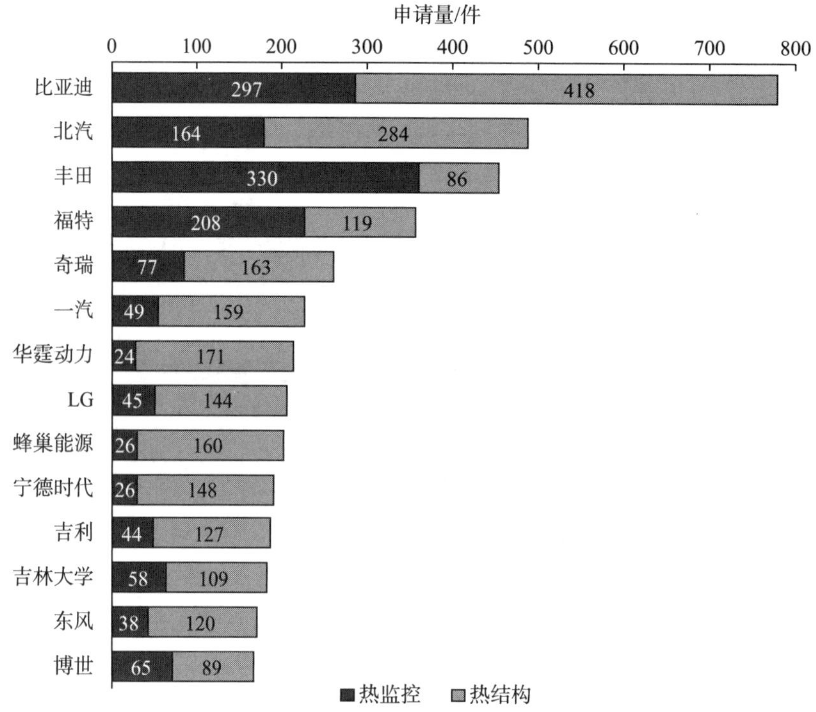

图5-3-7　动力电池热管理领域中国主要申请人专利申请排名

5.3.4　申请类型分析

从申请类型上来看，发明总体占比56%，实用新型占比44%，两者之间相差12%。与其他领域相比，在新能源汽车动力电池的热管理领域，控制方法、检测参数等逻辑控制方法的技术方案较多。由于方法类的技术方案仅能通过发明专利的形式进行保护，因此发明申请的占比会多于实用新型。

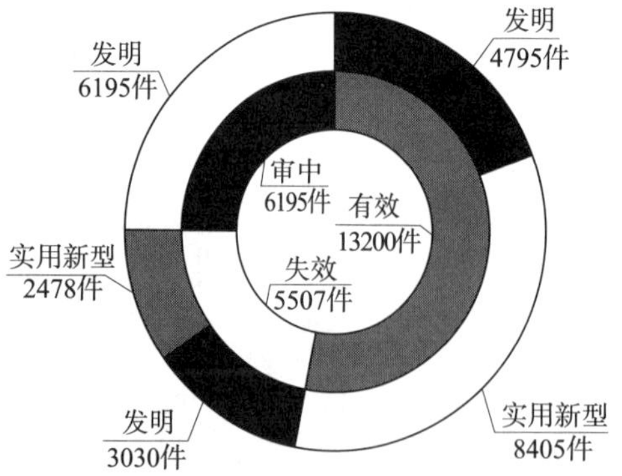

图5-3-8　动力电池热管理领域中国专利申请主要类型分布

就图5-3-8显示的新能源汽车动力电池热管理方面的专利状态而言，53%的专利处于专利权维持有效的状态，22%的专利则处于失效的状态。从其专利状态来看，我国绝大部分企业比较重视新能源动力电池热管理的专利布局。

5.3.5 专利技术构成

从图5-3-9热管理领域中国各技术分支申请趋势来看，与中国整体专利申请趋势类似，在2013年以前，动力电池热结构、热监控的相关申请量处于平缓期，两者的申请量几乎相同；从2014年开始，两者的申请开始明显增加，尤其是热结构领域的申请量迅速增加，遥遥领先于热监控，原因在于随着新能源汽车行业的蓬勃发展，对于动力电池热结构如冷却、隔热的研究和布局相较于热监控容易，企业、高校、科研院所等主体在热结构分支进行了大量的申请，而热监控领域涉及复杂的参数采集、模型建立，其研究和布局的难度较大。

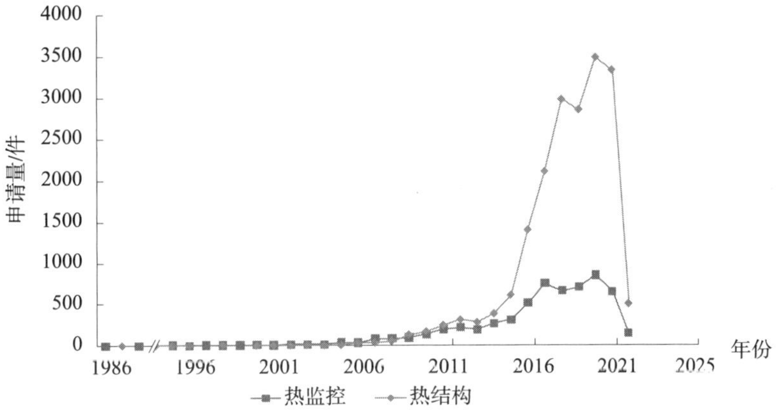

图5-3-9　动力电池热管理领域中国各技术分支专利申请趋势

从图5-3-10热管理领域各技术分支中国专利申请分布来看，与中国整体申请趋势类似，热结构领域申请量遥遥领先于热监控。热结构技术的三个分支冷却、隔热、灭火中，冷却分支的申请量占比最高——这是由于动力电池在布置时温度控制是需要首要考虑的问题，相应的，冷却结构的研究和布局时间较早且申请量较多。隔热和灭火属于动力电池出现热蔓延等情形时的防护结构，其在动力电池的申请量中相对较少。

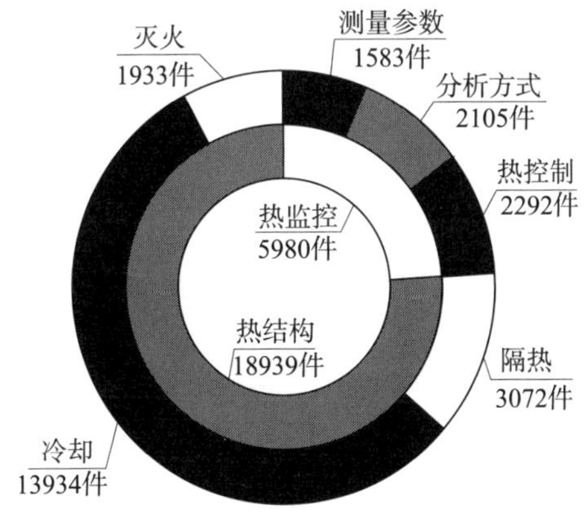

图5-3-10　动力电池热管理领域各技术分支中国专利申请分布

热监控的三个分支测量参数、分析方式以及热控制中，三者的占比相差不大；热控制、分析方式和测量参数分支申请量依次分别为2292件、2105件和1583件。

1. 热结构技术构成分析

从图5-3-11中国热结构技术各分支专利申请趋势来看，热结构技术的冷却、隔热、灭火三个分支中，冷却的申请量占比最高——这是由于动力电池在布置时温度控制是首要考虑的问题，相应的，冷却结构的研究和布局时间较早且申请量较多。隔热和灭火属于动力电池出现热蔓延等情形时的防护结构，其申请量相对较少——尤其是灭火，由于其并非动力电池必要的防护结构，其申请和研究更少。

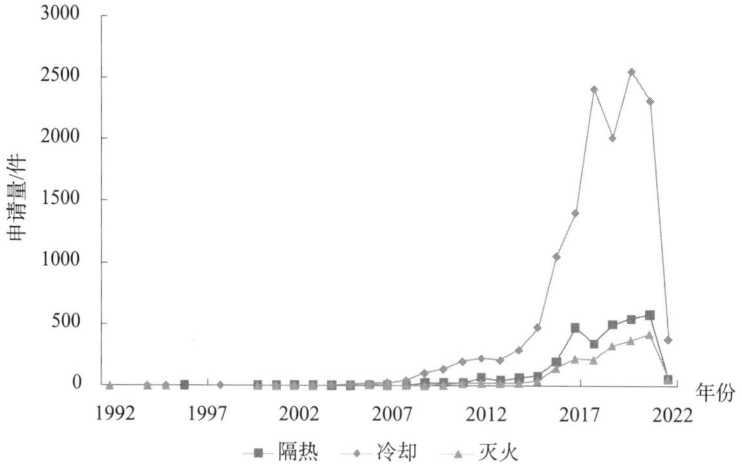

图5-3-11　动力电池热管理领域热结构技术分支中国专利申请趋势

从图5-3-12中可以看出，热结构各技术分支中国申请和全球申请分布基本一致，与全球申请中冷却结构申请最多的情况相同。其次，中国专利申请中隔热分支申请量排第二，灭火靠后。总体而言，热结构技术中国申请以冷却结构为主，占全部申请量的近3/4；冷却结构中的风冷申请占比达到62%，是冷却结构占比最大的部分，其次是液冷，相变最少。中国申请和全球申请在技术分支的关注度上基本相同，但是该技术分支冷却结构整体上仍然是热结构技术中国专利申请的研究方向和布局重点。

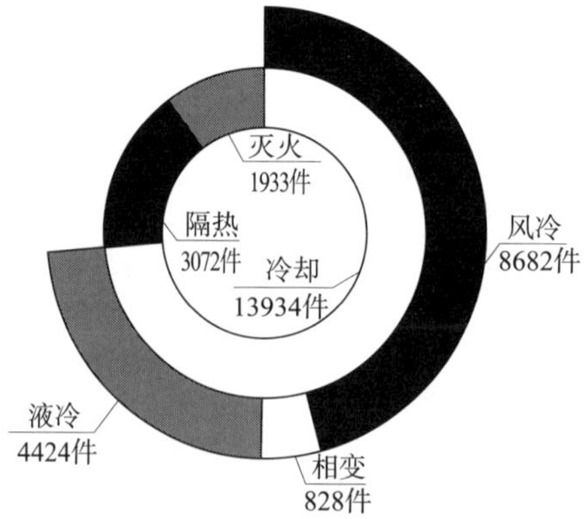

图5-3-12　动力电池热管理领域热结构冷却分支中国专利申请分布

从图5-3-13中可以看出，热结构技术冷却分支中国申请和全球申请趋势基本一致。总体而言，冷却技术中国各分支申请以风冷为主，其申请的年份最早，其次是液冷，相变材料分支2007年之后逐渐开始申请。由于风冷的结构相对简单，通过加装风扇的方式即可实现，因此早期动力电池的冷却从布置简单的风冷装置开始；后期由于动力电池的功率变大，散热要求变高，液冷具有较高的冷却效率，逐步替代风冷的方式成为动力电池的主要冷却结构，因此，液冷的申请量也逐步增加。相变材料冷却作为较为热门的冷却方式，自2015年开始不同的申请主体进行了相应的申请和布局。

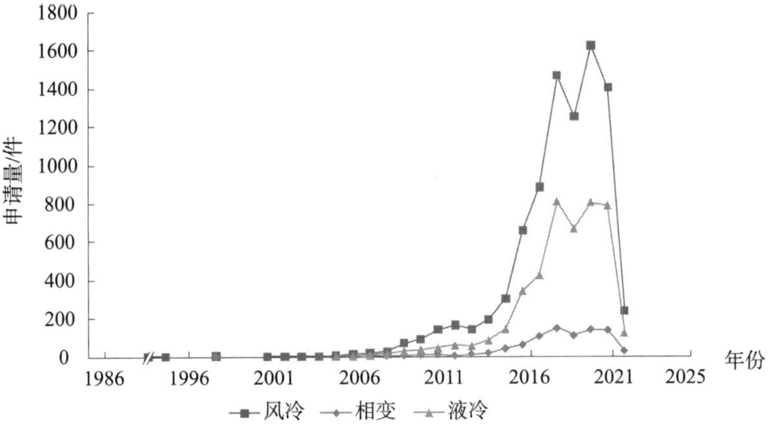

图5-3-13　动力电池热管理领域热结构技术冷却分支中国专利申请趋势

2. 热监控技术构成分析

从图5-3-14热监控技术各分支中国专利申请趋势来看，1995年开始出现测量参数分支专利申请，之后几年仍有零星的申请；2000年开始出现热控制的专利申请；2004年开始出现分析方式的申请，至此申请人在热监控的三个技术分支皆开始专利布局；2005年开始，测量参数的申请占比为一半左右，其余为分析方式和热控制；到2013年，分析方式和热控制分支的申请逐渐发力；直至2018年，三者的申请占比几乎

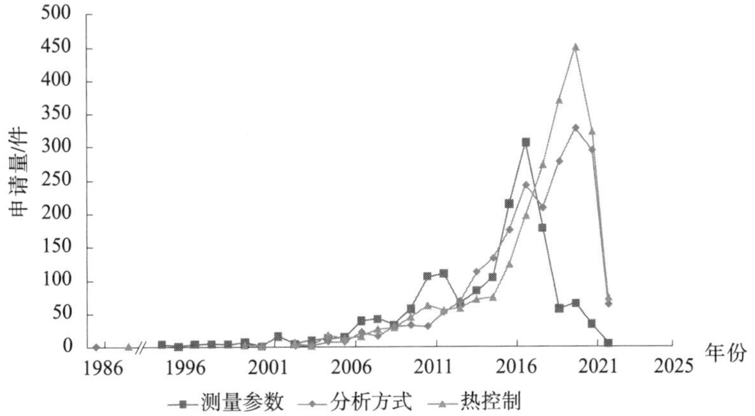

图5-3-14　动力电池热管理领域热监控技术各分支中国专利申请趋势

一致；2019 年开始，分析方式和热控制占据热监控领域专利申请的绝大多数。可见早期申请人主要围绕热监控的测量参数进行布局，对分析方式和热控制的关注不多，随着动力电池发展和研究的深入，其热监控技术的要求和需要越来越高，分析方式和热控制的研究也相应增多，简单的测量参数进行监控已无法满足需求。

从图 5 – 3 – 15 显示的热监控技术各分支专利申请可知，测量参数、分析方式和热控制的专利申请占比相差不大，热控制、分析方式和测量参数的申请占比依次降低。其中，热控制技术分支中，以对电池的冷却和加热申请为主，动力电池输出或负载的申请为次。在分析方式申请中，阈值设定的方式和模型预测的方式差别不大，前者占比较多。在测量参数分支申请中，以电参数的测量为主，其次是温度，其他方式的测量也有一定的申请占比。

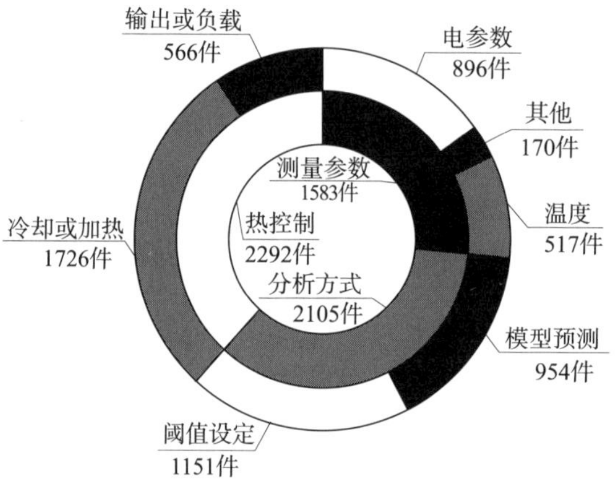

图 5 – 3 – 15　动力电池热管理领域热监控技术各分支中国专利申请分布

从图 5 – 3 – 16 显示的热监控技术测量参数分支中国专利申请趋势来看，最早的申请为电参数检测；在 2000 年前后，出现通过动力电池温度检测的方式；2005 年开始，出现其他如检测动力电池体积变化的方式的申请。首先，动力电池的电参数如电压、

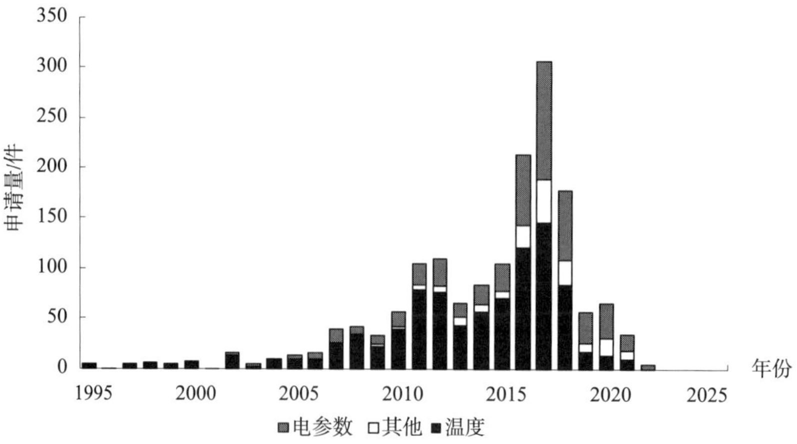

图 5 – 3 – 16　动力电池热管理领域热监控技术测量参数分支中国专利申请趋势

电流是反映动力电池工作状态的直接参数，早期在对动力电池进行热监控参数测量时，直接获得电参数进行相应的控制；其次，温度是热管理的直接反映参数，因此后续通过检测动力电池的温度以较为直接的方式进行监控的申请逐渐增加。

从图5-3-17热监控技术分析方式分支中国专利申请趋势来看，模型预测和阈值设定两者开始申请的时间相同；后期阈值设定申请逐渐反超，占据主流。由于阈值设定仅需设定相应的阈值参数进行控制，其控制逻辑简单，但控制精度稍微不足。模型预测需要获取的参数较多，控制复杂，但其控制的精度较高。从不同的角度出发，申请主体对两个方式都进行了相应的布局。

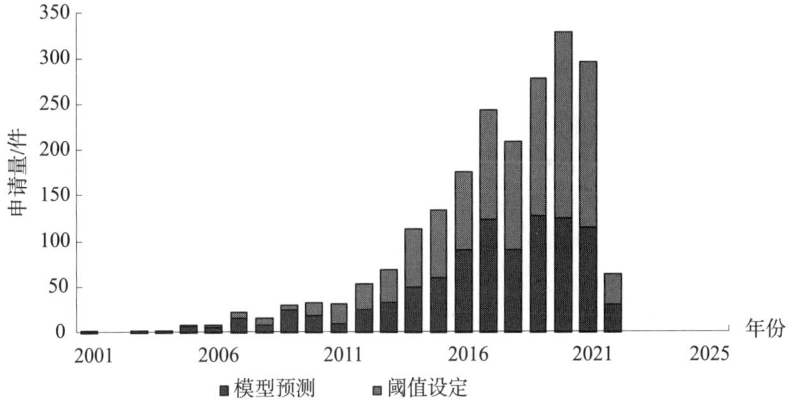

图5-3-17 动力电池热管理领域热监控技术分析方式分支中国申请趋势

从图5-3-18热监控技术热控制分支中国申请趋势来看，冷却或加热的申请出现得最早且长期以此方式为主，申请量遥遥领先于输出或负载的申请。这是由于动力电池基本上配置冷却结构，在热控制时直接控制冷却结构进行冷却的方式最为直接，只有在冷却结构无法满足需求时才会在牺牲动力需求的情况下考虑降低动力电池的输出和负载。

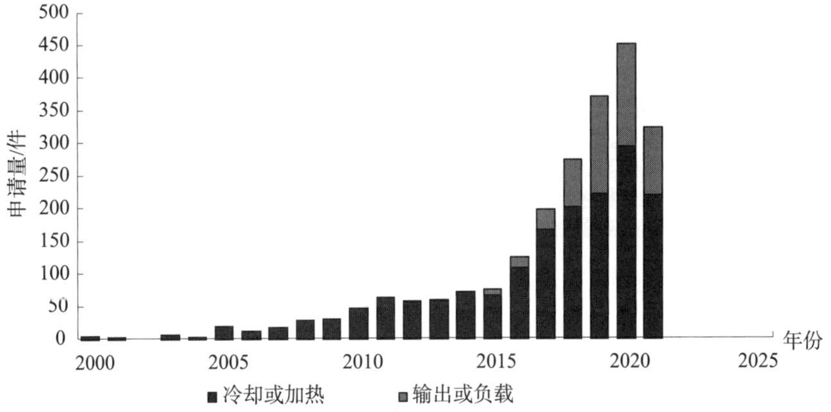

图5-3-18 动力电池热管理领域热监控技术热控制分支中国专利申请趋势

在图5-3-19示出的热监控技术分析方式分支中，与中国申请整体占比不同，高校类型的申请人中，模型预测占绝大多数，达到67%。可见除了对于控制逻辑简单的阈值设定的分析方式，高校申请人更侧重于控制复杂但控制精度较高的模型预测的分析方式研究。

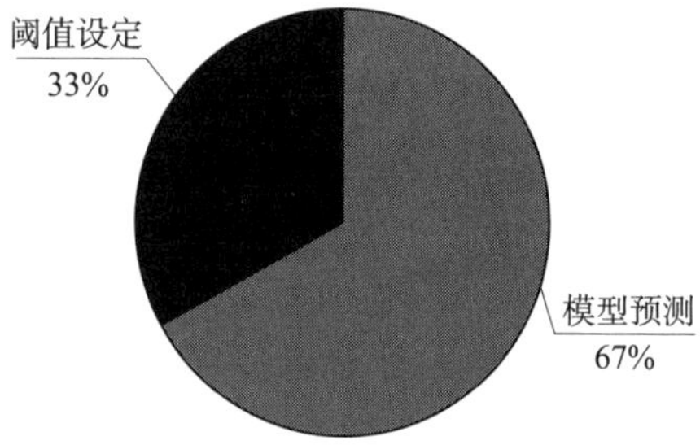

图5-3-19 动力电池热管理领域热监控技术分析方式分支高校申请人专利申请分布

为了明确热监控技术分析方式分支中高校研发团队的分布及实力，课题组对高校发明人团队进行了梳理排序。由图5-3-20可以看出，在分析方式分支，陈龙、杨世春、闫啸宇、熊瑞等人申请量排名位居前列；另外，欧阳明高等发明人也有一定数量的申请。通过对上述发明人的专利申请技术内容进一步分析，可进一步梳理国内高校研发团队在分析方式分支的研究重点和热点。

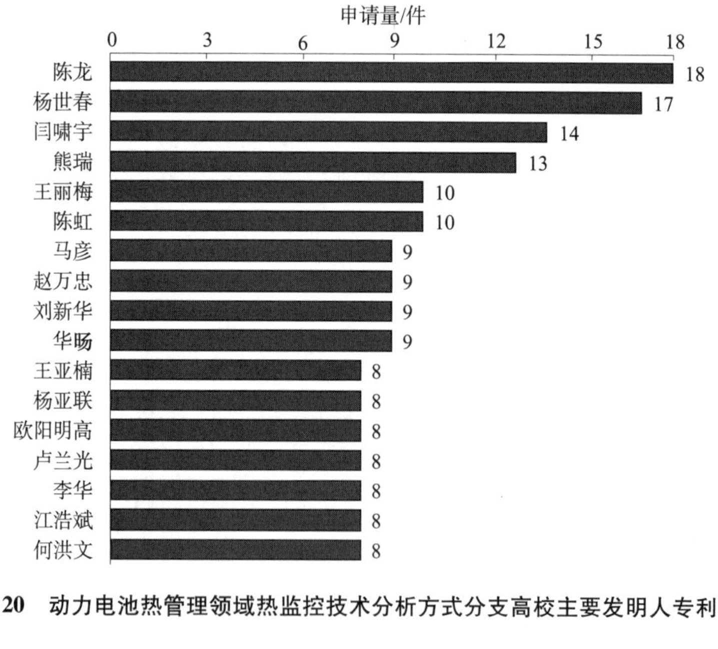

图5-3-20 动力电池热管理领域热监控技术分析方式分支高校主要发明人专利申请排名

通过梳理专利申请及行业调研，如图5-3-21所示，在该领域业内影响力最大的团队有清华大学欧阳明高院士团队、北京理工大学孙逢春院士团队、江苏大学陈龙团队、北京航空航天大学杨世春团队等。

清华大学欧阳明高团队：欧阳明高院士是汽车动力系统专家，中国科学院院士

(2017 年当选)，清华大学教授、博士生导师，汽车安全与节能国家重点实验室主任。欧阳明高院士长期从事新能源汽车动力系统的研究，其主要研究方向包括商用锂离子电池热失控机制及其控制、动力系统设计与最优控制方法等。团队申请的专利主要关于热失控模型控制（CN108248389A）、电池组短路“平均 + 差异”模型（CN108562855A）等。

北京理工大学熊瑞团队：熊瑞团队长期从事动力/储能电池管控基础理论和关键技术研究，曾获中国电工技术学会科学技术奖一等奖、第二十三届中国专利奖优秀奖、教育部自然科学奖一等奖、中国汽车工业科学技术奖一等奖和北京理工大学教育教学成果奖一等奖等多项奖励。团队申请的专利主要关于电池健康状态模型预测（CN106291381A）、基于数据驱动对单体电池建模（CN114509696A）等。

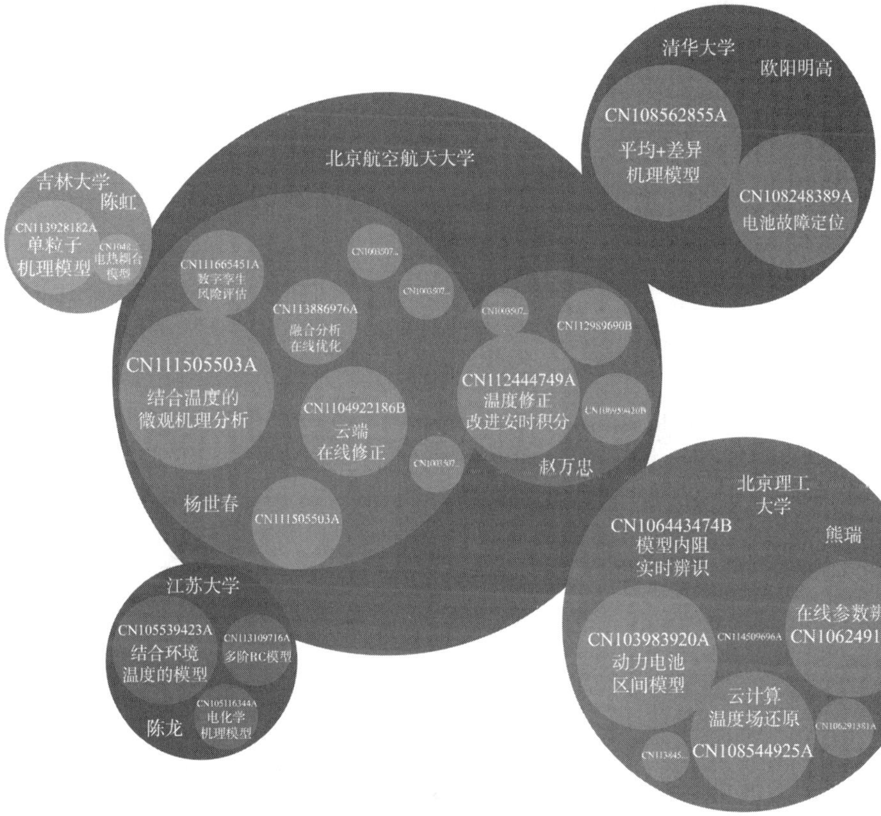

图 5－3－21　动力电池热管理领域热监控技术分析方式分支主要高校发明人团队专利申请分布

江苏大学陈龙团队：陈龙 2008 年任江苏大学副校长、党委常委，兼任江苏省载运工具运用工程高技术重点实验室主任，长期从事车辆工程的教学、科研工作，被确定为江苏省有突出贡献的中青年专家、江苏省“国家重点培育建设点”载运工具运用工程博士点学科带头人、江苏大学拔尖人才和科技创新团队带头人。团队申请的专利主要关于锂电池电化学模型（CN113109716A）以及利用神经网络控制方法计算优化控制参数（CN105539423A）等。

北京航空航天大学杨世春团队：杨世春是北京航空航天大学交通科学与工程学院教

授、博士生导师，国家“万人计划”领军人才，科学技术部中青年科技创新领军人才，全国优秀科技工作者。杨世春领导的“新能源与新型动力总成”学术团队包括：杨世春（教授）、闫啸宇、刘新华、徐斌、姬芬竹等人，围绕我国重大科技与产业战略需求，从事电动汽车能源动力系统安全、高效优化理论及集成控制相关科学与技术的基础研究工作，在电动汽车能源动力系统总成集成设计方法、优化理论及复杂机电系统耦合控制理论方面攻克了多项技术难题。团队主要研究方向包括：动力电池智能管理、动力电池精确热管理、动力电池系统优化设计与匹配、多能源动力系统优化控制。团队申请的专利主要关于锂电池机理模型（CN111999665A）、老化机理模型（CN111665451A）等。

通过前述分析，如图5－3－22所示，热控制技术国家创新主体大多通过冷却或加热的方式进行，通过输出或负载的方式占比少于30%。与前述分析原因相似，通过冷却或加热的方式能够更容易地实现电池热量的控制，因此冷却或加热技术是创新主体更加侧重的研发方向；输出或负载的调整方式会影响动力电池的输出功率，在冷却或加热无法满足电池工作需求时，才会选择该方式。

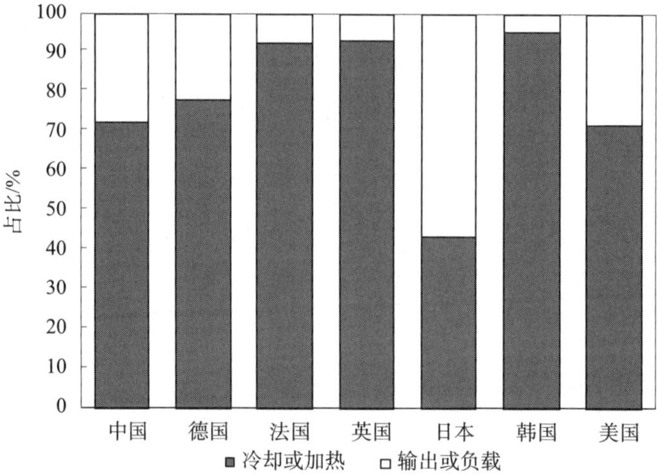

图5－3－22　动力电池热管理领域热监控技术热控制分支主要国家创新主体专利申请占比

然而，在日本热控制专利申请中，输出或负载的控制方式反而多于冷却或加热的方式。究其原因在于输出或负载的控制需要基于准确的电池模型或热模型的分析，以丰田为代表的日本企业在模型预测的申请占比相较于以比亚迪为代表的国内企业要多，其在电池模型或热模型上的研究具有一定的技术基础，因此在后续的热控制方式中也相应较多地在输出或负载的控制方式上进行研究和申请。

5.4　热管理关键技术专利分析

5.4.1　技术流向分析

对于电池热管理技术而言，热监控是其关键技术分支，在该分支下，以“测量—分析—控制”的过程进行技术流向的划分，如图5－4－1（见文前彩色插图第2页）

所示，主流的测量参数包括能够直观反映电池发热状态的温度参数以及能够提前反映电池内部状态变化的电参数；此外，还包括少量其他可以直接或间接反映电池安全状态的指标，如电池内部压力、电路元件应力等。由于电参数中测量对象为常见的电池电压、电流等，在该关键技术的技术流向图中没有进行细分展示，而是将电参数的细分放在后文分析。对于温度的测量和采集涉及电池在不同状态下对不同的对象进行不同细化程度的监测，因此在图5－4－1中进行了进一步的展示：根据细化程度不同可以分为对电池包整体的温度测量、对电池单体的温度测量；根据监测对象的不同，可以分为对冷却系统温度的测量、对电路结构中其他元器件温度的测量以及对环境温度的测量；根据电池状态进一步细分了在充电过程中对温度的监控。

从申请量可以看出，涉及温度测量的专利申请量最大；其中，对电池包整体的测量占温度测量的40%以上，其次是对电池冷却系统温度的测量。这是因为在实际测量中，通过多点测量的方式估计电池包内部整体的温度场成本较低，稳定性较好，技术也较为成熟，符合实际应用的要求，并且该方式在产业上已得到了较为广泛的应用；此外，随着液冷和混合冷却方式成为主流，温度测量方式也逐渐多样化，其中测量冷却系统的温度不仅可以降低测量成本，还可以将热电偶等设备直接与冷却介质接触，保证测量精度。而若要实现对电池单体的测量，需要增加大量的传感器，必然增加电路复杂程度，降低可靠率，因此这种测量形式一般对使用要求较高；对电路结构温度的测量则需要在电路中增加元器件，需要电路结构整体的变动，只有一开始就以测量电路结构温度为目的设计的测量电路才会延续该方案；因此对电池单体的测量以及对电路结构温度测量的申请量较少。

进一步地，从技术流向来看，对电池包的温度测量主要流向模型预测分支，这是为了将测量数据带入温度场模型，进一步得到电池包内部温度梯度变化，便于实现对热失控的提前预警。而对冷却系统的温度检测则是主要流向阈值设定分支，这是因为现有冷却系统以负反馈控制为主，而负反馈控制通常是基于阈值的方式获取控制目标。而环境温度作为辅助修正参数，其流向较为平均，说明在分析控制中，环境温度都被作为修正参数的考量因素。

从测量电参数的技术分支流向来看，其向模型预测和阈值设定的流向较为平均，并且在两分支中的占比也相当，可以看出，在电池热管理领域中，测量得到的电参数在分析过程中的重要性不亚于温度，其重要性主要体现在可以从机理层面反映电池状态，但从关键技术的技术流向图中无法获取更多信息；该部分在后文关键技术和技术路线中有详细分析。

从测量其他参数的技术分支流向来看，其主要是与分析中的阈值设定配合使用的，因为此类参数与常见的电池模型无耦合关系，通常直接结合阈值指导电池热管理的控制，如在电池内部压力超出预设值时进行热量排出、减小电池输出、提高冷却功率等。

在分析方式分支中，模型预测与阈值设定的申请数量相当，其上游分支数据来源的整体占比也大体相当，但是二者在下游分支的流向差别较大。就阈值设定分支而言，阈值的设定通常是为了反映状态的等级和紧迫性，因此每一阈值一般都会伴随对应的控制手段。绝大多数包含阈值设定的专利申请进一步包含了控制方式，其中以冷却或加热占较大比例，而根据阈值调节输出或负载相对较少。而就模型预测而言，其目的更多的是对电池模型本身的构建和修正，而非直接指导电池的控制。可以看出，模型预测与下游控制分支的关联较少，仅占总申请的1/5左右，其中流向冷却或加热的数量稍占优势。

从整体来看，分析方式分支起到了承上启下的关键作用：一方面，不论是阈值设定还是模型预测，都是以传感器中测量得到的多维度参数作为输入参数；另一方面，分析结论可以直接指导电池热管理的控制输出，即分析的正确性和准确性直接决定了控制效果，从而决定了动力电池的安全程度。进一步地，通过分析对电池热管理控制进行指导时，配合电池冷却或加热系统对电池温度进行控制的申请数量稍占优势，这是因为冷却或加热的方法对电池整体输出影响较小，且实施难度较低，因此在产业中更受欢迎。但是在电池热监控中，对申请量与关键技术之间的相关性还需要结合技术功效与技术方案进行进一步的分析。

5.4.2 技术功效分析

本节将重点针对热管理关键技术方面专利的技术功效进行分析。

在热监控技术中，参数测量是热监控的第一步，旨在获取电池包的温度和电池的工作状态等信息。经调研知悉，当前针对温度、电参数测量的研究中并未形成统一的测量标准，不同企业或者研究机构在测量电池相关参数时所采用的测量手段并不相同。就温度测量而言，测量对象的选择就有电池包的温度测量、单体电池的温度测量、冷却系统的温度测量、环境温度测量、充电时温度测量、电路结构温度测量以及电机的温度监测等。而电参数则是反映电池工作状态的重要参数。电参数测量中通常测量电压、电流、电阻等信息，而由于电压、电流、电阻三者之间存在一定的关系，在获取三项参数时，为了减少传感器个数，通常也可只监测三个参数中的一个或两个。

在技术功效方面，课题组按照热监控系统各技术分支主要研发方向，归纳如下。

（1）提高集成度：使用一个模块实现多种功能，减少模块的使用；

（2）优化连接方式：使连接更加牢固、稳定和可靠，如使用焊接、夹紧等方式对测量装置进行连接；

（3）优化整体结构：优化冷却或加热等可能与车身结构相关的设计，以实现在各个阶段的稳定性提升；

（4）优化测量位置：以改变测量位置、增加采集装置的数量等方式提高测量精确度；

（5）多参数修正：使用多个参数对测量值或模型进行修正，如考虑温度的内阻修正，考虑电池使用时间的电池SOC修正等；

（6）优化信号处理：对信号进行滤波降噪、对谐波进行消除等；

（7）细化控制对象：将传统的对电池包整体进行断开控制改为对电池单体的控制，或是对电池个别参数进行精细化调整；

（8）优化通信方式：使用无线传输、电力载波等方式进行通信信号传输，如各采集装置向控制单元传输，或是子控制单元向主控单元传输；

(9) 优化总控逻辑：对控制方案和触发条件的设计和优化，如调整触发阈值、把变化量替换为变化率进行判断等；

(10) 优化处理方案：采取的控制措施，如进行何种方式的灭火、何种方式的降温、涉及 BMS 的输出控制动作。

按照如上技术功效的划分，课题组针对涉及热管理关键技术热监控技术分支的专利申请进行了详细的筛分、标引，共计获得 7391 件标引后的专利申请，并形成了技术功效矩阵，如图 5－4－2 所示。

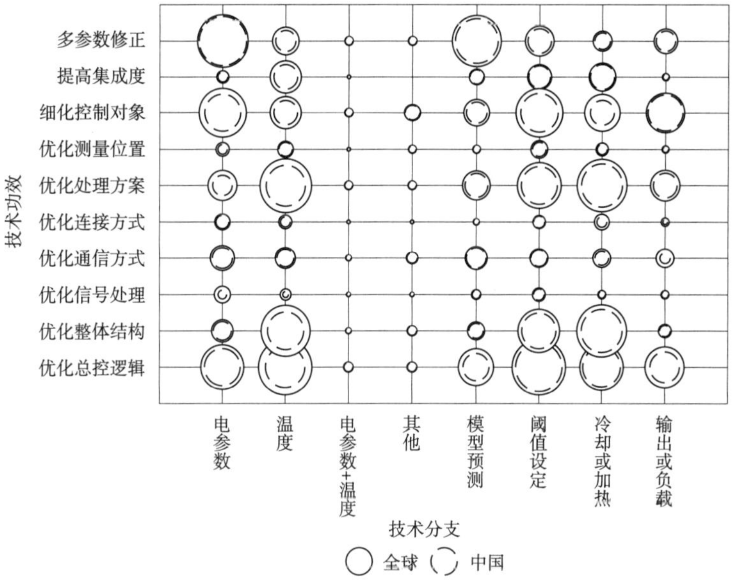

图 5－4－2　热管理关键技术各技术分支专利申请功效矩阵

注：图中圆圈大小表示申请量多少。

图 5－4－2 显示了涉及热监控技术全流程的“测量—分析—控制”技术功效矩阵。其中，实心圆代表全球数据，虚线圆则代表中国数据。从图中可以看出，中国和全球的技术研发热点基本一致，并且中国在多个研发方向均占据全球重要地位，这说明我国新能源汽车动力电池热监控技术方面在国家政策的支持下取得了极大的成绩，占据全球主导地位并引领全球热监控技术的发展。

从技术功效矩阵中可以看出，在测量方面，温度测量、电参数测量两者研究投入都比较大，是当前的主流测量方式。但是温度测量、电参数测量两者实际研究方向并不完全相同。在电参数方面，其主要以多参数修正研究、细化控制对象研究、优化总控逻辑研究为主，同时还涉及优化通信方式、优化整体结构、优化连接方式等方面的研究；而温度参数测量则主要以优化总控逻辑、优化整体结构、优化处理方案为主，同时还涉及多参数修正、提高集成度、细化控制对象研究这三个方面。上述研究方向的区别主要取决于测量参数自身的特性。以电参数为例，其主要是为了反映电池的工作状态，而电池包是由多个单体电池构成的，在测量过程中为了更好地控制电池包的充放电，需要对电池包中的每个单体电池的充放电进行调节，因此电参数测量主要涉及细化控制对象和优化总控逻辑两个方面；同时表征电池状态的参数包括电压、电流、内阻这些信息，因此在电参数测量中通常采用多个参数互相修正的方式来更准确地表征电池状态，这也是电参数测量主要以多参数修正研究为主的主要原因。在温度测量方面，由于电池包的体积庞大，为了准确获取电池包的温度信息，通常需要安装大量的传感器，然而大量传感器的使用会造成整体结构过于复杂、稳定性下降等问题，在温度测量中如何合理地布置传感器和电池的结构是研究的重点之一。而优化处理方案和优化总控逻辑则涉及对测量参数的分析、控制——这是测量的主要目的，也是温度测量中的研究热点。从技术功效矩阵中也可以看出，在测量参数方面，也同时对测量电参数和温度参数进行了研究，这主要是结合两种参数的不同特点，更准确地、稳定地建立电池模型和热模型以达到防止热失控的目的。在其他测量方式中，主要涉及压力测试，例如电池在发生热失控过程中，其会发生燃烧而产生大量的气体，通过检测电池包内部的压力变化或外部的机械尺寸的变化也可以反映电池包的热失控情况。当前，压力监测主要被应用于软包电池中，而其他类型电池的压力变化导致的机械尺寸变化较小，不易被监测到。因适用范围受限，这种监测方式的研发与改进并非电池热监控的主要研究方向。

在分析方式方面，无论是中国还是国外，均以阈值设定控制为主，在模型预测方面也进行了一定的研究。在阈值设定和模型预测的研究方向中，两者的研究热点均涉及优化总控逻辑、优化处理方案，这主要是因为热监控分析本身就是依靠自身所设定的逻辑或者模型运算来对测量参数进行分析处理，因此研究主要集中在总控逻辑和处理方案方面。阈值设定分析中，细化控制对象也是主要研究热点之一，其主要是对单体电池进行阈值设定或是根据测量位置的不同进行精细化阈值设定，以达到针对不同的测量对象实现分别控制的目的。模型预测中的研究热点还包括多参数修正，这是因为提升增加测量维度可以有效提升模型精度。

在控制方式方面，中国和国外的布局情况相似，主要以冷却或加热控制为主，输出或负载控制为辅。冷却或加热控制是动力电池研究中比较成熟的技术，其冷却的方式主要采用风冷、液冷、相变材料等。不同冷却介质的冷却性能并不相同，因此通过改变冷却介质并改进与其对应的换热结构来提高其冷却或加热效率依然是当前的主要研究热点。在冷却或加热控制中，常常涉及冷却结构，而在当前的研究中，热点是将车身结构复用，实现车辆的轻量化和一体化，因此如何将电池包自身结构与车辆的整体结构进行整合与优化是研究和改进的热点之一。其他的研究热点还包括优化处理方案和优化总控逻辑。在输出或负载控制中，除了优化处理方案和优化总控逻辑研究比较多之外，在细化控制对象方面也进行了大量的研究，这主要是为了在不影响输出或负载的情况下对单体电池的充放电特性进行调节，以使电池包保持稳定的输出状态，是当前该技术分支下的研究热点之一。

图5-4-3显示了温度测量位置技术各分支专利申请技术功效矩阵。从图5-4-3中可以看出，在测量位置方面，主要以直接监测电池包的温度信息为主。在对电池包温度测量中，以优化总控逻辑和优化处理方案的研究为主，同时也针对多参数修正、

提高集成度、细化控制对象方面进行了研究。温度位置测量中还包括了对单体电池、环境温度、冷却液温度等的测量。其中，针对单体电池的温度测量主要涉及电池组中各个单体电池的温度，针对单体电池的温度监测的申请在细化控制对象方面。至于其他的测量方式，例如针对动力电池所处的环境温度，冷却系统中冷却介质的进出口温度、充电时温度的控制等申请方向和电池包的申请方向大致相同，都集中在优化总控逻辑和优化处理方案的研究中。而至于测量位置，例如与动力电池连接的电机以及电路板结构的温度测量则是相对新颖的温度监控方式——这些监控方式并不是直接获取动力电池自身或者所处的环境温度，而是通过间接手段来对动力电池的温度进行监测、评估，虽然当前在这方面有所研究，但是整体研究投入并不大。综合以上技术功效矩阵分析可以明显看出，在测量位置方面，主要以电池包的温度监测为主，以环境温度、冷却液温度以及单体电池温度的监测方式为辅，其研究方向大多都集中在优化总控逻辑和优化处理方案中。

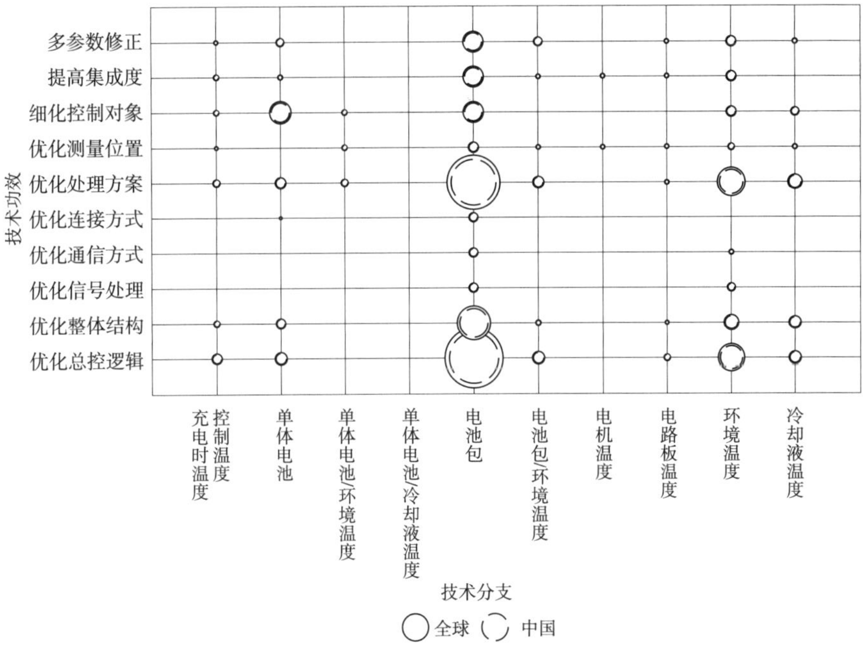

图5-4-3　温度测量位置技术各分支专利申请功效矩阵

注：图中圆圈大小表示申请量多少。

图5-4-4显示了电参数测量技术各分支专利申请技术功效矩阵。从图5-4-4中可以看出，中国和全球的研发热点大致相同，都是以电压电流参数监测为主。电参数的测量通常是服务于电池模型的建立与修正，在建立模型后，进一步对电池的使用状态和安全状态进行预测。由于电参数的测量还可以针对电池的使用状态，指导输出的调节，其研究重点除了优化总控逻辑，还包括多参数修正和细化控制对象两个方向——这也是为了能够准确地建立电池模型以实现对电池组成的各个单体电池进行精确的控制，从而稳定整体的输出或负载。除了监测电压电流，单独进行电压监测的技术方案也是

研究热点，特别是在如何利用电压监测参数来优化总控逻辑的研究中，中国和国外还存在一定的差距。从图5-4-4中可以看出，国外在该技术热点中进行了大量的专利布局，中国在针对该技术点进行研发时，一方面可以参考国外已有的研究成果，另一方面也要避免可能存在的侵权风险。在其他电参数测量方面，针对电流的测量以及电压、电流、电阻三者的测量也进行了大量的研究，其整体的研究方向和针对电压、电流的研发方向类似。

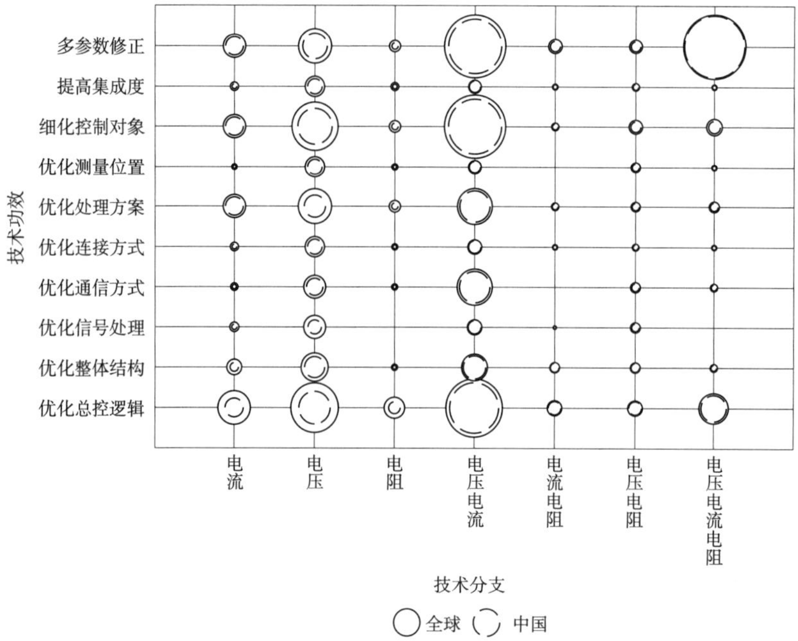

图5-4-4　电参数技术各分支专利申请技术功效矩阵

注：图中圆圈大小表示申请量多少。

5.4.3　技术发展路线分析

根据申请人、被引证频次和同族数量，课题组确定了热监控技术各分支专利技术发展路线，如图5-4-5所示（见文前彩色插图第3页）。图5-4-5中以年份为横轴，以各技术分支为纵轴，将技术发展重要节点的专利依次列出，并对重点申请人的技术发展脉络进行介绍。

从前文可以看出，在车辆热监控技术的测量分支中，测量对象主要为电参数、温度，此外，还包括通过测量其他参数判断电池状态。因此首先对以电参数为主的测量技术演进进行分析，其大致包括如下重要节点专利。

美国的克莱斯勒（CHRYSLER）在1995～1996年连续申请了以复用测量电路为基础的电动汽车动力电池电压和温度测量方法（US5646534A、US5808469A），通过多路复用模块MUX（multiplexer）将各电池模组的传感器与微处理器连接，可以使用单一电路采集各电池模组的电压和温度参数，实现对电路结构的简化，在满足细化电池模组测量参数的同时，降低了可能出现的电路结构复杂度，提高了电路的集成度。在此基础上，为了防止在多路复用模块开关切换时导致的电池模组间能量流动对测量准确性带来的影响，还设置了电容器作为中间媒介，配合开关起到参数传递和隔离的作用。其动作逻辑为：首先每一组电池在测量时控制上游电路导通，对应电池模组的采集模块对电容器充电，然后断开上游电路电池连接，进一步使用下游电路测量电容器参数，实现对电池模组的独立、隔离监测。同时，该系列申请的测量对象不仅包括电池的电参数，还包括对电池温度的测量。

该发明进一步提高了电动汽车监控系统的集成度。虽然在当时使用多路复用可能会给处理器带来较大压力，甚至出现检测数据存在滞后等问题，但是随着半导体工艺的发展，处理器的算力以及开关器件的通断频率足以支撑多传感器数据的采集和计算，使这种技术可以很大程度地降低车载电路的复杂程度，为节约空间和优化布局打下较好的基础。

2000 年 2 月，丰田申请专利 JP2001218376A，其中公开了对电池包内电池单体的电压变化进行监测的技术方案，根据电池单体在放电时的电压变化情况，估计电池内阻，并根据电池内阻估计电池发热情况与电池温度，以此判断电池异常情况。在此基础上，由于某个单体电池的异常将会影响整个电池包的工作状态，可能带来电池包热失控出现，为了保持电池包内电池单体的一致性，在电池单体电压差超出阈值时，对电压较高的电池进行放电处理，使电池单体电压保持均衡，避免单体电池电压异常对电池包其他电池造成进一步的影响。该技术方案阐述了电池单体一致性在电池热控制过程中的重要性，提出了以电压变化估计内阻和电池热量的技术方案，也给出了以消耗能量为手段的电池均衡方法，为电池均衡和电池热管理提供了新的思路，是较为完善的以电参数为测量对象的电池热监控方案。

2001 年，法国电力申请了对于电动汽车进行监测和无线数据传输的专利 FR2827711A，对于电池数据的测量，无线传输给车辆控制器，并将车辆数据汇总后无线传输给后台总控制器，由总控制器记录并对车辆数据进行统计。这是在电动汽车动力电池管理领域在测量手段中较早加入数据无线传输以及通过服务器接收并统计数据的专利申请。该申请不仅对无线数据传输进行了尝试，同时还搭建了云端数据存储和处理的雏形，能够实现对电动汽车电池数据的监控以及充放电请求的响应，是较早在电动汽车领域同时应用“集群和云服务”概念以及无线数据传输技术的专利申请。

2006 年 7 月，丰田向日本特许厅提交了临时专利申请 JP195449/2006，并在 2007 年 6 月 14 日提交 PCT 申请。该申请 2008 年进入中国，公开号为 CN101490937A。该申请将电动汽车的蓄电装置分为两个部分，对应地，设置了两套相同的电池监测系统，对蓄电装置分别独立进行监测，综合监测电池温度、电压、电流等参数。这种设置是为了根据监测到的电池温度，对两个蓄电装置的输出进行独立控制，使得温度较低的电池可以快速升温，温度较高的电池限制输出而减缓温升。这种方式虽然在电路设计上增加了一套监控系统，但是实质上复杂程度并未显著增加，可以通过电池 ECU 独立获取不同蓄电装置的电池，并根据电池状态对电池输出进行调整，形成了将电池分组并细化监测和控制对象的技术雏形。

以上专利是以测量电参数为主，辅以其他参数测量的关键技术。可以看出，电参数的测量技术经历了通过复用将电路化繁为简，又通过模块分离实现控制对象细化的过程，也在该过程中演化出了数据无线传输和云端数据采集的雏形。在这个过程中，半导体工艺的发展和计算机程序的丰富功不可没，其突破了处理器计算能力的瓶颈，技术人员可以不断对监测对象进行细化，提升监测准确性，为热管理安全保驾护航。

除此以外，与热管理直接相关的参数即是温度。在锂电池的大规模推广应用后，其温升问题受到了前所未有的重视，因此，电池温度测量技术在近些年也成为研发的热点。以下分析了温度测量的关键技术节点专利。

在1997年，丰田申请的专利JP11111349A提出了对电池模组中不同位置设置温度传感器以实现多位置温度测量的技术方案。该方案将多个温度传感器分别设置于多个电池单体外侧，并且通过连接线进行串接，将采集到的信号传送至电池电子控制器单元（ECU）中，而电池ECU可以根据电池单体温度信号判断异常电池所处位置。该技术方案将电池检测位置设置于电池单体外侧，有利于准确读取电池温度信息，是全面监测电池温度的有效途径。同时，该技术方案也存在一些问题：首先是需要大量的温度传感器，而在车辆中，电子器件使用越多，其总体故障概率就会越高，并且上电自检时间也会越长；其次是对电池模组结构有较高要求，可迭代性不强，通过对该专利的追踪可以发现，相关引用文献都是对获取数据进行的处理，而测量技术本身并未有实质性的改进。

2006年4月28日，本田申请的专利CN101164181A提出了对于电池热监控中温度传感器的安装方法。该申请提出由于风冷等冷却装置可能对电池温度传感器产生影响，导致电池温度无法被准确测量，从而诱发热失控情况。该申请给出了使用卡扣式结合或带式结合将温度传感器设置在电池表面与卡口或带之间，减少外界温度变化对温度传感器的影响，使得温度传感器可以专注于对电池表面温度的测量，提升测量准确性。相比于提升传感器数量，本田更注重于提升温度传感器得到数据的质量，利用高准确性的温度传感器数据可以及时对电池温度进行有效控制。通过物理隔离的形式杜绝环境温度变化带来的影响对于参数测量具有重要的参考意义。

在电动汽车动力电池温度测量的过程中，大多数技术方案是通过周期性测量温度并判断温度是否超出阈值实现的，但是这种测量对于温度的变化情况不够敏感，以阈值判断的方式不能够及时识别热失控初期的温度变化情况，因此，LG在2010年1月5日申请的专利KR101040429B1中引入了温度对时间的一阶导数，即测量并计算温度变化率，若温度变化率增加，则缩短测量周期；进一步的，根据相邻测量周期内温度变化率的差值确定热失控出现的可能性并实施对电池温度的控制。该专利通过将工程中广泛应用的微分控制的方式引入电动汽车动力电池的监控中，可以有效地对动力电池热失控进行预判，进而及时采取控制措施，实现主动防护，减少热失控引发的事故，是动力电池测量进阶的重要转折点。

由上述关键节点专利可以看出，由于温度是最能直观反应电池热失控的参数，将温度作为衡量电动汽车动力电池热失控指标自然早于将电参数引入电池热管理监测的时间。在此过程中，一开始是追求完善且全面的电池模组内温度检测，后来则是从“测得全”向“测得准”发展。这一技术的发展和演进过程与电参数的技术发展刚好相反，究其原因，是因为参数本身性质造成的：电参数的测量受外界干扰较少，在电路中增加个别元器件即可实现，而温度参数的测量不可避免地受到环境因素的影响，需要排除外界干扰，获得准确的数据，以保障电池热管理系统的有效运行。

除电参数和温度参数外，各车企还致力于研究其他与电池热失控相关的参数。接下来结合专利申请介绍典型的与电池热失控相关的其他参数以及应用该参数的技术方案。

2017年，为了应对产业化后出现的电动汽车自燃事件，特斯拉的专利申请US10763477B2在原有的温度监控基础上又引入了压力作为测量参数，对测量位置进行了改进，为电池监测对象的完善提供了更新的思路。该申请设计了结合温度和压力的多参数测量方式，并在电池包内部压力高于阈值时让控制器控制对应阀门打开，产生空气流动并带走热量，实现有效的热控制；同时，也可以将多余热量加以利用，实现对车辆其他部位的加热。该技术在传统的被动式泄压阀的基础上设计了主动控制器，将其与测量参数相结合，使控制器可以根据对温度和内部压力的测量结果对阀门进行主动控制，在电池热量集聚的过程中引导热气流排出或是对其进行二次利用，有效地将电池包的被动安全措施升级为主动安全措施，进一步提升了电控能力并有效利用了车辆的热资源。

对于电池的电参数或是温度参数的获得，传统方法一般采取外接元件的方式，如设置采样电阻、电容或是温度传感器的形式。福特在2014年9月23日申请的专利US2016/0084911A1提出了一项有别于传统采样模式的电动汽车动力电池参数测量方法：在电池一侧设置声波或磁场发生装置，在另一端设置接收装置，由于电池在不同状态下其内部材料特性会有变化，因此可以通过声波或磁场在接收端的变化情况获取电池内部温度和其他参数。该技术方案基于充放电过程中电池内部电化学反应带来的材料密度、磁导率的变化对电池内部参数进行辨识，只需将采集到的数据与实验室中提前获取的电池状态与数据对照表进行比对，即可得到实时的电池内部状态，一方面简化了采样电路，另一方面降低了运算复杂性；同时，在温度测量的角度来看可以避免环境因素对测量精度的干扰。但是该技术方案也有其弊端，因为车辆行驶、充电的过程中必然存在噪声的干扰或是其他金属异物的干扰，如何排除外界对信号的干扰是该方案需要进一步解决的问题。

从上述关键专利可以看出，随着技术的进步和电动汽车产业化的推进，动力电池热监控的测量对象也在不断丰富，由最开始对温度的直接测量到引入电参数反映热失控情况，再发展至压力、声、磁等参数，测量维度越来越多，同时测量水平也不断提升。而如何用好上述获得的参数则是产业面临的又一关键问题。

接下来将围绕热管理的另一技术分支——分析，对关键节点的关键专利进行介绍。分析分支包括阈值设定和模型预测两个子分支，首先分析阈值设定子分支的技术演进路线。

2001年5月16日，日产提交了对于电动汽车动力电池进行热管理的专利申请JP2002343449A，其技术方案中结合对于动力电池温度的测量以及环境温度的测量设置风冷系统启动运行的阈值，并在风冷系统启动后继续测量动力电池温度，若无法有效控制温度，则继续调整风冷系统功率，若仍无法控制温度，则给出故障判断并进行下一步处理。该申请结合了温度阈值对冷却系统的启动、运行进行控制，同时进一步在冷却系统运行中设置故障阈值，以多层次的方式对参数进行分析，根据分析给出处理方案，是早期电池热管理中较为完善且具有代表性的分析方式。

公开号为CN101868600A的发明专利申请，其优先权日为2007年11月21日。该申请文件中记载了风冷和液冷同时工作的冷却系统，根据测量的温度控制冷却液的循环，同时在冷却液温度过高时启动风冷进行散热。该申请将原有的单一冷却方式改为复合冷却方式，并以阈值设定的方式规定了冷却系统工作逻辑，提供了较为完善的以阈值设定为基础的复合冷却散热工作逻辑，为新型冷却结构的控制提供了思路。

基于前文提到的专利申请US20160084911A1，2016年3月福特申请的专利US9840161B2进一步进行了阈值的细化设定，在测量得到电池的电压后，进一步对电压随时间的变化率以及电压随SOC变化率设定阈值，统计超出阈值的次数以判断电池可能出现的热失控问题并进行预警和处理。该方式通过多级阈值设定的形式，结合次数统计，为测量中可能出现的错误数据给出容错余量，防止单一的测量错误导致误报警的情况出现，减少热管理中误报警的次数，提高预警准确率。

结合前述专利不难看出，对于测量数据的使用，无论是对直接获取的参数与参考值比较，还是对参数求导进行比较，其本质都是通过设定阈值进行的。这种方式的优点在于简单直观，但是缺点也很突出，即由于其过于简单，仅能够对当前状态进行判断，而无法系统地对电池状态进行整体评估，也无法做到较为超前地对即将发生的热失控问题进行预判。对于该问题，产业中通过多种角度构建电池模型，以求准确描述动力电池状态。这种方式可以完整重现电池热失控全过程，同时找出电池热失控发生的关键节点，在此基础上，只需要将电池参数控制在关键节点范围内，就能目标明确地实现对动力电池的热管理，同时，在电池参数超出或将要超出关键节点时，也能给出准确的预警，以便后续措施的执行。

接下来介绍模型预测子分支下的技术演进情况。

通用作为较早研究电动汽车的企业，其2001年申请的专利US6441586B1从机理上研究了电动汽车动力电池充放电时的电池内部反应。该申请中定义了状态向量，结合状态向量描述和修正电池的电化学反应过程，在获取电参数后带入模型，可以更加准确地预测动力电池的状态并根据预测结果给出处理措施。这是早期对电池模型进行修正的专利申请，提出了电池在不同的使用阶段应当用不同状态进行描述，为后续动态修正和完善电池电化学模型打下了较好的基础。

丰田在多位置测量电池包温度以及测量电池单体电参数的基础上，于2002年4月17日进一步申请专利JP2003319503A，其公开了依据电池温度修正电池电参数模型的技术方案。该技术以电池电－热耦合模型为基础，结合温度参数的测量，进一步提升了电池模型预测的精确程度，并根据电池模型的预测结果适时调整电池输出，以保证电动汽车动力电池的安全。该申请根据不同温度不同SOC下电池、电压、电流情况，实时估计电池内阻，实现多参数修正，并在此基础上为调整电池输出做好准备，在模型预测的技术发展中具有重要的意义。

在建模预测过程中，数据驱动逐渐成为主流方式，而数据处理在数据驱动过程中处于十分重要的地位，如何减少数据噪声，提升模型预测精确度，成为产业新的追求。在此过程中，2013 年通用申请的专利 US9575128B2 采用电池状态估计器，该申请中提出使用固态扩散效应模型对固态扩散电压效应进行计算并进行滤波以平滑算法输出，减少通信噪声干扰，得到的模型更为准确，并且鲁棒性更好。运用该模型，可以实现电池温度、电压的有效计算，并指导电池组输出功率的调整，以保证动力电池运行的安全性。

由上述关键专利可以看出，对于电池进行建模预测可以采取电池电化学模型、电池电热耦合模型，并在此基础上根据多参数对电池模型进行修正，以实现模型准确性的提升。除此之外，随着机器学习和人工智能算法的发展，利用数据驱动进行电池热失控预测的技术方案也越来越多。根据统计，基于数据驱动的电池热失控预测模型申请人多为高校，其中多数是以现有的黑箱模型为基础进行预测的，这种模型的可解释性较差，泛化能力也较弱，在此暂不讨论分析。除此之外，根据检索结果分析还可以得出，高校和科研院所对于电池机理模型的研究也在尝试与数据驱动相结合，但是其结合方式更加科学，是以电池机理模型为基础，通过数据驱动辨识模型参数，以提升模型准确性。在此类的研究中，不同企业会构建适应其电池产品的电池模型，并且根据采集到的数据选择合适的数据驱动方式，研究方向较多，同时部分企业将其最新构建的模型作为商业机密予以保护，不对外公开，因此在此处也暂无法过多列举，只能通过通用、福特等汽车厂商早期少数的专利申请窥探一二。但是可以预判的是，借助数据驱动优化和调整电池机理模型对于电动汽车动力电池安全，尤其是热管理方面，具有重要的意义，是值得关注的发展方向。

最后，在分析得到结果后，需要进一步采取控制手段实现对动力电池进行控制。在控制方面，可以分为对动力电池进行输出或负载的控制，以及对动力电池进行冷却或加热的控制两种方式。在电池全寿命周期中，不同阶段的电池等效模型会有不同的变化，如在电池使用中后期，其等效内阻增加，此时若不改变控制方法，依旧采取与新电池相同的控制方法，必然会带来电池发热增加，也会增大电池热失控的概率，降低其安全性。根据该思想，在电池出现异常时，降低其输出功率能够有效降低电池发热，从而实现对电池的热管理。接下来介绍该分支下的技术演进路线。

早在 1998 年，福特就提交了专利申请 US5764027A，通过测量电池电压或温度，根据电池的温度或电压差异，调整对应电池的放电状态，以保证电池模组内各电池单体能够工作在相同或相近的状态。对电池单体输出的控制可以保证在电池状态出现不一致时，个别电池的异常不会传递和影响其他电池，提升了整个电池包的安全性。

在 2001 年，本田申请的专利 JP2003087901A 公开了依据测量得到的动力电池温度对动力电池输出进行限制的技术方案，进一步地，还公开了电池的温度与允许的最大输出电流成反比的关系，在此基础上，为了更加准确地描述最大输出电流的计算方法，在计算公式中还引入了电池内阻，使得最大输出电流可以根据电池实际使用状态进行动态估计。这种方式是较早出现的既考虑电池全寿命周期状态又考虑电池温度，实现对电池最大输出电流进行动态调整的技术方案，为输出控制与电池热管理结合提供了新的发展思路。

在2006年，丰田申请的专利JP2007306771A同样对其电动汽车的动力电池热管理采取了限制输出电流的方式，其技术方案中根据电池内阻以及充放电电压的关系调整最大充放电电流，以保证电池不会因为过充、过放和过电流而产生热失控的风险。

进一步的，在2016年，丰田申请的专利JP6504100B2提出了基于电池电压、内阻和温度的最大电流输出限制方式，该申请完善了其原有的技术方案，将温度纳入电池输出限制模型的考量，能够有效提高控制的精确性。这种通过测量电参数并对电池进行建模分析，通过温度对模型进行修正，最后实现控制最大输出电流的电池热管理方式，是丰田较为显著的一条技术发展路线。

虽然在一般情况下，电池包的最大输出能力相较于车辆功率需求是溢出的，但是随着电池的不断使用，对其功率的限制还是有可能影响用户的驾乘，单纯地限制输出不是电池热管理安全的唯一方式。只要能够保持电池工作在合适的温度区间，即可避免电池输出的不断降低。因此，以该思想为基础，电动汽车的冷却或加热成为热管理的重要研究方向。其技术发展的演进过程中大致有如下关键节点专利。

丰田在冷却结构上的布局也起步较早，其在1997年申请的专利JP3724103B2即对电池整体结构进行设计和改进，其技术方案通过将电池导电部分以绝缘体缠绕的方式减小出现漏电等安全隐患的可能，同时，在电池模组中设置风道，以风冷的方式对电池进行冷却。该技术是较早出现的电动汽车动力电池冷却技术。

2010年，特斯拉的Hermann Weston Arthur申请了电池泄压的相关专利EP2244318B1：在电池温度较高或出现热失控时，其内部压力会变大，此时通过泄压阀将内部气体排出，避免内压和温度过高对周围电池温度造成进一步影响而形成热蔓延事故。结合前文中相同发明人的专利US10763477B2可以看出，US10763477B2是由该专利申请改进形成的，特斯拉在热管理方面一直以热量和机械尺寸的变化作为主要的考量因素，以温度和压力作为测量对象，在技术发展中逐渐将其从被动安全发展为主动安全，在确保电池安全的基础上进一步对热量排放路径进行优化，提升了能量的利用效率。其测量对象和能量利用方式具有较好的借鉴意义。

2013年，奇瑞申请的专利CN103612570A公开了纯电动汽车动力电池与座舱的整车热管理控制，在对动力电池进行监测的同时也对座舱内温度进行监测，使得热量在二者之间可以进行流动，避免了分别控制带来的能源浪费，进一步提升了能源利用效率。在该专利申请中，奇瑞整合了座舱与动力电池的温度监控，利用当时流行的水冷和风冷结合的冷却方式打通了整车热量的传递路径，将动力电池热管理集成并提高到了系统级的程度，形成了较为完善的控制逻辑和技术方案，为后续进一步提高车辆系统级控制的能力指引了方向。

随着云端计算技术的发展和自动驾驶技术的出现，沃尔沃提出的专利US2021/

0031654A1 公开了基于自动驾驶和路径规划的电池温度控制策略，改进后的技术方案可以根据车辆规划的行驶路线、道路限速、天气等情况判断在行驶路线中的哪个区段实施电池的冷却。这种技术在原有的本地数据采集基础上，高度依赖云端算力和外界数据获取，需要用户首先在出发前就规划好路线并按照预定路线行使。其优点在于，当得知路径全程信息后，可以结合地图数据提前预测各路段电池输出情况并进一步结合天气参数预判行驶过程的电池可能的发热情况，可以更加有效地与电管理结合，配置热管理工作状态，达到车辆行驶的能耗最优化。但是其产生的问题也较为突出，如路径变更导致多次重复规划、数据获取准确性、用户隐私等问题。

福特在 2020 年提交的专利申请 CN112397796A 中提出了以散热器和冷却剂为基础的电动汽车动力电池冷却方式，在控制时，不仅参考传感器提供的温度信息，还包括了环境传感器和速度传感器，根据当前车速实现对冷却剂管道阀门的控制，使得冷却剂进一步在散热器中进行换热，实现动力电池的热管理。可以看出，随着技术的不断发展，控制逻辑也更加智能，不同企业都在探索影响电动汽车动力电池发热的各种因素并将其纳入考量，形成更加成熟稳定的热管理方案。

5.4.4 比亚迪专利布局分析

1. 发展态势分析

课题组针对比亚迪涉及热管理关键技术的相关专利申请进行统计，得出图 5－4－6，即其动力电池热管理关键技术专利申请量的逐年趋势。

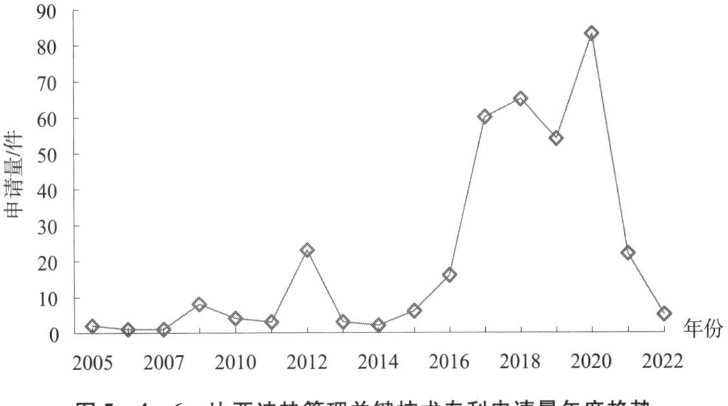

图 5－4－6 比亚迪热管理关键技术专利申请量年度趋势

比亚迪有关动力电池热管理关键技术的相关专利申请中，在热监控方面，最早于 2003 年开始进行相关专利申请，而比亚迪也正是在这一年开始进入汽车行业。由此可见，比亚迪自进入汽车行业起就开始对我国新能源汽车动力电池进行相关研究。具体而言，2003～2010 年，比亚迪初入汽车行业，新能源汽车尚处于萌芽阶段，比亚迪主要凭借燃油车迅速增长，而在动力电池热管理关于热监测的关键技术中发展相对缓慢，处于萌芽阶段。经历了前期的发展，比亚迪推出了 F3、F0、G3、L3、F6、M6 等传统燃油车型。在前期发展的基础上，结合我国新能源汽车的发展形势，比亚迪坚持认为节能减排是全球汽车产业发展的长远趋势，等待合适时机推动新能源汽车的商业化普及。2011～2012年，比亚迪进一步坚定新能源路线；与此同时，在2012年，比亚迪关于动力电池热管理中热监控技术的专利申请首次突破10件，达到23件；随后，2013～2015年，专利申请量有所下降。在2011～2015年这段时间，比亚迪在这方面的专利布局呈现出震荡增长的情况。2016～2022年，政府对我国新能源汽车行业出台了一系列的激励政策，我国的新能源汽车在这一阶段迅猛发展，比亚迪也抓住机遇，大力发展新能源汽车，其在动力电池方面进行了大量的研究。这一时期，比亚迪在动力电池热管理中热监控技术上的专利申请量迅猛增长。根据对比亚迪在2015～2022年的专利申请分析可知，比亚迪在申请专利时并未提出提前公开的请求，从其申请专利到专利数据公开需要经历一年多的时间，这造成了2021～2022年的部分专利申请数据因暂未公开而未被纳入统计范围内。根据已披露的信息，比亚迪近年来在动力电池方面的研发也取得了一定的进展，因此结合目前的数据来看，这两年比亚迪的专利申请预计依然保持增长的情况。

2. 专利类型及法律状态分析

如图5－4－7所示，从专利类型上来看，比亚迪的发明专利占比72%，实用新型专利占比28%，由此可见，在动力电池热管理中热监控技术方面，其发明专利的申请量远远高于实用新型。这主要是因为，一方面，对于热监控技术，其大部分涉及对测量参数的分析、控制等，通常适合方法类权利要求保护；另一方面，热监控技术属于动力电池安全的核心技术，申请人也期望对其核心技术提供更长久、更稳定的保护。因此，在申请专利时，比亚迪选择了以发明专利为主、实用新型专利为辅的方式进行保护。

如图5－4－8所示，从专利的法律状态来看，比亚迪已授权的专利中有70%的专利依然处于授权保护的状态，仅有5%的专利因保护期限届满等原因而失效，在审专利申请占比为24%。由此可以看出，比亚迪十分重视知识产权保护，以期望构建长期、稳定、有效的专利保护体系。

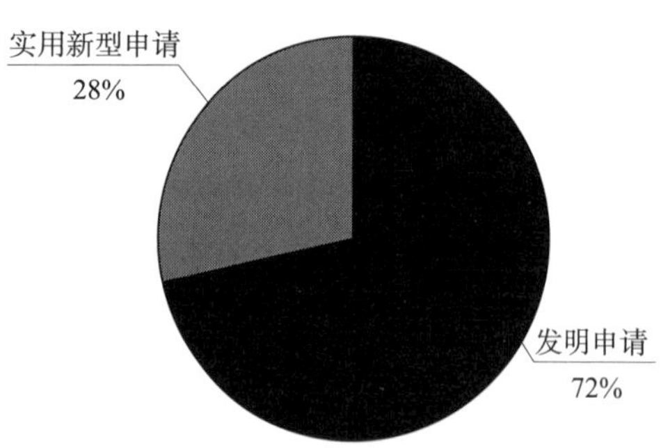

图5－4－7　比亚迪热管理关键技术专利类型分布

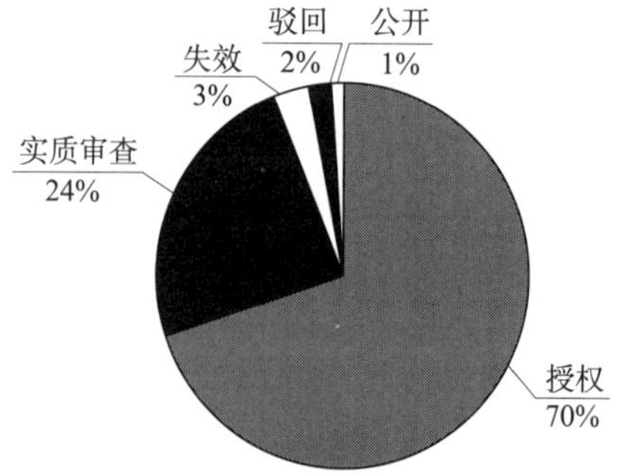

图5－4－8　比亚迪热管理关键技术专利法律状态分布

3. 专利布局区域分析

如图5－4－9所示，从专利布局区域来看，比亚迪在中国的专利申请量占比为

72%，同时向WIPO国际局提交了13%的专利申请，在欧洲、韩国的专利申请量占比分别为5%、4%，而在日本布局的专利申请量则为3%。由此可见，比亚迪不仅重视中国的专利布局，在欧洲、韩国、日本等也进行了一定的布局，而这些国家/地区也是汽车产业较为发达的区域。从已公布的专利数据分析可以看出，虽然比亚迪在这些国家/地区进行了专利布局，但是其整体布局量有限，尚未构成完整的知识产权保护体系。因此，为了实现汽车行业的换道超车，加强知识产权保护，针对海外不同国家/地区，应当强化其专利布局，构建完整的专利保护体系。

4. 技术主题分析

如图5-4-10所示，在专利技术构成方面，热监控技术控制热量分支的专利申请量最多，占比为71%。这主要是因为热管理的最终目的是将动力电池的热量控制在合理的范围内，避免热失控，因此在热控制方面的专利申请量最多。而热监控技术测量分支的相关专利申请占比为24%。动力电池的热监控技术主要涉及温度以及电池状态的测量，准确地对动力电池状态进行监测是热分析、热控制的第一步，因此，比亚迪在这方面也进行了一定的研究。而在热监控技术热分析分支方面，比亚迪的专利布局相对较少，占比为5%。这主要是因为，比亚迪作为整车企业，其在动力电池设计时需要着重考虑结构的简化性和稳定性等方面的要求，而现在大部分的热监控分析处于研发阶段，比亚迪在这方面的专利申请通常以最直接、简单的温度阈值等方式进行热分析，这也是这方面专利布局相对较少的主要原因。

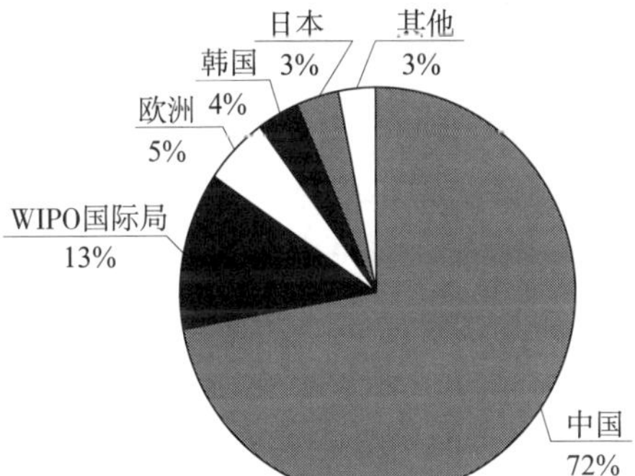

图5-4-9　比亚迪热管理关键技术专利布局区域占比

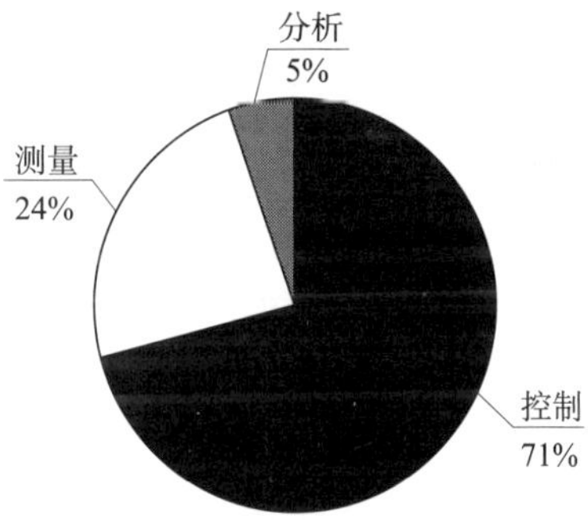

图5-4-10　比亚迪热管理关键技术各分支专利申请占比

在测量、分析、控制技术下一级的具体专利技术构成方面，如图5-4-11与图5-4-12所示，在分析方式中，以阈值设定分析为主，占比为90%，而模型预测分析则为10%。这主要是因为阈值设定分析主要对测量参数的阈值上限值和下限值进行设定，通过这种分析方式，控制效率相对较高，控制逻辑可解释性较强，并不需要复杂的运算，控制方式较为直接、稳定、可靠。而模型预测虽然能够对电池使用状态或者电池的热状态进行模拟预测，但是目前针对模型预测的可靠模型大部分处于研究实验阶段，其模型的准确性、稳定性有待进一步提高。另外，据调研知悉，模型预测能够提前对电池的健康状态、稳定性等进行模拟、评估，其被行业内人士普遍认为是未来的主要方向，而比亚迪也成立了专门的算法分析部门，其通常以技术秘密的方式对其研究成果进行保护，很少申请这方面的专利。因此，从公开的数据来看，比亚迪针对测量参数的分析主要以阈值分析的分析方式为主，同时也在模型预测方面进行了一定的布局。

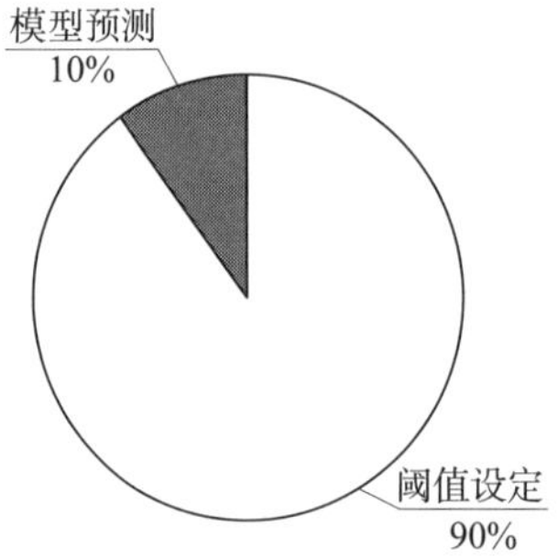

图5-4-11　比亚迪热监控技术下一级分析分支专利申请占比

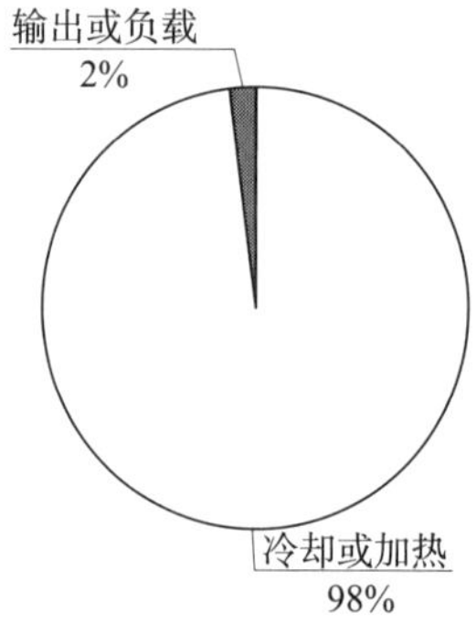

图5-4-12　比亚迪热监控技术下一级控制分支专利申请占比

在控制方面，比亚迪基本上采用冷却或加热的控制方式，其占比达到98%，而输出或负载则仅占2%。这是因为，热控制最直接的方式是对电池热量的控制，而当电池过热时采用高温冷却的方式进行冷却或者在电池处于低温状态时采用低温加热的方式来保持电池的性能，是对热量最直接的干预、控制手段。而输出或负载的控制方面，虽然降低输出或负载能够降低电池的功耗，但是与此同时将会降低车辆的驾驶性能；而如果对电池包的整体输出进行优化，则需要根据电池的发热状态了解电池包中大部分单体电池的工作状态，进而在不影响驾驶性能的情况下对电池的输出进行优化。该控制方式需要基于动力电池的具体分析模型，而模型预测的分析当前正处于研究阶段，因此在输出或负载方面，其专利申请量也相对较少。

如图5-4-13所示，在测量参数中，当前所采用的测量方式主要包括温度测量、电参数测量以及同时对温度和电参数的测量。这三种测量方式中以温度测量为主，电参数和温度测量紧随其后，单纯地以测量电参数对热量进行监控的申请最少。其中，电参数虽然能够反映电池的使用状态，对热失控进行提前预测，但是当前对于电池模型分析方面正处于研究阶段，单纯依靠采集电参数进行热量预测的专利申请量并不多。而温度则是表征热量高低的直接参数，在热监控中，对于温度测量的研究最多。上述测量参数中，在温度的测量位置方面，测量电池包温度的专利最多，占比为44%；测量冷却系统温度的专利占比为35%；单体电池温度测量专利占比为13%；其余的则是对充电时的温度监控和周围环境温度的监控。在动力电池的测量位置研究中，为了获得更快速、稳定的热量信息，通常会减少传感器的使用，即仅测量电池包中几个容易发生热失控或者温差比较大的几个位置，并非是对电池包的全位置进行均匀监测，而单体电池温度监测中则显然需要监测每个单体电池的信息，这会大大提高传感器的使用数量，对整体结构的复杂性、数据的处理速度等都是极大的考验，因此在实际应用中，测量单体电池的研究并不多。而热管理中，冷却系统中冷却介质的温度代表着整体的散热或者传热性能，通过测量冷却系统进出口的温差等信息也能够及时获得动力电池的传热信息，对其热量进行预测、控制，因此针对冷却系统的温度测量方面的专利申请也相对较多。而充电时充电温度以及车辆所处的环境温度等与动力电池的热控制也有密切的关系，因此也需要对这两个参数进行分析研究。在电参数测量中，电阻实际上是可以通过电压、电流等信息计算出来的，因此在测量分支中通常会测量动力电池的电压、电流等参数来模拟分析电池的使用状态。而其中测量电压、电流的相关专利占比47%，测量电流的相关专利占比21%，同时测量电压、电流、电阻以及其他测量方式的专利占比则分别为16%。

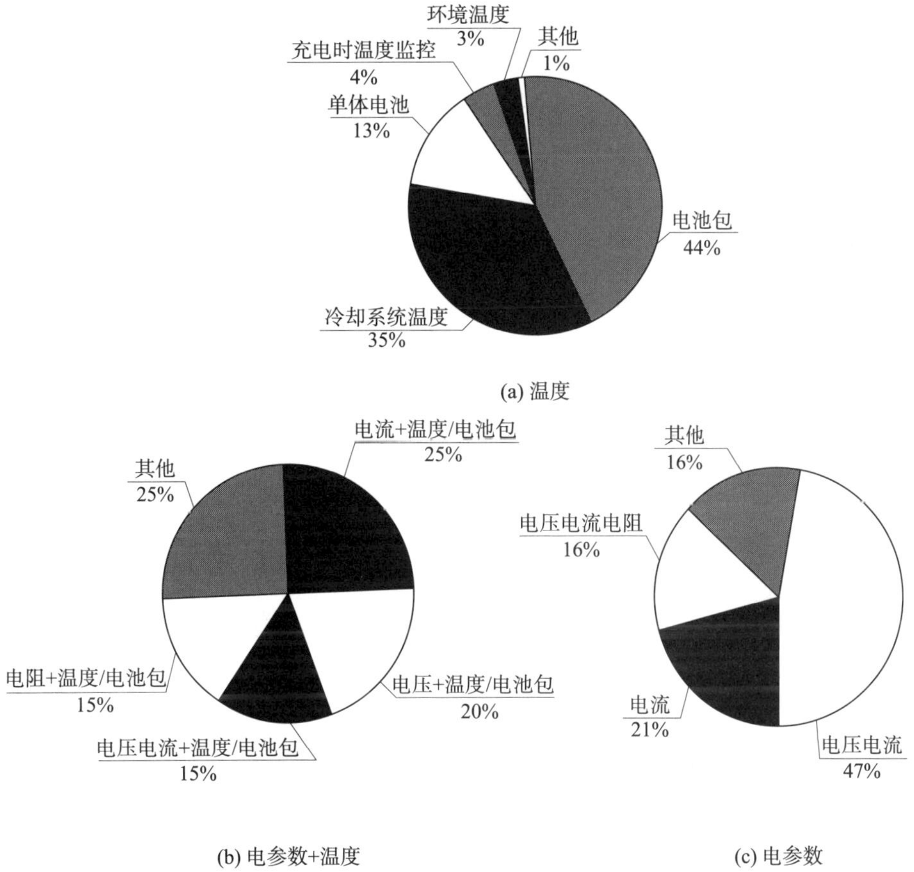

图5-4-13 比亚迪热监控技术下一级测量分支专利申请占比

5. 技术功效分析

从图5-4-14可以看出，在技术功效矩阵分析中，比亚迪的研究主要集中在如何提高整体结构的集成度、对整体结构的优化以及对总控逻辑的优化方面。具体来讲，在温度测量的研究中，主要涉及如何降低或者简化传感器结构的安装以提高整体结构的集成度；同时由于温度传感器的设置位置不同，其通常可以设置在电池包、冷却或加热系统中、电极极耳处等，如何优化这些传感器的设置方式以达到优化其整体结构是比亚迪的重要研究之一；而传感器采集信号的处理、运算逻辑控制则直接涉及最终对热管理的控制方式，因此优化温度参数的总控逻辑方面也是比亚迪的研究热点之一。在分析方式中，比亚迪主要以阈值设定的分析方式为主，其研究主要集中在如何提高集成度和优化总控逻辑方面，同时也在如何优化处理方案、优化整体结构方面作了一定量的研究。在控制方式中，比亚迪主要采用冷却或加热的控制方式，其主要集中在如何提高集成度、优化整体结构以及优化总控逻辑方面的研究。从上述技术功效矩阵可以明显看出，比亚迪的研究热点相对较为集中，各个方向的研发布局存在明显的差异。

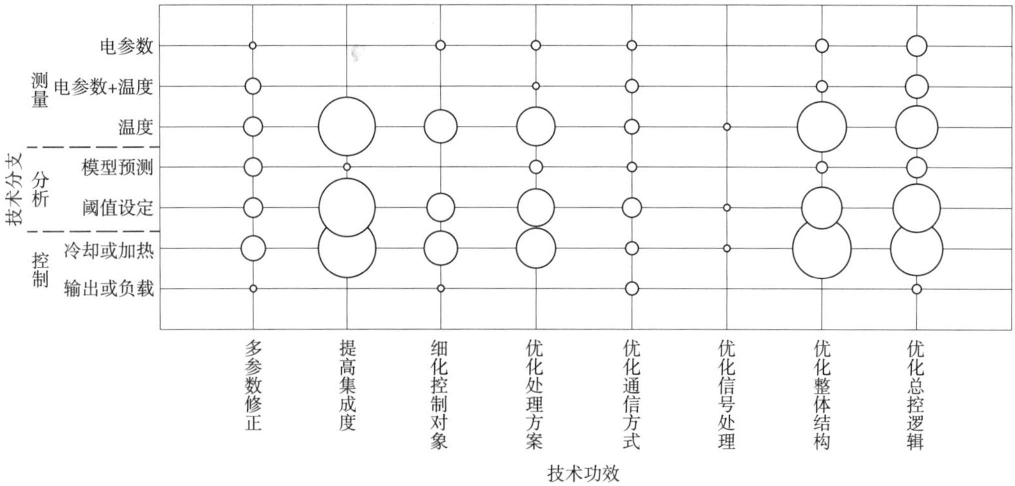

图 5-4-14　比亚迪热监控技术各分支专利申请技术功效矩阵

注：图中圆圈大小表示申请量多少。

6. 技术流向分析

热监控技术下的三级分支是以“测量—分析—控制”的流程进行的，因此在本节中，进一步对比亚迪涉及热监控技术的专利申请进行标引，并以技术流向的方式展现专利申请中在热监控各阶段采取的技术手段。

从图 5-4-15 所示的技术流向中可以明显看出，以温度测量-阈值设定分析-冷却或加热的控制方式是比亚迪在热监控中所采用的主流技术。结合上述分析可知，在该技术流向中，主要通过测量电池包或者冷却系统的温度以获取动力电池系统中的热量信息，并通过系统内部设置的阈值运算逻辑，当动力电池系统的温度大于设定的最高阈值时，采取冷却的控制方式对其进行降温、冷却；而在动力电池系统的温度小于最低阈值时，则采用加热的控制方式来对电池包进行加热，以避免低温影响电池包的充放电性能。除了该主流的技术，采用同时测量温度和电参数、阈值设定分析的方式以进行冷却或加热控制也是比亚迪所采用的技术之一，该技术主要是增加了电参数测量信息，通过温度测量和电参数测量这样多参数测量的方式来对电池包的发热状态进行监测；而单独测量电参数的技术方面则采用了阈值设定和模型预测的分析方式进行分析——采用模型预测是基于电参数信息来反映电池的使用状态，这也便于使用模型预测分析的方式建立相应的电池模型来对动力电池系统进行管理。

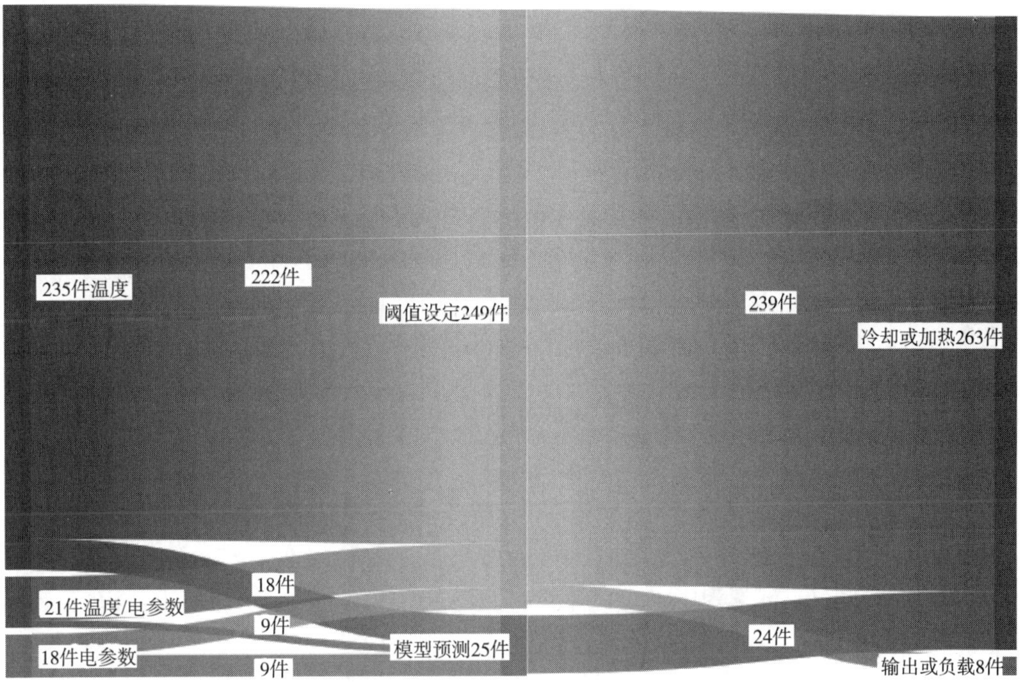

图5-4-15 比亚迪热监控技术下各分支专利流向

注：图中数字表示专利申请量，单位为件。

7. 技术发展路线分析

图5-4-16示出了比亚迪在热监控技术各分支关键专利技术的演进情况。从图5-4-16中可以看出，其最早关于热监控的专利申请可以追溯至2003年申请的专利CN2665947Y，其中公开了一种动力锂离子二次电池组，热敏电阻用于测定电池组温度并连接在控制电路上，以传递采集到的电池温度信号。当热敏电阻测得电池组的温度超过设定温度后，控制电路会启动半导体制冷器和风机。

可见早期比亚迪在热监控方面，测量主要通过温度传感器检测电池组温度，分析采用阈值设定的方式，进而控制热结构如冷却装置的工作。自此之后，比亚迪在控制、测量和分析方面进行了一系列深入的研发和专利布局。

(1) 控制

从控制分支来看，控制技术分支分为冷却或加热、输出或负载两个方面。其中，冷却或加热分为低温预热和高温冷却。早期的电池控制关注电池高温冷却，如最早的专利CN2665947Y通过半导体制冷器和风机对整个电池组进行冷却；后续考虑将电池组的冷却与车辆其他部件的冷却系统集成，如专利申请CN1866608A公开的驱动电机冷却系统、专利申请CN111231618A公开的发动机及暖风芯体热管理系统、专利申请CN115139778A公开的热泵模块，以及专利申请CN113619449A公开的考虑将电池冷却系统与充电站电池热管理系统联动。

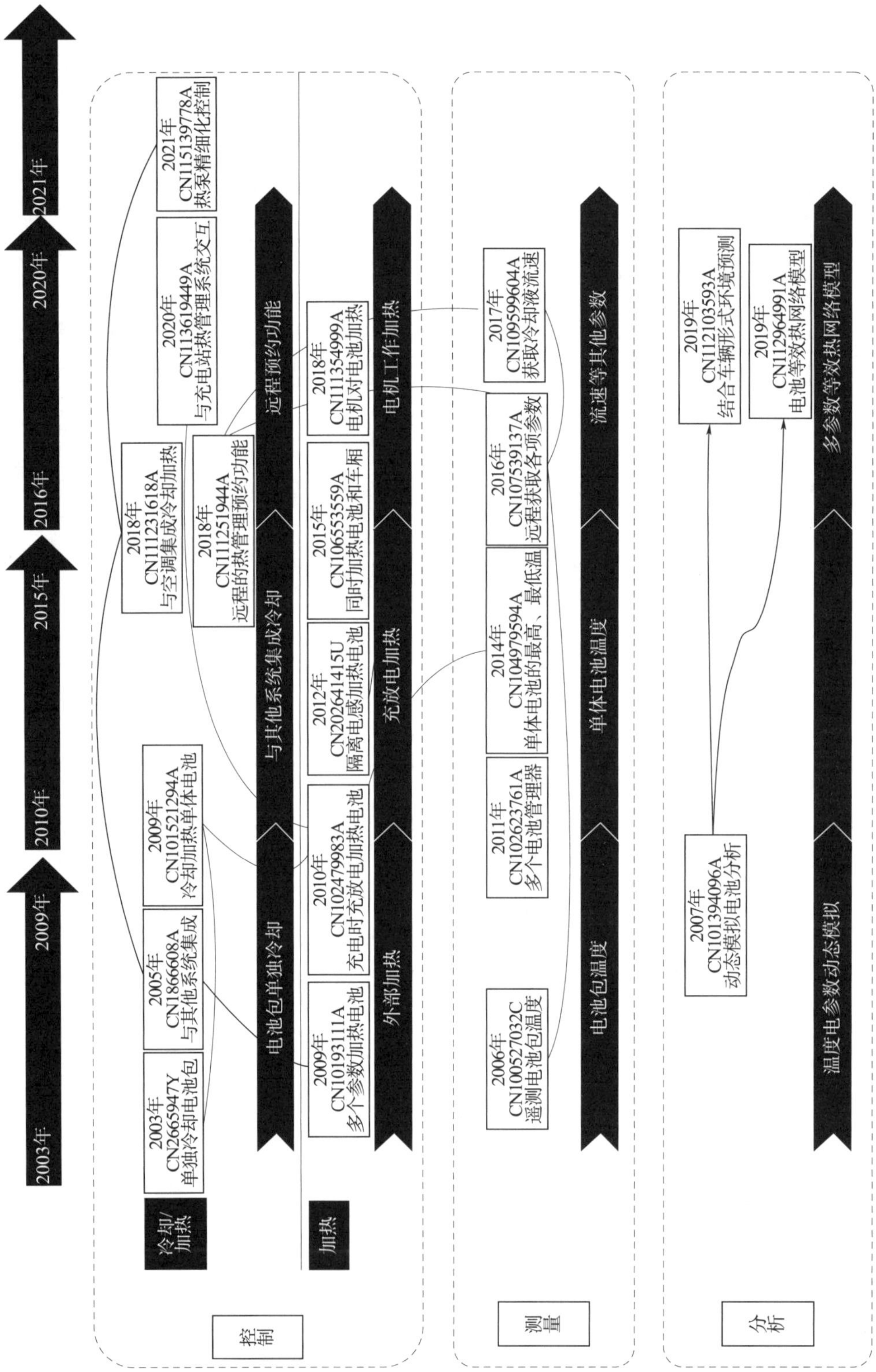

图5-4-16 比亚迪热监控技术下各分支专利技术发展路线

延续其对电池高温冷却的专利申请，比亚迪在2005年的专利申请CN1866608A公开了一种电动汽车动力电池包温度控制系统及控制方法，在热监控中延续测量温度、阈值设定的方式，通过将动力电池包的冷却系统与驱动装置的冷却系统集成，实现单一的电池热监控与车辆的其他部件如驱动装置的冷却系统一体控制。

2018年，比亚迪的专利申请CN111231618A公开了一种车辆热管理系统及其控制方法、车辆，其中将动力电池包的冷却系统与驱动装置的冷却系统、采暖系统集成，进一步实现电池热监控与车辆控制集成性。2020年，比亚迪的专利申请CN113619449A公开了一种电池热管理系统及充电站，其在前述通过车辆其他部件的冷却系统集成的基础上，进一步与充电站等外部冷却系统的集成，同步实现充电过程的热监控。2021年，比亚迪的专利申请CN115139778A公开了一种热管理系统和具有其的车辆*，其中通过热泵系统，热管理系统能够充分利用电池和电动总成的余热，在多种工况下为电池和电动总成加热或者降温，具有能量利用率和集成度高等优点。

另外，在控制的精细度方面，比亚迪也从早期的电池包的整体方面逐渐过渡至电池包内单体电池的热监控及相应的控制（CN101521294A）。在控制方式上，比亚迪也改进为远程控制及提前预约的方式（CN111251944A）。2018年，比亚迪的专利申请CN111251944A公开了一种车辆及其预约管理系统、预约系统、预约管理方法，其中公开了通过预约管理系统不仅能够实现远程的热管理预约功能，而且能使用户在使用车辆时无需等待电池加热或冷却，以及避免电池在过高或过低温度下放电造成损害。

同样地，电池低温预热也是比亚迪研究的重点。电池低温预热主要分为外部加热和自身加热两种方式。外部加热的研究早期是通过与冷却循环系统的集成进行低温预热（CN1866608A），以减少单独设置加热元件的成本。另外，由于与其他系统集成进行低温预热时往往需要其他系统首先工作后才可使用，影响低温预热的效率，后期设置单独加热元件进行低温预热（CN101931110A），以保证低温预热的效率。

2009年，比亚迪的专利申请CN101931110A提供了一种用于控制电池加热的方法和装置，相比于现有技术中采用的单一的温度判断的方式停止加热来说，考虑的因素更为多元化；由于分别考虑了温度、放电电流以及加热时间等因素，更能符合电池在实际环境中的需求，并且不会对电池造成损害，延长了电池的寿命。然而无论是哪种外部加热的类型，都需要加热源，都会提高制造成本，因此逐渐出现了利用电池本身加热或利用其他电元件进行电池低温预热。电池本身加热主要是通过低温时不断切换充电和放电的加热方式进行（CN102479983A）。

2010年，比亚迪的专利申请CN102479983A提出一种用于电动汽车动力电池的充电控制方法，通过在低温情况下采用不断切换充电和放电的方式对动力电池进行充电和加热，实现了在不损害电池的前提下对动力电池进行充电，提高了动力电池的利用率，延长了动力电池的使用寿命。

---

* 专利申请书原文如此。——编辑注

相较于之前在电池低温预热时通过设置外部加热装置的方式，比亚迪将技术方案进一步改进为在低温情况下采用不断切换充电和放电的方式对动力电池进行充电和加热的方法，取消了加热部件的设置，大大减少了制造成本。但电池的充放电次数对电池的寿命有较大影响，后续研究中又公开了控制三相逆变器使得三相交流电机产生热量以对流经动力电池的冷却液进行加热的技术方案（CN111354999A），在减少加热源设置的同时也延长了电池寿命。

2018年，比亚迪的专利申请CN111354999A提出了一种车辆及其动力电池加热装置与方法，通过在电池低温时利用电机工作，控制电池产生热量对电池进行加热，在减少加热部件的同时，也可减少电池的充放电次数，增加电池寿命。

（2）测量

从测量分支来看，如前述专利申请趋势，比亚迪的绝大多数测量方式是通过测量温度参数，包括从最早的测量电池包的温度（CN2665947Y）到精确测量单体电池的温度及单体电池的最高、最低温度分布（CN104979594A），冷却液的进出口温度等多点测量（CN109599604A）。

2014年，比亚迪的专利申请CN104979594A公开了一种动力电池的控制方法，动力电池包括多个电池模块，每个电池模块包括多个单体电池，该方法包括采集单体电池温度中的最高温度和最低温度、电池模块的正极和/或负极的温度以及单体电池的电芯温度。通过采集单体电池温度中的最高温度和最低温度，更加准确地判断电池的工作状况进行控制，可有效延长动力电池的使用寿命并保证动力电池的安全可靠。

从测量方式来看，包括从线束测量的方式（CN2665947Y）到无线遥测的方式（CN100527032C）。2006年，比亚迪的专利申请CN100527032C公开了一种电动汽车辆用故障遥测控制装置，其中故障报警部件设有与主控制器相连且与遥测控制器进行双工通信的接收组件与发射组件以及天线。热监控中延续测量温度的方式发生了变化，由通过线束传感线进行检测改进为遥测控制。

在温度测量的基础上，比亚迪结合电参数，如根据获取的电压信息、电流信息和温度信息预测动力电池组各个位置的热场分布情况（CN107539137A）。2016年，比亚迪的专利申请CN107539137A公开了一种电动汽车中动力电池组的温度控制系统、方法及电动汽车，该系统包括电压获取模块、电流获取模块、温度获取模块和热场分布预测模块用于根据上述模块获取的电压信息、电流信息和温度信息预测动力电池组各个位置的热场分布情况；控制模块用于根据热场分布情况判断是否出现温度异常情况，其通过通信模块将温度信息发送至移动终端，并通过通信模块接收移动终端发送的控制指令，以便对动力电池组进行远程的温度保护控制，能够更加方便有效地对动力电池组进行温度控制。另外，在获取测量热监控的其他参数如流速（CN109599604A）等进而控制方面，2017年，比亚迪的专利申请CN109599604A公开了一种车载电池的温度调节系统，其中通过流速传感器检测所述换热流路中的介质的流速。冷却液进出口温度、流速传感器用于检测所述换热流路中的介质的流速，通过检测介质的流速，更加精确地提高冷却控制能力。

（3）分析

从分析分支来看，如前述专利申请趋势，比亚迪最早的分析方式是电池包的温度阈值设定（CN2665947Y）。但是对于模型预测的方式，比亚迪很早就开始进行专利申请和布局，2007年初步探索通过模型模拟的方式（CN101394096A）获取电池热监控中所需的参数。2007年，比亚迪的专利申请CN101394096A提供一种电池组模拟器，其中模拟出电池的各个特性信号及其相互关系，动态模拟一组真实电池，用于验证电池管理模块在不同情况下的计算与控制是否合理。在热监控的分析方面，初步探索通过模型模拟的方式获取电池热监控中的所需参数。

后续通过在模型预测中增加行车工况及行车环境等多个参数（CN112103593A），进一步完善模型预测的准确性。2019年，比亚迪的专利申请CN112103593A提出一种车辆热管理方法、装置、车辆及存储介质，该方法包括获取车辆工况数据和车辆行驶环境数据；由于该发明结合了车辆工况数据和车辆行驶环境数据对未来的电池温度进行预测，比亚迪实现了前瞻性的电池温度的预测，并实现了根据预测的电池温度数据对车辆进行热管理，实现了主动式的车辆热管理，能够有效提升热管理精准度和热管理效率，有效提升热管理效果。

2019年，比亚迪的专利申请CN112964991A公开了一种电池内部温度信息处理方法、计算机设备和存储介质，提出根据电池模组进行离线测试的离线测试数据构建等效热网络模型，并基于多目标函数拟合法确定等效热网络模型的最优模型参数；根据获取车辆电池的初始状态向量值、车辆实际运行的第一时刻的第一运行数据以及包含所述最优模型参数的等效热网络模型，确定车辆的电池在所述车辆实际运行的第一时刻的第一电池内部温度估算值。该发明可以对电池内部温度进行实时精确预估，进而可以根据实时精确预估的电池内部温度优化电池的工作条件，提升电池的安全性。

5.4.5 丰田专利布局分析

1. 发展态势分析

图5-4-17示出了丰田动力电池热管理领域专利申请量随时间变化趋势。丰田在1993年9月成立G21项目，开始研发混合动力车型，而在动力电池热管理中热监控关键技术的研究可追溯到1994年。在1994~2003年这几年中，丰田在这方面的专利申请处于缓慢发展阶段。其中，1997年12月丰田推出了第一代丰田Prius混合动力车型在日本本土上市销售——这是丰田第一款基于THS混动系统的量产车型，也是丰田MC平台下诞生的首款车型。在随后几年中，丰田针对Prius车型进行了升级改造，其中在2000年，丰田将升级版的第一代Prius推广到北美和欧洲市场；2001年，丰田推出了中大型汽车Estima混合动力车型；2003年，丰田采用与Estima混合动力车型相同的混动系统，推出了Alphard混合动力车型。这一时期，丰田正处于技术积累阶段，其专利申请量并不多。而在2004~2011年，丰田在动力电池热管理领域热监控方面的专利申

请量处于快速增长期；在此期间，丰田也推出了多款混动车型，其新能源汽车在全球主要市场上开始生产。虽然丰田在此期间主要以混动车辆生产为主，但是实际上混动汽车只是丰田电动化的冰山一角。在电动化发展上，丰田一直立足于扩大电能应用，而扩大电能应用并非只有HEV，还有BEV、PHEV、FCEV等技术。因此，丰田电动化发展并不是押注单一技术，而是强调多元化、全面性。丰田在动力电池热管理中热监控方面的专利布局也呈现出快速发展阶段。而从2012年至今，丰田在动力电池热管理领域热监控方面的专利申请呈现出高位振荡发展。2016年5月4日，据美国媒体Leftlane News报道，丰田宣布在北美研究所研发的镁电池已取得突破性进展。2016年丰田进行了大量的专利布局，使其专利申请量达到最高峰。

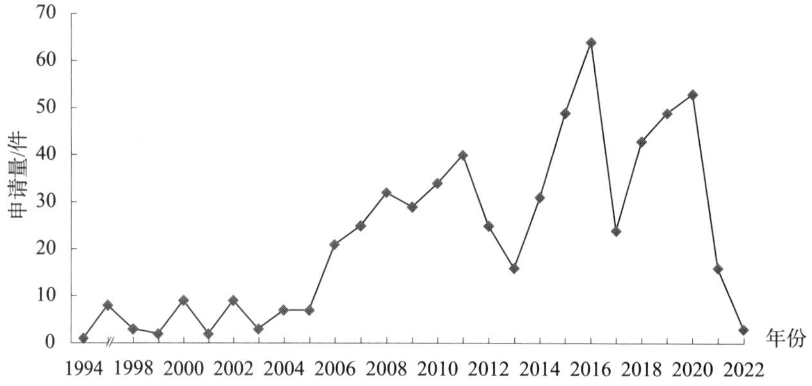

图5-4-17　丰田动力电池热管理领域专利申请量年度变化趋势

2. 法律状态分析

如图5-4-18所示，从专利的法律状态来看，丰田已授权专利中，有57%的专利依然处于授权保护的状态，有18%的专利因保护期限届满等原因而失效，在审专利申请有18%。由此可以看出，丰田的专利申请授权率相对较高，这也说明了其在技术研究中比较领先。

3. 布局区域分析

如图5-4-19所示，从专利布局区域来看，丰田在全球进行了大量的专利布局。丰田在日本本土的专利申请量最大，占比为28%，比排名第二的美国高出8%，而在中国市场的专利布局占比则和美国相似，为19%，在欧洲市场布局则为10%；丰田同时在德国、韩国也进行了一定量的专利布局。由此可见，丰田十分注重全球的专利布局，其对海外市场尤其是美国、中国市场更加看好，并期望通过专利布局构建在目标地的知识产权保护体系。从丰田的海外布局可以明显看出，其主要布局目标地的汽车产业均较为发达——这和比亚迪的专利布局类似。因此，中国企业想要在新能源汽车领域实现突破并有效地对其知识产权进行保护，应当持续加强全球知识产权专利布局。

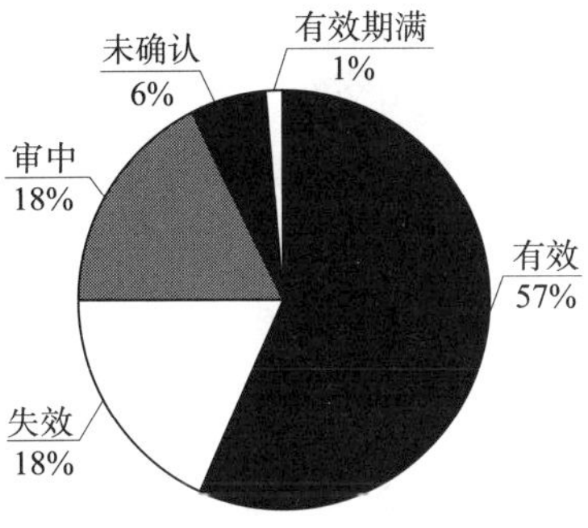

图5-4-18　丰田热监控技术专利法律状态分布

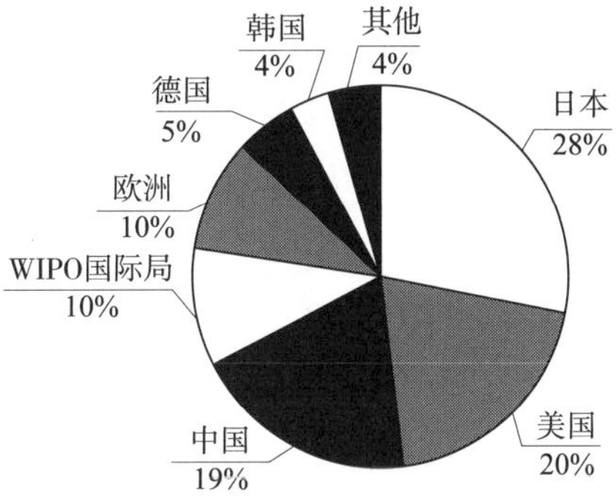

图5-4-19　丰田热监控技术专利主要国家/地区布局

4. 技术主题分析

如图5-4-20所示，在专利技术构成方面，丰田热监控技术各分支专利布局相对均衡，其中涉及测量分支的专利申请量最多，占比为37%；涉及分析分支的专利占比为34%；涉及控制分支的专利占比为29%。从其整体专利布局来看，丰田在热监控全流程中均进行了大量的研究，这也展现出丰田在这方面具有极其深厚的技术基础。比亚迪的专利布局则显然和丰田不同。比亚迪主要侧重于控制方面的研究，而在其他方面则投入相对较少。为了能够更好地对动力电池的热量进行管理、控制，比亚迪在热量产生的诱因以及热量分析方面也应当加大研究，以便更好地对最终的热量进行调控。

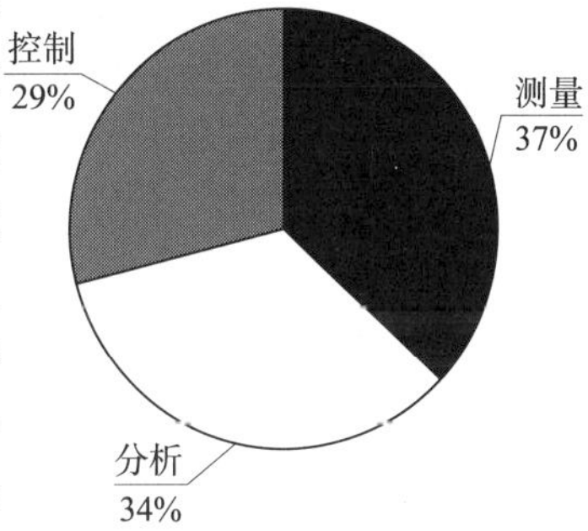

图5-4-20　丰田热监控技术各分支专利占比

在测量、分析、控制分支的专利技术构成方面，如图5-4-21和图5-4-22所示，在分析分支中，丰田在阈值设定分析方式上的申请量较大，占比为80%，而模型预测分析专利申请量则为20%。在统计分析分支中的模型预测分析方面，丰田相对于比亚迪投入了更多的研发精力，但是对申请的技术方案进行分析后可以发现，其80%涉及阈值设定的专利申请中，绝大多数是以丰田提出的电池模型为基础进行的——该部分详细内容可参见下文对丰田重点专利的分析。在控制方面，丰田在冷却或加热方面的专利申请量占比为51%，在输出或负载方面的专利申请量占比为49%，由此可以看出，丰田在热监控控制方面的研究发力均匀，其相对于比亚迪主要以冷却或加热方式而言，控制手段更加多元化。并且由于丰田在输出或负载方面进行了大量的研究，这也和热监控中测量、分析、控制这一全流程的控制方式布局均匀有一定的关系。输出或负载的控制需要基于准确的电池模型或热模型的分析，而电池模型的分析离不开电池的测量，热模型的分析离不开温度的测量，因此，从丰田的控制方式来看，这和其整体的技术分支相吻合，体现了丰田在热监控方面专利布局的全面性。

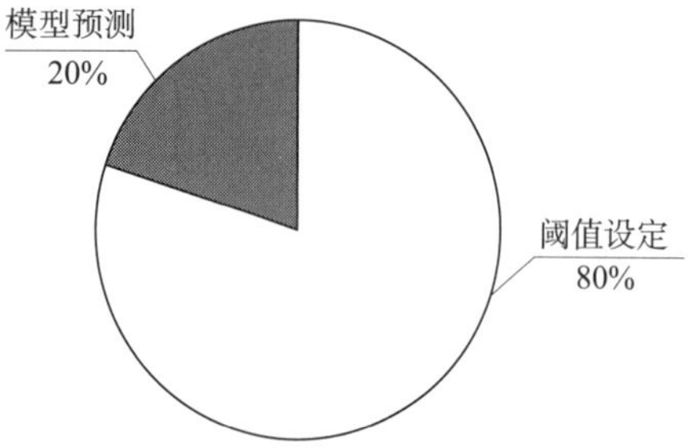

图5-4-21　丰田热监控技术下分析方式分支专利申请占比

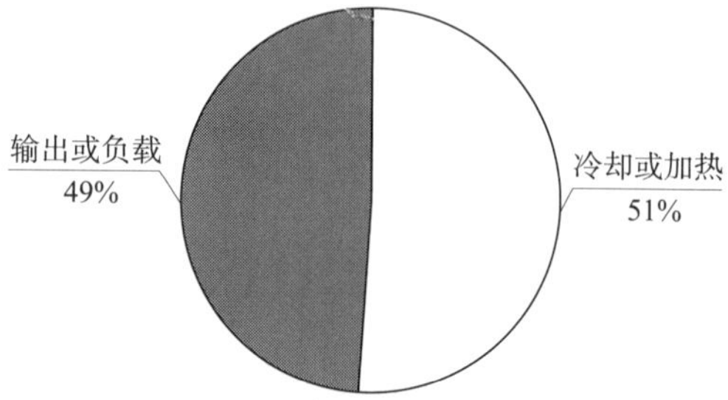

图5-4-22　丰田热监控技术下控制方式分支专利申请占比

如图5-4-23所示，在测量分支中，丰田主要以电参数测量为主，温度测量为辅，同时采用了温度和电参数综合测量的手段——这和比亚迪的参数测量显然不同。从丰田的测量参数可以看出，丰田更加注重于对动力电池自身状况的研究，希望从电池的内部寻找热管理的控制手段。而电池自身状态的研究往往发生在热失控之前，也就是说电池自身状态出现问题之后才会引发随后的热量增加、温度增高等因素；通过对电池自身状态的研究，有助于对热失控进行提前预判，进而更好地防止热失控的发生。因此，丰田通过几十年电动汽车的发展研究，选择了以电池状态监测的电参数为主要的测量对象以对热失控进行防控；而在具体的电参数测量信息中，又以电压、电

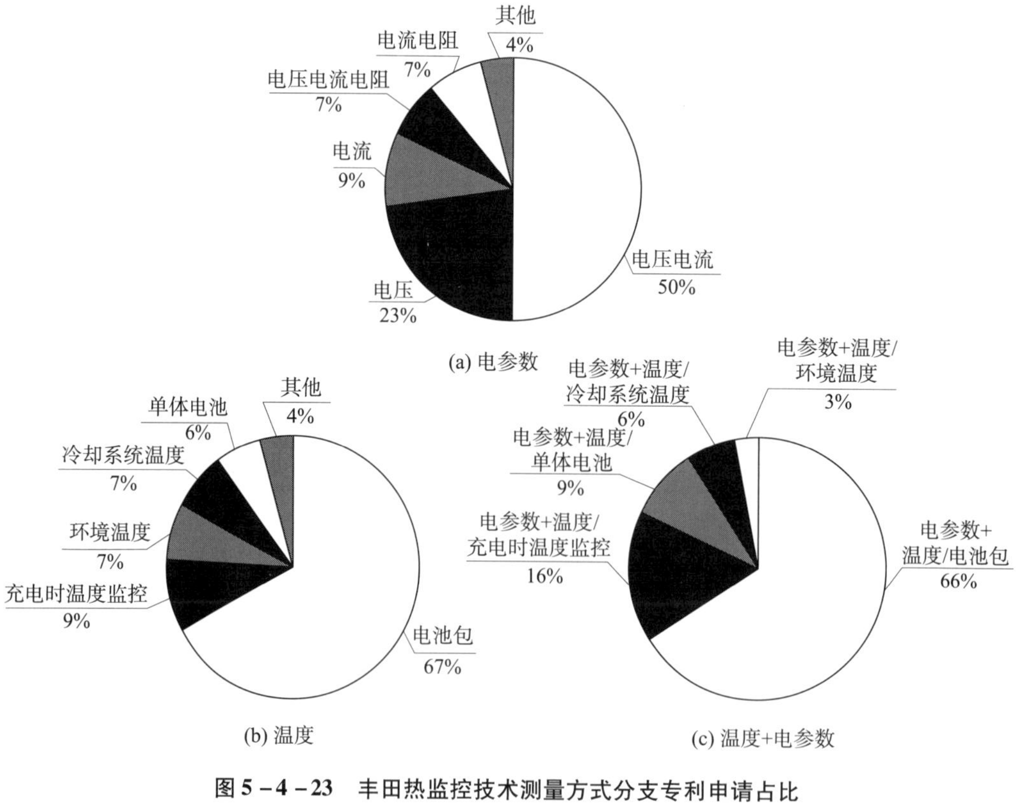

图5-4-23　丰田热监控技术测量方式分支专利申请占比

流的测量为主，根据电池机理模型计算电池等效内阻；而在温度测量位置方面的研究以测量电池包的温度为主，以温度作为热失控预警的最后一道防线。

5. 技术功效分析

在技术功效矩阵分析中，从图5-4-24可以看出，丰田的研究主要集中在电参数测量参数、阈值分析以及输出或负载控制方面的研究；同时在温度测量参数、模型预测以及冷却或加热分支上也有一定程度研究。以电参数测量为例，在电参数测量方面，丰田主要集中在针对多参数修正、细化控制对象、优化处理方案、优化总控逻辑方面。在多参数修正方面，由于电参数的测量参数主要包括电压、电流、电阻等信息，其主要考虑如何用多个参数对测量值或模型进行修正，如考虑温度的内阻修正，考虑电池使用时间的电池SOC修正等；针对细化控制对象方面的研究主要包括通过测量相应的电参数对电池包内单体电池实现精确控制或对电池个别参数进行精细化调整；而总控逻辑方面则涉及信号的分析、处理等，其主要目的是如何将已有的检测参数充分利用，以保证控制逻辑的控制效率、质量。阈值分析方面，丰田以电参数测量为主，而电参数测量的主要目的之一是对电池包内各个单体电池的充放电状态、效率进行控制，因此在阈值分析中也需要对相应的单体电池的电参数阈值进行设定以更好地细化控制对象。阈值分析的另一个重要的研究方向是优化总控逻辑：阈值分析本身就是利用已有参数的分析运算，因此对于其总控逻辑的研究也至关重要。在控制方面，无论是输出或负载控制以及冷却或加热控制，其整体的研发方面比较集中，并且和相应的测量、分析方式相对应。除了以上研究方向，丰田针对温度测量参数在细化控制对象、优化处理方案、优化总控逻辑方面也有一定的研究；而在模型预测中则主要集中在多参数修正方面的研究。总体来看，丰田在各个技术分支中的研发方向都有侧重点，专利布局较为全面，在各个方向都形成了一定数量的专利保护体系。

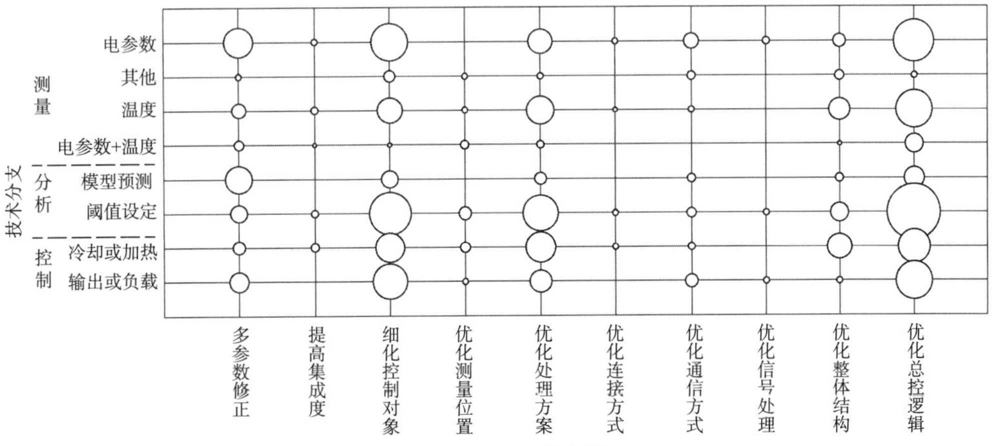

图5-4-24 丰田热监控技术各分支专利技术功效矩阵

注：图中圆圈大小表示申请量多少。

6. 技术流向分析

热监控技术下的三级分支是以测量、分析、控制的流程进行的，因此在本节中进一步对丰田涉及热监控技术的专利申请进行标引，并以技术流向图的方式展现专利申请中在热监控技术各阶段采取的技术手段。

从图5-4-25可以看出，丰田的技术流向呈现出多条技术路线同步发展的情况。其主要的技术路线流向归纳如下。

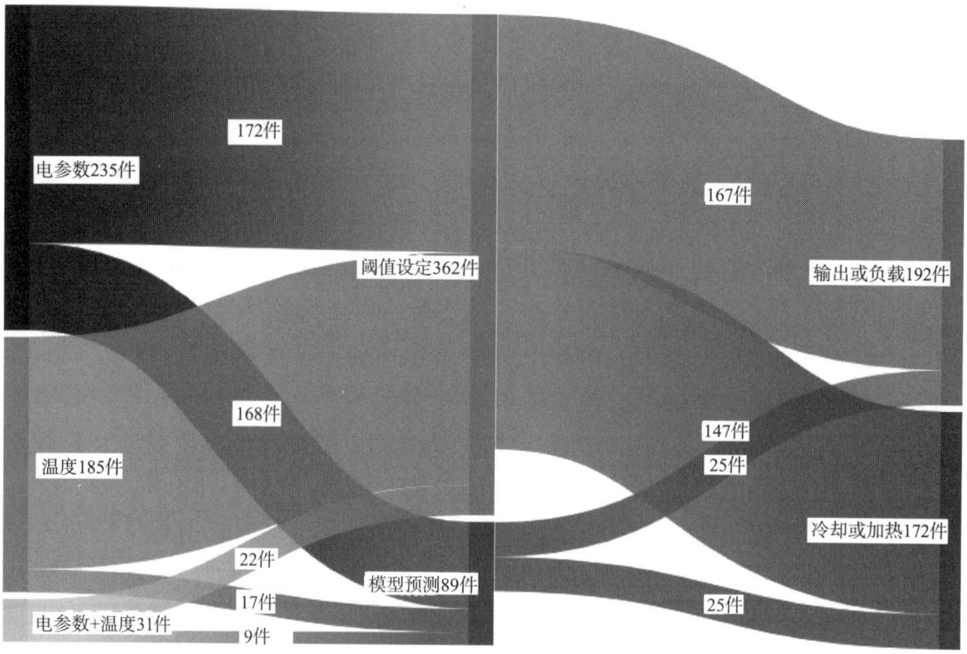

图5-4-25 丰田热监控技术各分支技术专利流向分析

注：图中数字表示专利申请量，单位为件。

技术路线流向1：电参数测量—阈值设定分析—输出或负载控制。由于电参数信息直接反映电池的使用状态，温度信息则是随着热量的变化而变，当温度变化到阈值时，通常热失控已经发生。为了能够对热失控进行提前预测，丰田更青睐于对电池自身的使用状态进行研究，以达到热失控提前预测的目的。针对电参数的测量分析以阈值分析为主，这是因为虽然电参数模型分析理论上能够较为准确地模拟电池的状态，但是关于模型的建立尚处于研究阶段，业内人士暂时未提出十分稳定、可靠的模型，基于实用、安全的考量，主要以控制逻辑相对简单的阈值分析对测量的电参数进行分析。在控制方面，主要以针对输出或负载的控制为准，通过对电池包中不同单体电池的输出或负载的优化调节达到控制电池包整体输出或负载的目的。

技术路线流向2：温度测量—阈值设定分析—冷却或加热控制。动力电池热管理中，温度是反映热失控的最直接参数。因此，丰田依然坚持对动力电池系统温度的测量来实现其热管理的目的。结合之前分析可知，温度测量以监测电池包的温度为主，同时可以测量充电时的温度和周围环境温度等信息。针对不同的温度测量参数，通常采用阈值分析的手段对其进行冷却或加热控制，即当测量温度大于系统设定的温度阈值时，出现过热现象，需要采取冷却的方式对其进行降温；而当测量温度小于系统设定的温度阈值时，此时容易出现过冷现象，为了保障电池性能的正常发挥，需要对其进行低温预热以使电池工作在合适的温度范围内。因此在温度测量参数中，通常以阈值设定分析的方式对其冷却或加热进行控制——该技术路线流向也是丰田的主流技术路线之一。

技术路线流向3：电参数测量—模型预测分析—冷却或加热控制（输出或负载控制）。在电参数的测量中，还有一部分研究集中在模型预测分析方面，这是因为虽然当前的模型预测分析有待进一步的提高，但是模型预测分析是行业内公认的主流发展方向，丰田也愿意在这方面进行研究布局。针对模型分析后的控制中，采用输出或负载进行控制的方式抑或是采用冷却或加热的控制方式都是主要研究的方向，两者并未体现出明显的差异。

其他技术路线流向：除了以上主流的技术路线流向，丰田还采用同时监测电参数、温度的信息，以阈值设定或者模型预测对其进行分析，并通过冷却或加热的方式来进行控制。

7. 技术发展路线分析

图5－4－26（见文前彩色插图第4页）给出了丰田热监控技术各分支专利技术发展路线。从技术路线和关键技术的整体发展趋势来看，丰田在电动汽车动力电池热管理方面于2006年前后正式进入发力阶段，在发展初期以发展测量技术为主，此后，分析和控制技术的发展几乎同步开展并各自形成了较为明确的技术发展脉络。接下来进行详细分析。

从测量分支来看，丰田的技术发展经历了由直接测量温度（JP2001196102A）到结合电参数修正温度（CN101243325B），再到根据电参数估计温度（CN102439780A）的三个阶段，其主要致力于根据测量的电参数对动力电池安全进行分析和进一步评估；这也与该分支下全球整体的技术发展相吻合，即由直观的温度测量逐步发展为能够更加超前反映电池热失控趋势的电参数测量。同时，为了进一步准确估计动力电池温度，丰田在发展其主流技术路线之外，还尝试过监测电池组内部压力（JP2009289668A）以及监测电解液的温度（US10074878B2）的方式来指导对电池温度的控制。实际上，丰田2006～2013年申请了关于对温度和电参数的测量方法后，其研发重心逐步向其他分支偏移，在测量分支投入较少，改进也并不具有代表性。

从分析分支来看，虽然在前文中提到，从申请量占比的角度分析，丰田在该分支阈值设定上的申请仍占较大比例，但是根据被引频次、有效性等维度进行综合判断可以看出，在专利申请的整体价值方面仍是模型预测相关的专利申请价值更高。除此以外，从专利申请内容分析可以发现，绝大多数阈值设定分支内的专利申请中提出的阈值都是基于电池热模型、电－热耦合模型或等效电路模型得到的，其阈值的设定主要是为了与控制部分相结合，即此类专利在阈值设定的背后都与电池模型的建立息息相关。

进一步地，对丰田电池热管理模型的研究进行详细分析发现，从2010年开始，丰田在模型预测分支有一条较为清晰的发展技术发展和演进脉络。以专利申请CN106470868A

为基础，丰田提出在对电池进行正常控制的同时设置冗余系统对电池老化情况进行独立计算，根据检测数据计算电池 OCV 和通过安时积分计算电池 SOC，并与当前控制下使用的模型对比，在当前模型与修正模型偏差超出预设范围时，使用修正模型作为新的电池控制模型。虽然该模型并不是完全针对纯电动汽车建立的，但成为后续动力电池模型修正的基础，证明丰田在车用动力电池领域已展开了具有针对性的研究。此后，在 2016 年，丰田结合其在测量分支的基于温度与阻抗的关系控制电池输出的专利申请，提出了对内阻进行动态实时修正的技术方案 CN106291368B，该方案在整体上达到了结合测量参数对电池包的内阻进行动态估计的目的。两年后，丰田在 2018 年对电池模型进行了再次细化和修正，在专利申请 CN108365278B 中进一步根据不同电池包的型号以及电池包内电池单体所处的位置对测量得到的电池单体温度值进行加权，同时不仅根据本车采集到的电池温度信息，还通过数据中心，结合其他车辆的温度数据共同估计本车的电池内阻，根据得到的电池内阻状态动态更新电池劣化程度，从而计算电池电压，以修正电池模型，准确得到电池电压以及可以输出的最大电流。2021 年，丰田在前述专利申请的基础上进一步考虑了环境温度，即根据历史数据得到不同季节、不同时间段的环境温度对电池温度的影响，在公开号为 CN113219337A 的专利申请中将该影响结合当前环境温度数据、本车电池温度/电压数据、数据中心存储的其他车辆历史电池温度/电压数据共同对电池模型进行校正，得到更加准确的当前电池的状态模型，并根据该模型估计电池在使用过程中的真实发热状态，实现电池热失控的早期准确预警和控制。

从丰田在动力电池数据分析的技术发展来看，丰田对于电池机理模型的研究非常重视。从原理上来看，电池老化导致其等效内阻增加，电池发热就会明显增加。丰田从电热耦合和等效电路的角度进行分析，从根据实验室得到的参数搭建固定的电池模型到对电池模型进行动态修正，逐渐提升模型预测的准确性，可以实时得到电池发热状况；在 2018 年后，随着大数据和深度学习的飞速发展，丰田也将其应用在对模型参数辨识等场合，极大地提升了模型的准确性，并将其应用在电池热管理方面，具体体现在根据上述模型动态调整电池热失控预警和控制阈值，并根据阈值设定电池热管理的控制策略。

从控制分支来看，丰田在冷却和加热以及输出和负载两个技术分支均有布局，但在控制输出和负载的技术分支中技术发展路线更为清晰并具有特色。在 2005 年，丰田提出了根据测量的温度控制增大纹波以实现电池内部的快速加热。以该电路为基础，丰田在专利申请 CN105313714B 中提出了可以响应于电池单体的电压和温度改变电池串并联关系的电路结构，电路以两路升压电路和一组开关构成，可实现在电池温度较高时以并联形式分担输出电流，在电池电压较低时以串联形式提高电压，灵活调整电池连接形式的目的，避免了固定电池连接方式在输出大电流时产生的发热问题，有效减小了热失控发生的概率。

进一步地，以该专利为基础衍生出两条与动力电池安全相关的技术路线。其中包括一条主线和一条辅助线。在主线发展中，专利申请 CN107070208B 进一步公开了基于专利申请 CN105313714B 的改进电路，其中将升压电路并联连接，根据电池模组温度确定使用一组或是两组升压电路，通过限制输出功率的方式控制电池温度；为了进一步提高电路复用能力，专利申请 CN109698620B 中将专利申请 JP2007012568A 的加热控制技术叠加至基础电路中，公开了控制器除正常控制升压电路进行输出外，还根据温度对两组升压电路的控制信号进行修正，增大纹波以实现当电池处于低温且需要加热时使用升压电路在内部形成环流，使电池快速升温。该技术发展脉络逐步实现了控制器控制电池输出达到电池内部低温加热和高温抑制的效果。在辅助线发展中，专利申请 CN106849656B 在基础电路结构上监测升压电路的应力，根据应力判断升压电路的投切。该技术方案可以有效避免因升压电路故障导致的动力电池形成不可控的外短路等故障状态，减小热失控发生的概率。进一步的，专利申请 JP6816695B2 在前述专利的基础上将升压电路的投切状态控制改为使用控制器控制升压电路的负载比率，通过合理分配升压电路的负载率以实现对电池的输出的细化控制。在该技术路线最新申请的专利 CN109698620B 中，根据实际应用中出现的多升压电路工作时，由于负载的变化可能出现相邻的升压电路产生谐振的情况，丰田通过对每个升压电路采取不同的电器元件参数进行改进，避免电路中各元器件相互干扰而导致输出无法达到预定值，最终引发热失控的情况。从上述技术发展路线可以看出，在动力电池热管理的控制策略上，丰田采用了“一主一辅”的技术发展路线，主线以电池本体状态为参照，调整输出控制；辅助线以电路中其元器件状态为参照，进一步修正输出，最终控制电池在低温状态下实现增大纹波，高温状态下实现响应于负载的结构调整或响应于温度的输出限制，通过输出控制和负载响应达到对动力电池进行热管理的目的。

此外，在冷却或加热技术分支中，丰田进行了布局和技术改进，具体而言，大致有两个方向。第一个方向是基于温度的电池外部加热出力分配情况。在专利申请 US2017/0057376A1 中，丰田提出了测量电池温度并根据电池当前温度计算温度调整需求的技术方案，并根据温度调整需求计算电池包应当如何出力，并根据计算结果将电池输出功率中的一部分用于对自身进行温度调整。这种方法看似增加电池负担，但是实际上，维持电池工作在合适的温度下能够降低电池出现安全风险的概率，比电池持续在低温/高温下工作的安全性更高；同时，在合适的温度区间工作时，电池可以有更大的输出电流，为整车提供更好的动力和负载需求响应。但是该技术方案也留下了一个问题，即如何动态识别温度调整的停止条件。2015 年 8 月 28 日，丰田在专利申请 CN105390770A 中给出了解决方法，在专利申请 US20170057376A1 的基础上进行改进后，提出了在测量当前温度的基础上，将环境温度和温度变化状态纳入考量，能够更加精准地判断加热的停止时间，更加高效利用能量，最大限度地降低因为加热而消耗的电能。进一步地，专利申请 JP2018061332A 中提出将电池进行分组，测量各组电池的 SOC 和温度，并根据每组电池的 SOC 和温度选择提供能量输出的电池组和需要进行温度调整的电池组，优先使用高 SOC 的电池进行输出，这样既可以实现维持电池处于合适的工作温度，又能够提高电池包内电池单体的一致性。第二个方向是基于压力测量的电池冷却控制。在测量电池内部压力（JP2009289668A）的基础上，进一步在专利申请 JP2015191703A 中提出测量电池温度和制冷剂状态，控制和调整膨胀阀的压力，对制冷剂状态进行调整，以达到对电池进行冷却的目的。上述两个方向分别对电池的外部加热和冷却进行了改进，考虑到动力电池在使用过程中出现的较为极端的情况，是丰田在该技术分支下比较具有代表性的技术方案。

综上来看，通过调整输出或负载以及实施冷却或加热技术的结合，丰田可以在热管理的控制端实现电池的内部和外部的综合控制。同时，经过数年的改进，丰田可以使用其建立的较为成熟的电池模型结合测量得到的多维度参数，对控制策略进行精确指导。由该技术发展路线可以看出，丰田已经构建出一个较为完善的测量、分析、控制全链条动力电池热管理体系并对其进行了有效的专利保护，形成了专利保护体系。此外，从技术发展路线中可以看出丰田有着较为成熟的专利管理方式。首先对于前文中提到的重点专利，丰田几乎都进行了全球的专利布局；其次，伴随着新技术的出现，早期专利会在新专利授权并完成技术迭代后及时停缴年费，有效降低在该方面的支出。

8. 联合研发分析

丰田汽车计划到2025年其全球销量的一半来自电动汽车，比原计划提前5年实现这一目标。为了实现这个目标，需要保证稳定可靠的电池供应。从丰田联合申请专利的合作关系来看，除了与丰田旗下的集团子公司，与其他公司、高校、科研院所在热监控领域也进行了深度的合作。

为了厘清丰田预测模型上技术积累的方式，课题组对丰田的研发模式展开了研究。从图5-4-27可以看出，丰田早在2012年开始与东京工业大学进行了合作并申请了相关专利，随后在2015年持续与东京工业大学合作并积极进行专利布局；2017~2018年也进行了相关的专利申请；2019年则与科学研究理事会开始合作申请专利；2021年分别与马里兰大学、朴力美、密歇根州立大学进行合作并申请了相关专利；2022年又与

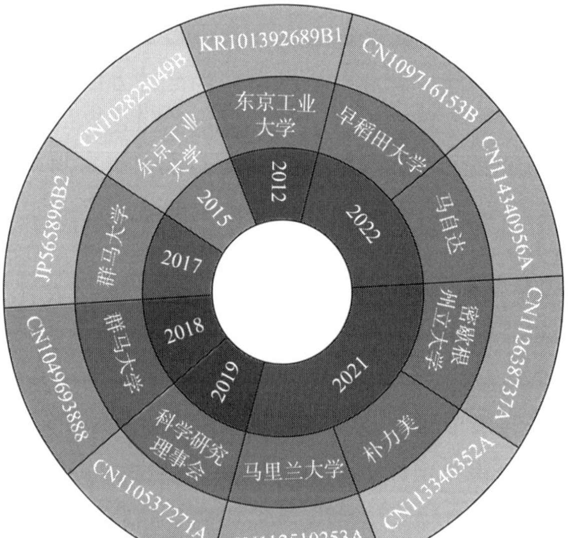

图5-4-27 丰田-高校动力电池领域联合研发专利对比

马自达、早稻田大学合作研发，开始布局相关专利。从上述可以明显看出，丰田的合作申请呈现出逐年增加的趋势，尤其是在模型预测方面，其关键技术的改进都是基于与高校的合作申请进行的，这也是丰田在模型预测方面发展比较快的重要原因。

课题组从不同的国家和地区对丰田的联合研发进行了详细分析，具体如下。

（1）日本联合申请

如图5-4-28所示，在日本，丰田与松下、株式会社电装、株式会社电装天等公司纷纷成立联合公司并进行相应的专利联合申请。

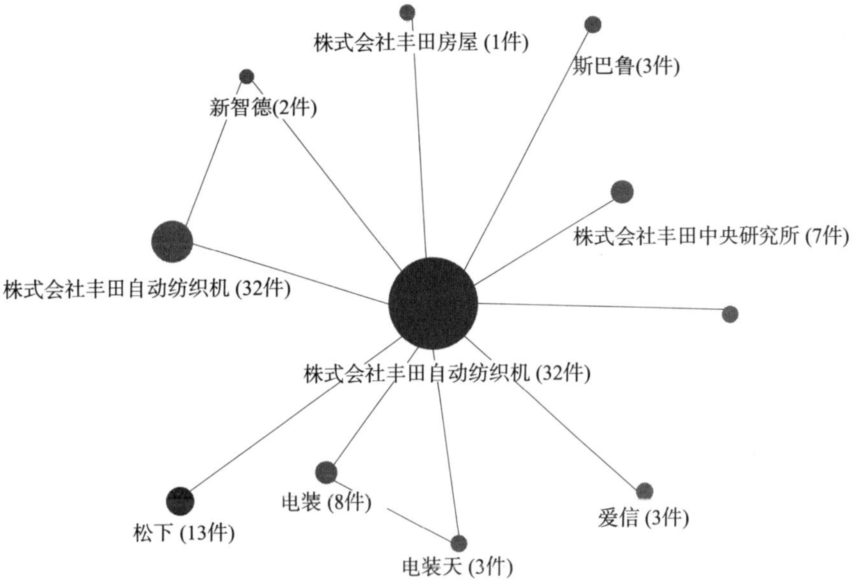

图5-4-28 丰田在日本与其他企业联合申请专利分析

松下为日本的大型电器制造企业，总部设于大阪。丰田和松下于2019年1月22日签订了关于成立新能源汽车用方形电池事业新公司的事业统合合同以及合资合同，合资公司出资比率为：丰田51%、松下49%。

自1999年开始，松下和丰田共同申请了专利JP2000323178A，其涉及电池充电控制装置，用于冷却电池组的冷却水温度和冷却剂温度传感器，用于检测电池组的电池温度的电池检测温度传感器检测电池组和环境温度传感器的环境温度，在由冷却剂温度传感器输出并检测冷却水温度，由电池温度传感器检测电池温度，作为环境温度传感器由检测到的环境温度的基础上，控制电池组的充电。同年，松下和丰田共同申请了专利JP2001196102A，其涉及电池控制装置，通过抑制不导致异常状态的控制电池的温度上升时的电池的输入输出。

2000年至今，双方在单体电池监测（EP1096636B1）、多参数监测（JP2004006412A）等电池热监控的关键领域都进行了相应的联合申请。

电装在1949年从丰田分离出来，成为独立公司，也是世界500强企业。丰田持有电装22.5%的股权。电装主要客户包括丰田、通用等世界汽车巨头。

在1997年，电装和丰田共同申请了专利JPH11176480A，其涉及电动汽车用电池组的电池管理装置，检测电动汽车辆用电池组的模块电压和总电压（S100，S102），基于状态信息输出有关电池模块状态的每个模型，总电压设置为可传导基于整个电池组的状态信息输出关于整个电池的状态，通过校正发生错误检测的方向的状态信息以进行错误检测的发生，即通过电信号的监测判断电池的异常。

2000年至今，双方在电池气体泄漏监测（JP2010113888A）、电池温度传感器的安装（JP6046472B2）等电池热监控的关键领域都进行了相应的联合申请。

（2）美国联合申请

如图5-4-29所示，在北美，丰田与伊利诺伊大学等大学进行合作，联合申请专利进行相应的专利布局。

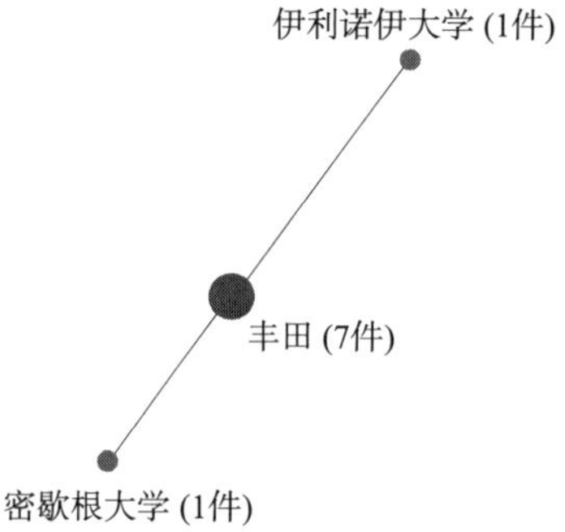

图5-4-29　丰田与美国主要高校联合申请专利分析

丰田和伊利诺伊大学联合申请的专利US11374272B2具体涉及热监控的材料应用，热管理系统包括要保持在所需温度范围内的发热装置；温度调节层覆盖或以其他方式定位在发热装置附近；温度调节层包括基于镍锰的合金，其基于随温度升高从不对称晶格结构到对称晶格结构的马氏体转变，在相关温度范围内表现出前所未有的热导率差异。

（3）中国联合申请

在中国，丰田与宁德时代、比亚迪等公司纷纷成立联合公司并进行相应的专利联合申请。

2019年7月17日，丰田宣布与宁德时代合作共同研发满足未来纯电动汽车所需要的新型新能源车载电池。双方的合作将以新能源动力电池的稳定供给和发展进化为基础，同时双方还将在车载电池新技术开发、废旧电池回收利用等多个领域开展更为广泛的探讨与合作。

2019年12月8日，丰田宣布与比亚迪成立一家合资公司（以下简称“比亚迪-丰田公司”）共同研发电动汽车产品。

专利申请方面，2020年，比亚迪-丰田公司开始在动力电池监控领域进行专利申请。2020年12月，比亚迪-丰田公司申请的专利CN114695992A涉及动力电池安全监测装置及车辆，包括呼吸阀、呼吸阀监测电路；所述呼吸阀监测电路包括用于监测所述气体排出通道的第一监测支路，其中，所述第一监测支路在所述气体排出通道排出气体时断开；所述电池控制器用于在检测到所述第一唤醒信号时采集所述安全阀连接线路的电参数信息，并根据所述电参数信息确定所述动力电池是否发生热失控。

2020年12月，比亚迪－丰田公司申请的专利CN114683800A涉及车辆的热管理系统，采用可调式散热器，能够针对不同的温度环境选择不同的工作模式，扩大了车辆的热管理系统的适用范围。

2021年，比亚迪－丰田公司分别针对上述两件发明专利的气体监测及热管理回路的阀体进行了进一步的专利布局。

第6章 动力电池安全电芯结构专利分析

6.1 研究概况

对电池本征而言，其热失控多从电芯内部短路引起，从而引起电解液着火，产生高温气体，压力过大时具有爆炸风险。通过电芯结构优化可以提高电芯在极端冲击情况下的稳定性，防止外力造成电芯变形引发短路。通过电路设计优化可以防止短路时热量的不断聚集；通过气路设计优化可以降低电池热失控时高温气体的聚集，提高电池的防爆性能。

本章结合检索和标引结果，从专利申请量发展态势、区域分布、技术分布、重点申请人、目标市场分析等角度对动力电池安全电芯结构专利进行统计分析，以期呈现动力电池安全电芯结构专利的全球创新态势和中国竞争态势。

6.2 全球专利竞争态势分析

为展示动力电池安全电芯结构全球专利的分布状况，本节重点针对动力电池安全电芯结构全球专利的发展态势、技术来源地、目标市场、技术主题、重点申请人进行分析。

6.2.1 发展态势分析

首先对动力电池安全电芯结构全球专利申请进行统计，得出图6-2-1所示的电芯结构全球年申请量发展趋势。由图6-2-1可以看出，1992~2003年，经历技术萌芽期，电芯结构全球专利申请量增长较为缓慢；2004~2013年，经历波动增长期，2011年申请量接近200项；2014年后，进入快速增长期，2016年申请量超过400项，2021年申请量超过600项。总体而言，随着全球对新能源汽车动力电池安全性关注度和需求度的提升，动力电池安全电芯结构相关专利年申请量整体呈增加趋势，一定程度上说明电芯结构技术发展日趋完善。

6.2.2 技术来源地分析

图6-2-2示出电芯结构全球专利技术来源地申请量趋势。由图6-2-2可以看出，2000年之前，日本申请量较大且申请量呈平稳增加，占据动力电池安全电芯结构早期技术积累专利布局的重要位置；韩国、欧洲的专利申请起始时间也较早，但年申请量变化不大；中国的专利申请起始时间相对较晚，前期专利申请量较少，但从2004

年起申请量开始明显上升，2005 年申请量超过日本，之后年申请量一直居全球第一。虽然全球各个国家和地区的专利申请起步时间和发展速度不同，但整体而言，自 2009 年起，中国、日本、韩国及欧洲的专利申请量均呈现上升态势，中国增长速度最快，说明全球各国尤其是中国对动力电池安全电芯结构相关技术的关注度均明显增加，该领域的技术也得到了快速发展。

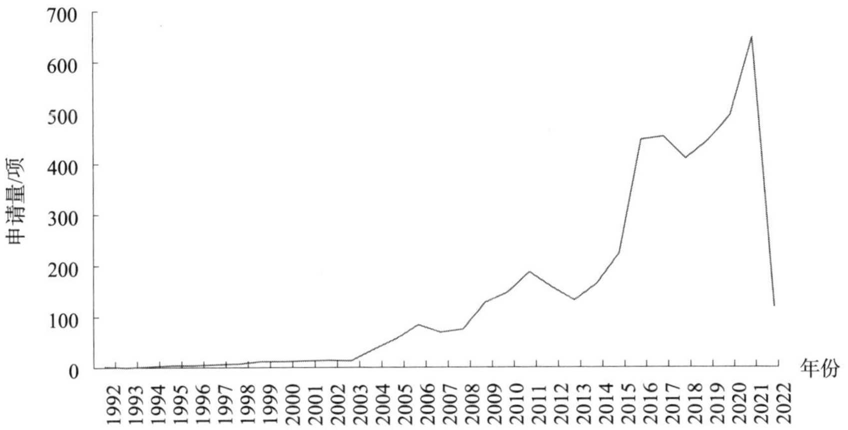

图 6-2-1　电芯结构全球专利年申请量发展趋势

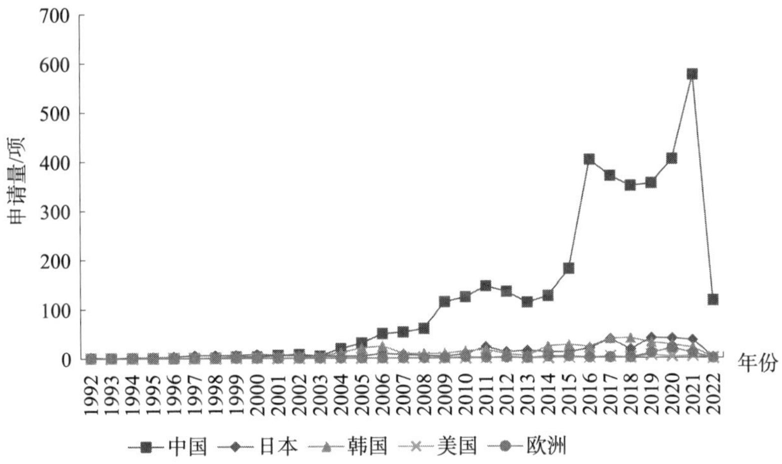

图 6-2-2　电芯结构全球专利技术来源地申请量趋势

图 6-2-3 示出了电芯结构全球专利技术来源分布，其中中国的电芯结构专利申请数量最高，为 3752 项；其次是韩国和日本，分别为 376 项和 358 项；美国和欧洲申请量较少。从全球专利申请分布情况来看，日本和韩国作为电池领域起步较早的国家，对电芯结构相关技术的研发和专利布局始终保持较高的重视程度；中国专利申请量最高，也充分显示出中国对动力电池安全电芯结构相关技术的研发热情和专利布局重视程度。

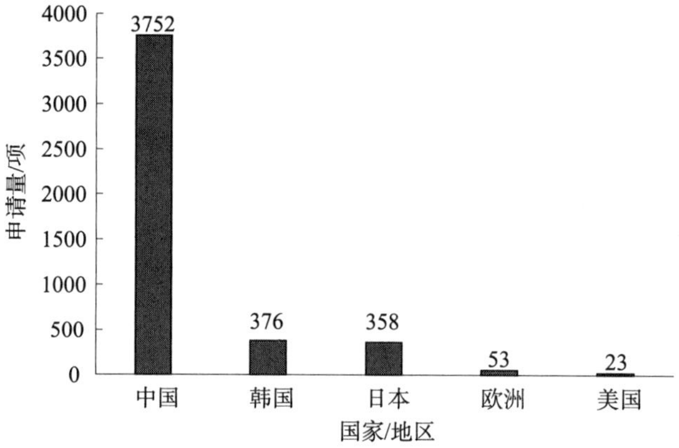

图6-2-3 电芯结构全球专利技术来源分布

6.2.3 目标市场分析

图6-2-4示出了电芯结构全球专利主要目标市场分布。由图6-2-4可以看出，中国在电芯结构领域目标市场排名第一，全球专利布局对中国市场的重视程度相对较高；其次是美国、日本、韩国和欧洲，说明美国市场相较日本、韩国和欧洲市场更为全球申请人所关注，在美国进行专利布局相对更多。

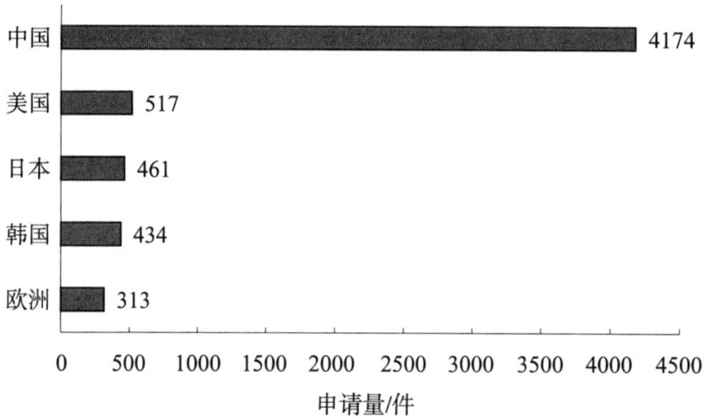

图6-2-4 电芯结构全球专利主要目标市场分布

6.2.4 技术主题分析

图6-2-5示出了电芯结构全球专利技术主题占比分布，其中气路设计相关专利占比最大，为61%；电路设计占比次之，为26%；强度设计占比相对较小，为13%。由此反映出在动力电池安全电芯结构领域，气路设计和电路设计技术分支是全球关注的研发重点，这与相关技术主题的研发难度、成本投入和改进效果等紧密相关。

由图6-2-6可以看出，各技术主题的申请数量在2004年开始明显增加，2009年开始快速增加，2017年达到第二个高峰，并在之后几年平稳发展。整体而言，气路设计相关专利的增长最快，其次是电路设计，然后是强度设计。

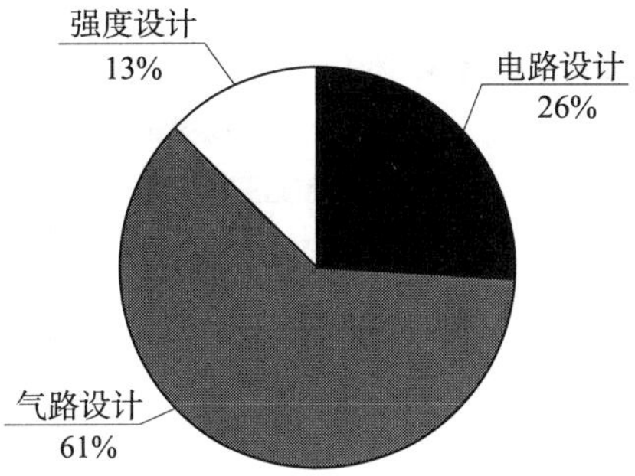

图6-2-5 电芯结构全球专利技术主题占比分布

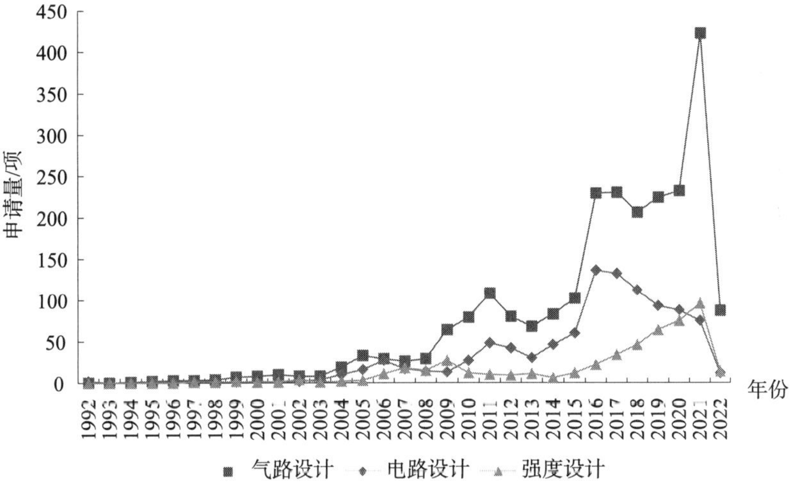

图6-2-6 电芯结构全球专利各技术主题申请量趋势

6.2.5 全球重点申请人分析

图6-2-7示出了电芯结构全球专利重点申请人排名及技术主题分布。在电芯结构全球专利申请量排名前12位申请人中，中国企业占据七席，日本企业占据三席，韩国企业占据两席。其中，中国宁德时代申请量位居第一，韩国三星申请量位居第二，韩国LG紧随其后，中国比亚迪位居第四。宁德时代在气路设计上的专利布局占比最多，电路设计次之；三星和LG在电路设计和气路设计上的专利布局也均较多，且更侧重电路设计。日本三洋在气路设计和电路设计上的专利布局较多，而日本松下在电路设计和强度设计上的专利布局持平。2008年松下收购三洋后，其在动力电池电芯结构三个技术主题上的专利实力得到加强。另外，宁德新能源、天津力神、国轩高科、比克国际、惠州亿纬、蜂巢等中国电池企业也均进入全球专利重要申请人前十排名中，在电芯结构领域具有较多专利布局。整体而言，气路设计和电路设计是动力电池安全电芯结构领域的研发热点，中国企业在该领域的专利布局具有重要作用。

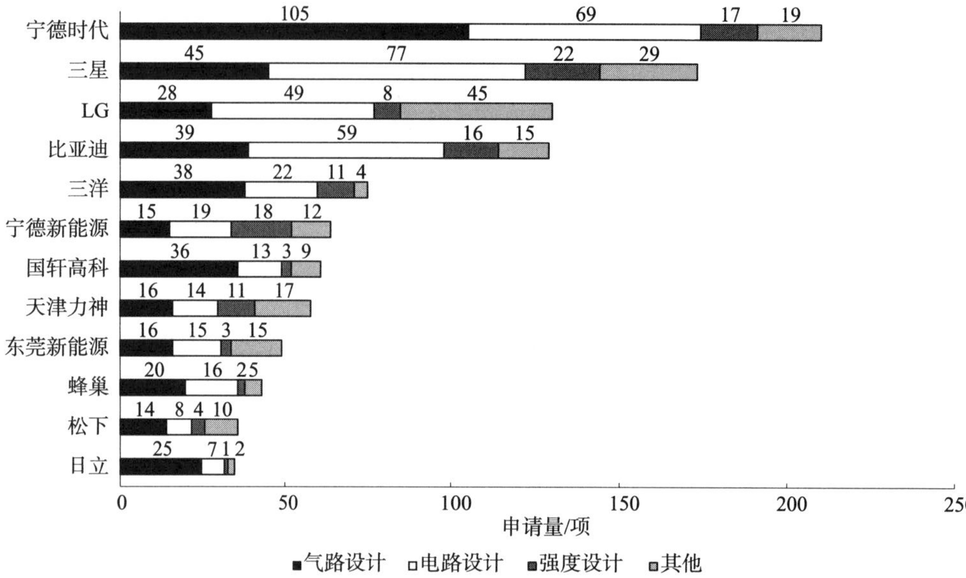

图6－2－7　电芯结构全球专利重点申请人排名及技术主题分布

6.3　中国专利竞争态势分析

以下从中国申请与海外来华申请趋势、海外专利申请来源地、技术主题、主要申请人等角度进行分析，以期呈现动力电池安全电芯结构的中国竞争格局。

6.3.1　发展态势分析

图6－3－1示出了电芯结构中国专利申请量发展趋势。从图6－3－1可以看出，动力电池安全电芯结构中国专利申请呈现波浪式快速增长的态势，海外来华申请增长相对稳定，而中国申请呈现快速增长。从2000年开始，中国申请量逐渐增加，2003年出现第一个快速增长期并远超海外来华申请量，2013年出现第二个快速增长期并继续保持快速增长势头；2019年后，电芯结构的中国专利申请量依然保持迅速增长，有望迎来第三个快速增长期，充分说明中国对电芯结构相关技术的重视，尤其近几年对其关注度和投入均很高。海外来华申请整体比较稳定，2015年以前处于波动状态，2015年之后出现明显增长，但增长率不高，申请量仍低于中国申请。

6.3.2　技术来源地分析

图6－3－2示出了电芯结构中国专利申请技术来源地分布。由图6－3－2可以看出，中国申请量最大，达到3745件，这主要是由于大部分中国申请人主要在中国进行专利布局；韩国和日本分别排名第二和第三；美国和欧洲申请量较少。在一定程度上可以说明，中国重视对电芯结构领域的技术研发和专利布局。

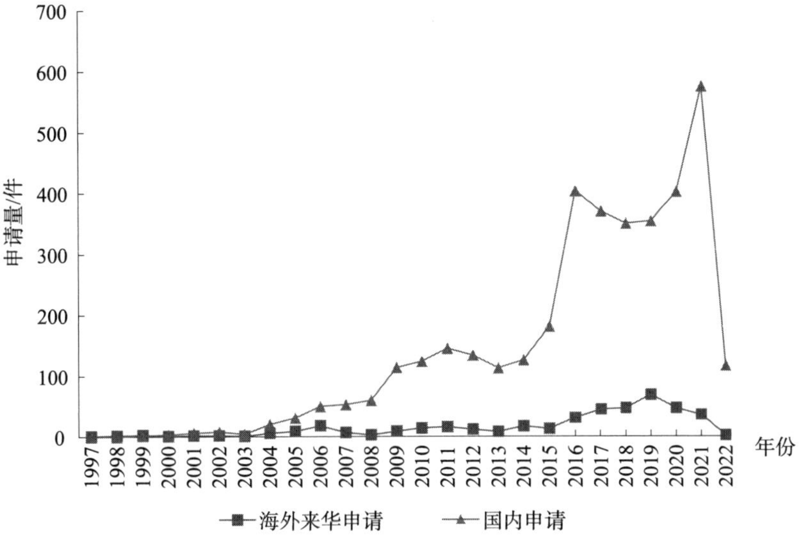

图6-3-1 电芯结构中国专利申请量发展趋势

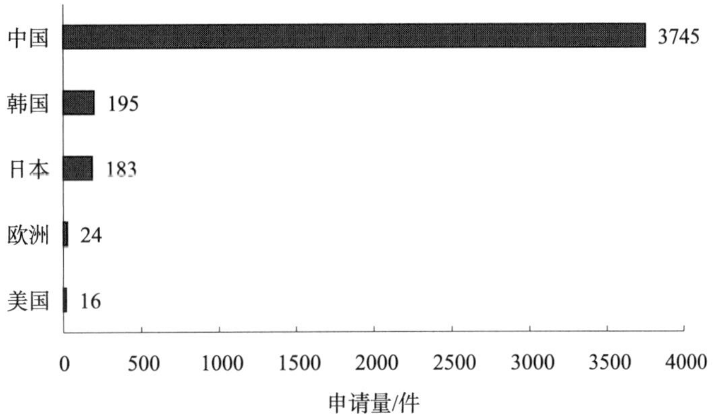

图6-3-2 电芯结构中国专利申请技术来源地分布

6.3.3 在华重点申请人分析

图6-3-3示出了电芯结构在华重点申请人排名及其技术主题分布。排名前15位的申请人中，中国申请人占据11席，韩国和日本分别占据两席。其中，中国申请人宁德时代和比亚迪分别排名第一、第二位，韩国申请人三星和LG分别居第三位和第五位，日本申请人三洋和松下分别排名第11位和第15位。总体而言，在华专利申请中以中国申请人为主体，韩国申请人和日本申请人次之。就技术主题而言，中国申请人整体上围绕气路设计布局专利最多，其中排名第一的宁德时代在气路设计上的专利布局高于电路设计，而比亚迪则在电路设计上的专利布局多于气路设计；另外，日本和韩国申请人相对更加重视电路设计专利布局，强度设计也占有一定比例。

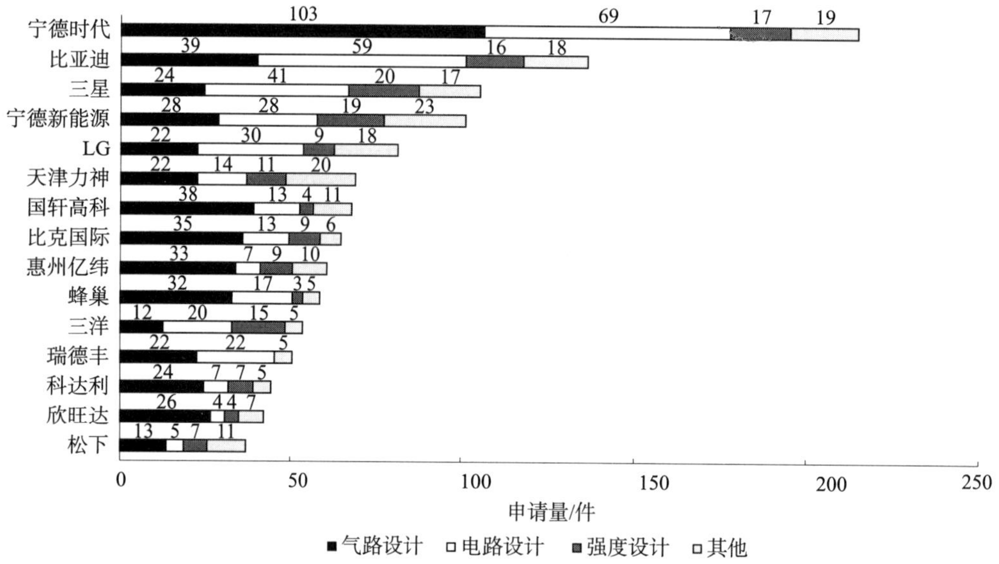

图6-3-3　电芯结构在华重点申请人排名及其技术主题专利申请分布

6.3.4　技术主题分析

对海外来华申请各技术主题进行统计，动力电池安全电芯结构海外来华申请的技术主题占比分布如图6-3-4所示，整体来看，海外来华申请中，气路设计和电路设计占比相对较多，强度设计相对略少。

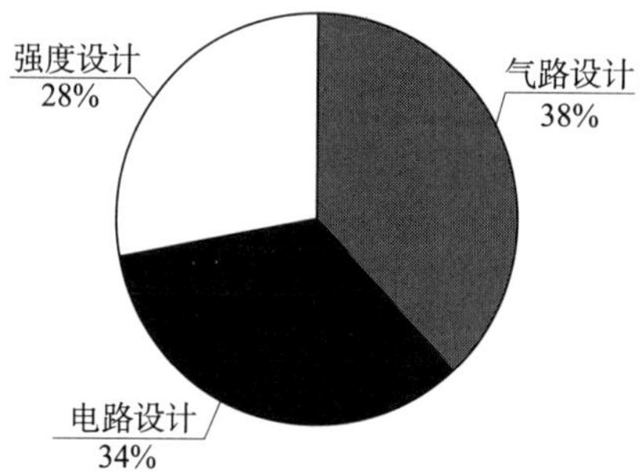

图6-3-4　电芯结构海外来华申请技术主题专利申请占比分布

对电芯结构海外来华申请技术主题申请趋势进行分析，如图6-3-5所示，各技术主题的发展趋势与海外来华申请总趋势相似，均呈波浪形增长。

图6-3-6示出了动力电池安全电芯结构中国申请技术主题占比分布。与海外来华申请不同的是，中国申请中气路设计明显占比较大，为64%；电路设计次之，占比为24%；强度设计的申请量较少，占比为12%。

对动力电池安全电芯结构中国申请技术主题申请趋势进行分析，如图6-3-7所示。整体而言，气路设计申请量一直处于领先地位，成为发展最迅速的技术之一，电路设计次之，对于强度设计的专利布局相对较少。

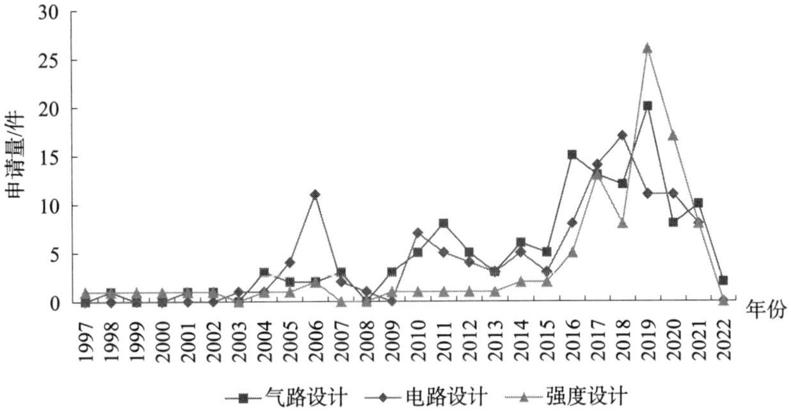

图6-3-5　电芯结构海外来华申请技术主题专利申请趋势

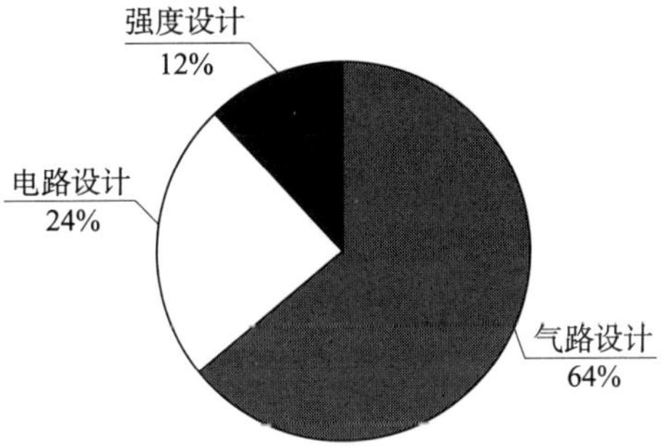

图6-3-6　电芯结构中国专利申请技术主题占比分布

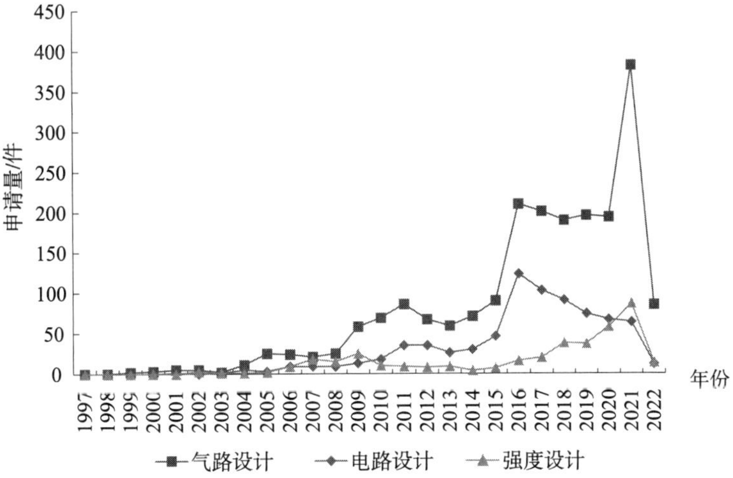

图6-3-7　电芯结构中国专利申请技术主题年度变化趋势

6.4 动力电池安全电芯结构关键技术分析

6.4.1 气路设计

当电池出现热失控时，在电池内部会产生大量的高温、高压气体，同时会产生大量含有固体或胶状物质的固气混合物，内部压力急剧上升，如果产生的大量气体不能及时排出，电池就会发生爆炸，引起安全事故。所以，有必要在电池达到破裂之前使电池内的气体迅速、安全地向电池外放出。目前，电芯结构气路设计方面，设置专门防爆阀和将电芯壳体设置优先破裂薄弱部是主要的设计思路。结合前述专利分析发现，气路设计专利申请量相对较多，是全球和中国申请人研发和专利布局的热点，本节重点对气路设计的全球态势、防爆阀、防爆薄弱部进行分析。

1. 全球态势分析

（1）发展态势分析

图6－4－1示出了动力电池安全电芯结构气路设计的全球专利申请趋势。2003年以前处于技术起步期，气路设计全球专利申请数量较少；2004年以后呈现增长趋势，电芯结构气路设计受到研究人员的重视，成为专利布局热点。考虑到2021年和2022年提交的专利申请还有较多未公开，可以预期近两年的申请量可能依然保持在一个较高的水平。

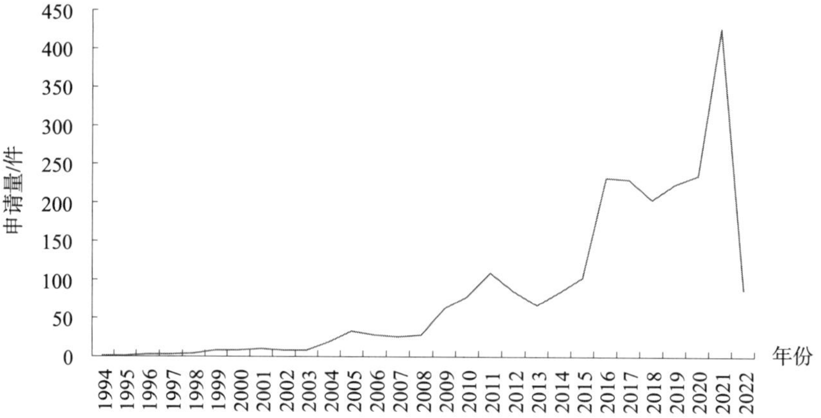

图6－4－1 电芯结构气路设计全球专利申请趋势

（2）技术来源地分析

图6－4－2示出了动力电池安全电芯结构气路设计技术来源地专利申请量及申请发展趋势。由此可以看出，在1998年之前，申请主要来自日本，申请量虽然不多但是以稳定的态势逐年上升，增幅相对较小；韩国申请的起始时间也较早，但相较于日本而言，申请量相对较少；美国与欧洲提出气路设计专利申请的时间相对较晚，且申请量一直较少；在1999～2004年，中国专利申请量开始逐渐增加，且其申请量与日本不

相上下，随着中国对电池安全方面的重视及技术研发投入，中国专利申请量从2005年开始呈现快速增长趋势并超过了日本和韩国，申请量一直遥遥领先。图6-4-3示出了气路设计主要申请地专利申请量占比分布，从该图可以更直观地看出，中国在气路设计全球主要技术来源地的占比为86.8%，显著领先于其他国家/地区。

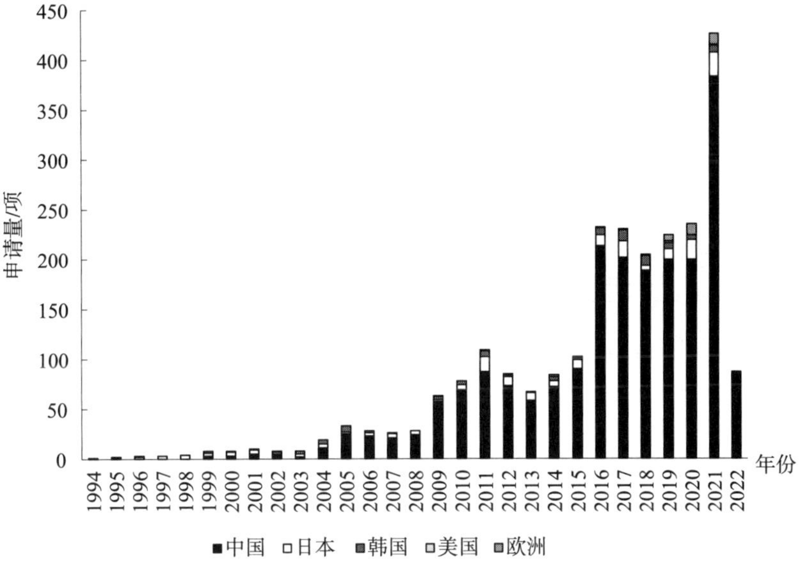

图6-4-2 气路设计技术来源地专利申请量年度变化

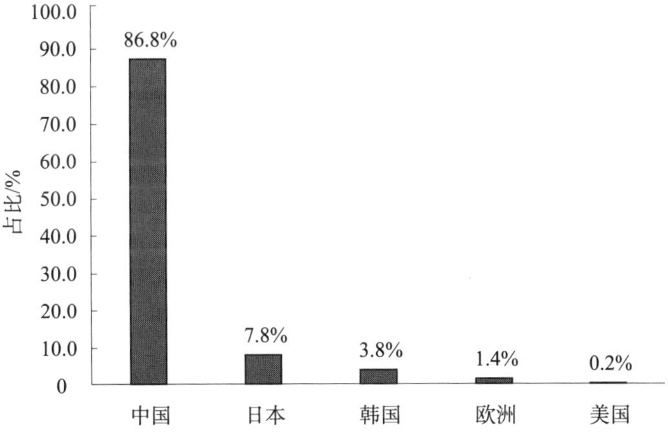

图6-4-3 气路设计主要申请地专利申请量占比分布

（3）全球重点申请人分析

图6-4-4示出了气路设计全球重要申请人专利申请分析，其中，排名前十位的申请人中，中国申请人占据六席。宁德时代在气路设计上的专利申请量依然排名第一，日本三洋、韩国三星依次排名第二、第三位，另外，来自韩国的LG排名第八位，来自日本的日立排名第十位；日本、韩国申请人在气路设计方面的技术积累和实力不容小觑。整体而言，全球重要申请人在气路设计专利布局中，在防爆阀上的专利布局申请

数量均大于防爆薄弱部。

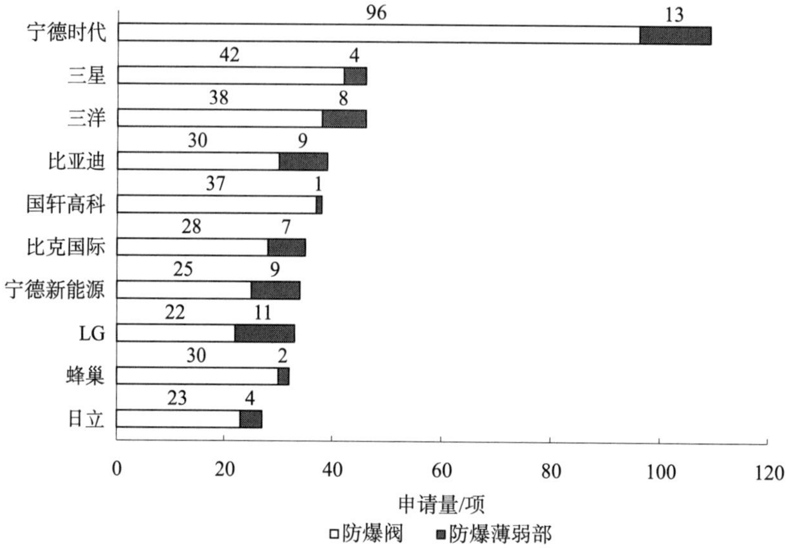

图6-4-4　气路设计全球重要申请人专利申请分析

2. 防爆阀

防爆阀是气路设计主要方向之一，通过设置防爆阀将电池内部产生的大量高温气体泄出。本节主要对防爆阀的发展态势、技术来源地、目标市场、重点申请人、专利引证与被引证情况、技术路线等进行分析。

（1）发展态势分析

图6-4-5示出了防爆阀全球专利申请趋势。由图6-4-5可以看出整体呈现增长趋势，2007年以前增长较为缓慢，2008年后快速增长，2011年年申请量达到100项，2016年年申请量超过200项，2021年年申请量达到400项。可见，设置防爆阀作为电池安全领域电芯结构气路设计的重点发展方向，其在防止电池的爆炸、起火等安全问题上占据举足轻重的地位。

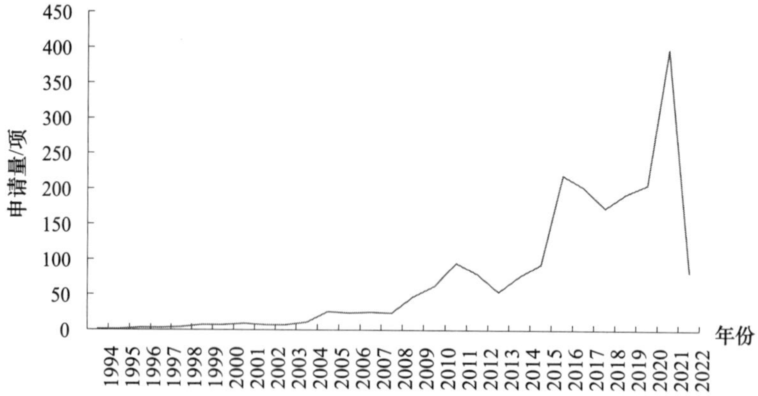

图6-4-5　防爆阀全球专利申请趋势

（2）技术来源地分析

图6-4-6示出了防爆阀技术来源地专利申请趋势，可以看出，日本在该领域的申请起始时间最早，早在1994年就提出了由固定环夹持开裂膜形成的压力释放阀，且长期保持研发投入和专利布局，具有较好的早期技术积累优势。2004年以前，各技术来源地的年申请量较为稳定，申请数量较少；2005年后，中国在防爆阀领域的申请量超过日本，并呈现飞跃式增长，可见动力电池安全电芯结构防爆阀取得了较快发展。

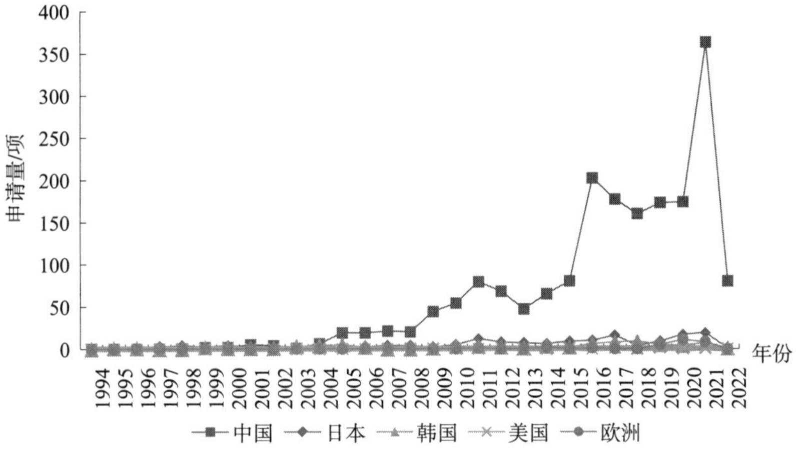

图6-4-6　防爆阀技术来源地专利申请趋势

图6-4-7示出了防爆阀主要技术来源国申请量占比分布，其中，中国作为防爆阀的主要技术来源国，申请量占比87.2%；其次是日本和韩国，申请量占比分别为7.7%和3.6%；欧洲和美国的申请量占比更小。

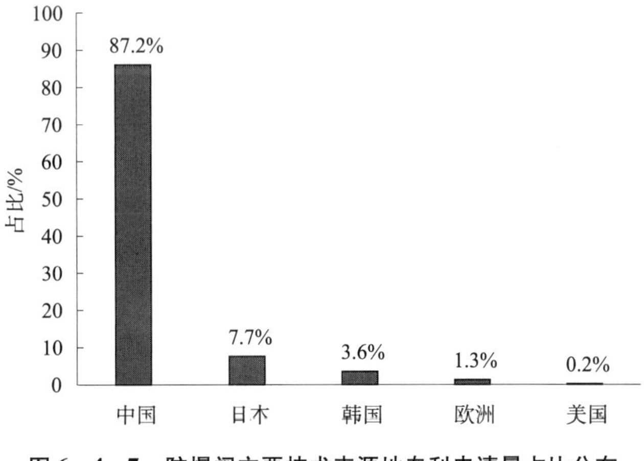

图6-4-7　防爆阀主要技术来源地专利申请量占比分布

（3）目标市场分析

图6-4-8示出了防爆阀目标市场专利申请分析。从图6-4-8可以看出，中国作

为目标市场排名第一，其次是日本。与技术来源地不同的是，美国和韩国分别排名第三位和第四位，说明美国市场更受申请主体的青睐；欧洲市场排名第五位。

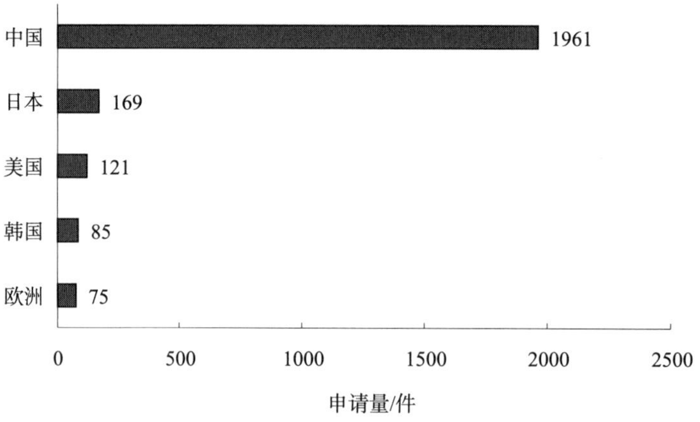

图6－4－8　防爆阀目标市场专利申请分析

（4）全球重点申请人分析

为进一步展示气路设计中防爆阀重点申请人排名状况，图6－4－9示出了防爆阀重点申请人专利申请分析。其中，中国申请人分布较多，且申请量普遍较大，较为典型的申请人有宁德时代、国轩高科、比亚迪以及蜂巢等。其次是韩国三星在防爆阀方面的专利布局排名第二，日本三洋排名第三。可见，随着中国对新能源动力电池安全的高度重视和积极投入，涌现了越来越多的防爆阀安全设计创新主体。

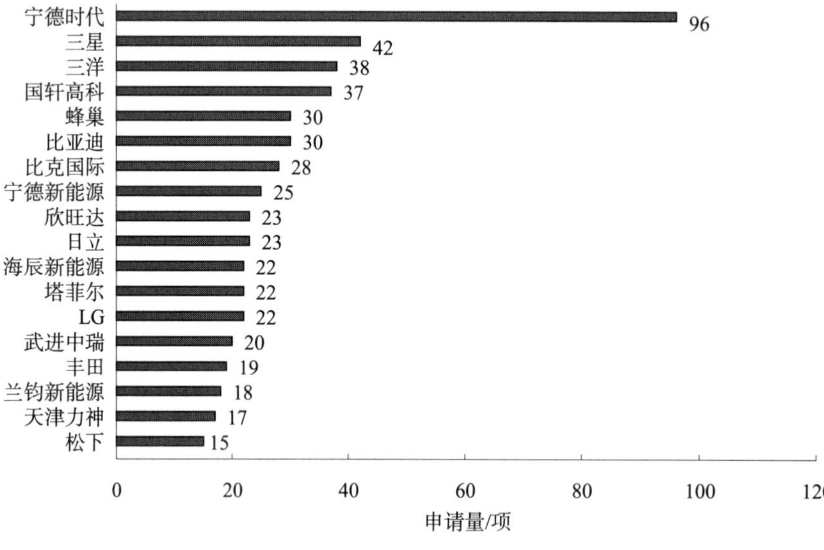

图6－4－9　防爆阀重点申请人专利申请分析

（5）专利被引证分析

专利质量能够反映该技术领域的创新水平和竞争态势，而专利被引用情况能够在一定程度上衡量专利质量，专利被引证次数越多，一定程度上越代表该专利在相应技术领域具有重要意义，通常是相应领域的基础核心专利。图6-4-10示出了防爆阀主要申请地专利平均被引证次数，其中，日本的平均专利被引证次数明显最高，达到2.93，这与日本早期的技术积累以及长期的研发投入密不可分，同时说明日本的防爆阀专利具有重要作用；其次是中国、韩国和美国，平均专利被引证次数分别0.91、0.84和0.6；欧洲专利平均被引证次数相对较低。

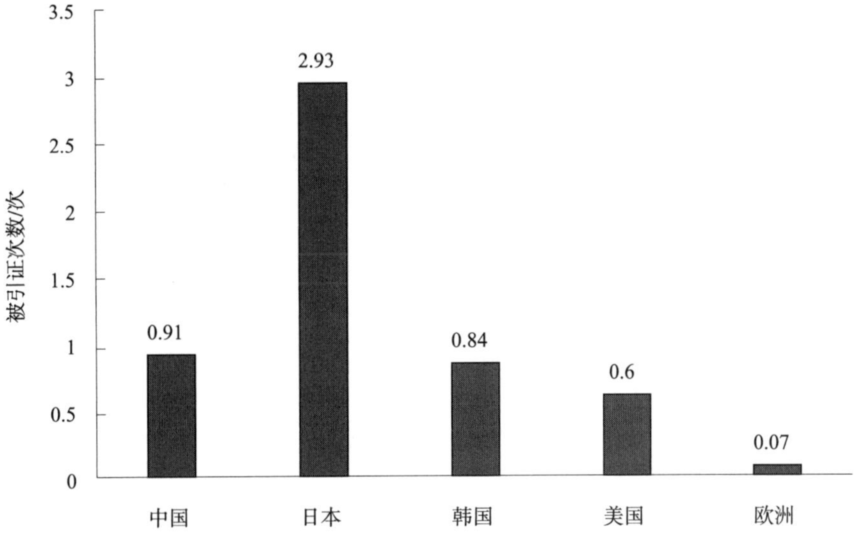

图6-4-10　防爆阀主要申请地专利平均被引证次数对比

其中，中国在动力电池安全电芯结构气路设计防爆阀方面的专利申请中，专利平均被引证次数较多的申请人依次为深圳华粤宝电池有限公司、宁德时代、宁德新能源、比亚迪、原信息产业部电子第十八研究所等，其中，深圳华粤宝电池有限公司的1篇专利被引证了17次，宁德时代的1篇专利被引证了17次、1篇专利被引证了15次、1篇专利被引证了12次，宁德新能源的1篇专利被引证了14次，比亚迪的1篇专利被引证了14次、1篇专利被引证了13次。日本在气路设计防爆阀方面的专利申请中，专利被引证次数较多的申请人依次为GS MELCOTEC有限公司、松下、东芝、富士胶片、三洋等，其中GS MELCOTEC有限公司的1篇专利被引证了53次、松下的1篇专利被引证了52次、东芝的1篇专利被引证了38次、富士胶片的1篇专利被引证了33次、三洋的1篇专利被引证了32次。相较于日本，虽然中国在动力电池安全电芯结构气路设计防爆阀方面的申请量占据一定优势，但日本专利被引证的平均次数的占比更为突出，专利申请持续性较高。

（6）技术路线分析

本节根据防爆阀的技术发展阶段和重要技术节点、同族数量、引证和被引证频次等因素，并结合申请日期，绘制了防爆阀技术发展路线，如图6-4-11所示，其中方框中给出了具体的专利公开号、申请日期以及涉及的技术要点。

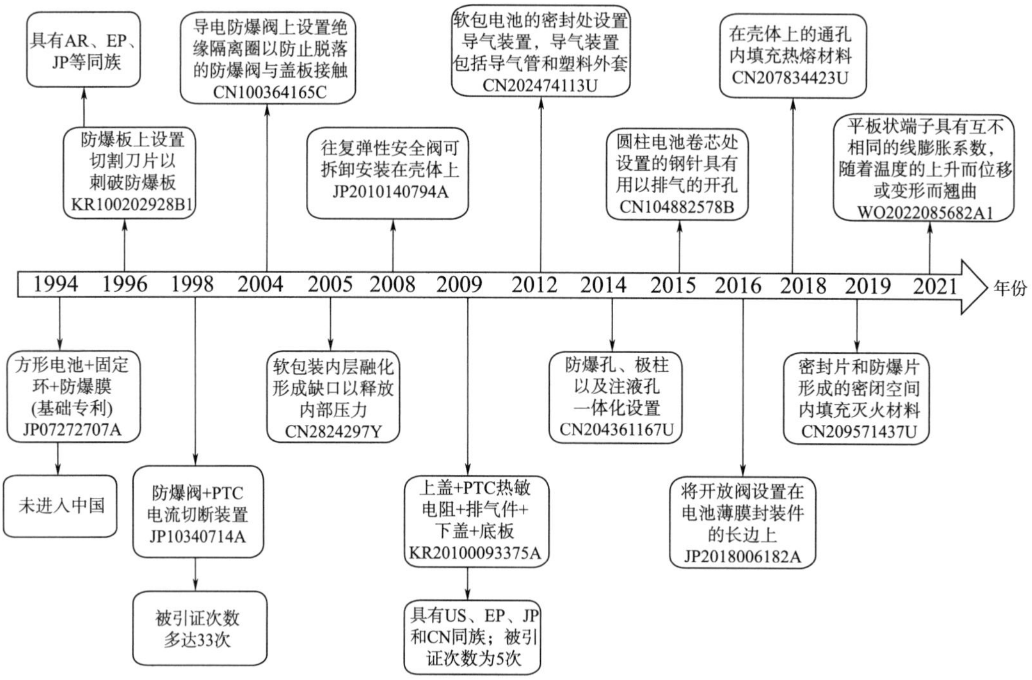

图6－4－11　防爆阀专利技术发展路线

图6－4－11展示了截至2022年，各种结构的防爆阀的蓬勃发展历程，其中，日本在1994年最早提出用于方形电池的由固定环夹持固定开裂膜形成的压力释放阀；为了易于防爆膜的破裂，1996年韩国提出了防爆阀结合刺穿刀片的专利申请，利用刀片以在发生气体膨胀时快速刺破防爆膜；为了进一步提高电池的安全性，1998年日本提出了防爆阀结合PTC电流切断装置的安全装置；为了简化结构以及节省空间，2014年中国提出了将防爆孔、极柱以及注液孔一体化高效设置；为了进一步提高电池的安全性，中国在2019年提出了将防爆和灭火技术相结合以提供双重安全性等。防爆阀的结构设计也要不断探索改进，科研院所和企业等关于防爆阀专利技术的研发集中于如何使防爆阀更快地响应温度和压力预警、如何使在防爆的同时还兼顾并兼容其他功能结构，例如冷却、断流等，如何使防爆阀以更优化的位置与其他电池部件组合等。总之，防爆阀的结构以及材质优化等核心技术将是未来动力电池安全发展需要不断探索的重点，亦是安全电池的持续发展动力。

3. 防爆薄弱部

防爆薄弱部是动力电池安全电芯结构气路设计的关键技术手段之一。防爆薄弱部指强度较弱部分，在电池内部气压过大时较易发生破裂泄出气压，保证电池安全。本节主要对防爆薄弱部的发展态势、技术来源地、目标市场、重点申请人和技术路线等进行分析。

（1）发展态势分析

对全球专利申请进行统计，图6－4－12示出了防爆薄弱部全球专利申请趋势。最早的专利申请起始于1994年；在2003年以前专利申请量较少；2004年以后，专利申请量迅速增加，整体呈现波动式增长趋势，这可能是由于与防爆阀相比较而言，防爆薄弱部的设置对于设计难度、生产工艺等带来了更大的挑战。2021～2022年申请数量的下降与该阶段提交的专利申请还有较多未公开有关。

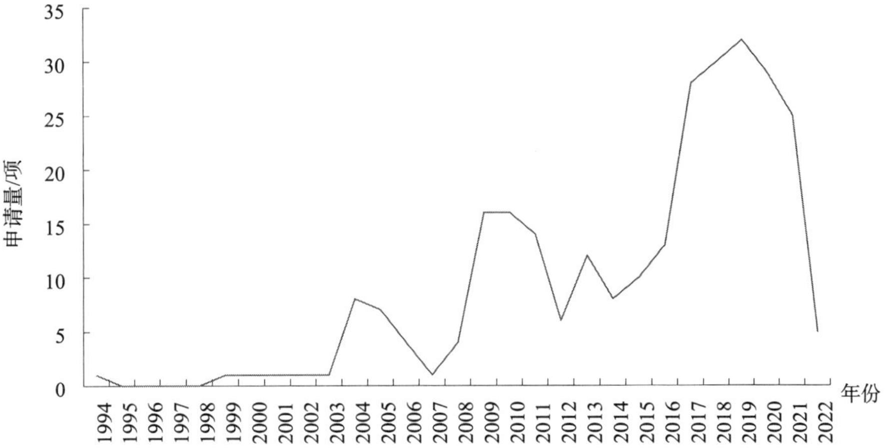

图6－4－12　防爆薄弱部全球专利申请趋势

（2）技术来源地分析

图6－4－13和图6－4－14分别示出了防爆薄弱部技术来源地逐年专利申请趋势以及申请量占比分布。可以看出，中国作为技术来源国在防爆薄弱部上的申请量占比排名第一，占比83.09%；其次是日本和韩国，二者的专利布局长期较为稳定，分别占比8%和5.76%；欧洲和美国在该领域的申请量相对较少。

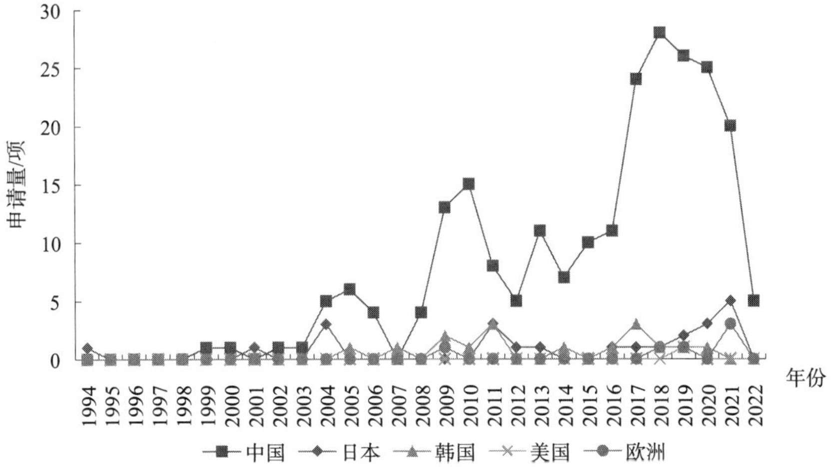

图6－4－13　防爆薄弱部技术来源地逐年专利申请趋势

（3）目标市场分析

图6－4－15示出了防爆阀薄弱部目标市场专利申请分析。可以看出，中国作为目

标市场的专利布局量是最多的，这主要与目前大部分国内申请人在本地进行专利布局有关；其次是美国、日本、韩国、欧洲，可见，美国市场相较于日本更为全球申请人所关注，在美国进行专利布局的数量相对更多。

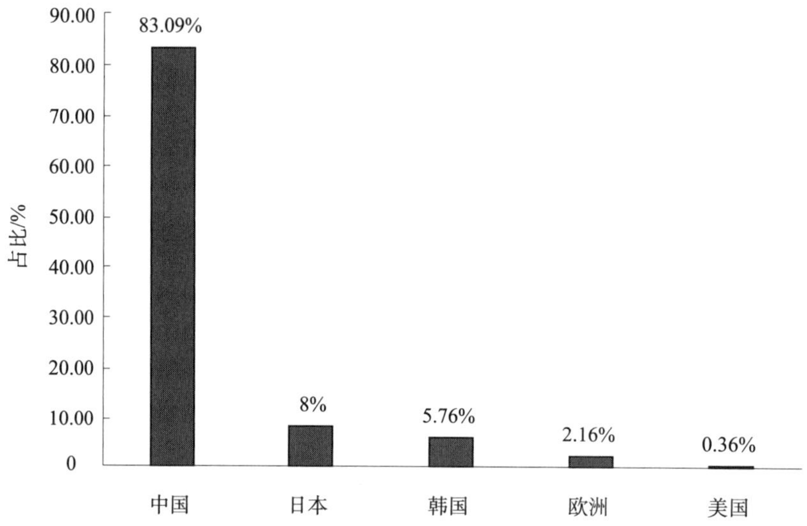

图6－4－14　防爆薄弱部技术来源地专利申请量占比分布

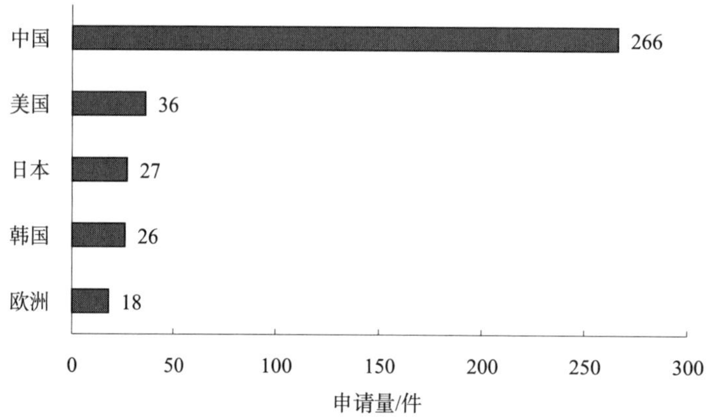

图6－4－15　防爆薄弱部全球目标市场专利申请分析

（4）全球重点申请人分析

对申请数量位于前列的主要申请人进行分析，有助于了解气路设计中防爆薄弱部技术的研发和市场竞争格局。图6－4－16示出了防爆薄弱部重点申请人专利申请分析。其中，排名前十的申请人中，宁德时代在该领域依然排名第一。从中国申请人的专利布局来看，宁德时代、比亚迪、宁德新能源占据较为领先的位置，但中国的专利申请分散于多个申请人，集中度不高。来自国外的企业中，传统的电池供应商韩国LG、日本三洋仍然持续在华进行专利布局，占据了申请人中的第二名、第五名；这些企业虽然研发起步相对较晚，但后期研发实力强、持续性好。

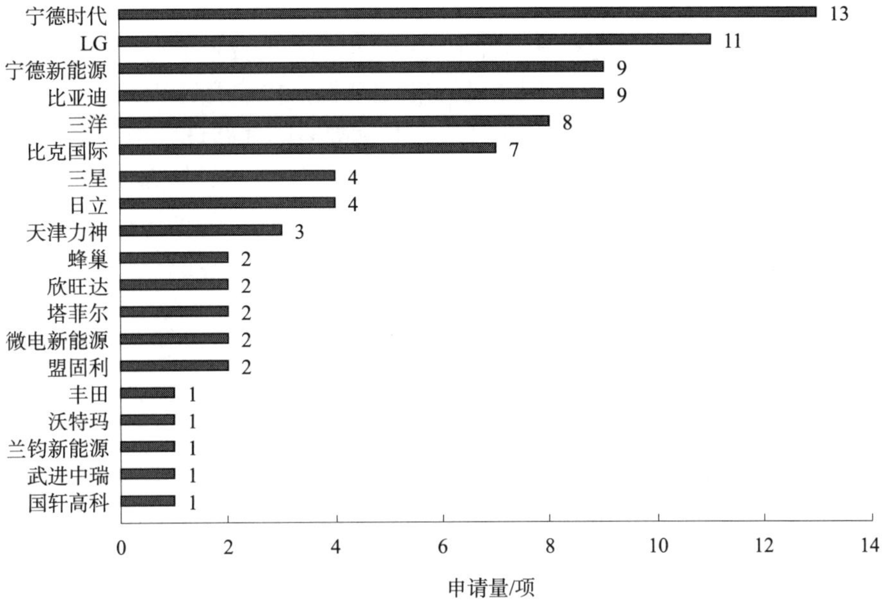

图6-4-16 防爆薄弱部全球重点申请人专利申请分析

(5) 专利被引证分析

专利质量能够反映该技术领域的创新水平和竞争态势，专利被引用情况能够在一定程度上衡量专利质量，专利被引证次数越多，一定程度上代表该专利在相应技术领域具有越重要的意义。图6-4-17示出了防爆薄弱部主要申请地专利平均被引证次数，其中，中国专利平均被引证的次数为1.54；其次是日本和欧洲，平均被引证次数均为1；韩国专利平均被引证次数为0.25。另外，中国在动力电池安全电芯结构气路设计防爆薄弱部方面的专利申请中，专利被引证次数较多的申请人为宁德时代，其1篇专利被引证了61次。日本在动力电池电芯结构气路设计防爆薄弱部方面的专利申请中，专利平均被引证次数较多的申请人为日立，其1篇专利被引证了15次。

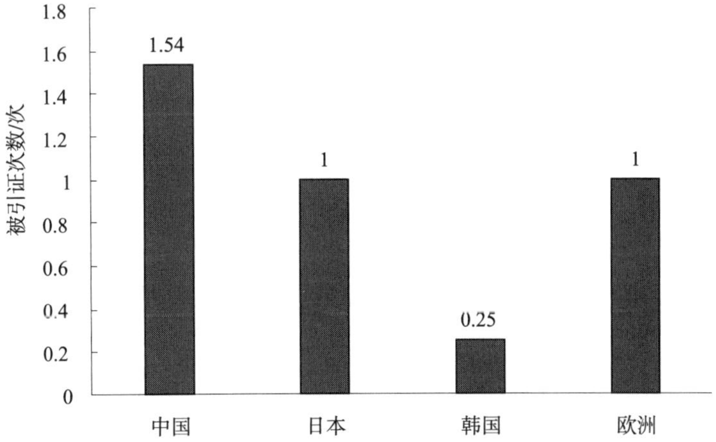

图6-4-17 防爆薄弱部主要申请地专利平均被引证次数

（6）技术路线分析

本节根据气路设计中防爆薄弱部的技术发展阶段和重要技术节点、同族数量、引证和被引证频次等因素，并结合申请日期绘制了防爆薄弱部技术发展路线，如图6－4－18所示，其中方框中给出了具体的专利公开号及技术要点。气路设计中防爆薄弱部的研究起始于1994年，日本索尼提出的一种结构简单、可重新密封的方形电池的泄压阀，通过在泄压阀上设置薄弱部，在电池内部气压过大时破裂。在此基础专利的基础上，1999年中国的深圳市里比电池有限公司，即深圳市比亚迪锂电池有限公司，在电池壳体上设置槽沟，减弱壳体的厚度，增加气体爆破的可能性。2001年日本索尼在圆柱电池的安全阀处设置刻痕，改善了圆柱电池的安全性。在2000～2010年，进一步发展了在电池上设置具有撕痕线口的防爆阀或防爆膜，在2011～2022年，关于电池防爆薄弱部方面的研究进一步深入，如设置具有薄弱部的电流中断装置并将其与极柱相连、将薄弱部直接设置在电池引线处等，其中，宁德时代2015年申请的专利CN204946952U被引证了61次、比亚迪2016年申请的专利CN205657138U被引证了6次等，在一定程度上说明专利越重要，专利布局也更完善。

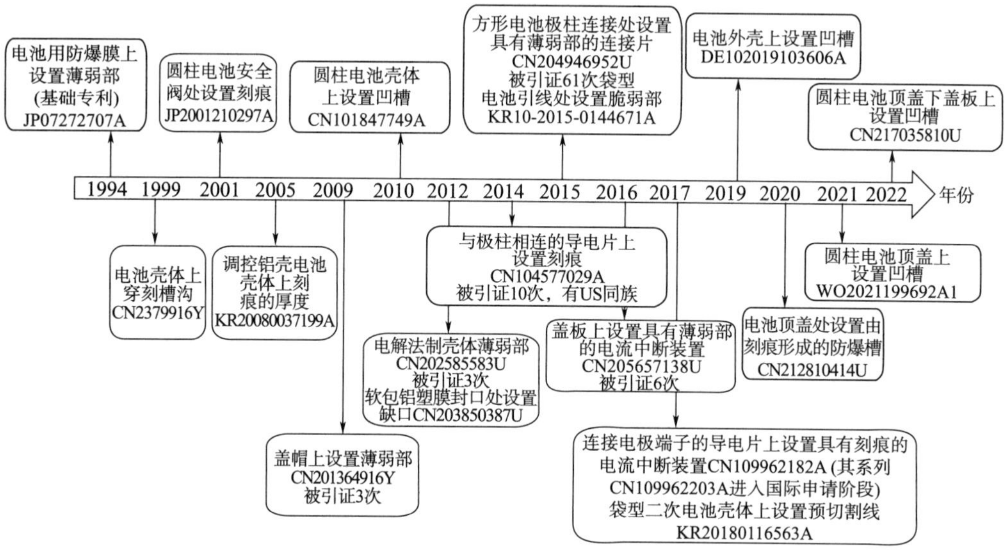

图6－4－18　防爆薄弱部技术发展路线

6.4.2 强度设计

外力碰撞挤压是造成电池内部短路，从而引发热失控的一个重要因素。提高电芯强度能够降低外部因素影响，从而提高安全性能。具体包括：①箱体/壳/盖/极耳：通过增强壳、盖等部件的强度，增加电池的抗穿刺、抗震等效果，保证电池安全；②整体强度：通过电芯结构的整体设计，改进各部件间的连接强度和稳定性，提升电池安全性；③柔性：通过柔性化设计，改善电池的抗折强度，提升电池安全性。本节对相关专利的发展态势、技术来源地、重点申请人等进行了分析。

1. 全球态势分析

图6-4-19示出强度设计全球专利逐年申请趋势：首件专利申请出现于1997年，2005年以前处于技术萌芽期，申请量较少；2006~2013年为波动发展期，强度设计开始受到关注，研发投入相对平稳；2014年后保持较高增速，进入快速增长期，2021年申请量达97项，随后申请量数据下降主要是由于2021~2022年部分专利还未公开。

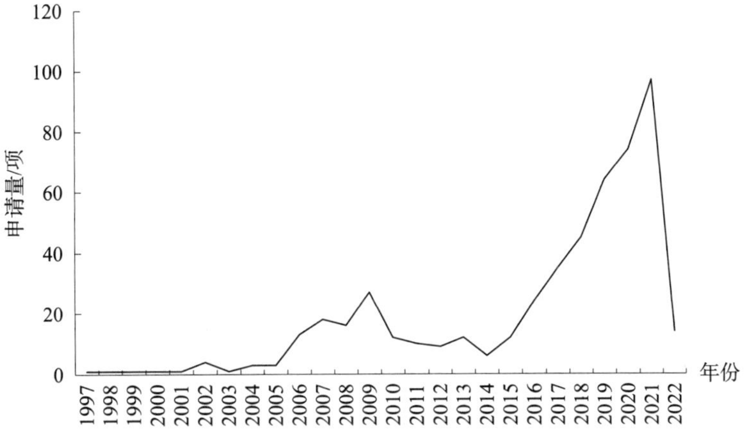

图6-4-19 强度设计全球专利逐年申请趋势

2. 技术来源地分析

图6-4-20示出强度设计专利技术来源地申请量占比分布，其中，中国申请占据绝大多数，占比为79%，日本和韩国分列占比为13%和7%，其他申请人仅占1%，说明中国申请人在申请量上占据绝对优势。

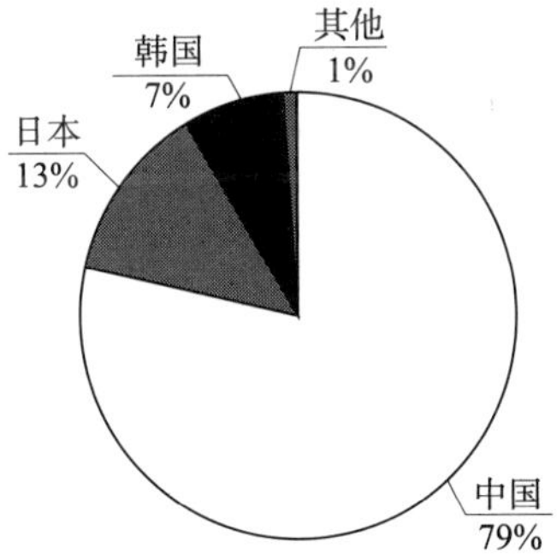

图6-4-20 强度设计专利技术来源地申请量占比分布

3. 目标市场分析

图6-4-21示出强度设计专利目标市场分析，由于中国申请人在技术来源地上占据的绝对优势，中国也成为最主要的目标市场，同时受中国新能源政策的影响，外国申请人也重视在中国的专利布局。美国经济发达，也成为重要的目标市场，排名第二。其他依次为日本、欧洲和韩国。

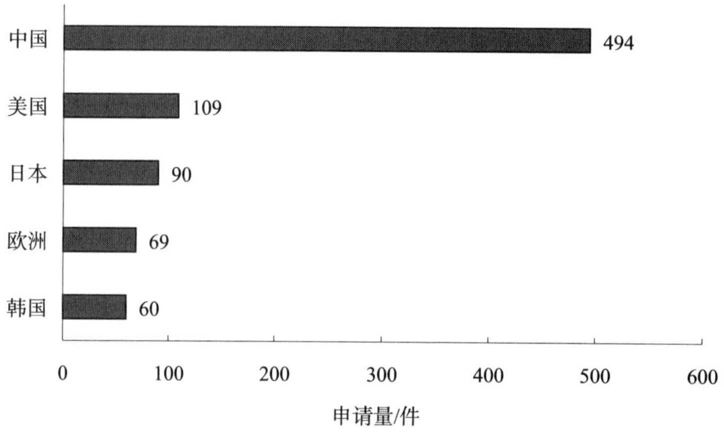

图6－4－21　强度设计专利目标市场分析

4. 全球重点申请人分析

图6－4－22示出强度设计全球重点申请人专利申请排名，其中，韩国的三星排名第一，紧接着，比亚迪、宁德时代、宁德新能源申请量相同均为17件。从总量上来看，中国申请人申请量远大于外国申请人申请量，但是就单个企业而言，中国企业并未有明显优势。

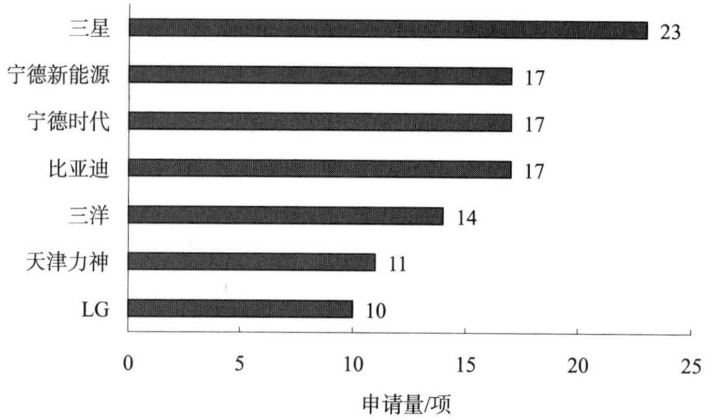

图6－4－22　强度设计全球重点申请人专利申请排名

5. 专利被引证分析

图6－4－23示出强度设计主要技术分支专利申请趋势及被引证次数，其中，整体强度技术分支专利申请最早，于1997年出现首件专利申请；箱体/壳/盖/极耳类中，首件专利申请出现于2001年，两种类别发展趋势与整体发展趋势基本保持一致，于2009年出现较高点，2014年后保持持续增长，现在均处于快速增长期。柔性类主题申请量较少，增长不明显。专利平均被引证次数能够反映专利质量和技术的受关注程度，其中柔性类平均被引证1.84次，箱体/壳/盖/极耳平均被引证1.46次，整体强度平均被引证0.65次；被引证次数最多的专利申请号为CN02811342.X，申请人为三菱化学

株式会社，被引证次数为25次，技术方案与增强壳体强度相关。在三个分支中，箱体/壳/盖/极耳和整体强度总申请量接近，但是箱体/壳/盖/极耳类别的单件被引用次数是整体强度类别的两倍多，柔性设计虽然申请量最少，但是被引证次数最高，研发的持续性较好。

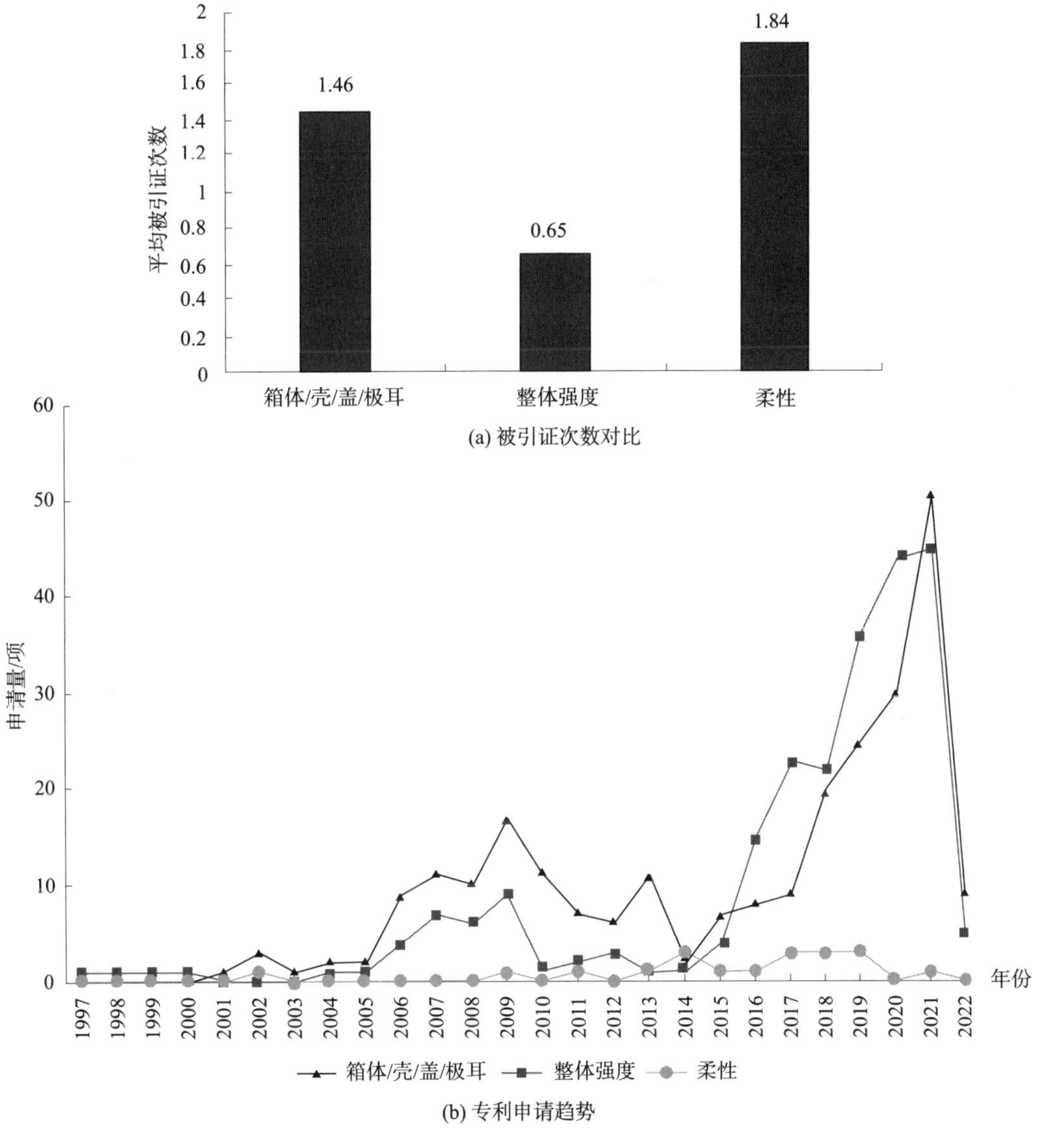

(a) 被引证次数对比

(b) 专利申请趋势

图6-4-23 强度设计主要技术分支专利申请趋势及平均被引证次数

6. 技术分布分析

图6-4-24示出强度设计主要技术分支专利占比分布，其中，箱体/壳/盖/极耳类相关专利申请量最多，占比50%，紧接着是整体强度，占比46%，而柔性设计在强度设计方面申请量占比较少，为4%。

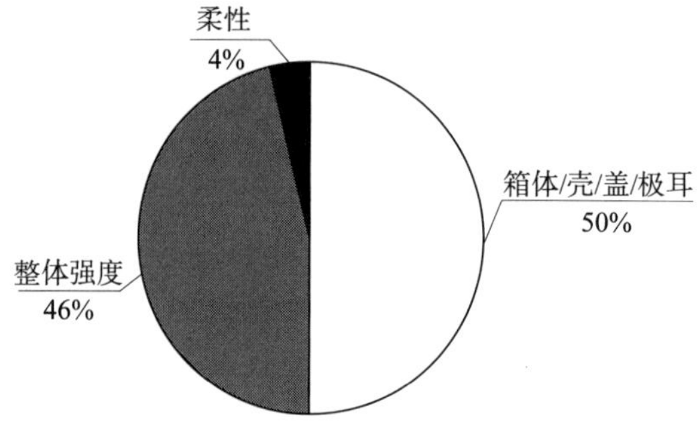

图6-4-24　强度设计主要技术分支专利占比分布

6.4.3　电路设计

电路设计是电池安全的重要组成部分，通过电路设计能够有效避免电池短路，提升电池安全性。主要包括：①通过优化电芯放电路径的引出方式，在设计上避免短路的发生；②通过设置保险丝，电流切断装置（current interrupt device，CID）等熔断装置在电池发生短路等故障时及时地切断电路，降低短路的影响；③在电池起火或短路的情况下，通过电路设计及时启动灭火阻燃，降低危害。本节对相关专利的发展态势、技术来源地和重点申请人等进行了分析。

1. 全球发展态势分析

图6-4-25示出电路设计全球专利申请趋势，首件专利申请出现于1992年，2003年以前属于技术萌芽期，电路设计保障电池安全技术处于起步阶段，总申请量不大；2004~2016年处于技术发展期，在该阶段，伴随着动力电池领域的整体发展，电路设计类专利申请量虽然存在波动，但是整体上增速明显；2016年至今处于技术成熟期，专利申请量在2016年达到顶峰后出现了回落。综上而言，在电池领域发展初期，电路设计便被应用于改进电池安全，经过长期的发展后，电路设计趋于成熟，专利申请量出现回落。

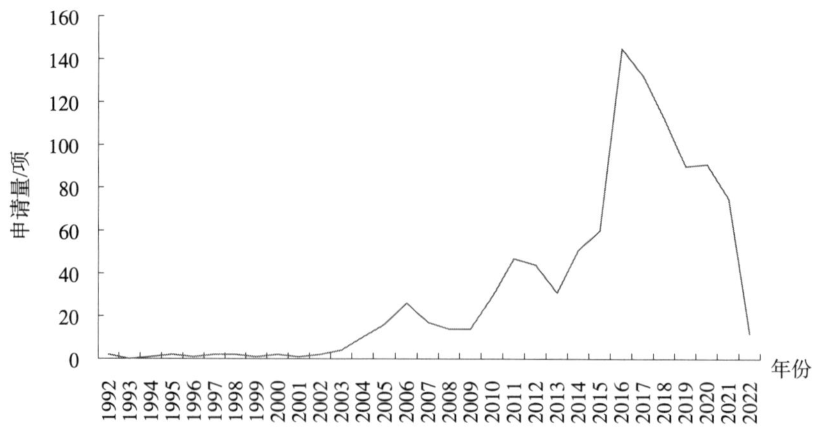

图6-4-25　电路设计全球专利申请趋势

2. 技术来源地分析

图6-4-26示出了电路设计技术来源地专利占比分析，其中，中国作为主要技术来源国，占比为76%；韩国和日本占比分别为15%、7%；中国、日本、韩国三国的申请量占据绝对优势。

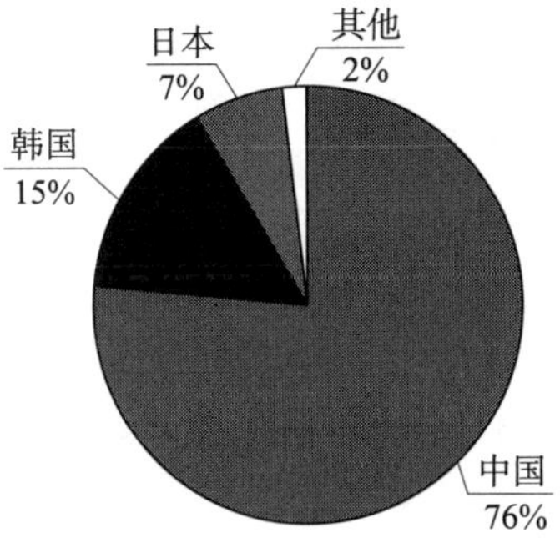

图6-4-26 电路设计技术来源地专利占比分析

3. 目标市场分析

图6-4-27为电路设计专利目标市场分析，考虑到中国申请人以布局中国为主，在中国新能源政策的正向促进下，中国成为电路设计领域主要的目标市场。韩国作为目标市场排名第二，美国、日本、欧洲紧随其后。

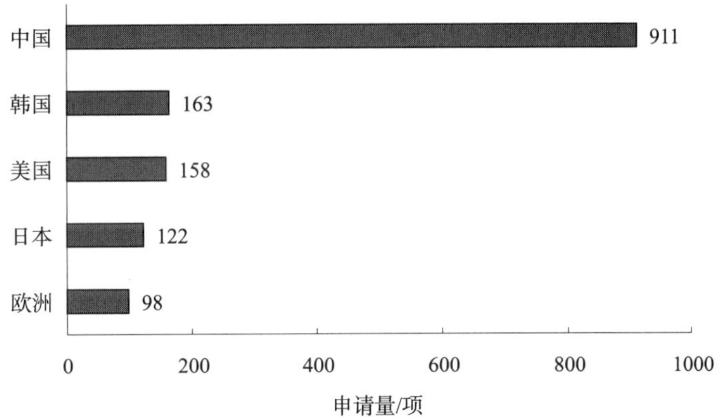

图6-4-27 电路设计专利目标市场分析

4. 全球重点申请人分析

图6-4-28示出电路设计全球重点申请人专利分析，其中，韩国三星具有较好的电子电路技术积累，其电路设计的申请量排名第一，中国的宁德时代和比亚迪分别排名第二、第三位，韩国LG、中国宁德新能源分别排名第四、第五位。从总量上来看，中国申请人总申请量明显多于国外申请人总申请量，但是就单个企业而言，中国企业与外国企业仍有差距，这是由于国家政策的扶持，中国电池领域大量创新主体专利申请热情高涨，带动了中国申请人总申请量的增长，但是，就单个企业而言，由于起步较国外申请人较晚，中国重点企业与国外企业仍有一定差距。

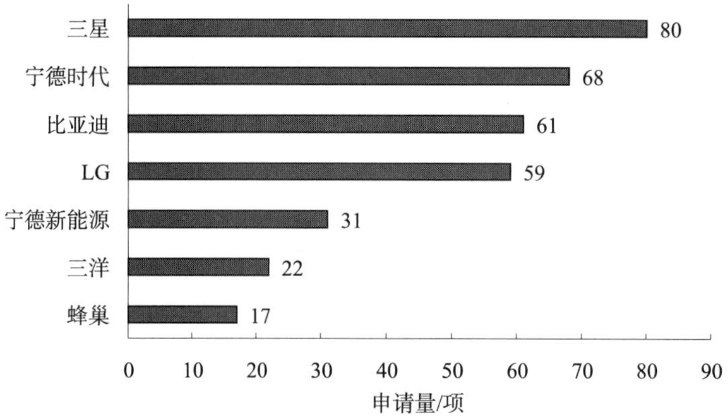

图6－4－28　电路设计全球重点申请人专利分析

5. 专利被引证分析

图6－4－29示出电路设计主要技术分支专利申请趋势及平均被引证次数，其中，保险丝类的专利申请时间最早，在1992年，日本电话电报公司提出的相关申请提及使用保险丝提升电池安全性。电路优化首件专利申请出现于1995年，2004年后迅速增长，之后出现短暂波动，2009年后持续增长。灭火阻燃首件专利申请为2005年，2006年后基本保持增长。经上述分析可知，保险丝类发展最早，灭火阻燃类发展最晚，三

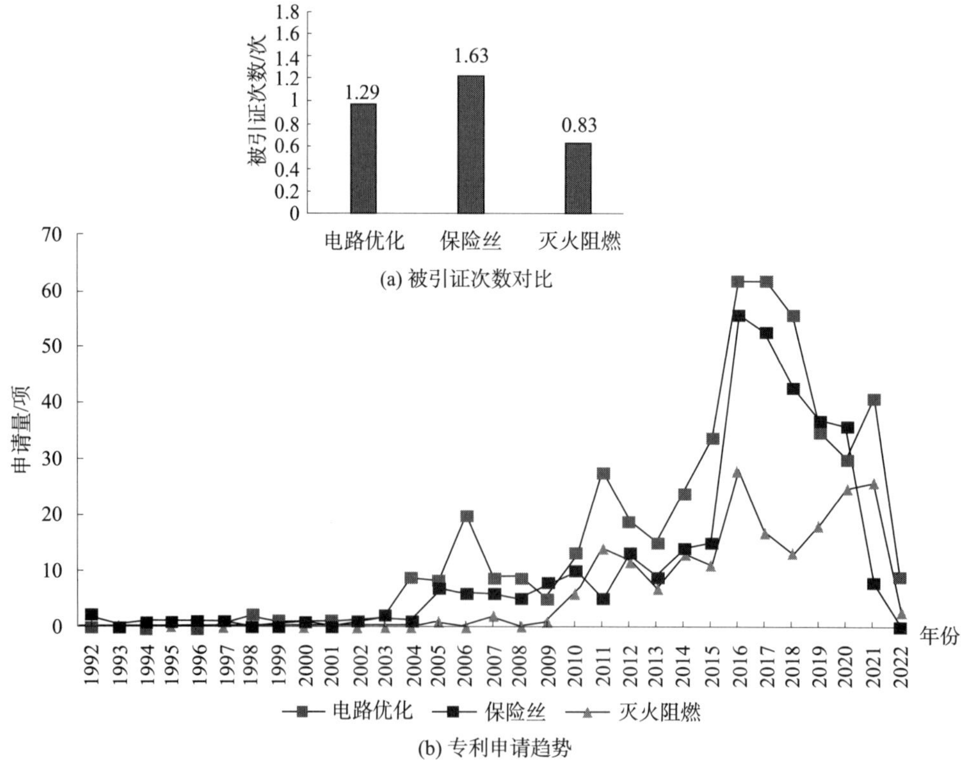

图6－4－29　电路设计主要技术分支专利申请趋势及平均被引证次数

个技术方向申请量都于 2016 年出现明显增长，与整体发展趋势相一致，现阶段均发展较为成熟。另外，保险丝平均被引用次数为 1.63 次，电路优化平均被引用次数为 1.29 次，灭火阻燃平均被引证次数为 0.83 次，整体而言，保险丝类发展最早，具有最高的被引证量，受到关注最多，电路优化类起步较晚，但是专利申请量增长迅速，具有最大的总申请量。

6. 技术分布分析

图 6－4－30 示出电路设计主要技术分支专利占比分布，其中，电路优化专利申请占比最高，为 48%；其次是保险丝类专利申请，占比 33%，灭火阻燃类专利申请占比略低，为 19%。

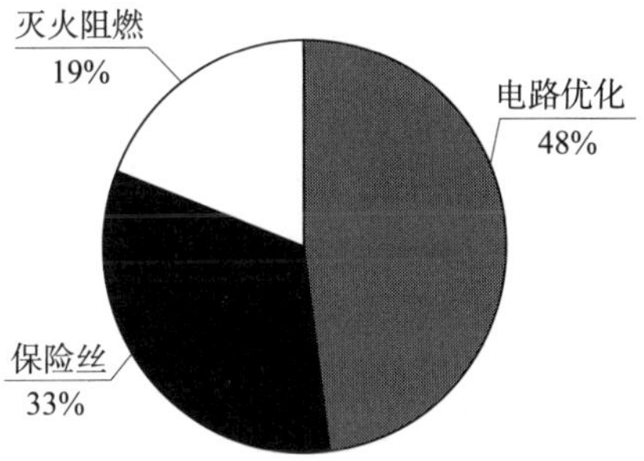

图 6－4－30 电路设计主要技术分支专利占比分布

6.5 电芯结构重点申请人分析

为展示全球动力电池安全电芯结构专利的重点申请人及其技术分布，结合上述分析，选择三星和宁德时代作为重点申请人代表，分析其技术分布、目标市场以及技术发展路线等。

6.5.1 申请趋势分析

动力电池电芯结构安全的申请量排名前 12 位申请人专利申请分布情况如表 6－5－1 所示。可以看出，全球排名前 12 位的申请人中，中国申请人占了 8 位，在该领域的专利申请布局具有明显优势；韩国申请人次之，三星和 LG 申请量排名分别居第二和第三；日本专利申请数量相对较少，三洋和松下分别居第六位和第十位，其中，三洋于 2008 年被松下收购，成为松下的子公司。

通过表 6－5－1 分析上述申请人的国际专利布局可知，中国申请人的申请量主要集中在中国国内，PCT 申请量和别国申请量远低于韩国申请人和日本申请人，其中，宁德时代、比亚迪、宁德新能源和比克国际有一定的 PCT 申请量，别国也有一定的专利布局，国际布局率分别为 26.5%、15.9%、23.5% 和 12.7%，但其数量远低于韩国和日本，而其他中国申请人包括天津力神、国轩高科、惠州亿纬和蜂巢的专利申请均为中国国内申请，并未在国际上进行专利布局。而韩国申请人非常重视 PCT 和国外申请，两位韩国申请人国际布局率分别为83.1%和60.3%。日本申请人也非常重视专利的国际布局，两位日本申请人PCT申请量和国外申请量分别占据总申请量的76.7%和86.0%。

表6-5-1 动力电池电芯结构安全全球申请人排名

单位：项

申请人	申请量	PCT申请量	别国申请量	国际布局率	中国申请量	中国授权	中国授权率	中国授权状态专利量
宁德时代	211	21	35	26.5%	208	180	86.5%	180
三星	178	37	111	83.1%	102	64	62.7%	55
LG	151	86	5	60.3%	82	48	58.5%	47
比亚迪	132	21	0	15.9%	132	74	56.1%	74
宁德新能源	98	9	14	23.5%	98	33	33.7%	33
三洋	90	51	18	76.7%	52	23	44.2%	20
天津力神	67	0	0	0	67	47	70.1%	12
国轩高科	66	0	0	0	66	55	83.3%	52
比克国际	63	8	0	12.7%	63	51	81%	32
惠州亿纬	59	0	0	0	59	40	67.8%	36
蜂巢	57	0	0	0	57	56	98.2%	56
松下	43	19	18	86.0%	36	23	63.9%	17

注：别国申请量为该公司除PCT之外，在别国申请的申请量；国际布局率=（PCT申请量+别国申请量）/申请量；中国授权状态专利量：为当前法律状态为授权的专利申请量；中国授权=授权状态+期限届满+未缴年费；中国授权率=中国授权/中国申请量。

申请量排名前12位的申请人在中国的专利申请量与全球申请量相似，依然是中国申请人占据主要地位，韩国申请人次之，日本申请人的申请量相对较少，其中，宁德时代在中国专利申请量最大，其授权率也较高，为86.5%，仅次于蜂巢，说明其专利申请质量较高。就目前的中国市场而言，前12位申请人处于授权状态的专利申请量中，也是中国申请人主导，韩国申请人次之，因此，中国申请人在国内市场授权专利多，技术覆盖广泛，在市场中占主导地位，但同时也应该重视韩国和日本申请人，做好专利布局。

表6-5-2示出了动力电池电芯结构安全全球申请量排名前12位申请人申请量年度汇总，从该表可以看出，日本三洋和松下对动力电池电芯结构安全设计的研究最早，韩国申请人稍晚一些，但都是从20世纪90年代开始，有较多基础性的研究。中国申请人中，比亚迪对动力电池电芯结构安全设计的研究也较早，紧跟日本和韩国申请人，其中，比亚迪作为最早研究锂电池的公司之一，较早地开始了动力电池电芯结构安全设计的研究；宁德新能源和宁德时代起步较晚，但是在此之后持续加强动力电池电芯结构的研究，成为该领域的后起之秀；宁德新能源成立于2004年，并在同年就开始研究动力电池电芯结构安全设计；而宁德时代成立于2011年，并于次年首次申请了动力电池电芯结构安全设计的专利，此后迅速发展，成为专利申请量最大的中国申请人。

中国申请人对于动力电池电芯结构安全设计的研究虽然起步稍晚，但发展迅速，在全球电池市场份额中占据主要地位。

表6-5-2 动力电池电芯结构安全全球申请量排名前12位申请人申请量年度汇总

单位：件

年份	宁德时代	三星	LG	比亚迪	宁德新能源	三洋	国轩高科	天津力神	比克国际	惠州亿纬	蜂巢	松下
1996	0	0	0	0	0	0	0	0	0	0	0	1
1997	0	0	0	0	0	0	0	0	0	0	0	0
1998	0	0	0	0	0	1	0	0	0	0	0	0
1999	0	2	1	1	0	1	0	0	0	0	0	0
2000	0	2	0	1	0	2	0	0	0	0	0	1
2001	0	1	0	2	0	0	0	0	0	0	0	0
2002	0	1	0	0	0	0	0	0	0	0	0	1
2003	0	4	0	1	0	0	0	0	0	0	0	1
2004	0	10	1	5	1	0	0	2	0	0	0	1
2005	0	16	3	6	3	1	0	1	2	0	0	0
2006	0	15	9	7	1	1	0	2	9	0	0	5
2007	0	3	6	3	3	3	0	5	8	3	0	1
2008	0	3	6	8	1	2	0	5	4	2	0	1
2009	0	8	1	6	1	2	0	9	7	2	0	5
2010	0	8	5	10	8	1	1	12	7	3	0	4
2011	0	2	10	3	5	3	2	1	0	0	0	1
2012	4	2	3	3	17	4	2	8	0	0	0	0
2013	1	1	3	7	14	4	0	3	0	1	0	1
2014	1	13	10	0	7	3	4	3	0	0	0	3
2015	11	17	7	1	9	2	1	0	2	0	0	0
2016	63	10	9	25	3	5	7	2	0	0	0	2
2017	25	23	9	19	0	10	10	0	2	4	0	0
2018	39	7	27	11	4	6	5	2	8	0	7	5
2019	19	7	25	2	2	16	7	2	5	3	6	6
2020	6	11	10	6	6	12	8	1	6	9	6	4
2021	30	12	5	5	13	11	17	0	3	27	35	0
2022	12	0	1	0	0	0	2	0	0	5	3	0

6.5.2 三　　星

1. 技术布局分析

图6－5－1示出三星电芯结构各技术主题专利申请趋势，该企业于20世纪末便开始了动力电池电芯结构领域的研究，2005年专利申请量达到一个高峰，2006～2013年有所回落，这可能是由于前期的研究主要集中在应用于电子产品等的小型锂离子电池，小型锂离子电池市场日渐饱和，但随着市场对动力电池需求的日益迫切，研究重点向动力锂离子电池的转移成为新的发展方向，新能源汽车技术的急速发展使得该领域迎来第二个发展高潮，2014年开始申请量大幅回升。三星对气路设计的研究较早，且气路设计的相关专利申请量一直较平稳；电路设计的研究虽然起步稍晚，但其申请量整体高于气路设计。

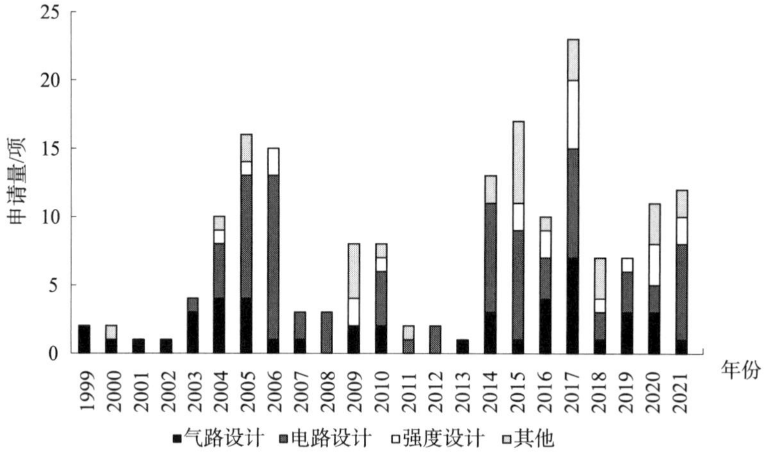

图6－5－1　三星电芯结构各技术主题专利申请趋势

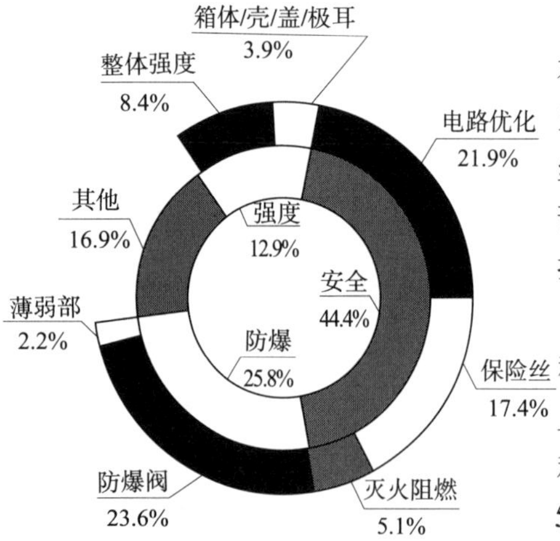

图6－5－2　三星电芯结构主要技术分支专利占比分布

由图6－5－2示出了三星电芯结构主要技术分支专利占比分布，该企业的专利申请布局主要集中在电路设计主题中的电路优化、保险丝，以及气路设计主题中的防爆阀，防爆薄弱部和灭火阻燃领域申请量相对较少；强度设计技术中，该企业比较关注整体强度。

专利质量能够反映该技术领域的创新水平和竞争态势，专利被引用情况能够在一定程度上衡量专利质量，专利被引证次数越多，该专利越可能是基础专利、核心专利。结合图6－5－2和图6－5－3，三星在动力电池电芯结构领域，防爆阀分支的专利申请量最多，专利平均被引证的次数为1.29，其中，专利KR1020040110156A被引证次数最多，为15次；电路优化申请量次之，专利平均被引证的次数为1.67，其中专利CN1855603A被引证次数最多，为 24 次；另外，保险丝分支专利平均被引证的次数为 1.65，其中专利 CN102064309A 被引证次数最多，为 14 次；整体强度、灭火阻燃、箱体/壳/极耳分支的专利平均被引证次数分别为 0.8、0.22、1.86，箱体/壳/极耳分支中专利 CN1728436A 被引证次数最多，为 8 次。由此可知，三星在电芯结构技术研究中，防爆阀、电路优化和保险丝分支较为突出，相对处于优势地位，而气路设计中的防爆薄弱部分支申请量较少，专利平均被引证的次数也较小。

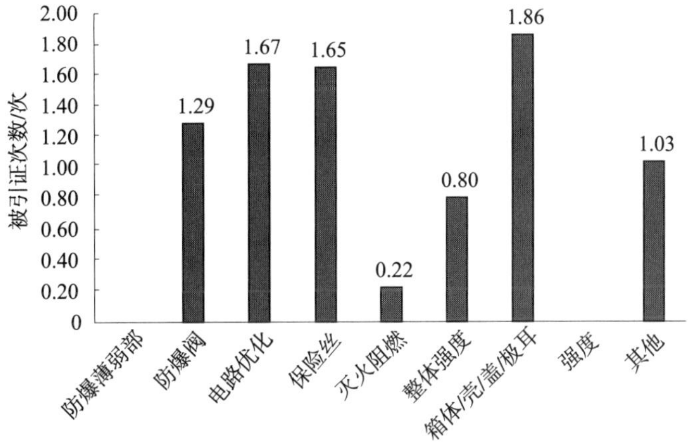

图 6-5-3　三星电芯结构主要技术分支专利平均被引证次数

2. 目标市场分析

图 6-5-4 示出了三星电芯结构专利目标市场分析，由图可知，三星作为韩国企业申请主体，韩国仍然是其进行专利申请的最大目标市场，其次是美国和中国，欧洲和日本的申请量也较多，由此说明，韩国三星也非常重视除本国市场外的外国市场。

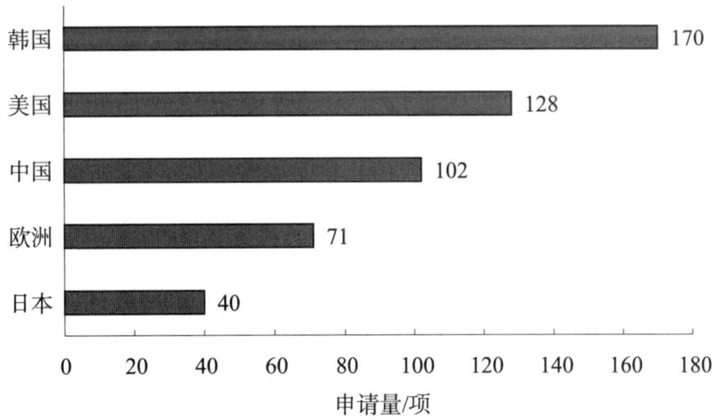

图 6-5-4　三星电芯结构专利目标市场分析

3. 技术发展路线分析

课题组以三星为代表，从该申请人的专利申请和授权情况进一步分析其在动力电池电芯结构安全专利技术发展路线，如图 6-5-5 所示，其中标注了其涉及电芯结构安全方向的重点专利。

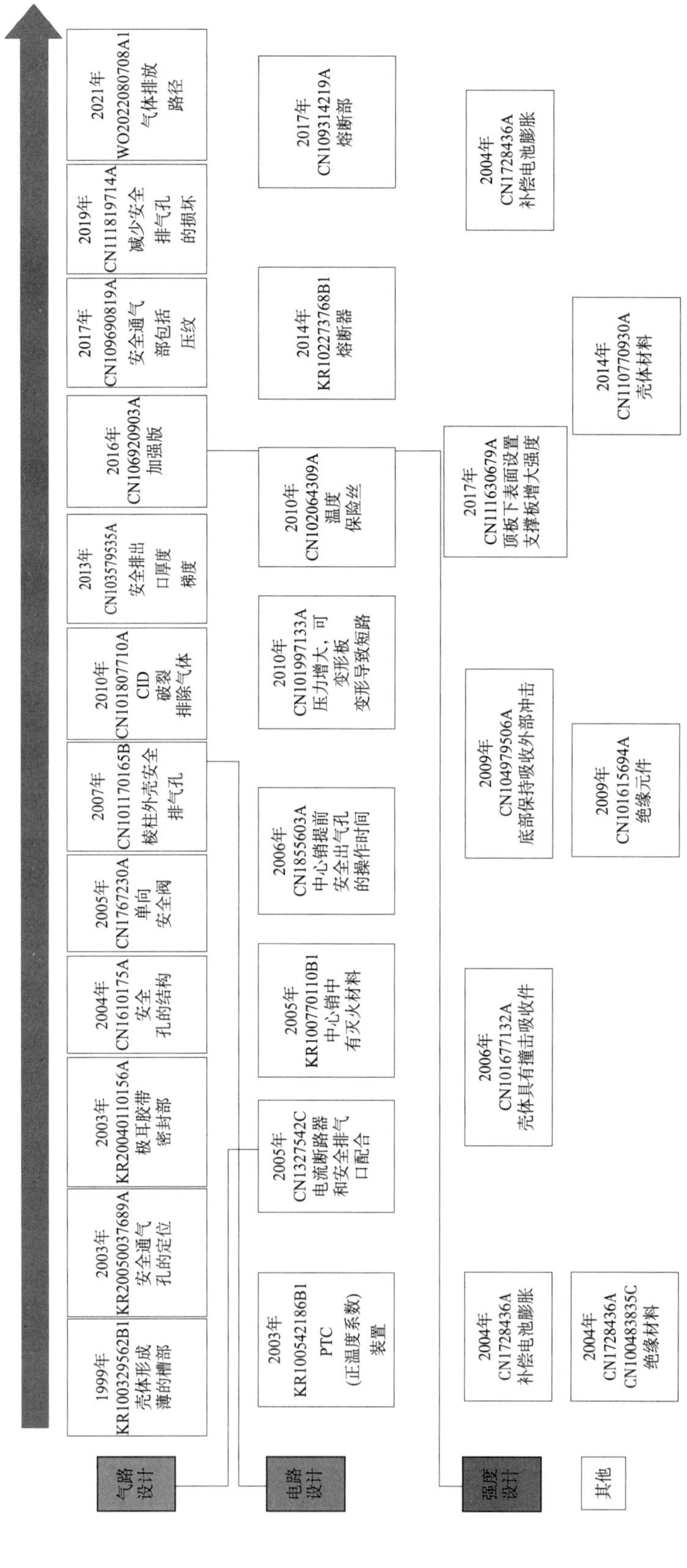

图 6-5-5 韩国三星动力电池电芯结构安全专利技术发展路线

（1）气路设计方面

1999 年，三星在专利 KR100329562B1 中提出了在电池壳体的侧壁的中心形成有厚度比所述侧壁的其他部分薄的槽部，使在该壳体内部的压力以及电极组的膨胀压力上升到规定以上时，所述槽部比该壳体的其他部分先断裂，能够在电池的异常操作引起的内部压力升高超过规定水平时通过其吹气来确保电池的安全性和可靠性。

随后，该公司研究了一系列改进安全通气孔的方案，包括安全通气口的位置和其自身结构，以改善排气的效率和稳定性。该公司 2003 年申请的专利 KR20050037689A 中提出了二次电池包括设置在所述二次电池的纵向表面的拐角部分中的安全通气孔，其中所述安全通气孔根据在由于所述二次电池的内部压力而产生的膨胀期间施加到所述二次电池的拉伸应力的分布而定位，当罐由于内部气体的压力而膨胀时，在拐角部分 23 和 24 中产生大的应力，因此罐的安全通风口优选地设置在罐的拐角部分，如图 6－5－6 所示，在罐 10 的对角线方向上形成凹形通风口 31，也可以在垂直于罐 10 的对角线的方向上形成凹形通风口 32。

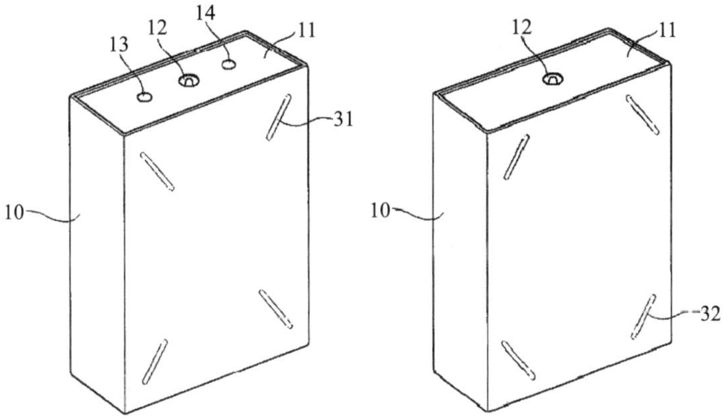

图 6－5－6 专利 KR20050037689A 公开的电池包结构

2003 年，三星在专利 KR20040110156A 中提出了一种具有安全阀的袋式二次电池，如图 6－5－7 所示，当电池内部因产生气体而压力和温度上升时，第一极耳胶带 23 被熔化，具有第一极耳胶带 23 的密封部的接合强度低于其他部，该部分对电池内部的压力变得脆弱，第一极耳胶带 23 所在的密封部的部分会破裂，可以防止电池内部的气体排出而导致电池起火或爆炸。

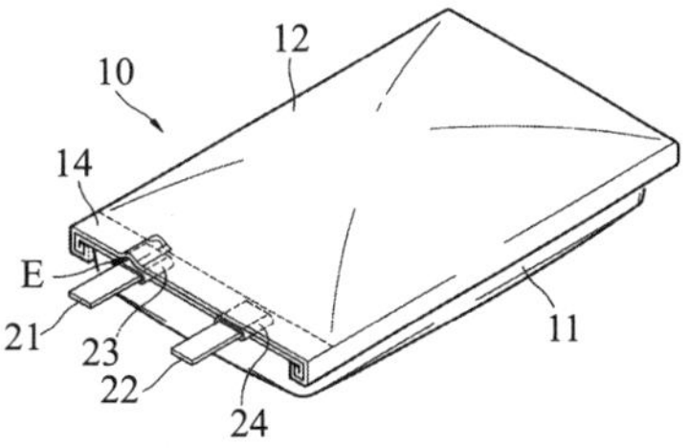

图 6－5－7 专利 KR20040110156A 公开的二次电池结构

2004 年在专利 CN1610175A 提出了在电池壳体内表面上形成的凹口而使安全孔在低压下可被容易地破坏的情况下，由于进一步在与凹口对应的外表面部位上形成辅助凹口，应力被集中到安全孔上，从而安全孔能被更容易地破坏，具体如图 6－5－8 所示。

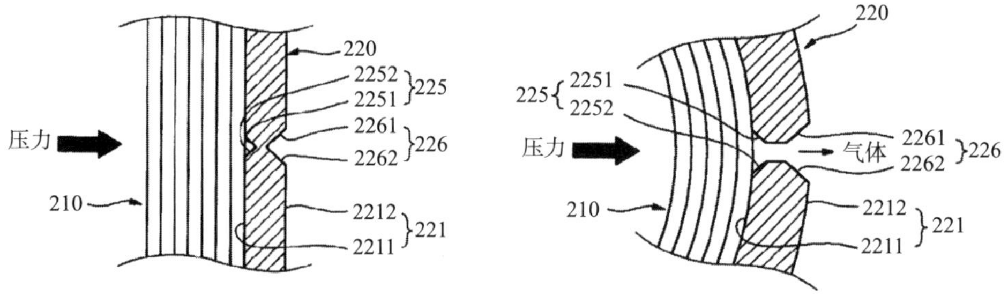

图6-5-8　专利CN1610175A公开的安全孔示意

2005年专利CN1767230A提出了可再充电电池包括容纳在盖组件中、安装在该壳体一侧并与该壳体内部连通并仅从内部向外部释放气体的单向阀组件，以便可在预定压力水平开启并向外部释放气体；2007年专利CN101170165B提出了棱柱外壳型锂离子充电电池，防止扭曲部分形成在棱柱外壳的最大面积表面上，安全排气孔形成在棱柱外壳的最大面积表面上，且包括薄弱部分，薄弱部分形成在防止扭曲部分外围的外部，如果由内部压力导致棱柱电池的外壳扭曲，作用在安全排气孔上的力会集中在薄弱部分上，破坏薄弱部分，改进了棱柱外壳型锂离子充电电池的安全性和可靠性；2010年专利CN101807710A提出了当电池内部的压力达到预定水平或更高时，CID破裂以排出气体，且内部压力降低，并通过控制二次电池的碳酸锂含量、电解液含量和工作压力来调整CID的破裂时机；2013年专利CN103579535A提出了安全排出口形成在圆柱形罐底面部分处，具有比圆柱形罐的底面部分的厚度小的厚度，并且具有厚度梯度，由此控制安全排出口的破裂压力，并防止因组装工序期间的外部冲击导致的破坏现象发生。

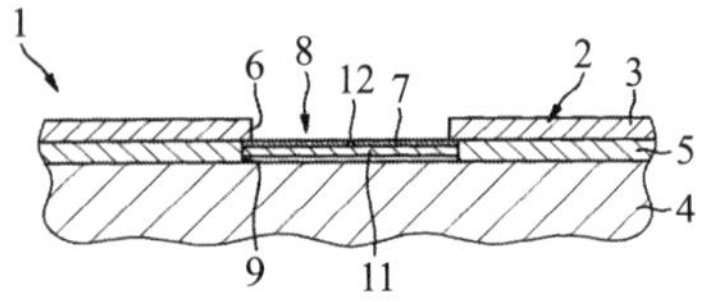

图6-5-9　专利CN104009196A公开的电芯排放阀示意

此后，该公司开始研究安全通气孔与电池其他部件的配合关系，以改善电池的防爆效果。比如，2014年，如图6-5-9所示，专利CN104009196A提出为了在最大程度上保护蓄电池电芯（1）的排放阀（8）不被外部的机械的力影响损坏并由此提高不使液体、蒸汽和气体通过关闭的排放阀（8）从蓄电池电芯（1）流出的保护，设备（10）具有至少一个可设置在爆裂盘片或者爆裂膜片（7）的朝向蓄电池电芯（1）的壳体（2）的内部的侧面上的形状稳定的支撑隔片（11）。

2016年，如图6-5-10所示，专利CN106920903A提出加强板150结合到上盖140与安全孔160之间，加强或改善上盖140的机械强度，上盖140的厚度可以在保持其强度的同时减小，从而增加在上盖140下方的隆起区域，因此，当安全孔160由于某一压力或较大压力到达壳体120中而转换时，可提供用于转换的足够空间，从而增加安全孔160的操作可靠性。

2019年，如图6-5-11所示，专利CN111819714A提出圆柱形罐110可以在其底板部分上包括从底板部分111朝向电极组件120弯曲的弯曲部分1110以及形成在弯曲部分1110上且比形成在弯曲部分1110上的底板部分111薄的安全排气孔1120。弯曲部分1110使过量的金属能够被引导到与安全排气孔1120相邻的弯曲部分1110，从而增强底板部分111的平坦度并且减少安全排气孔1120的损坏或开裂。

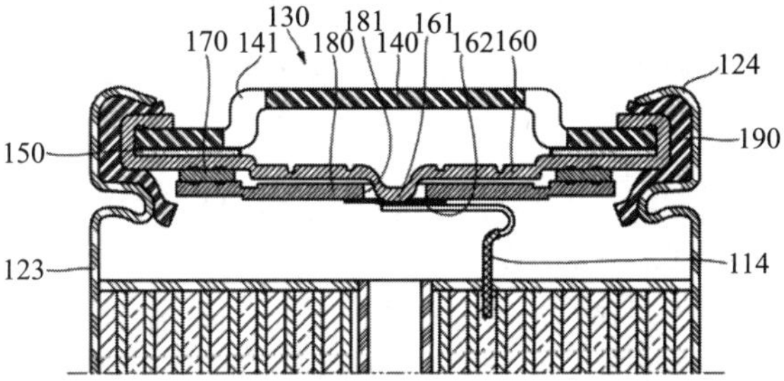

图6-5-10 专利CN106920903A公开的安全孔示意

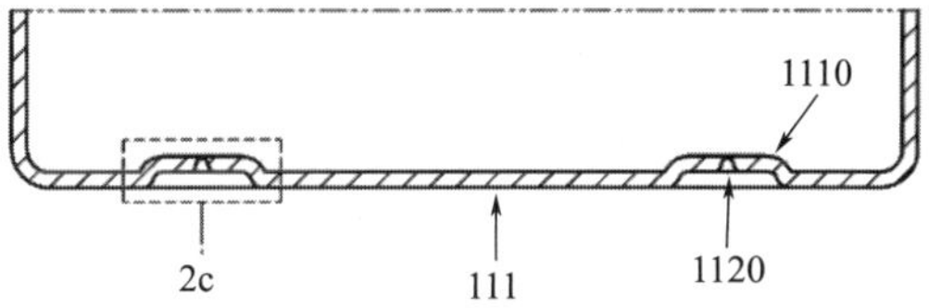

图6-5-11 专利CN111819714A公开的安全排气孔示意

2021年专利WO2022080708A1提出当从圆柱形二次电池排出气体时，支撑板或下盖由于气体压力而在气体排出方向上变形，从而增加通气板的操作分布。因此，通气板在破裂之后容易与盖组件分离，气体排放路径打开而不被剩余部分阻挡，从而允许气体快速排放。

（2）电路设计方面

该公司在电路设计方面的方案包括电路优化、电流断路器、灭火材料等。2003年，专利KR100542186B1提出二次电池在盖组件内部包括正温度系数（PTC）装置，PTC元件通过第一引线电连接到用作正极端子的罐的外底表面，并且通过第二引线电连接到设置在盖组件中的负极端子，在电池的外部短路或由机械冲击引起的内部短路或过充电/放电的情况下，当电池的电压快速增加时，PTC元件中断电流，从而防止电池的破裂。2005年在CN1327542C中提出了盖组件具有端子的盖板，电气连接到盖板上的电流断路器，和具有电气连接到电流断路器的安全排气口的排气板，该排气板的形状通过二次电池的内部压力而改变以改变电流断路器的形状，而且该电流断路器切断盖组件的电流通路。2005年专利KR100770110B1提出圆柱形锂二次电池包括电极组件，容纳所述电极组件的罐以及密封所述罐的盖组件，其中中心销插入电极组件中心，中心销的上端和下端由止动构件止动，并且灭火材料插入所述中心销中，能够通过在过度充电的初始状态下减小空隙体积并在高温下使用灭火材料来防止爆炸和着火并改善热稳定性。2006年专利CN1855603A提出中心销可以包括主体，其以预定的长度延伸且它的上端和下端开放，及至少一个关闭件，其适于关闭主体的上端和下端并在预定的温度下熔化或破碎；中心销主体也可以或可选择地包括被安置在中心销内的电路元件，该电路元件适于在过充电情况下短路并消耗电流，因为中心销的上端和下端是闭合的，由空泡体积（或无用体积）延迟安全出气孔（或电路板的）操作的时间被大大地减少；这是因为空泡体积被限制在电极组件、中心销及盖组件之间的区域内，结果，在电池的过充电情况下，内部压力迅速提高并且使安全出气孔操作；然后，电流的中断时间被提前并且迅速地中止过充电，中心销内还可以包括气化元件排气以进一步提前安全出气孔的操作时间或包括不易燃的元件防止电池冒烟或着火。2010 年专利 CN101997133A 提出盖组件包括电连接到所述第一电极的第一接线片和电连接到所述第二电极的可变形板，该可变形板还包括由于压力增大而敞开的槽口，可变形板由于增大的压力而变形，并且电接触第一接线片，使可再充电电池短路；2010 年专利 CN102064309A 提出在电极组件 110 与第一盖 130 之间安装端子保护构件 150，并且在端子保护构件 150 与第一盖 130 之间安装二次保护器件 160，PTC 器件或温度保险丝可以用于二次保护器件 160，如果电极组件 110 过热，则利用温度保险丝切断电流。2014 年专利 KR102273768B1 提出第一端子单元一端电连接到电极组件的第一电极，另一端伸出到壳体的外部，其中第一端子单元包括位于壳体中并电连接到电极组件的第一电极的第一集电器，第一集电器具有熔丝区域，以及与第一收集器的熔断器区域相邻的电弧切割块，在熔断器区域被切断的情况下，电弧切割块可移动到先前由熔断器区域占据的位置，并且切割电弧产生路径。2017 年专利 CN109314219A 提出第一电极端子被提供在盖板的上侧上并且具有通过熔断部与盖板电连接的第一板端子，该第二电极端子被提供在盖板的上侧上并且通过穿透盖板与第二电极电连接。

（3）强度设计方面

如图 6－5－12 所示，2004 年，专利 CN1728436A 提出二次电池壳体 110 具有用于补偿和防止体积膨胀的单元 115，即便二次电池 100 的内压升高，在二次电池壳体 110 侧面上的凹进或突起的用于补偿和防止体积膨胀的单元 115，也会防止二次电池壳体 110 变形。

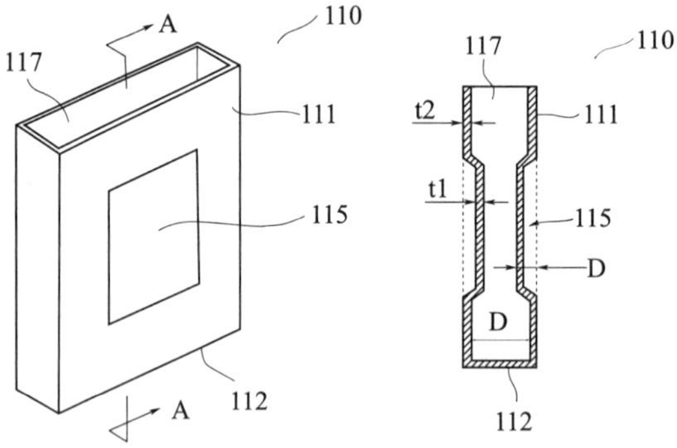

图 6－5－12　专利 CN1728436A 公开的二次电池壳体示意

2006 年专利 CN101677132A 提出绝缘壳，设置在电极组件和盖组件之间，绝缘壳具有被构造为变形并吸收外部撞击的撞击吸收件。如图 6－5－13 所示，2009 年，专利 CN104979506A 提出二次电池在底部保持件上包括与壳体的底部接触的接触部分，底部保持件包括支撑电极组件的支撑部分和与壳体的底部接触的至少一个接触部分，如此，接触部分可以吸收外部冲击，增加二次电池的耐久性并增强二次电池的安全性。

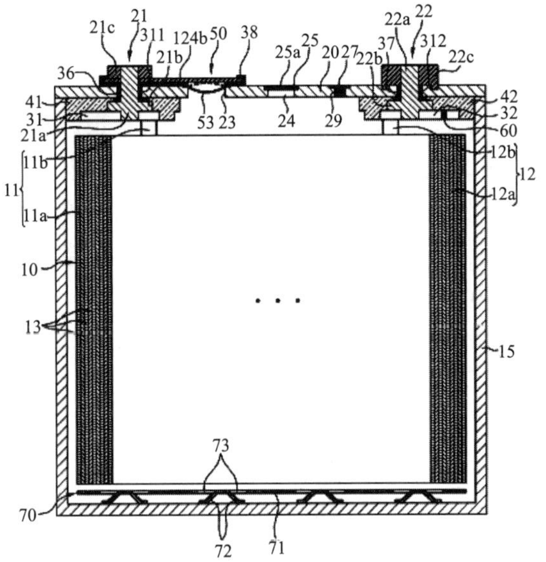

图6-5-13 专利CN104979506A公开的二次电池示意

2017年专利CN111630679A提出圆柱形锂离子二次电池包括支撑板，该支撑板具有比顶板的强度大的强度，以缓解当圆柱形罐的上端被夹紧时朝向盖组件的中心产生的应力，从而防止顶板的变形并提高安全性。

（4）其他

该公司针对动力电池电芯结构安全设计，在绝缘等其他方面也有涉及，比如2004年专利CN100483835C提出孔型锂二次电池包含有包括阳极、隔板和阴极的电极装置，以及孔，具有用于容纳电极装置的槽并且其上部与下部在槽的周围彼此熔合以形成凸缘状边缘，该边缘在其端部至少部分被绝缘材料覆盖，可以防止孔的金属箔和电池阴极之间的短路，还可以防止由电池腐蚀。2009年专利CN101615694A提出绝缘元件被附加在电极接线片和各个电极板的边界处，绝缘元件也被贴在电极组件的外部圆周上形成的未涂覆部分，从而防止未涂覆部分与活性材料层之间的内部短路或者未涂覆部分之间的内部短路。2014年专利CN110770930A提出外壳材料包括防湿气渗透层，设置在所述防湿气渗透层的第一表面上的保护层，其中保护层包括具有多个图案的功能层，以及设置在防湿气渗透层的第二表面上的树脂层，用于二次电池的外壳材料具有优异的柔韧性以及非常出色的防潮性能。

综上分析，三星近几年的研究中，气路设计主要是安全排气孔，包括排气阀和薄弱部；电路设计主要是熔断器、PTC和灭火材料等，强度设计主要是通过设置强度较大的板或者吸收冲击的部件，其研究重点在于调整安全部件本身结构、位置及其与其他部件的关系，以可靠、迅速、准确地做出安全反应，其中安全部件的研究已经相对较成熟，动力电池性能的好坏与每个部件的性能密切相关，可多方位提高电芯结构中多个部件的性能，从而提升整个电芯的安全系数。

6.5.3 宁德时代

1. 技术布局分析

图6－5－14示出宁德时代电芯结构各技术主题专利申请趋势，宁德时代在动力电池电芯结构领域的研究自2012年开始，前几年申请量较少，随着市场对动力电池需求的日益迫切，2015年以后申请量迅速增长，这主要得益于新能源领域的快速发展，对新能源汽车安全性的需求度提升以及政府在新能源领域的政策。宁德时代早期对气路设计的研究较多，2015～2019年在电路设计方面投入较大，但气路设计方面并未减少研究，2019年之后该公司主要研究气路设计；而对于强度设计和其他方面，该公司研究一直较少。

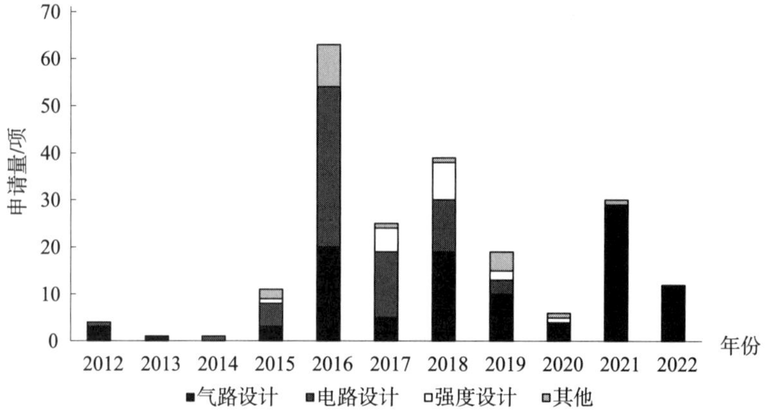

图6－5－14 宁德时代电芯结构各技术主题专利申请趋势

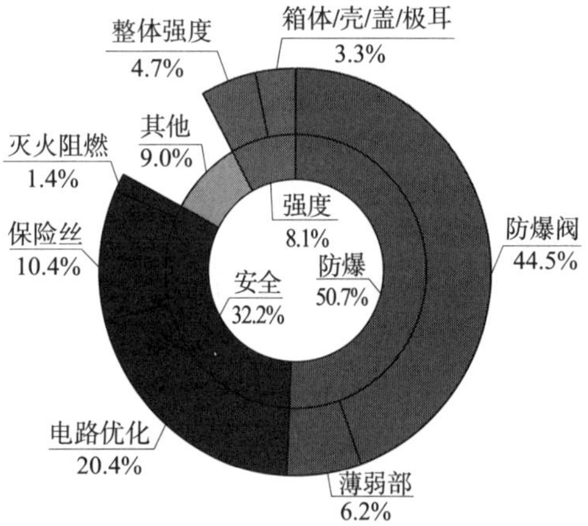

图6－5－15 宁德时代电芯结构主要技术分支专利占比分布

结合图6－5－15和图6－5－16，宁德时代在动力电池安全电芯结构领域，防爆阀领域的专利申请量最多，专利平均被引证的次数为1.23次，其中专利CN203733907U被引证次数最多，为12次；电路优化申请量次之，专利平均被引证次数为1.98次，其中专利CN205376627U和CN204668368被引证次数最多，分别为21次和14次；保险丝专利平均被引证次数为2.36次，其中专利CN202839773U和CN204760444U被引证次数最多，分别为15次和13次；防爆薄弱部、整体强度、箱体/壳/极耳方面，专利平均被引证次数分别为5.92次、1.6次、2.86次，此三者虽然申请量较少，但其专利平均被引证次数总量均较大，其中防爆薄弱部领域专利CN204946952U被引证了61次，整体强度领域专利CN108767143A被引证了10次，箱体/壳/极耳领域专利CN204927359U被引证了13次。由此可知，宁德时代在动力电池电芯结构方面的研究中，防爆阀、电路优化和保险丝领域申请量较多，专利平均被引证次数也较大，较为突出，相对处于优势地位；防爆薄弱部、箱体/壳/极耳和整体强度领域申请量虽然少，但其专利平均被引证次数数值较大，说明这些领域专利申请质量较高；此外，灭火阻燃领域的专利数量少，被引证次数相对较少。

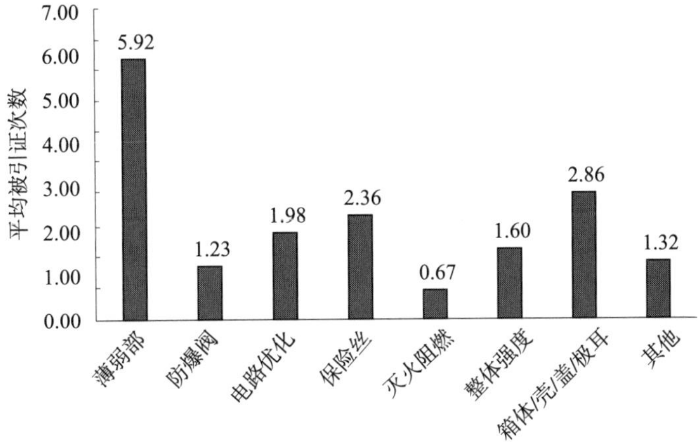

图6-5-16 宁德时代电芯结构主要技术分支专利被引证次数

2. 目标市场分析

图6-5-17示出宁德时代电芯结构专利目标市场分析，由该图可知，作为中国申请人，中国是宁德时代最大的目标市场，其次是美国和欧洲，此外，在日本和韩国也有较少的申请量；整体而言，宁德时代在国外的专利申请量明显少于在中国的申请量。

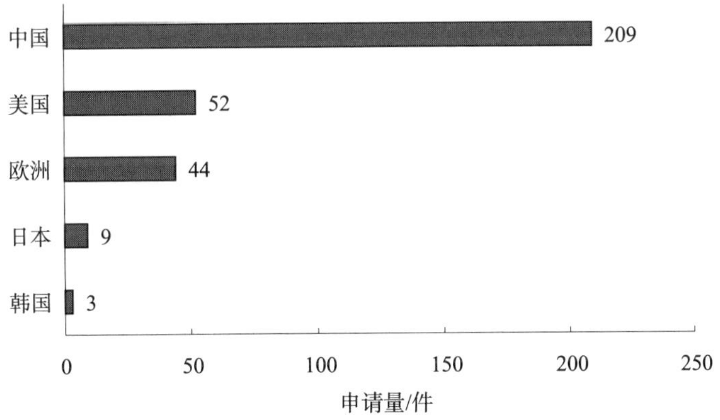

图6-5-17 宁德时代电芯结构专利目标市场分析

3. 技术发展路线分析

宁德时代成立较晚，对于动力电池安全电芯结构设计的研究起步较晚，彼时相关领域已经有一定的研究成果，该公司在此基础上从安全部件自身及其与其他部件的关系等方面改善安全部件反应的可靠性和灵敏性，并将安全性能与其他性能如强度、能量密度等相联系，综合考虑电芯的整体性能进行相关改进，图6-5-18示出了宁德时代电芯结构安全设计专利技术发展路线。

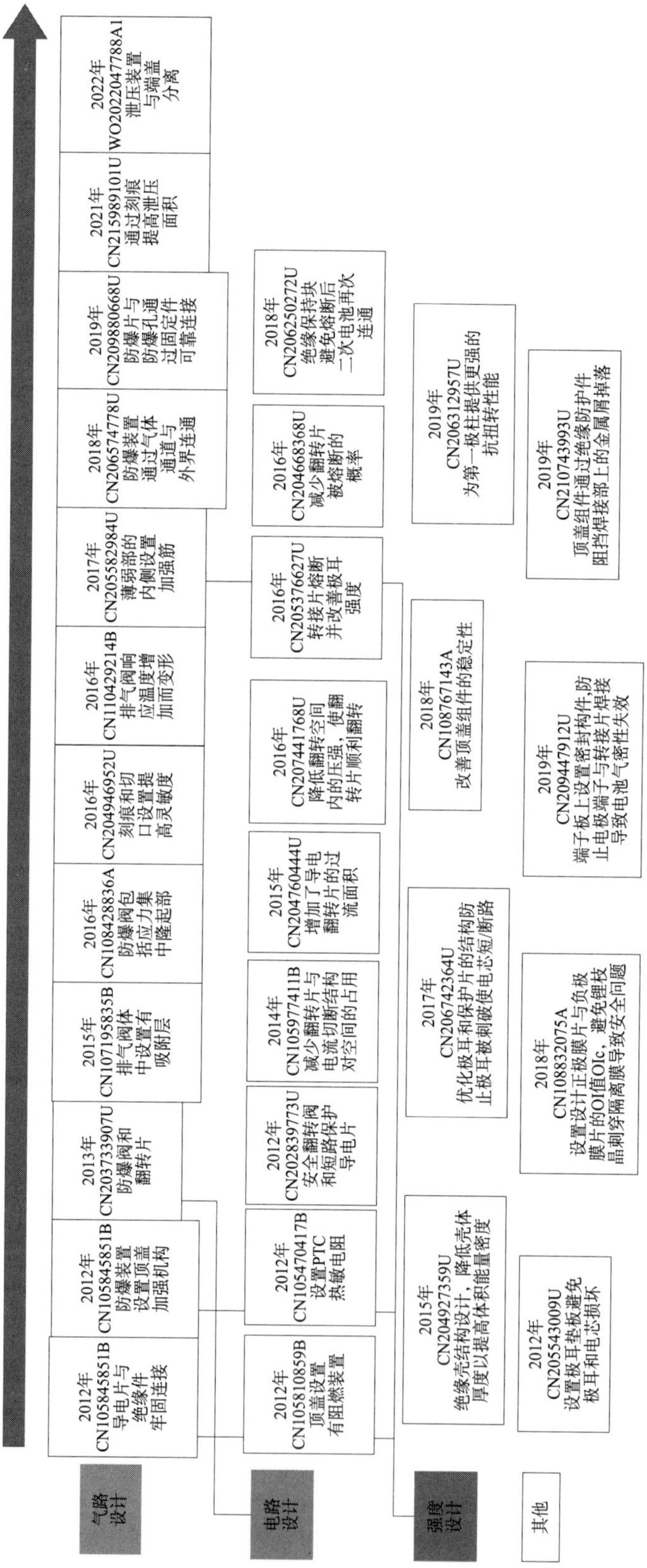

图6-5-18 宁德时代电芯结构安全设计专利技术发展路线

（1）气路设计方面

该公司在气路设计方面的研究主要集中在防爆阀、防爆片以及薄弱部结构的改进上。

2012年专利CN105845851B提出了通过对顶盖片以及绝缘件的结构改进，使二者能够牢固地连接，同时使导电片与绝缘件之间牢固地连接，从而防止导电片在正常组装以及使用过程中因自身位移而发生断裂失效的问题，并且这种连接结构所占用的动力电池内部空间也较少。2013年专利CN203733907U提出了一种锂离子电池的安全装置，如图6-5-19所示，包括顶盖片1、第一极柱5、第二极柱9、防爆阀8、翻转片4、绝缘片3和导电片2，第一极柱5、第二极柱9和防爆阀8分别置于顶盖片1，翻转片4分别与第一极柱5和导电片2电连接，翻转片4可在一限定气压下瞬时翻转，断开与所述导电片2的电连接。

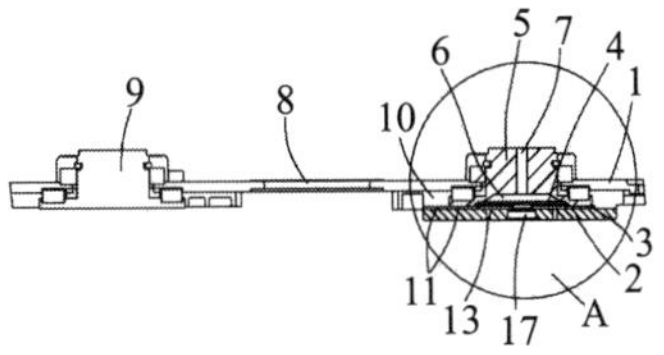

图6-5-19 专利CN203733907U公开的锂离子电池安全装置

2015年专利CN107195835B提出了硬壳电池的单向排气阀包括可安装于硬壳电池的电池外壳或电池顶盖上的中空阀体，阀体的底端与电池内部连通，阀体的顶端延伸出电池外，密封安装于阀体中的吸附层，吸附层用于吸附电池内部产生的气体并将气体从阀体的顶端排出电池外部，以及设置于吸附层上方的隔离层，隔离层允许电池内的气体单向排出电池外部，单向排气阀不需要打开阀门，仅仅利用吸附和解吸附原理即可将电池内部产生的小分子气体排放到外界，排气操作简便且具有理想的密封性能，可显著提高硬壳电池的使用寿命和安全性能。2015年专利CN205231128U提出了一种防爆装置，如图6-5-20所示，在电池顶盖2的外表面上固定设置了顶盖加强机构4，增加了电池顶盖2的强度，尤其是在电池顶盖2的宽度较窄的情况下，使得电池顶盖2在对防爆片6进行激光焊接时不易变形，通过保护层42的设置，避免了电解液等异物对防爆片6的污染，通过在加强环40背离所述电池顶盖2的外表面的表面上设置连通机构8，即使在保护层42存在的情况下，也能够方便快捷地质检防爆片6的破损情况以及防爆片6的周边与电池顶盖2的内表面固定的情况。

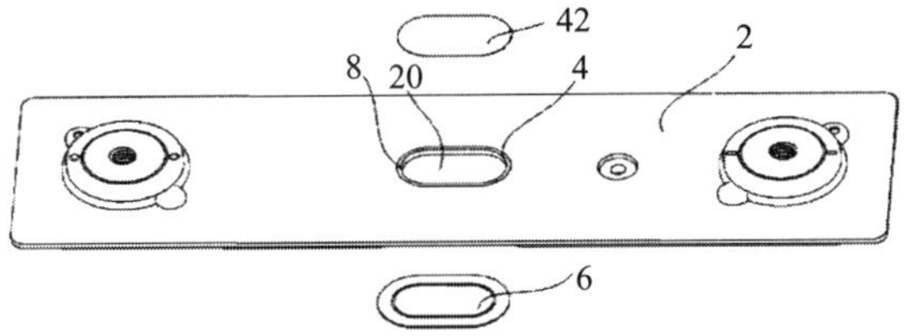

图6-5-20 专利CN205231128U公开的电池顶盖示意

2016年专利CN108428836A提出了防爆阀包括相对于平基部向顶盖组件的外部突出的隆起部，该隆起部上设置有横直刻痕和连接该横直刻痕的分支刻痕，当壳体内部的压力过度增高时，气体在隆起部处产生应力集中并从横直刻痕和分支刻痕处将防爆阀撕裂，使得壳体内的气体得以释放，由此减小了二次电池发生爆炸的风险，提高二次电池的安全性。2016年专利CN204946952U提出了导电片具有：围绕导电片与翻转片电连接的部位的外侧布置的刻痕，和设置于刻痕中并贯穿导电片的切口，由于刻痕和切口的设置，提高了扯断的灵敏度，可以实现在较窄范围的气压压力作用下扯断导电片，从而可防止电芯在出现过充意外时引发的安全隐患。2016年专利CN110429214B在中提出了盖板，具有透气孔，封堵于透气孔的排气阀和防护部件，且排气阀被设置为响应温度的增加而变形，以脱离封堵透气孔的状态；防护部件至少部分覆盖透气孔，防护部件的气体透过系数小于排气阀的气体透过系数，该排气阀被设置为响应温度的增加而变形，以脱离封堵透气孔的状态，在二次电池的壳体内部温度升高时，壳体中的气体能够经过透气孔排出。2017年专利CN205582984U提出了防爆膜设有固定部、薄弱连接部以及加强筋，防爆膜通过所述固定部设置在顶盖片上并且密封防爆孔，薄弱连接部位于所述固定部的内侧，加强筋位于薄弱连接部的内侧，通过在防爆膜上设置加强筋，能够有效提高防爆膜的结构强度，抑制形变的发生。2018年专利CN206574778U提出了顶盖片，设有排气孔和围绕排气孔的凸起，凸起通过顶盖片的一部分向外侧突出而形成；防爆片，安装于顶盖片的内壁且密封排气孔；以及防爆阀保护贴片，安装于凸起上并覆盖排气孔，防爆阀保护贴片位于防爆片上方，防爆片和防爆阀保护贴片之间形成容纳空间；其中，凸起上设有气体通道，防爆片和防爆阀保护贴片之间的容纳空间通过气体通道与外界连通，避免了防爆片与顶盖片之间的气密性检测错误的可能并且解决了防爆阀保护贴片塌陷问题，提高了电池的安全性和可靠性。2019年专利CN209880668U提出了防爆孔与固定件之间通过第一凹槽和凸起形成固定连接，而固定件又与防爆片之间连接，提高了防爆片在防爆孔的连接可靠性，进而改善了防爆片的密封效果，减小因焊接带来的防爆片开启压力波动，提高了二次电池的安全性能。2021年专利CN215989101U提出了泄压结构包括设置于泄压本体的第一刻痕槽、第二刻痕槽和第三刻痕槽，第一刻痕槽与第三刻痕槽间隔设置，第一刻痕槽和第三刻痕槽均与第二刻痕槽相交，第一刻痕槽、第二刻痕槽和第三刻痕槽共同界定出泄压部；泄压装置在泄压过程中，泄压部以第一刻痕槽、第二刻痕槽和第三刻痕槽打开，提高了泄压装置的泄压面积，进而提高了泄压装置的泄压速率。2022年专利WO2022047788A1提出了泄压装置可旋转，当泄压装置旋转至第二位置时，泄压装置与端盖可以分离，基于此，可有效提升电池单体的性能。

（2）电路设计方面

该公司在电路设计方面，主要包括灭火阻燃装置、电流切断结构等。

2012年专利CN105810859B提出了通过设置具有阻燃剂的阻燃装置，在电池由于充电不当、短路、撞击或暴露于高温等恶劣环境中发生意外而产生大量的气体并且温度急剧升高时，阻燃装置受热熔化并将其内置的阻燃剂释放至电芯内部，从而降低电解液的可燃性，提高了电池的安全性能。2012年专利CN105470417B提出了电池顶盖通过PTC热敏电阻将彼此隔离的正极极柱和顶盖片电导通，从而利用PTC热敏电阻的阻值随温度变化的特性，保证在动力电池发生外短路时，既能尽快消耗电池的内部能量，又能避免温度过高导致的电池着火或电阻熔断等问题。2012 年专利 CN202839773U 提出了通过在顶盖片上设置安全翻转阀，在安全翻转阀上设置短路保护导电片，当电池出现意外导致气压升高至预定的安全翻转阀压力时，安全翻转阀发生翻转，并和短路保护导电片实现外短路，又因设置在第一极柱与顶盖片之间的电阻块，控制外短路时的电流大小，能够保护安全翻转阀不被熔穿而保持其功效，以达到安全保护的作用，可以防止电池在出现意外时过充引发的安全隐患，通过外短路释放掉事故电池能量，避免引起更大的安全事故。2014 年专利 CN105977411B 提出了设置翻转片与电流切断的结构，减少其对电池内部的空间的占用，提高电池容量密度和电池内部空间的利用率。2015 年专利 CN204760444U 提出了导电翻转片 6 可包括：弧形部 61，位于导电翻转片 6 的外侧，并电连接于导电顶盖片 1，以在导电翻转片 6 翻转时接触第一导电连接片 3 的突部 32；凸部 62，位于弧形部 61 的内侧，沿朝向第一导电连接片 3 的方向凸出，以在导电翻转片 6 翻转并使弧形部 61 接触第一导电连接片 3 的突部 32 时凸部 62 接触第一导电连接片 3 的本体部 31，凸部 62 与第一导电连接片 3 的本体部 31 的接触，增加了导电翻转片 6 的过流面积，提高导电翻转片 6 的过电流能力，从而进一步提高二次电池的安全性能。2016 年专利 CN207441768U 提出了在翻转片翻转时，挤压翻转空间内的气体，翻转空间内的气体经上导气槽、导气孔、下导气槽到达第二绝缘件的边缘，进而将气体排到动力电池的外部，降低翻转空间内的压强，使翻转片顺利翻转。2016 年专利 CN204668368U 提出了通过有效地增加凸台与导电片接触面的过流面积，减少过流电流，减少翻转片被熔断的概率，从而有效地降低动力电池起火或者爆炸的危险，极大地提高动力电池的安全性能。如图 6-5-21 所示，2016 年专利 CN205376627U 提出了转接片 3 的多个极耳连接部 32 的宽度大于对应的第一极耳 2 的宽度，这保证了第一极耳 2 与极耳连接部 32 的焊接面积，并提高第一极耳 2 与极耳连接部 32 的焊接强度。转接片 3 还具有：多个居间连接部 33，设置于对应的极耳连接部 32 和顶盖连接部 31 之间，居间连接部 33 的横截面积小于对应的极耳连接部 32，所以在二次电池过流时，居间连接部 33 由于横截面积小，单位面积通过电流较大而快速升温熔断，进而保护电路，提高二次电池的安全性能，居间连接部 33 上设有开孔 331，能够进一步减小居间连接部 33 的横截面积，便于居间连接部 33 的快速升温熔断。

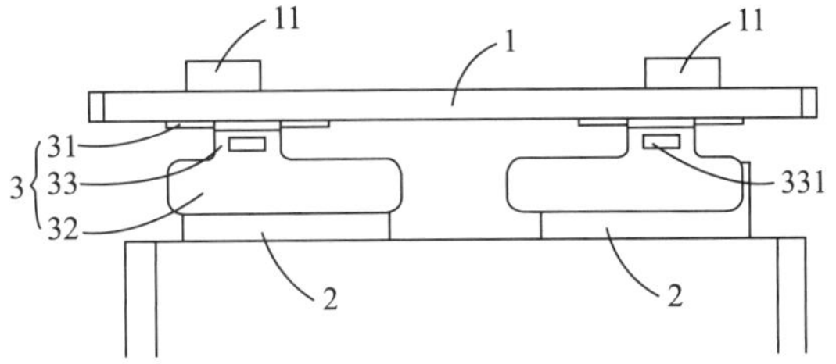

图 6-5-21　专利 CN205376627U 公开的极耳连接示意

2018 年专利 CN206250272U 提出了绝缘保持块两端分别与第一极柱连接部和第一极耳连接部固定连接，当第一熔断部熔断后，绝缘保持块能够保持第一极柱连接部和

第一极耳连接部的相对位置固定，避免二次电池受到外部冲击时电路再次连通，提高电池的安全性能。

（3）强度设计方面

该公司对于强度设计的研究数量不多，主要集中在通过结构设计提升整体电芯强度，以及通过结构设计或材料选择改善电芯某一部件如壳体、极柱等的强度，比如该公司2015年专利CN204927359U提出了绝缘壳结构，包括由软塑胶材料制成的绝缘壳主体以及由硬塑胶材料制成的底托片，绝缘壳主体包括壳底、两个用于包裹电芯主面的主包裹区、用于包裹电芯侧面的辅助包裹区、用于透过电解液的主体渗透孔以及折痕线，当沿折痕线弯折后，绝缘壳主体能够形成顶部敞口的结构，底托片与顶部敞口的绝缘壳主体的底部贴合连接，能够降低绝缘壳厚度，进而提升锂离子动力电池的体积能量密度。2017年专利CN206742364U提出了二次电池，如图6－5－22所示，包括具有第一极柱11的顶盖1，电芯2，串联在第一极耳22和第一极柱11之间的第一连接片3，第一极耳22具有第一连接部221以及第一弯折部222，第一保护片4包括主体部41和第一卷曲部43，第一弯折部222围绕第一卷曲部43的弧形外壁向下弯折，因此第一弯折部222不会接触到第一保护片的端部的毛刺，在二次电池的生产和使用过程中，第一弯折部222不会被第一卷曲部43的弧形外壁刺破，避免电芯2短路或断路，提高二次电池的安全性能。

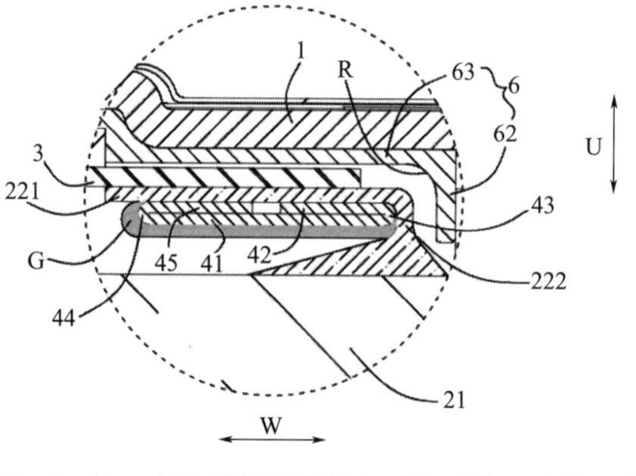

图6－5－22　专利CN206742364U公开的极耳连接示意

2018年专利CN108767143A提出了顶盖组件，包括顶盖板，顶盖板具有电极引出孔；电极端子，电极端子包括端子板，端子板位于顶盖板的一侧且覆盖电极引出孔；第一固定件，第一固定件至少部分地包围端子板，以将电极端子固定于第一固定件；以及第二固定件，包括主体和连接于主体且朝远离端子板的方向延伸的第一连接部，主体与第一固定件接合，第一连接部与顶盖板接合。能够实现简化顶盖组件的结构，增加极柱与顶盖板之间连接的稳定性。2019年专利CN206312957U提出了通过至少有一对凸部处于一条直线上且该直线相对顶盖片的长度方向倾斜，顶盖片在该直线方向上将相对第一极柱具有足够大的空间尺寸来设置所述至少一对凸部，进而能将所述至少一对凸部制得更大且更远离第一极柱，从而为第一极柱提供更强的抗扭转性能。

（4）其他

此外，该公司对于电芯安全还研究了绝缘防护部件的设置，以及密封性能的改善等，如图6-5-23所示，2016年专利CN205543009U提出了第一极耳17包括连接部171、折叠部172以及焊接部173，其中，连接部171与裸电芯14连接，焊接部173用于与第一极柱进行焊接。为防止第一极耳17中的焊接部173与第一极柱之间焊接产生的焊印，将折叠部172以及连接部171损坏，在二次电池中设置极耳垫板13，极耳垫板13为长条形板状结构，位于顶盖片11与裸电芯14之间，使得连接部171以及焊接部173分别位于极耳垫板13的上下两侧，折叠部172绕过极耳垫板13连接连接部171以及焊接部173。实现了保护极耳的连接部171以及裸电芯14，不容易被焊印损坏的效果。

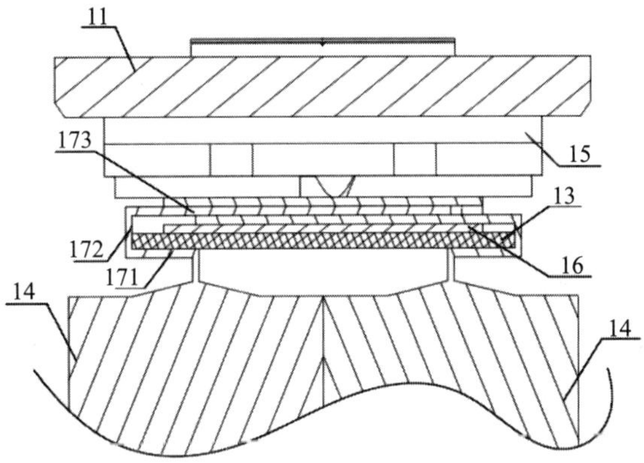

图6-5-23　专利CN205543009U公开的极耳连接示意

2019年专利CN209447912U提出了在端子板上设置凹槽，并且凹槽内设置密封构件，密封构件可防止电极端子与转接片焊接导致电池气密性失效时引发的电解液外渗风险，提高了二次电池的安全性；2019年专利CN210743993U提出了顶盖组件包括：顶盖板，具有电极引出孔；电极端子，设置于顶盖板并且覆盖电极引出孔；集流件，包括具有容纳腔的凸起部，凸起部至少部分设置于电极引出孔内并且与电极端子焊接连接以形成朝向容纳腔的焊接部，集流件具有连接孔，连接孔具有设置于集流件远离电极端子的表面上的第一开口；绝缘防护件，设置于集流件远离电极端子的一侧，绝缘防护件包括遮挡部和与遮挡部相连接的连接部，遮挡部遮挡焊接部，至少部分连接部通过第一开口伸入连接孔并与集流件连接固定；顶盖组件能够通过绝缘防护件阻挡集流件与电极端子焊接连接形成的焊接部上的金属屑掉落，提高二次电池安全性。

6.6　专利诉讼

随着新能源汽车产业的发展，该领域的市场竞争也越来越激烈，专利诉讼作为市场竞争的主要手段，逐渐受到参与者重视，其中，宁德时代和塔菲尔的专利诉讼得到该领域其他申请人的重点关注。本节对动力电池电芯结构涉及的专利诉讼情况进行分析，具体对宁德时代防爆阀的专利布局进行分析，为国内企业提供布局借鉴和风险预警。

6.6.1 诉讼情况概述

课题组整理了112件与电池结构安全相关的专利纠纷中，涉及侵权或无效的共38件，涉及行政诉讼的共30件，涉及专利权属的共21件，其他类别的共23件（同时涉及侵权诉讼和其他类型，归类于侵权诉讼）。现有技术抗辩通常是应对侵权诉讼的主要手段，被诉人通常都会对诉讼专利提起无效宣告请求，本节涉及的38件侵权或无效专利中，仅1件专利涉及无效宣告诉讼，37件专利涉及侵权诉讼，其中26件专利被提出无效宣告请求。如图6－6－1所示，上述27件无效宣告申请中，有22件已审理结束，其中，维持专利权有效9件，占比41%；宣布全部专利权无效6件，占比27%；部分专利权无效7件，占比32%。

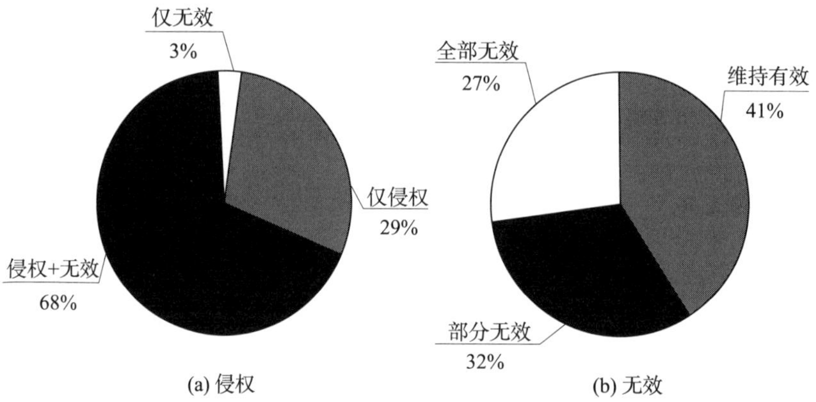

图6－6－1 电池结构安全相关专利侵权诉讼及无效情况占比

6.6.2 重点案例

1. 概述

课题组对38件动力电池电芯结构相关的侵权或无效专利进行整理，主要诉讼关系如图6－6－2所示，有5件案件原告为宁德时代，被告为塔菲尔；4件案件原告为宁德新能源，被告为珠海冠宇。此外，宁德时代和宁德新能源两家企业关系密切，其在知识产权策略上具有相似之处。

上述涉诉专利中，专利CN201521112402.7已有判决结果，福建省高级人民法院一审民事判决书［案号（2020）闽民初1号］判决塔菲尔等连带赔偿宁德时代经济损失22979287元及合理费用326769元等，其中，明确了损失赔偿数额的计算方式，在知识产权业内引起了广泛关注。

该案件中，原告为宁德时代；被告为塔菲尔（生产）；福州万国公司（销售）；宁德时代认为，被告为生产经营目的共同制造、销售和许诺销售的规格为NCM100Ah的动力电池使用了涉案专利技术方案，构成侵害涉案专利权。其间，宁德时代在公正员监督下进行了证据封存，并申请了财产保全。

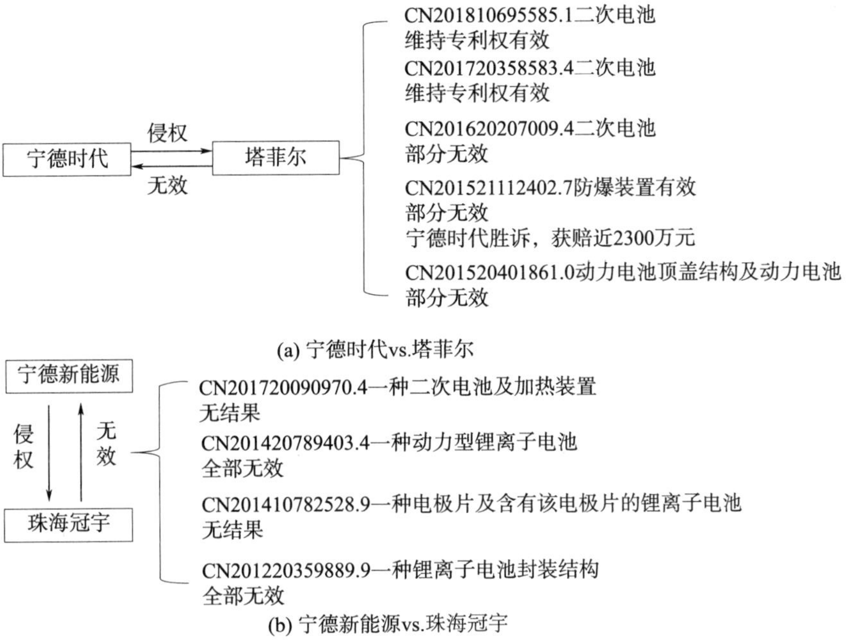

图6-6-2　宁德时代动力电池电芯结构相关诉讼案件

截至2022年10月，宁德时代申请号为CN201521112402.7的实用新型专利共经历了6次无效宣告请求，专利权目前仍然维持有效。其中，无效宣告请求人包括塔菲尔、中创新航、福州吉诺宏文以及自然人刘某，如图6-6-3所示。

图6-6-3　专利CN201521112402.7无效宣告请求过程

宁德时代主张以侵权损失作为计算赔偿额的依据。但其并未提供证据证明专利产品因侵权所造成销售量减少的总数。根据塔菲尔自2017年以来销售侵权产品的数据，可以基本查明塔菲尔等销售的侵权电池产品的单体数量总和及总储电量。将侵权产品的单价酌定为1300元/kWh较为合理，该案损失赔偿数额的算式应为：（侵权产品的总储电量）736515.6388kWh×（产品单价）1300元/kWh×（合理利润率，即宁德时代的平均营业利润率）24%×涉案专利贡献率10%，据此可得出宁德时代因塔菲尔等侵权行为遭受的损失为22979287元，该案的合理费用支出（取整）应为326769元，亦应由塔菲尔等公司连带赔偿。宁德时代未要求福州万国公司承担赔偿责任，故福州万国公司仅承担停止侵权的法律责任。

2. 宁德时代专利布局

课题组对涉案专利申请CN201521112402.7进行跟踪分析，如图6-6-4所示，发现宁德时代以其为基础专利，对该技术进行了持续创新，形成有力的专利包，该专利贡献在于防爆阀顶盖设置加强机构，能够增强电池顶盖的强度；使得电池顶盖在固定防爆片时不易变形。

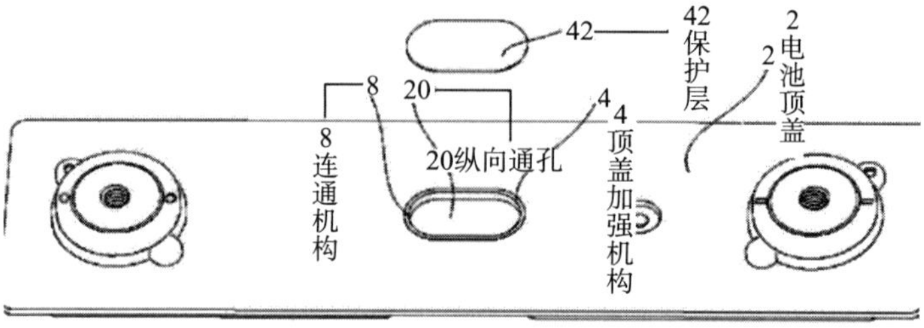

图6-6-4　专利 CN201521112402.7 附图

基于上述构思，宁德时代对顶盖加强结构进行改进，进行专利布局，主要包括：

（1）专利申请 CN201620434997.6，申请日为2016年5月12日，如图6-6-5所示，通过在防爆膜上设置加强筋，能够有效提高防爆膜的结构强度，抑制形变的发生。

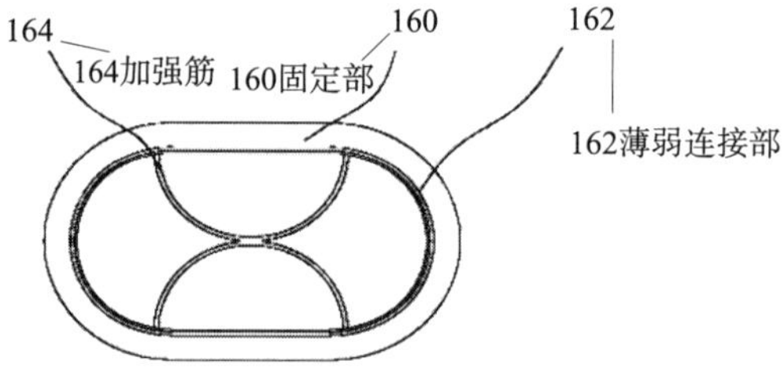

图6-6-5　专利申请 CN201620434997.6 附图

（2）专利申请 CN201620573526.3，申请日为2016年6月15日，如图6-6-6所示，防护部设置在防爆阀的下方，防护部具有增强强度的结构，能够避免在气体的冲击下变形。

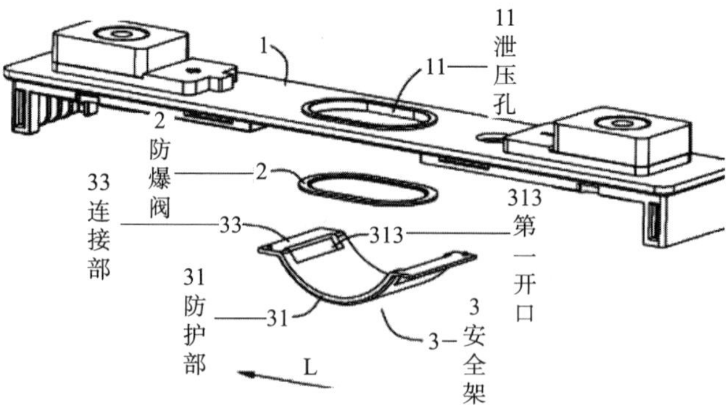

图6-6-6　专利申请 CN201620573526.3 附图

（3）专利申请 CN201820274415.1，申请日为2018年2月27日，如图6-6-7所示，通孔内设置加强结构可以增加顶盖板的强度，从而降低顶盖板在二次电池内部压力增大时的变形量。

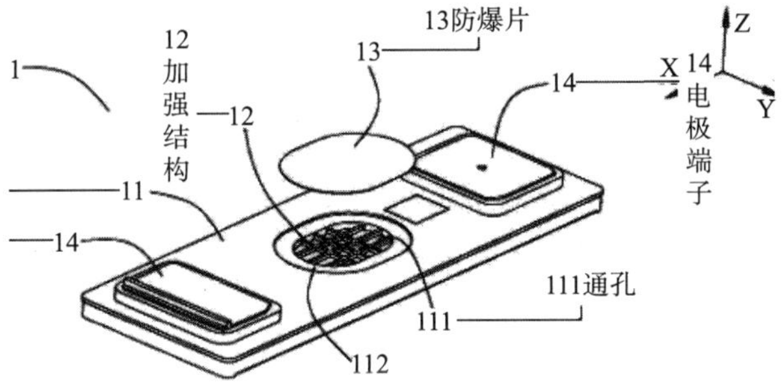

图6-6-7 专利申请CN201820274415.1附图

(4) 专利申请CN202122363978.2，申请日为2021年9月28日，如图6-6-8所示，加强机构至少连接于端盖的位于泄压通孔沿第一方向两侧的部分，以加强端盖在泄压通孔处的强度。

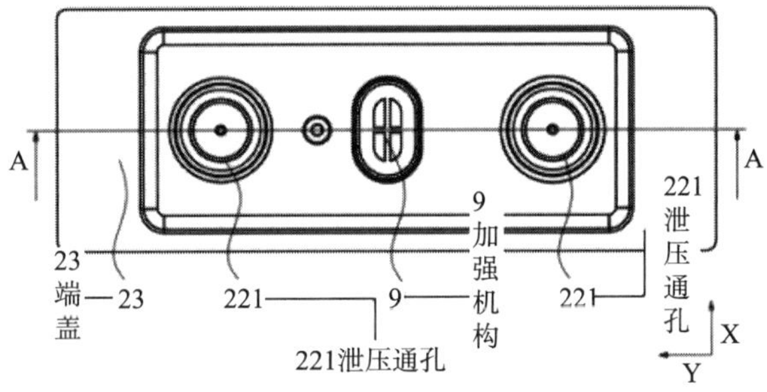

图6-6-8 专利申请CN202122363978.2附图

(5) 专利申请CN202122983608.9，申请日为2021年11月30日，如图6-6-9所示，加强部的厚度较大且不易变形；能够降低薄弱区在正常使用过程中破裂的风险；进而减小薄弱区的强度。

(6) 专利申请CN202220087901.9，申请日为2022年1月13日，如图6-6-10所示，加强部增强了第一本体部抵抗变形的能力，降低因第一本体部受到外力冲击而发生较大变形。

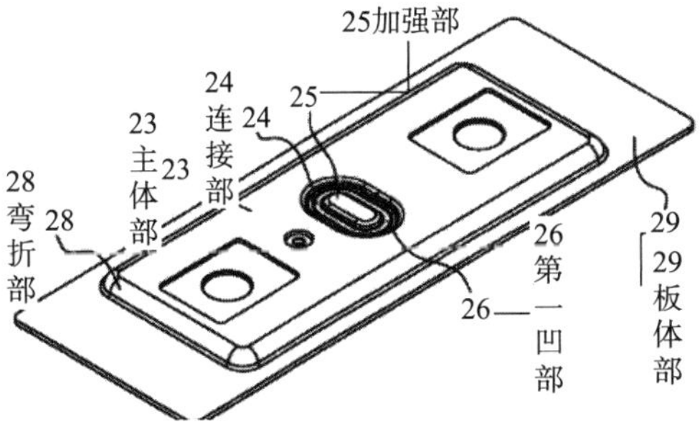

图6-6-9 专利申请CN202122983608.9附图

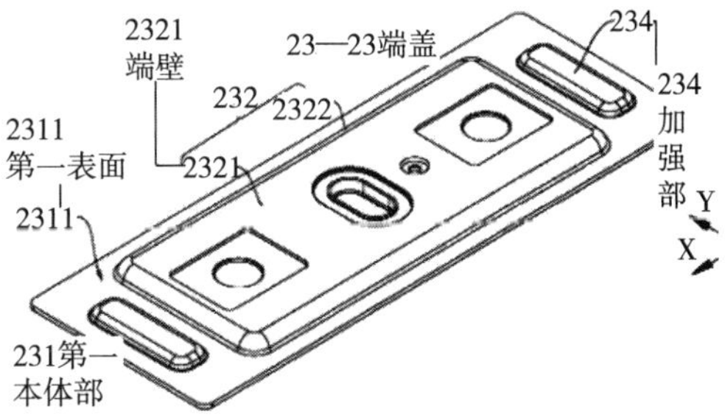

图6-6-10 专利申请CN202220087901.9附图

宁德时代分别在基础专利的基础上，分别从防爆阀本体、外部、连接件以及上盖不设置加强件，对该防爆阀进行全面布局，从不同角度对该防爆阀进行全面的保护，进一步完善专利布局。该基础专利经历了多次无效宣告请求依然维持全部有效，可见，以此基础专利形成的专利包（见图6-6-11），专利控制力比较强，并且经过了市场的检验。可见，宁德时代在市场竞争中已经掌握了先机，其知识产权策略已经从防御性专利布局开始向进攻性策略转变，已经取得了初步的胜利。在新能源行业快速发展的今天，宁德时代的知识产权策略以及其专利布局方式，可以为该行业其他企业提供借鉴，合理安排自己企业知识产权策略，并提高其知识产权布局意识和能力，更好地提高自己市场竞争力。

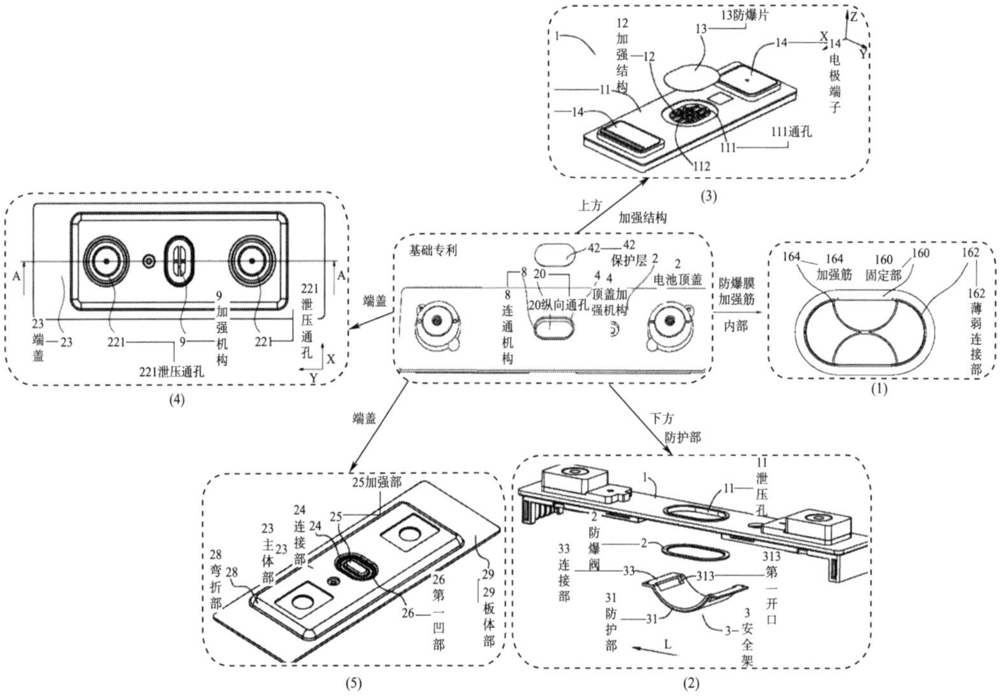

图6-6-11　宁德时代防爆阀专利包

第 7 章　动力电池安全电芯材料专利分析

7.1　研究概况

对电芯单元而言，产生安全问题的过程主要经历 SEI 膜分解、析锂反应、电解液和活性物质反应、隔膜破坏分解、电解液分解、正极活性物质分解等一系列链式放热反应。因此，对高安全性能材料的追求，是解决安全问题的一个重要因素。

对于动力电池安全电芯材料，主要涉及正极材料、隔膜材料、电解质材料等。本章结合检索和标引结果，从专利申请发展态势、区域分布、技术分布、重点申请人等角度对锂离子电池正极材料、隔膜材料以及电解质材料进行统计与分析，以期呈现锂离子电池各关键材料的全球创新态势以及中国竞争态势。

7.2　正极材料

7.2.1　全球专利竞争态势分析

为了展示全球专利中对正极材料安全改性的研究分布状况，本节重点针对全球正极材料安全改性方面专利的发展态势、技术来源、目标市场、技术主题、重点申请人等进行分析。

1. 发展态势分析

如图 7－2－1 所示，从全球范围安全相关正极材料专利申请量的逐年变化态势可以看出，全球范围专利申请量整体呈上升趋势，大体可以分为三个阶段。

（1）技术萌芽期（1995 年之前）：1995 年以前，与锂离子电池正极材料安全相关的专利申请数量较少，年申请量在 10 项左右，该阶段对于锂离子电池的研发处于起步阶段，总体申请量较少。

（2）缓慢增长期（1996～2008 年）：1996 年开始，正极材料安全相关的专利年申请量超过 15 项，开始逐渐增长，2001 年申请量超过 50 项，之后一段时间年申请量持续维持在 50 项左右。该阶段对于锂离子电池正极材料安全的研发力度逐年增加，创新探索竞相迸发。

（3）快速增长期（2009 年至今）：2009 年开始，正极材料安全相关申请量快速增长，年申请量突破 100 项，至 2011 年申请量已超 200 项，达到 2009 年申请量的 2 倍，2014 年之后呈现飞跃式增长。该阶段发展得益于新能源汽车行业的蓬勃发展，自 2014 年以来，新能源汽车的渗透率不断提高，对动力电池的需求呈指数增长，带动了正极材料安全性能研究的申请快速增加。考虑到2021年和2022年提交的专利申请还有较多未公开，预期近两年的申请量可能依然保持在一个较高的水平。

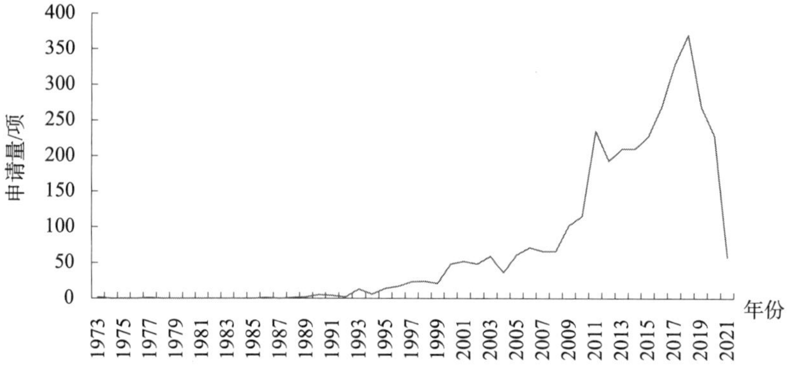

图7-2-1　正极材料全球专利申请趋势

2. 技术来源分析

从图7-2-2中可以看出，目前全球大部分正极材料安全性能改进的相关专利来自中国，约占总量的56%，其次是日本，申请量排名第三到第五位的分别为韩国、美国和欧洲。

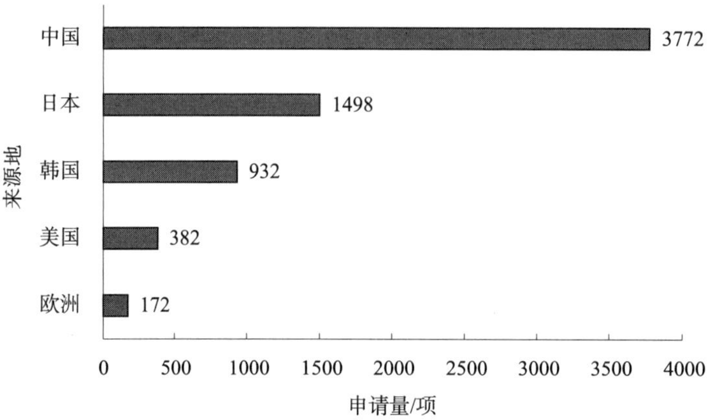

图7-2-2　正极材料全球专利主要技术来源地申请量对比

进一步结合图7-2-3可以看出，在正极材料安全研发起步的初期，申请人主要集中在日本，中国和韩国进入该领域的时间相对较晚。1996年起的十年内，日本的年申请量持续维持在20~30项，具有较为雄厚的研发基础，直到2005年一直处于领先位置。2006~2008年，中国的专利申请量不断增加，与日本的年申请量基本保持持平，2009年开始，中国的年申请量开始快速增长，超过其他国家，这与中国的新能源政策推动、国内创新主体的研发热情以及对于专利布局的重视程度不断提高紧密相关。与此同时，日本和韩国在该领域的研究布局相对比较稳定，持续投入。

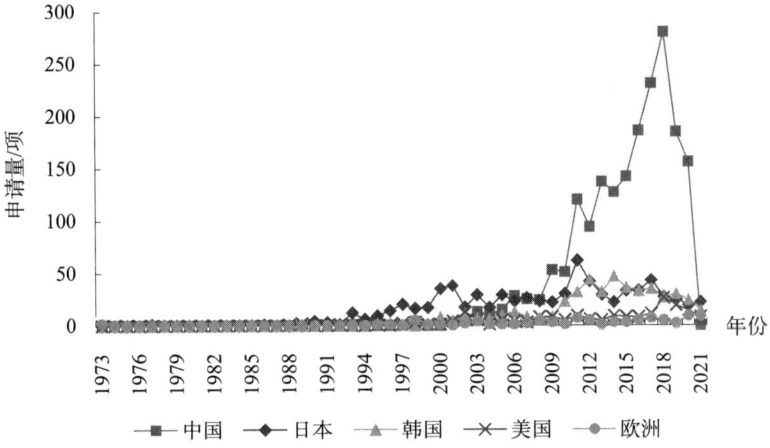

图7-2-3 正极材料全球专利主要技术来源地申请趋势

3. 目标市场分析

可见，中国作为目标市场的专利布局量是最多的，其次是日本。结合图7-2-4可知，美国作为目标国排名超过韩国，上升到第三位，说明美国市场相较韩国和欧洲市场更为全球申请人所关注，在美国进行专利布局相对更多。

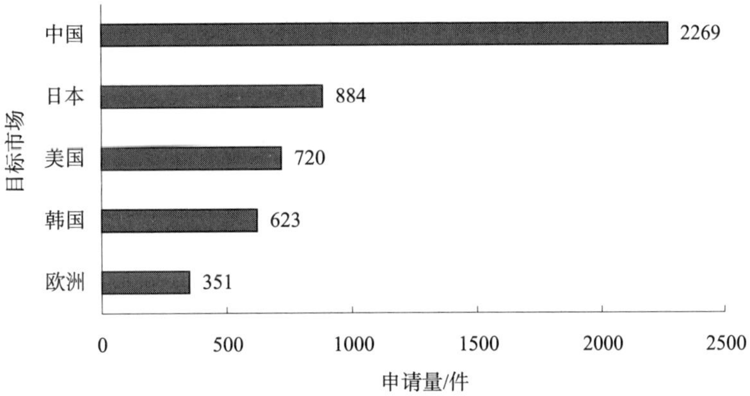

图7-2-4 正极材料专利主要目标市场申请量对比

4. 技术构成分析

据高工产研数据显示，得益于终端市场的强势增长和海外出口增加带动，中国正极材料市场整体呈快速增长态势。2021年，中国正极材料市场出货量为113万吨，同比增长116%。其中，磷酸铁锂正极材料出货量48万吨，同比增长258%；三元正极材料出货量43万吨，同比增长80%；钴酸锂正极材料出货量10.6万吨，同比上升31%；锰酸锂正极材料出货量10.9万吨，同比上升60%。GGII预测，到2025年中国正极材料出货量将达471万吨，市场增长空间大。2017~2021年各类正极材料出货量如图7-2-5所示。

从图7－2－5可以看出，2017～2020年三元材料的出货量最大，2021年开始，磷酸铁锂超过三元材料，和三元材料共同成为市场的主流，出货量远超其他材料。结合当前市场的主流正极材料产品磷酸铁锂和三元材料，进一步分析了其安全改性的发展情况。

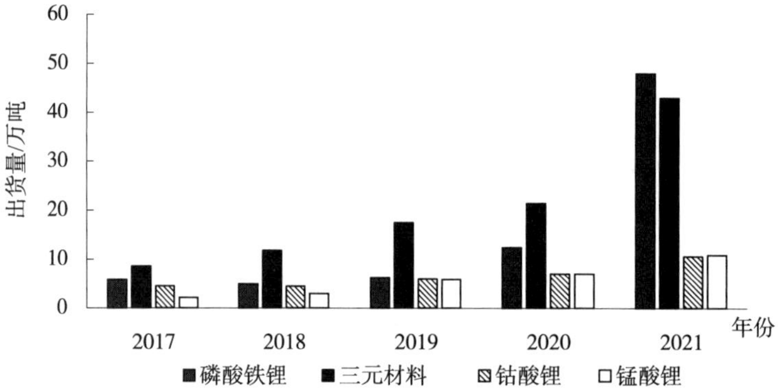

图7－2－5　2017～2021年各类正极材料出货量年度趋势

由图7－2－6可以看出，对于三元材料的安全技术改进一直是全球专利申请布局关注的重点，这主要是三元材料自身结构存在稳定性不足的缺陷，导致其安全性能相较于磷酸铁锂差强人意，成为产业安全性能改进目标的重点。而对于磷酸铁锂而言，其自身结构稳定，基本满足锂离子电池稳定性的市场需求。

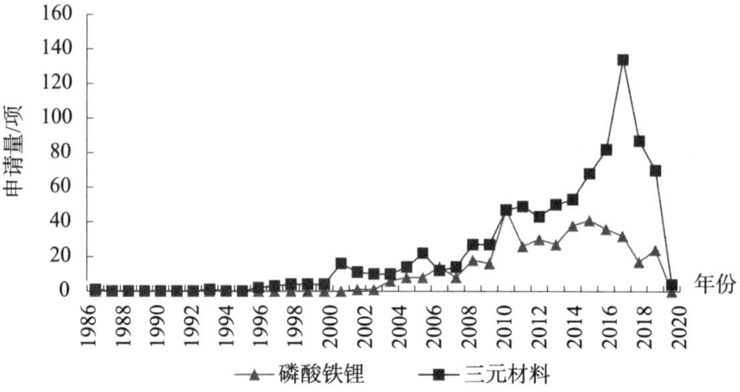

图7－2－6　正极材料全球主要技术分支专利申请趋势

在图7－2－7中，对三元材料安全性能改进的研究是主要国家/地区研发的热点。其中，中国、美国和欧洲对于三元材料安全性能改进的申请量是磷酸铁锂的2倍，日本、韩国对三元材料安全性能改进的申请量分别是磷酸铁锂的5倍和8倍，日本、韩国作为研发技术雄厚的国家，对于三元材料安全性能问题的关注度更为凸显。

5. 全球重点申请人分析

为了对正极材料安全性能改进方面的申请人现状进行分析，图7－2－8示出了正极材料全球主要申请人的排名情况。

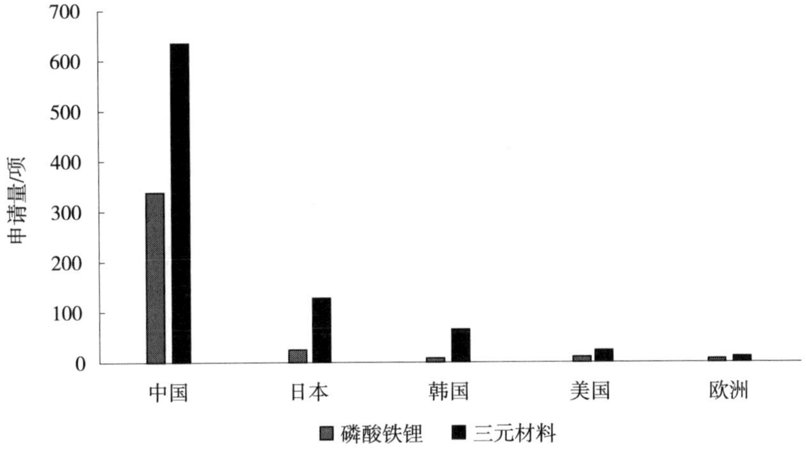

图7-2-7 正极材料主要国家/地区主要技术分支专利申请量对比

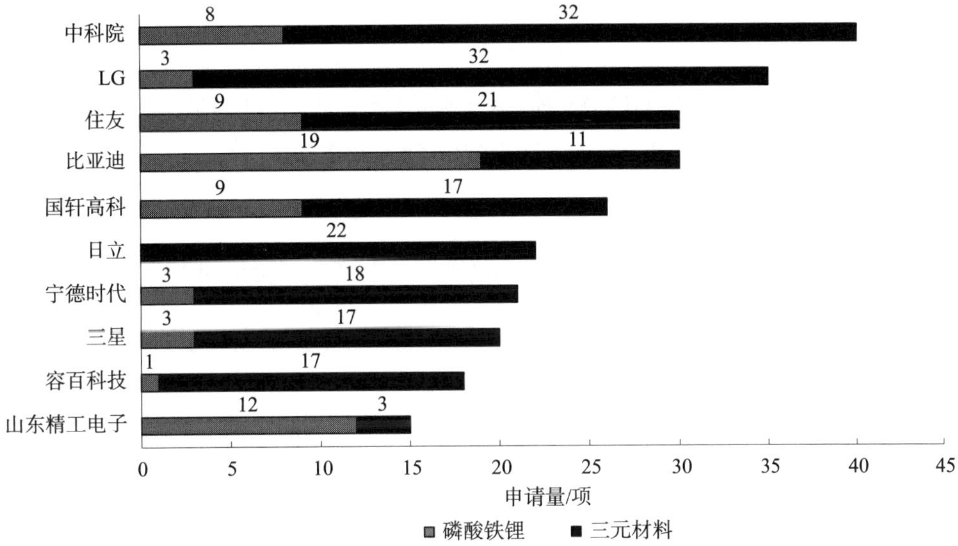

图7-2-8 正极材料全球专利重点申请人申请量排名

正极材料安全性能改进方面排名前十的重点申请人主要集中在中国、日本、韩国，中国的中科院、韩国的LG分别排名第一、第二位，二者改进的重点均在三元材料，中国的比亚迪和日本的住友并列排名第三位，二者的改进分别侧重磷酸铁锂和三元材料。整体而言，国轩高科、宁德时代等国内头部电池生产企业分别排名第四、第六位，改进重点为三元材料。日本的日立排名第五位，韩国的三星排名第七位。

7.2.2 中国专利竞争态势分析

为了展示正极材料安全性能改进中国专利的分布状况，本节重点针对国内正极材料相关方面专利的发展态势、技术来源、技术主题、重点申请人进行分析。

1. 发展态势分析

从图7－2－9可以看出，国内正极材料专利申请趋势与全球正极材料的申请趋势整体一致。从2000年开始缓慢增长，自2009年起正极材料的申请量开始快速增长，在2012～2014年出现申请量的小幅度波动下滑，2014年之后随着新能源动力汽车产业的向好发展，新能源汽车渗透率的提高引发对动力电池的需求呈指数增长，也促进带动了正极材料中国专利申请量的快速增加。考虑到2021年和2022年提交的专利申请还有较多未公开，可以预期近两年的申请量可能依然保持在一个较高的水平。

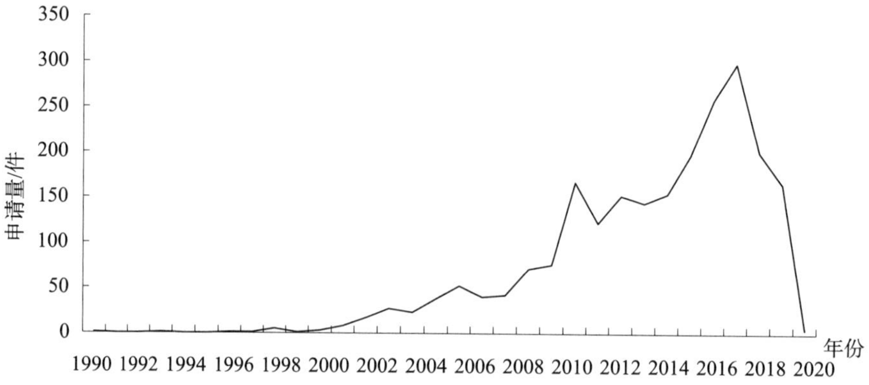

图7－2－9 正极材料中国专利申请趋势

2. 技术来源分析

图7－2－10示出了电池正极材料中国技术来源地的专利申请量分布。

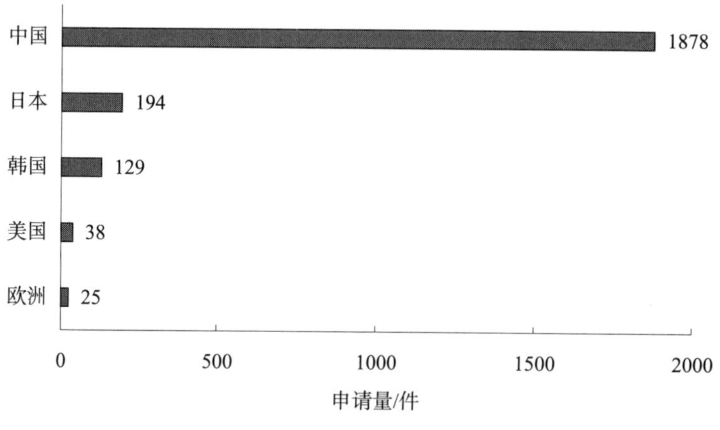

图7－2－10 正极材料中国专利主要技术来源地申请量

从图7－2－10可以看出，国内申请人的正极材料安全改性专利申请量占据约4/5，持续投入研究正极材料的日本和韩国在中国布局专利的申请量分别排名第二、第三，随后是美国和欧洲。

结合图7－2－11可以看出，日本对于正极材料的专利申请较早，且专利申请的持续性较为稳定，是最早向中国提交专利申请的国家。韩国起步稍晚，2000年以后持续在中国进行专利申请。美国和欧洲的申请量虽然较少，但都在中国进行了专利布局，说明中国在全球竞争中的市场重视程度已不可或缺。

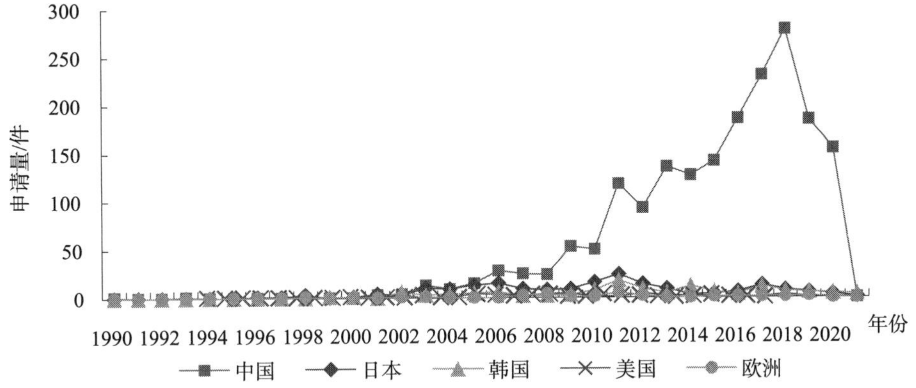

图7-2-11　正极材料中国专利申请主要技术来源地申请趋势

3. 技术构成分析

为了进一步分析中国电池正极材料主要技术主题专利申请趋势，图7-2-12示出了电池正极材料技术主题专利申请趋势。整体而言，对于三元材料安全性能改进的关注度持续高于磷酸铁锂材料，这与二者自身结构的安全性以及优劣势紧密相关，同时，随着新能源动力汽车对于长续航性能需求的增加和新能源汽车政策的出台，对于三元材料安全性能改进的申请呈飞跃式增长。

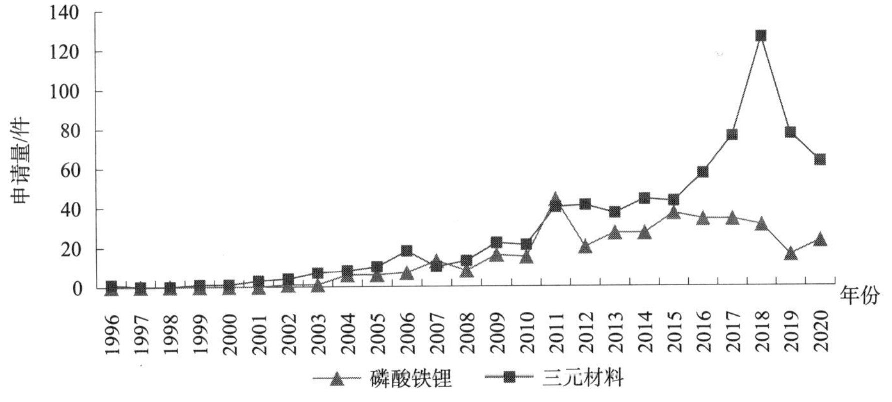

图7-2-12　正极材料中国主要技术分支专利申请趋势

图7-2-13示出了正极材料主要国家/地区技术分支在中国申请量分布状况，与整体申请量的占比相一致，中国在各技术分支上的申请量相对较多，这与中国企业主要在国内进行申请有关。另外，中国、日本和韩国的申请量相对较多，对于三元材料安全性能的改进申请量也均远高于对磷酸铁锂材料的安全性能改进。

4. 中国重点申请人分析

为了有针对性地对中国申请人现状进行分析，图7-2-14示出了电池正极材料中国主要专利申请人各技术分支的申请分析。

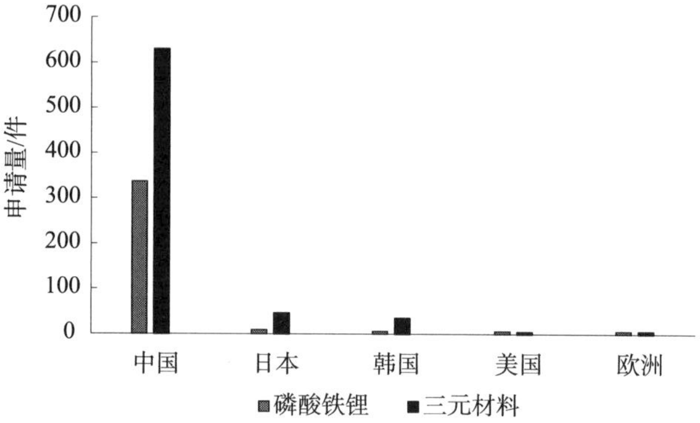

图7-2-13　正极材料主要国家/地区技术分支专利申请量对比

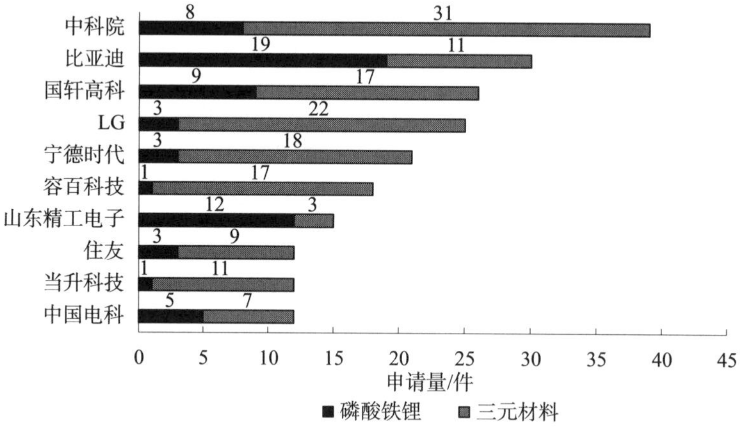

图7-2-14　正极材料中国主要专利申请人各技术分支申请量排名

从图7-2-14可以看出，中国专利申请排名前十申请人中，主要以企业申请人为主，国内申请人占据八席，其中，中科院的申请量最多，其次是以比亚迪、国轩高科、宁德时代为代表的国内头部电池制造企业，说明随着电池产能装机量的增加，国内动力电池制造企业对于电芯关键正极材料的安全性能研究均比较重视。海外来华申请人中，韩国的LG和日本的住友分别排名第四位和第八位。整体而言，主要申请人的专利申请重点仍主要集中在三元材料安全性能的改进。

7.2.3　磷酸锰铁锂技术分析

2022年以来，多家企业发布推出磷酸锰铁锂正极材料（$LiFe_xMn_{1-x}PO_4$，简称LMFP），该材料具有与磷酸铁锂相似的橄榄石型结构，电压平台在4.0~4.1V，与三元材料电压平台更接近，与三元材料进行复配，可以优化能量密度与安全性能的平衡。目前，市场上宁德时代发布磷酸盐体系的M3P电池包括磷酸锰铁锂和三元复配；比亚迪布局了完善的磷酸锰铁锂专利；当升科技也将推出磷酸锰铁锂新款正极材料LMFP-

6M1；容百科技宣布以3.89亿元收购主营磷酸锰铁锂正极材料的斯科兰德，其有6200吨/年的产能；成立于2022年的江苏珩创纳米科技有限公司也是一家从事磷酸锰铁锂正极材料研发生产的初创企业。下面对于正极材料领域关注的磷酸锰铁锂材料安全改进方面进行专利分析。

图7-2-15示出了磷酸锰铁锂正极材料安全性能改进的全球专利申请发展趋势，可以看出其与磷酸铁锂安全性能改进的全球专利申请发展趋势一致，自2003年以后对于磷酸锰铁锂正极材料安全性能改进的全球申请量开始缓慢增长，2010年随着全球对绿色能源发展的关注，对于锂离子电池的关注度也大大增加，对于磷酸锰铁锂安全性能改进的申请量呈现快速增长，2013年出现小幅波动，2014年起呈现指数增长，这与新能源动力汽车的发展，电池装机量需求的增大带动对正极材料改性研发具有紧密关系。

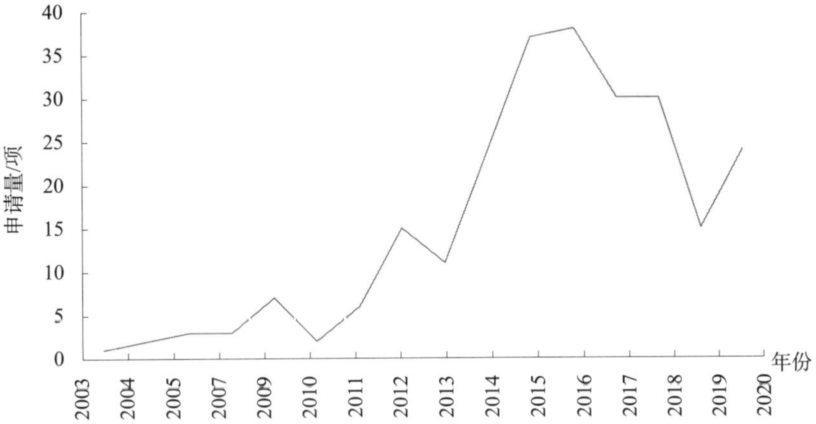

图7-2-15　正极材料安全性能改进磷酸锰铁锂技术全球专利申请趋势

图7-2-16示出了磷酸锰铁锂正极材料安全性能改进的技术分支专利分布，其主要涉及磷酸锰铁锂与其他正极材料的复配使用，以及对于磷酸锰铁锂正极材料自身的改性。其中，对于磷酸锰铁锂与其他正极材料的复配使用相关的专利申请中，以与三元材料的复配使用为主，能够充分发挥磷酸锰铁锂结构稳定性，提升三元材料的安全性能。另外，磷酸锰铁锂与其他正极材料如钴酸锂、锰酸锂、镍酸锂、钴镍酸锂、磷酸铁锂等正极材料的复配使用，提升正极材料的热稳定性和电化学性能。磷酸锰铁锂自身安全性能改进主要包括对于磷酸锰铁锂制备方法调整产品的尺寸、孔洞、浓度梯度等，另外，还通过掺杂、混合（含包覆）、掺杂-混合共用等提升磷酸锰铁锂的安全性。

为了更好地了解磷酸锰铁锂正极材料安全性能改进专利权情况，图7-2-17示出了授权专利的全球主要申请人排名，其中，比亚迪、国轩高科排名第一、第二位，具有较多授权专利数量，分别有12件、8件授权专利；日本住友有6件相关授权专利，排名第三；唯一进入前十的科研院所是中科院，与山东精工电子均有5件授权专利，日本丰田以及中国青海泰丰先行、宁波致良新能源、宁德时代也分别有3件授权专利。

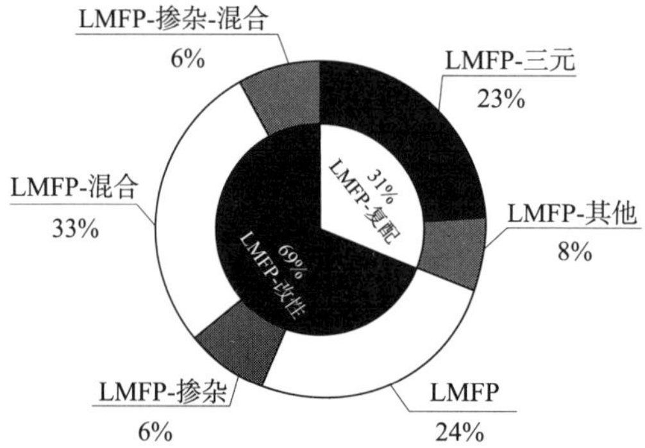

图7-2-16 磷酸锰铁锂正极材料安全性能改进技术分支专利分布

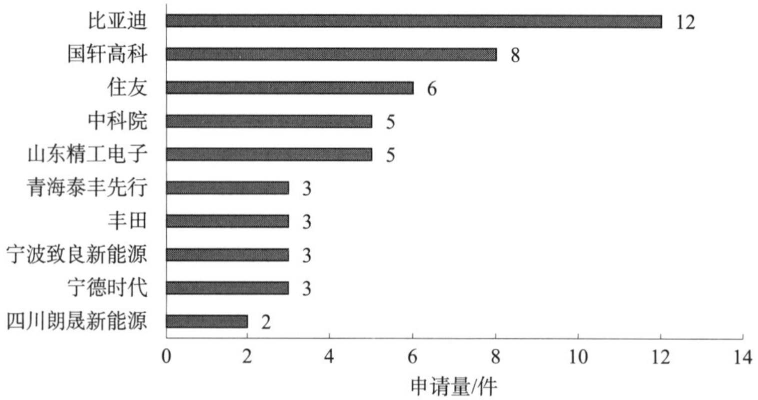

图7-2-17 磷酸锰铁锂正极材料安全性能改进全球重点申请人授权专利排名

图7-2-18分别示出了中国的比亚迪、日本的住友关于磷酸锰铁锂正极材料安全性能改进授权专利的技术分支分布。其中，比亚迪12件授权专利的申请日主要集中在2013~2017年，均仅在国内进行专利布局。从研发布局初期起，先后分别对磷酸锰铁锂自身的制备方法、与其他正极材料的复配使用、掺杂-混合共用、包覆混合等方式进行较为全面的重点专利布局。

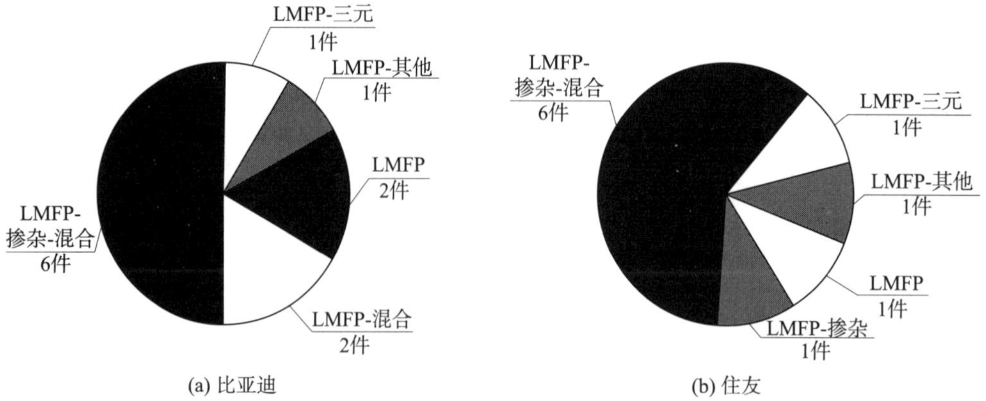

图7-2-18 比亚迪、住友关于磷酸锰铁锂正极材料安全性能改进授权专利的技术分支分布

最早的授权专利 CN104752720B、CN105226273B 均涉及磷酸锰铁锂的制备方法，且均使用液相制备方法。2014 年的授权专利 CN105810897B、CN105470495B 均为使用磷酸锰铁锂与其他正极材料复配使用，其中授权专利 CN105810897B 通过使用包括磷酸铁锂以及包覆磷酸铁锂表面的至少 2 层壳体，第一层壳体为磷酸锰铁锂，第二层壳体为磷酸铁锂；授权专利 CN105470495B 通过使用一定组成的磷酸锰铁锂以 30～200nm 的颗粒形式包覆在镍钴锰锂氧化物的颗粒表面和嵌在该镍钴锰锂氧化物的颗粒之间的缝隙中所得到的正极活性物质，能够提升磷酸锰铁锂化合物的压实密度，具有高能量密度、高倍率、高低温储存的优势，并且能够解决镍钴锰锂氧化物带来的安全问题。2015 年，比亚迪通过系列申请 CN106816581B、CN106816582B、CN106816583B、CN106816584B 对具有 $LiM_{nx}Fe_{1-x-y}M_yPO_4/C$ 结构的磷酸锰铁锂类材料进行保护，以改善正极材料的高温稳定性、低温性能、倍率性能等安全性和电化学性能为方向。其授权专利 CN106935850B、CN109309207B 主要涉及磷酸锰铁锂的包覆改性，其中授权专利 CN106935850B 通过在磷酸锰铁锂类活性组分的表面包覆含有五氧化二磷的包覆层，改进其安全使用性能；授权专利 CN109309207B 通过在磷酸锰铁锂的表面原位形成碳材料和 Mo_2N 的均匀壳层结构，有效降低使用过程中的锰溶出现像，阻隔锰离子和电解液的接触，提升了材料的导电性和耐化学腐蚀性。

住友的 6 件授权专利的申请日主要集中在 2015～2017 年，其中有 2 件专利在中国、美国进行布局，其他专利也均在美国进行布局。先后分别对磷酸锰铁锂掺杂－混合共用、复配使用等进行重点专利布局。

授权专利 JP5971378B1、CN106252658B 主要在于对磷酸锰铁锂材料的掺杂－混合共用改性；授权专利 CN107240697B 通过限定具体晶体结构、晶格常数等，改善材料的低温特性、高速充放电特性。授权专利 JP6090497B1 通过将无机磷酸盐和磷酸锰铁锂混合使用，能够起到提高电池长期稳定性的技术效果。授权专利 JP6168225B1 主要涉及磷酸锰铁锂与三元材料的复配使用，实现改善用作电极时的安全性，并且可以提高电池的寿命。授权专利 JP6617312B2 的首个独立权利要求范围包括磷酸锰铁锂材料与钴酸锂化合物、锰酸锂化合物、镍酸锂化合物组成的至少一种第二电极活性物质复配使用，实现迅速消除锂离子二次电池用电极的局部温度上升。

磷酸锰铁锂的发展可以在磷酸铁锂的基础上进行改进，且结合对于磷酸锰铁锂安全性能改进的已授权专利进行分析，建议进一步在制备方法方面进行创新并加强专利布局，以实现磷酸锰铁锂产品性能的改善，增强赢得市场竞争的主动权。

7.3　隔膜材料

7.3.1　全球专利竞争态势分析

为了展示隔膜材料全球专利的分布状况，本节重点针对全球隔膜材料领域专利的发展态势、技术来源、目标市场、技术主题、重点申请人等进行分析。

1. 发展态势分析

如图7－3－1所示，从全球范围隔膜材料专利申请量的逐年变化态势可以看出，全球范围专利申请量整体呈上升趋势，并且大体可以分为三个阶段。

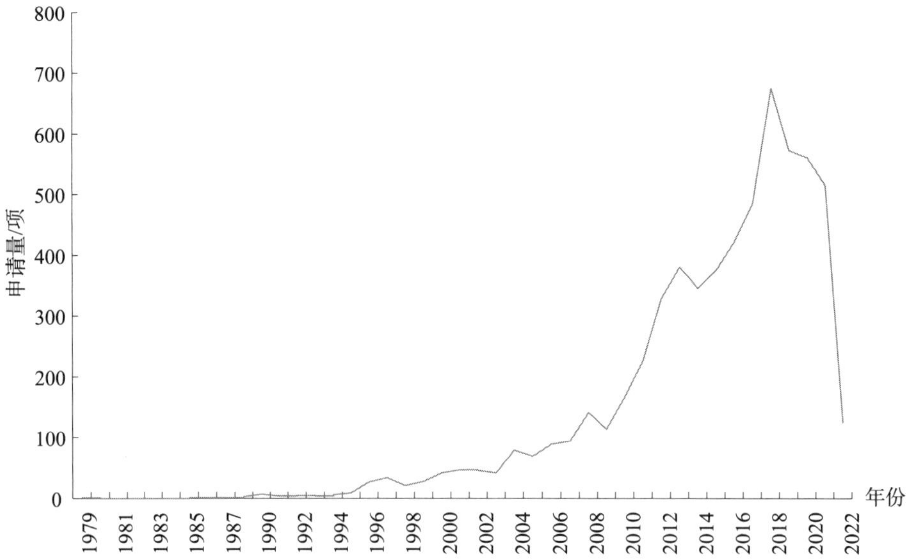

图7－3－1　隔膜材料全球专利申请趋势

（1）技术萌芽期（1995年之前）

1995年以前，处于技术起步的萌芽阶段，与锂离子电池隔膜相关的专利申请数量较少，年申请量在10项以下，处于试探性研究的起步阶段。

（2）缓慢增长期（1996～2008年）

1996年起，隔膜材料的年申请量超过20项，且在此后的十年间申请量整体上升，处于小幅波动的缓慢增长期，2008年隔膜材料的年申请量已超过100项。对于电芯中的关键部件隔膜材料的研究关注度也持续提升。

（3）快速增长期（2009年至今）

自2009年开始，隔膜材料的申请量快速增长，2011年申请量已超200项，2012年申请量超过300项，分别达到了2009年申请量的2倍和3倍，2014年之后出现飞跃式的增长。2014年新能源动力汽车的渗透率不断提高，带动对动力电池的需求呈指数增长，进而带动隔膜材料的申请量快速增加。考虑到2021年和2022年提交的专利申请还有较多未公开，可以预期该两年的申请量可能依然保持在一个较高的水平。

2. 技术来源分析

从图7－3－2中可以看出，目前全球大部分隔膜材料专利来自中国，约占全球总申请量的58%，其次是日本、韩国，二者共占全球总申请量的36%，然后是美国和欧洲，二者的申请量基本持平。

从图7－3－3可以看出，在隔膜材料领域的起步研发初期，申请人主要集中在日本，并且其在1996年申请量已超过20项，1996年以后日本对隔膜材料的研究持续深入，且年申请量长期在 50 ~ 100 项，技术研究的储备相对比较成熟。中国和韩国进入该领域的时间较晚，年申请量从 2000 年开始逐步提升，韩国在该领域的年申请量在 50 项左右，中国于 2012 年在隔膜领域的年申请量才超过日本和其他国家，并呈现快速增长趋势，我国新能源政策的推动对其申请量增长发挥了积极促进作用。

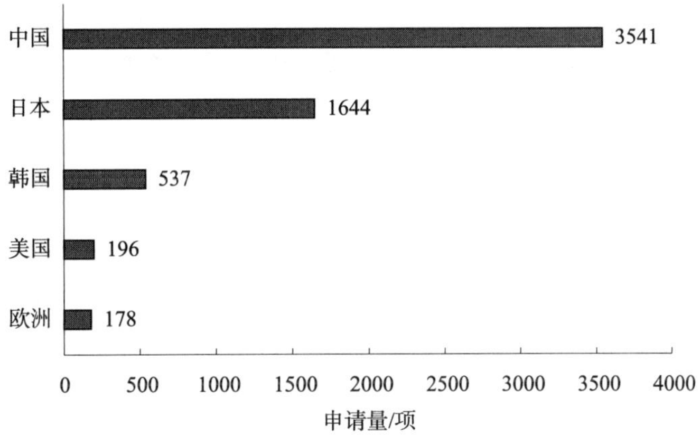

图 7－3－2　隔膜材料全球专利主要技术来源地申请量对比

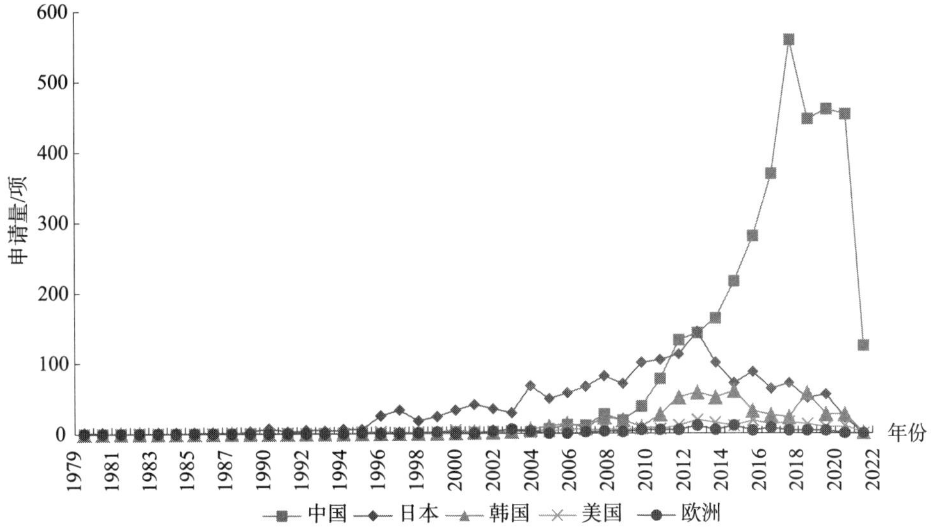

图 7－3－3　隔膜材料全球专利主要技术来源地申请趋势

3. 目标市场分析

图 7－3－4 示出了锂离子电池隔膜材料专利全球目标市场分布情况，由此可以看出，中国作为目标市场的专利布局量是最多的，这与当前国内大部分申请人主要在国内进行专利布局有直接关系。其次，日本作为目标市场排名第二，韩国作为目标市场排名第三，排名第四、第五的分别是美国和欧洲。

4. 技术构成分析

当前市场对于隔膜材料的安全性改进，主要集中在隔膜本身、涂覆层等，其中对于通过表面涂覆改进隔膜安全性能具有可操作性强、工艺成本相对较低的特点，是市场化改进的主要技术分支之一。为了进一步分析隔膜材料关于涂覆安全改进的主要技术主题现状，图7-3-5示出了全球隔膜材料安全改进主要技术主题专利发展情况。

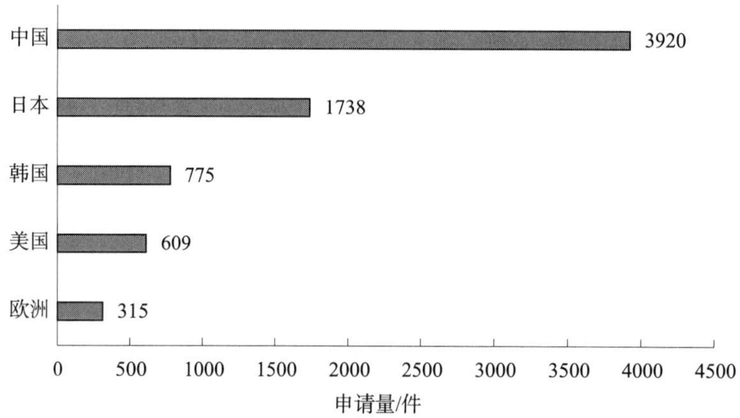

图7-3-4　隔膜材料专利主要目标市场申请量对比

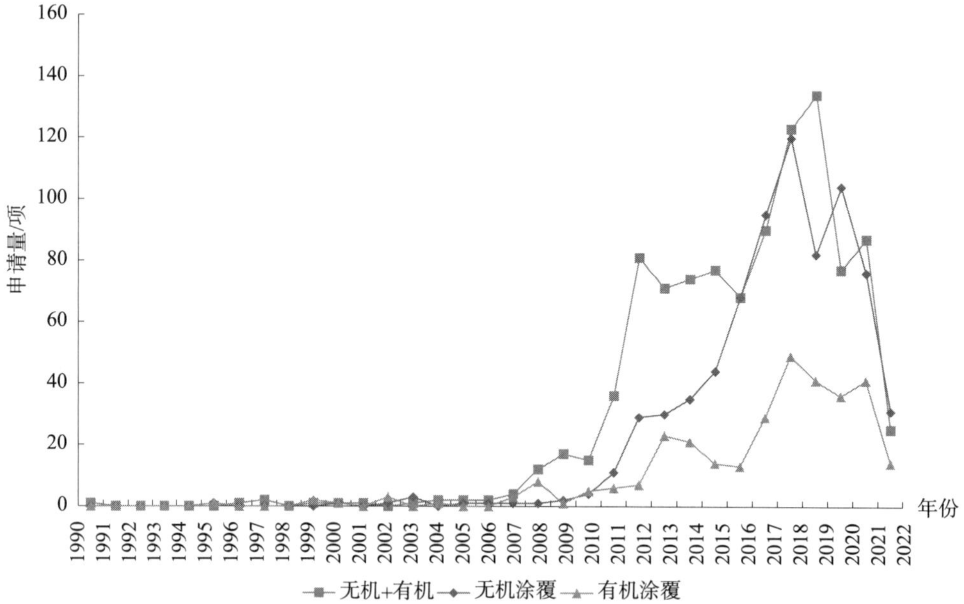

图7-3-5　全球隔膜材料安全性改进涂覆方面主要技术分支专利发展趋势

由图7-3-5可以看出，对于隔膜材料安全性改进涂覆方面的主要技术分支，以综合利用无机涂覆、有机涂覆改进优势的无机+有机复合涂覆改性为主，约占隔膜材料安全改性涂覆的一半，其次，是改进成本相对较低的无机涂覆和有机涂覆。自2010年以来，全球更加重视绿色能源发展，隔膜涂覆改进安全性各技术分支的申请量出现快速增长，且使用无机+有机复合涂覆以及无机涂覆的专利申请量增长速度较快，处于持续上升状态，单独使用有机涂覆方式改进隔膜材料安全性能方式的增长速度相对较慢，长期处于相对平稳的研究态势。

图7-3-6示出了隔膜材料安全性能改进涂覆主要技术分支主要国家/地区专利分布状况。其中，中国在无机+有机复合涂覆的专利申请量与无机涂覆的专利申请量占比基本持平，共占据总申请量的4/5，有机涂覆约占1/5。相较而言，韩国则以无机+有机复合涂覆的专利申请为主体，占总申请量的4/5；而日本的无机+有机复合涂覆的专利申请量占总申请量的2/3。美国、欧洲关于各技术分支的申请量不多，各技术分支占比相对比较均衡。

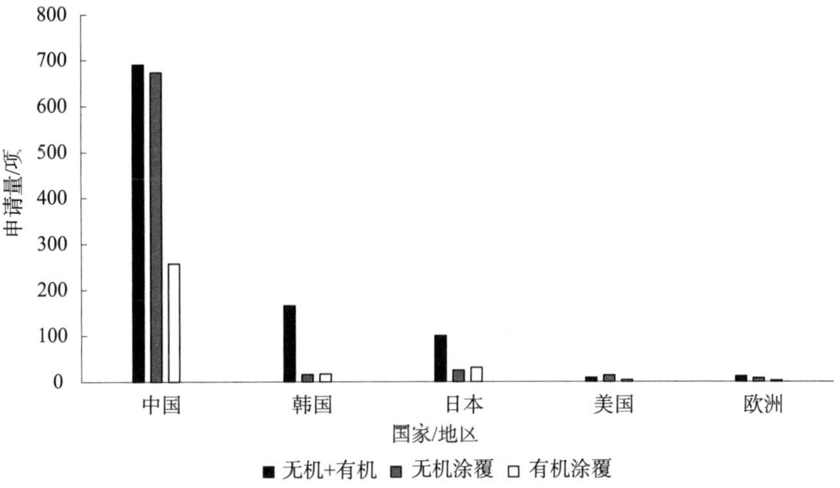

图7-3-6 隔膜材料安全性改进涂覆主要技术分支在主要国家/地区专利申请量占比

5. 全球重点申请人分析

为了对隔膜材料的申请人现状进行分析，图7-3-7示出了全球主要申请人专利申请排名情况。

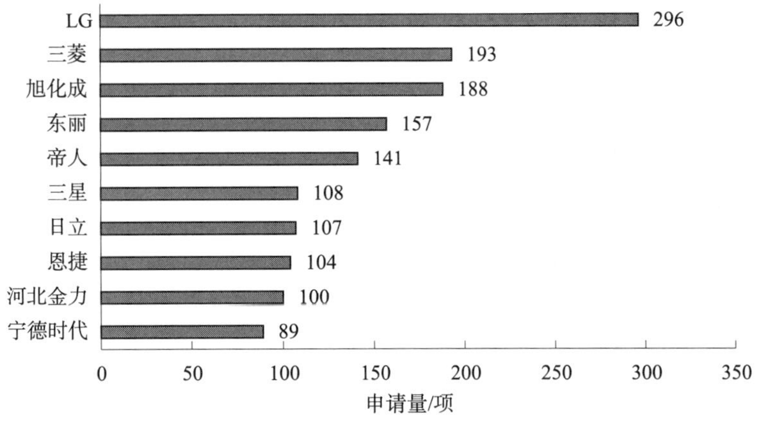

图7-3-7 隔膜材料全球专利重点申请人申请量排名

与隔膜材料专利申请总量国家/地区排名和主要技术分支发展趋势相一致，隔膜材料排名前十申请人也主要集中在中国、日本、韩国，且申请主体均为企业。日本、韩国隔膜材料企业大多以纺织业起家，在纤维领域拥有深厚的技术积累，日本、韩国企业深厚的历史和技术积淀使其拥有推动隔膜基材和制备工艺技术迭代的能力。在全球排名前十申请人中，韩国企业LG排名第一，其在全球范围内进行了大量的专利申请布局，韩国企业三星排名第六；另外，起步较早的日本有五家企业进入前十，分别是三菱、旭化成、东丽、帝人、日立，分别占据前七位的其他席位。可以看出，起步更早的日本有更多的创新主体参与隔膜材料的研究与专利申请布局，而起步较晚的韩国创新主体更为集中化。中国起步也较晚，进入排名前十的申请人有三家企业，分别是恩捷、河北金力、宁德时代，分别排名第八、第九和第十位，中国企业起步较晚，但也十分重视隔膜材料的创新研发和专利申请布局。

7.3.2 中国专利竞争态势分析

为了展示中国国内专利中隔膜材料的分布状况，本节重点针对中国国内隔膜材料相关方面专利的发展态势、技术来源、技术主题、重点申请人进行分析。

1. 发展态势分析

从图7-3-8可以看出，中国国内隔膜材料专利申请呈整体上升趋势。2000年开始缓慢增长，经过近十年的探索研究，2010年申请量达到66件，且在2010年隔膜材料的申请量开始出现第一次快速增长。2014年随着新能源动力汽车产业的蓬勃发展，新能源动力汽车渗透率的提高引发对动力电池的需求呈指数增长，带动隔膜材料中国专利申请量出现第二次快速增长。考虑到2021年和2022年提交的专利申请还有较多未公开，可以预期该两年的申请量可能依然保持在一个较高的水平。

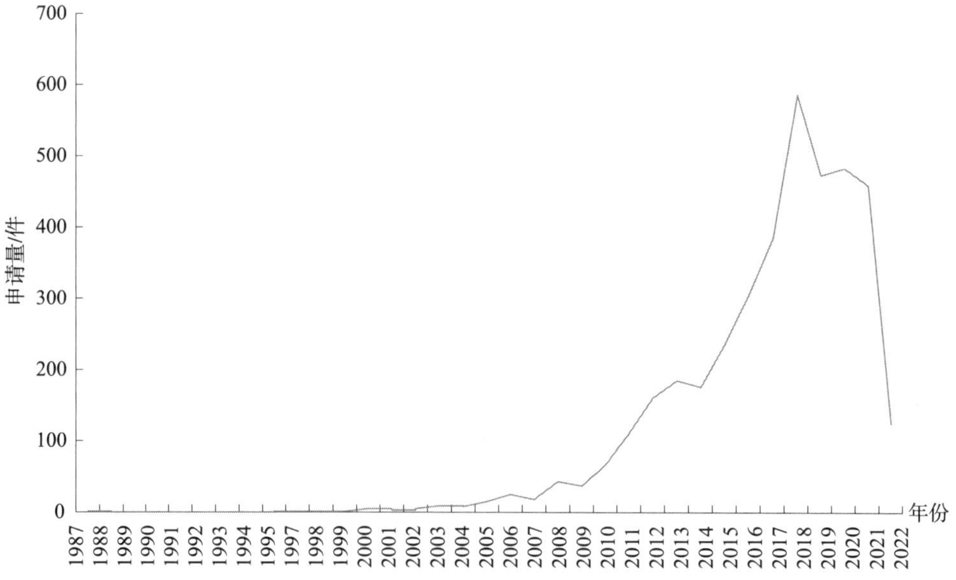

图7-3-8 隔膜材料中国专利申请趋势

2. 技术来源分析

图7－3－9示出了隔膜材料全球专利主要技术来源地专利申请量分布，从中可以看出，中国专利申请主体以国内申请人为主，其次是具有较为成熟技术积累的日本在中国进行专利布局，韩国、美国和欧洲在中国专利申请分别排名第三、第四和第五位。

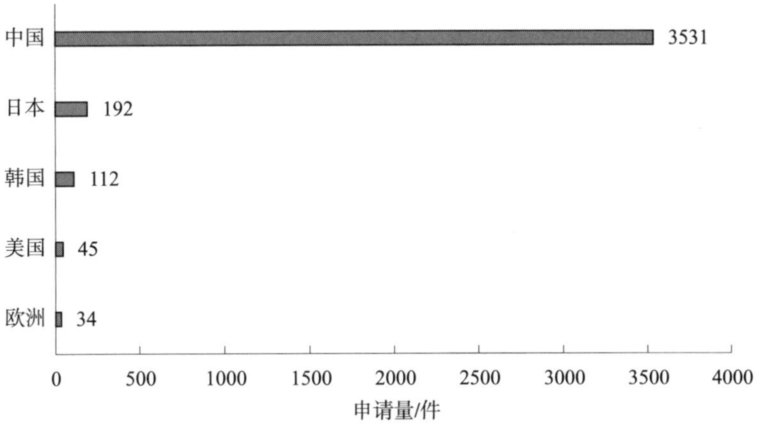

图7－3－9　隔膜材料全球专利主要技术来源地申请量对比

从图7－3－10可以看出，2000年以后，随着全球对新能源的重视，各国对于锂离子电池及其所用隔膜材料研究热潮兴起，中国在隔膜材料领域的专利申请量呈现第一次快速增长，其他国家在中国专利申请量也逐渐增多，日本和韩国在中国布局的专利数量比较稳定，美国和欧洲在中国的专利申请数量较少。2014年后，随着新能源动力汽车产业的发展，中国的专利申请呈现第二次快速增长，这与全球主要技术来源地的申请态势也是相一致的。

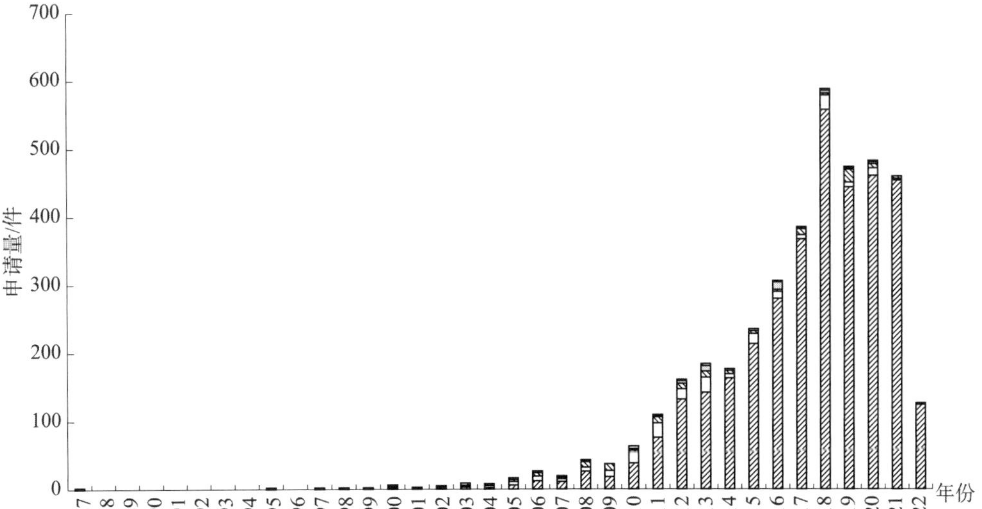

图7－3－10　隔膜材料中国专利申请主要技术来源地申请趋势

3. 技术构成分析

为了进一步分析中国国内锂离子电池隔膜安全性改进涂覆分支的专利现状，图7－3－11示出了中国国内隔膜材料技术主题各分支的发展情况。自2000年起，涉及无机涂覆、有机涂覆、无机＋有机复合涂覆的相关涂覆改进方式的申请量处于起步发展阶段，2010年以来，无机涂覆和无机＋有机复合涂覆的申请量增长速度高于单纯的有机涂覆改进方式的申请量。2014年以来，无机涂覆和无机＋有机复合涂覆的申请量呈指数增长，有机涂覆方式的研究及其申请量保持相对较为平缓的增长。

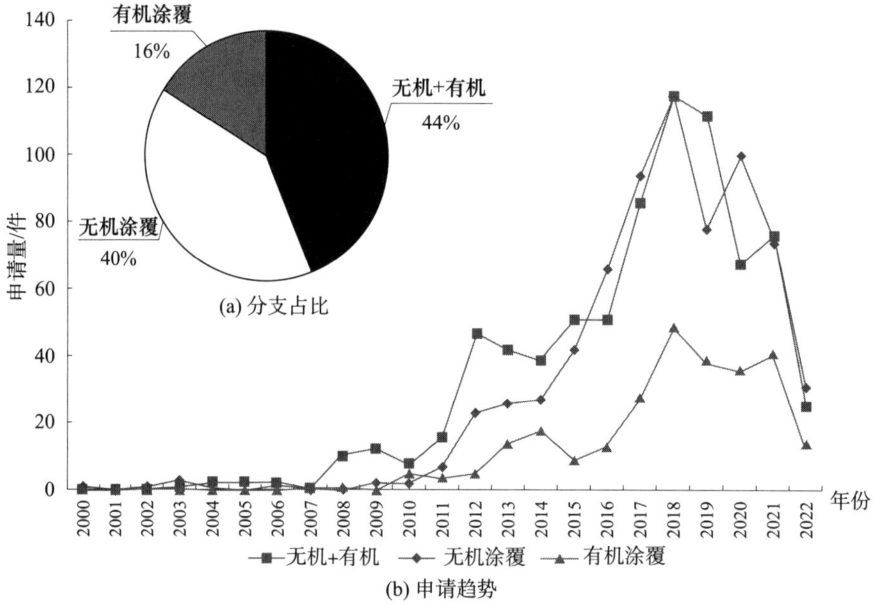

图7－3－11 中国国内隔膜材料安全性改进涂覆方面主要技术分支专利发展趋势及各分支占比

图7－3－12示出了隔膜材料涂覆各技术分支主要国家/地区来华专利分布状况，与国内整体申请量的占比相一致，国内企业是国内申请主体，在各技术分支上的申请

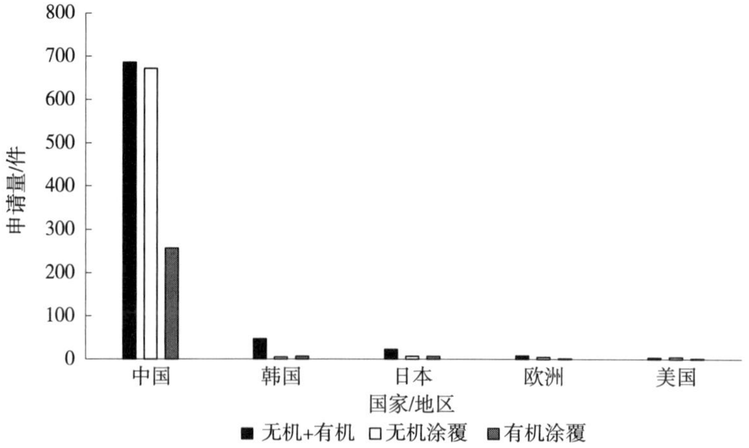

图7－3－12 隔膜材料安全性改进涂覆各技术分支主要国家/地区来华专利申请量占比

量相对较多。与全球各技术分支的分布情况一致，中国在无机 + 有机复合涂覆的申请量与无机涂覆的申请量基本一致，二者占据整体申请量的4/5。韩国、日本在中国进行专利申请的主要技术分支在于无机 + 有机复合涂覆。欧洲、美国在中国进行布局的数量相对较少。

4. 中国重点申请人分析

为了有针对性地对中国重点申请人现状进行分析，图7－3－13示出了隔膜材料中国重点申请人专利申请分析。

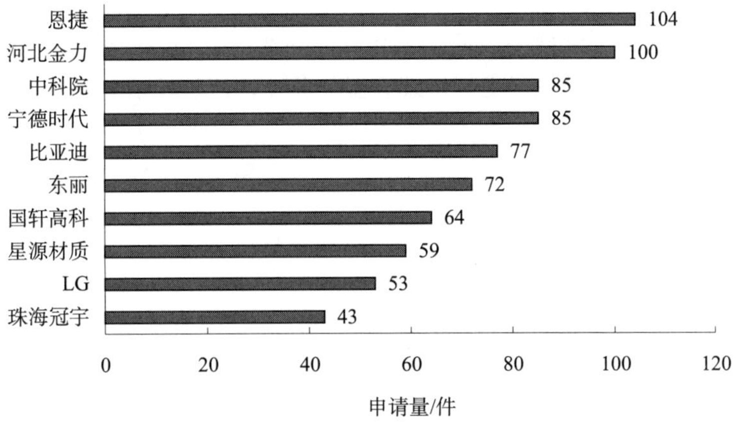

图7－3－13　隔膜材料中国重点申请人专利申请排名

从图7－3－13可以看出，中国专利申请排名前十申请人中，以企业申请人为主，国内申请人占据八席。恩捷排名第一，其次是河北金力、宁德时代和中科院。排名第四的中科院是唯一进入排名前十申请人的科研院所，中国企业比亚迪、国轩高科、星源材质分别排名第六、第八和第九位。在海外来华申请人中，日本东丽和韩国LG分别排名第六位和第九位。

7.4　电解质材料

7.4.1　全球专利竞争态势分析

为了展示电解质材料全球专利的分布状况，本节重点针对电解质领域全球专利的发展态势、技术来源、目标市场、技术主题、重点申请人等进行分析。

1. 发展态势分析

如图7－4－1所示，从全球范围电解质材料专利申请量的逐年变化态势可以看出，全球范围专利申请量整体呈上升趋势，并且大体可以分为三个阶段。

（1）技术萌芽期（1994年之前）

1994年以前，与锂离子电池电解质材料相关的专利申请数量较少，其间略有波动，但总体上申请量不大。这个时期由于锂离子电池电解质材料的研发刚刚起步，处于试探性的研究阶段，各大企业只有零星的专利申请，申请总量较少。

（2）波动增长期（1995～2008年）

从1995年开始，电解质材料相关的专利申请数量开始有明显增长，1997年突破100项，但在之后的十余年间申请量基本稳定，研发投入整体处于一个相对平稳的态势。

（3）快速增长期（2009年至今）

从2009年开始，电解质材料申请量快速增长，尤其是2014年之后呈飞跃式增长，2020年申请量达到847项，接近2015年的3倍，考虑到2021年和2022年提交的专利申请还有较多未公开，可以预期该两年的申请量依然保持在一个较高的水平。这表明近年来锂离子电池电解质材料正受到持续升温的关注，该领域依然是热门的研究领域。

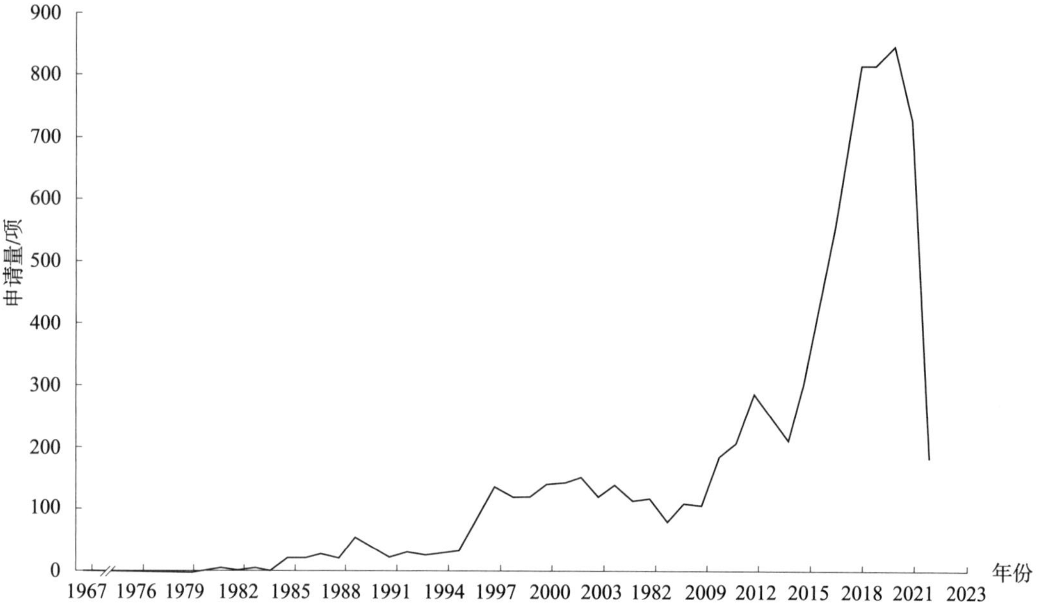

图7－4－1　电解质材料全球专利申请趋势

2. 技术来源分析

从图7－4－2中可以看出，目前全球大部分电解质材料专利来自中国，约占总量的53%，其次是日本，约占总量的34%，申请量排名第三到第五位的分别为韩国、欧洲和美国。

进一步结合图7－4－3可以看出，在电解质材料领域技术起步的初期，申请人主要集中在日本和美国，中国和韩国进入该领域的时间相对较晚，直到2005年左右一直是日本的申请量最多。2007年开始，中国的申请量呈现飞跃式增长，显著领先于其他国家。可见，在国家关于新能源政策的推动下，国内创新主体的研发热情高涨，更加重视在该领域的专利布局。

3. 目标市场分析

图7－4－4示出了电解质材料全球专利目标市场分布情况。可以看出，中国作为

目标市场的专利布局量是最多的，日本排名第二位。相对于图7－4－2，美国的排名上升到第三位，这表明美国市场相较于韩国和欧洲市场更为全球申请人所关注，在美国进行专利布局的数量相对更多。

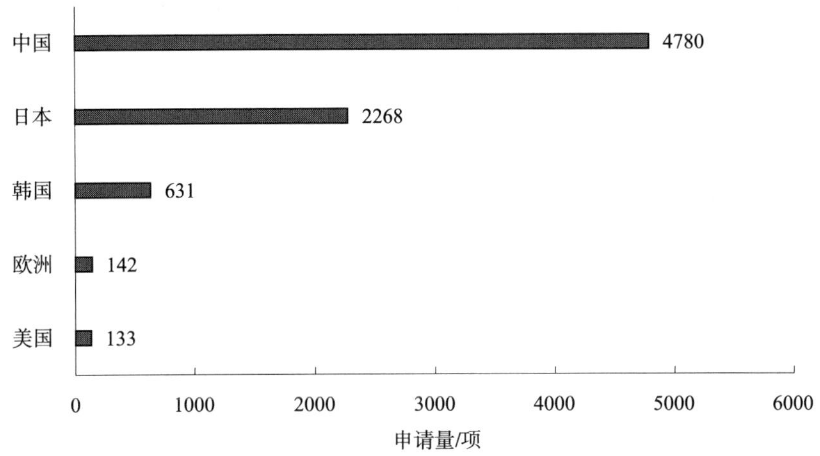

图7－4－2　电解质材料全球专利主要技术来源地申请量对比

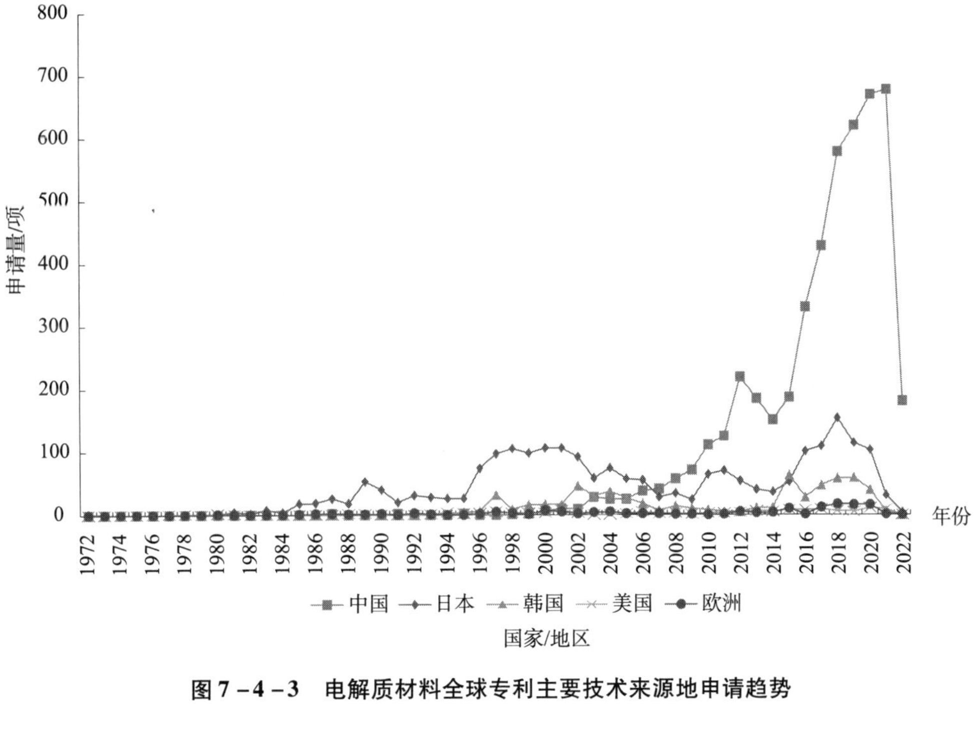

图7－4－3　电解质材料全球专利主要技术来源地申请趋势

4. 技术构成分析

为了进一步分析电解质材料技术各分支的专利分布现状，图7－4－5～图7－4－7示出了全球电解质材料技术各分支的专利发展情况。

如图7－4－5所示，电解质材料按其存在形态大致可以分为液态电解质、凝胶电解质和固态电解质。液态电解质的申请量最多，其研究和改进也最多。其次为固态电解质，固态电解质具有不可燃、耐高温、无腐蚀、不挥发的特性，由于其优异的安全性，其也是电解质领域的研究重点。在固态电解质方面，对于聚合物固态电解质的研究占主体方向，其次是对氧化物、硫化物固态电解质的研究，为了实现优势互补，申请人也对有机+无机复合固态电解质进行改进研究。

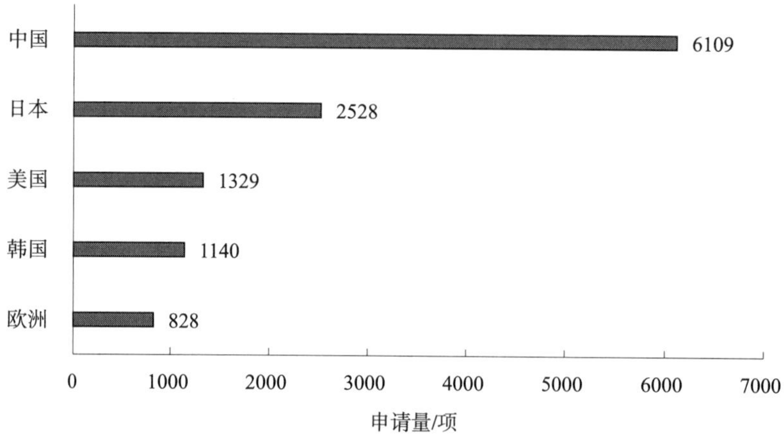

图7-4-4　电解质材料专利全球主要目标市场申请量对比

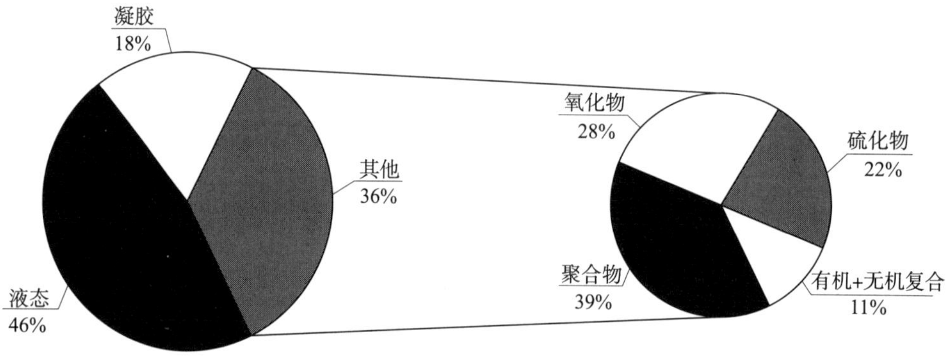

图7-4-5　电解质材料全球主要技术分支专利占比

图7-4-6示出全球电解质材料主要技术分支专利发展趋势。液态电解质作为现在主流的电解质材料，申请量一直保持稳定的增长态势。但自2018年起，固态电解质的年申请量开始明显超过液态电解质，成为年申请量占比最多的技术分支，可见，固态电解质更是未来重点的发展方向。而凝胶电解质作为从液态向固态过渡的中间形态，并不能从根本上解决安全性的问题，因而其占比相对较少。

图7-4-7示出了电解质材料主要技术分支全球主要国家/地区分布状况。中国在各技术分支上的申请量相对较多，液态电解质和固态电解质两个分支相比，中国液态电解质分支的专利布局最高。相比于中国，日本在固态电解质的专利布局有所增多，韩国和美国在这两个技术分支上的发展相对较为均衡。

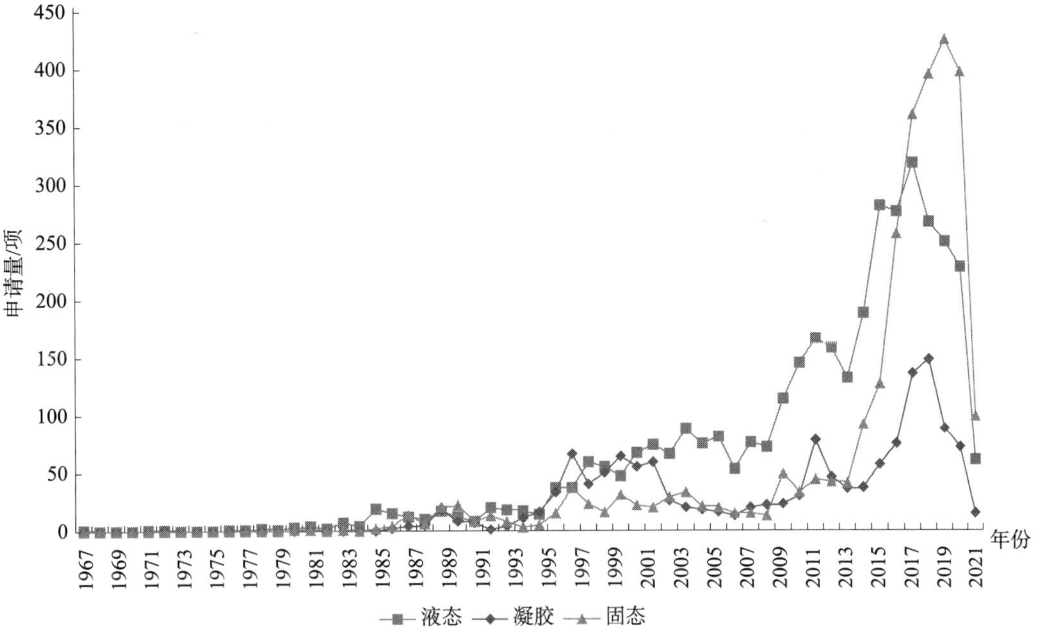

图 7-4-6　全球电解质材料主要技术分支专利发展趋势

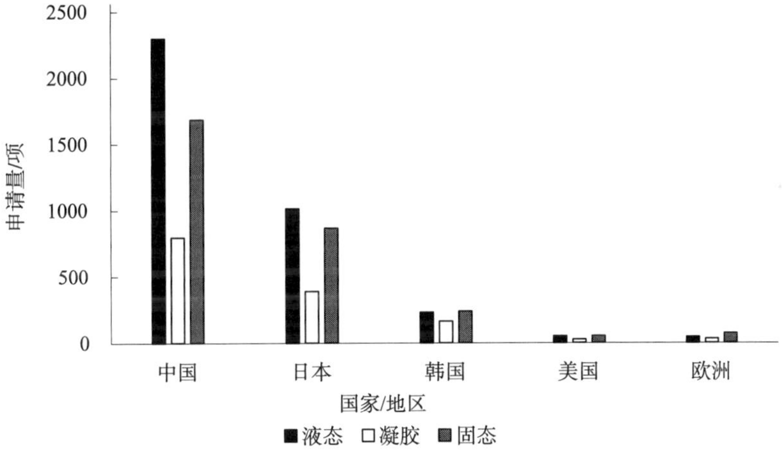

图 7-4-7　电解质材料各技术分支全球主要国家/地区专利申请量占比

5. 全球重点申请人分析

为了对电解质材料全球重点申请人进行分析，图 7-4-8 示出了电解质材料全球重点申请人专利申请排名情况。

电解质材料排名前十申请人主要集中在中国、日本、韩国。日本申请人最多，松下申请量遥遥领先，其余为丰田、日立、汤浅。韩国三星和 LG 分别排名第二位和第四位。中国的中科院申请数量最多，排名第五，超过了比亚迪和宁德时代两大电池厂商。从图 7-4-8 可以看出，前十申请人的技术侧重也有所不同，绝大多数申请人的专利布局仍以液体电解质为主，只有丰田和中科院在固态电解质方向占比最大，这主要是由于固态电解质还没有大规模商品化，目前还停留在实验室阶段，也说明丰田在固态电解质方向拥有卓越的研发能力和技术积累。

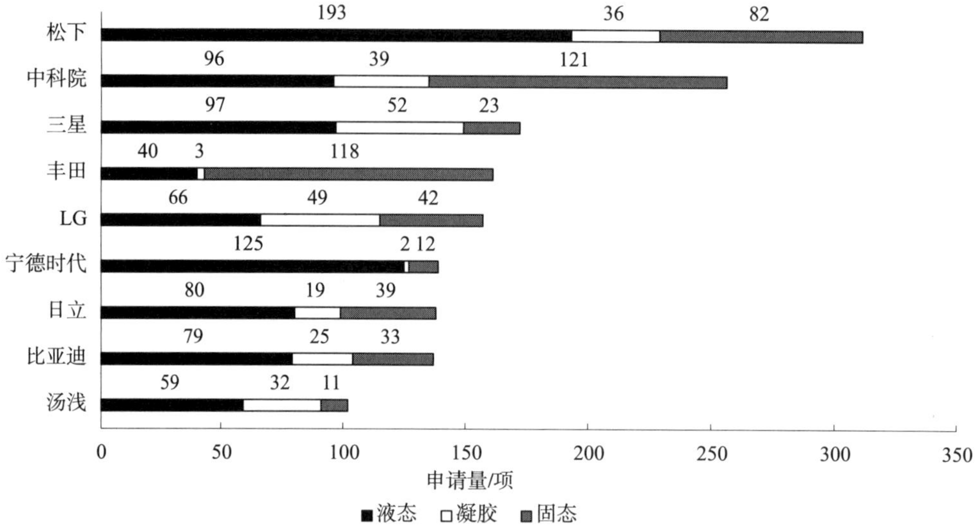

图7-4-8　电解质材料全球专利重点申请人各分支专利申请排名

7.4.2　中国专利竞争态势分析

为了展示电解质材料中国专利的分布状况，本节重点针对电解质方面中国专利的发展态势、技术来源、区域分析、技术主题、重点申请人进行分析。

1. 发展态势分析

从图7-4-9可以看出，国内电解质材料专利申请趋势与全球电解质材料的申请趋势整体一致。2009年开始电解质申请量快速增长，在2013~2014年出现申请量波动下滑，但随着2014年新能源汽车渗透率提高，对动力电池的需求呈指数增长，也带动了电解质材料中国专利申请量的快速增加。

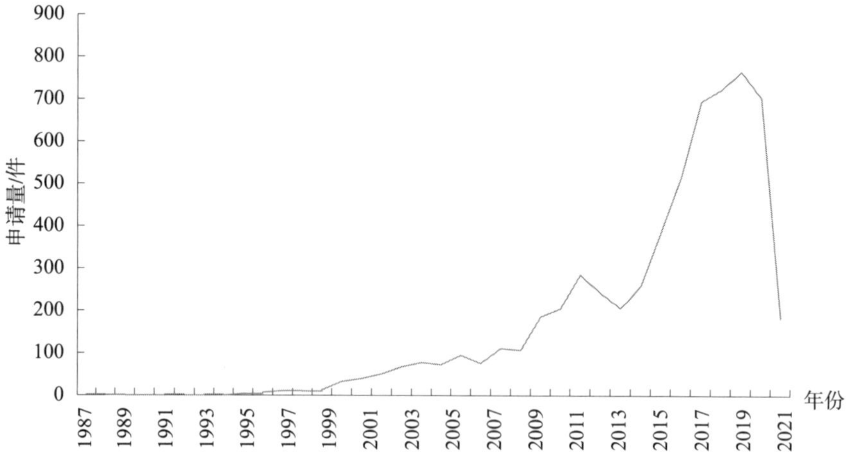

图7-4-9　电解质材料中国专利申请申请趋势

2. 技术来源分析

图7－4－10示出了电解质材料中国专利主要技术来源地申请量分布。

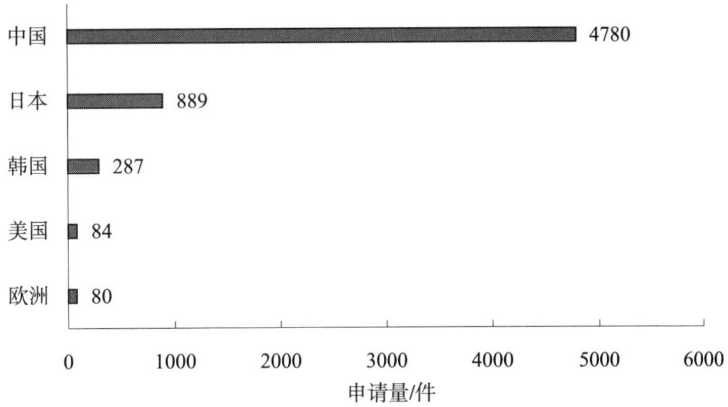

图7－4－10　电解质材料中国专利主要技术来源地申请量对比

从图7－4－10可以看出，中国国内申请人的电解质材料专利申请占据3/4以上，日本作为电解质材料布局较早和持续重点研发的国家，关于电解质材料的中国专利申请量排名第二，随后是韩国、美国和欧洲。

进一步结合图7－4－11可以看出，虽然欧洲的申请量一直不大，却是最早在中国进行专利布局的，之后美国和日本也陆续进入中国市场，中国和韩国进入该领域的时

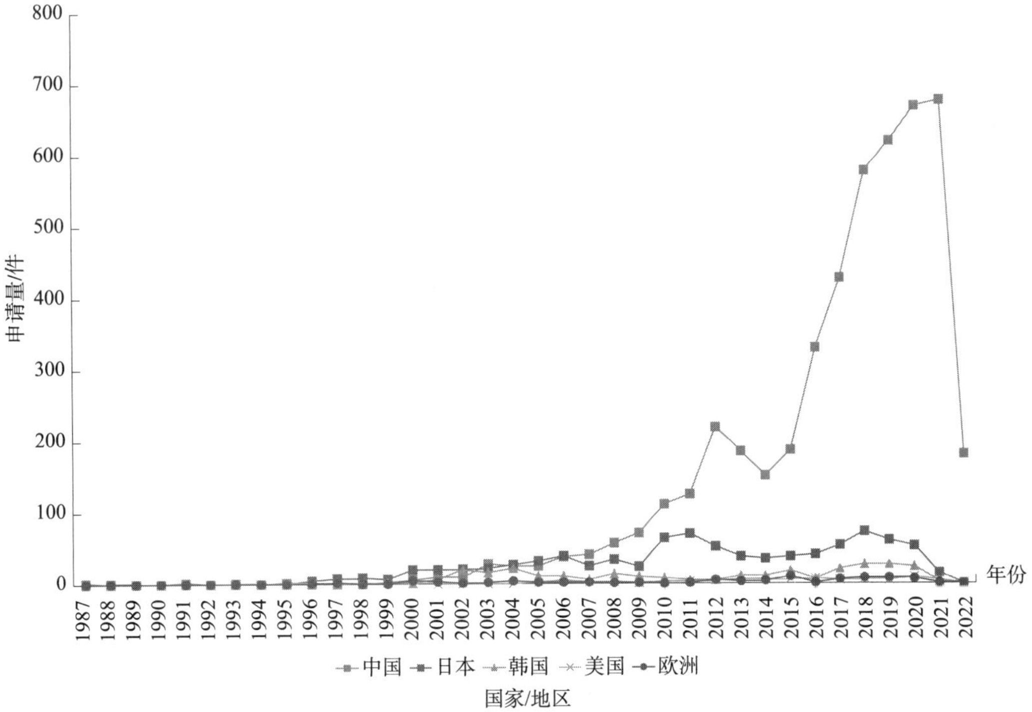

图7－4－11　电解质材料中国专利主要技术来源地申请趋势

间相对较晚，直到2005年前后一直是日本的申请量最多。从2007年开始，中国的申请量开始呈现飞跃式增长，显著领先于其他国家。这与全球主要技术来源地的申请态势也是相一致的。

3. 中国区域分析

从图7-4-12中国主要申请人省市排名来看，广东申请量遥遥领先，主要是由于广东省拥有比亚迪和宁德新能源等国内最大的电池厂商。排名第二、第三位的分别是江苏、北京。目前，江苏动力电池总产量、销量和装机量均居全国前列，正在成为全球动力电池最大制造基地。而北京作为高校和科研院所的聚集地，在技术研发的同时对于专利的申请和布局也十分重视。

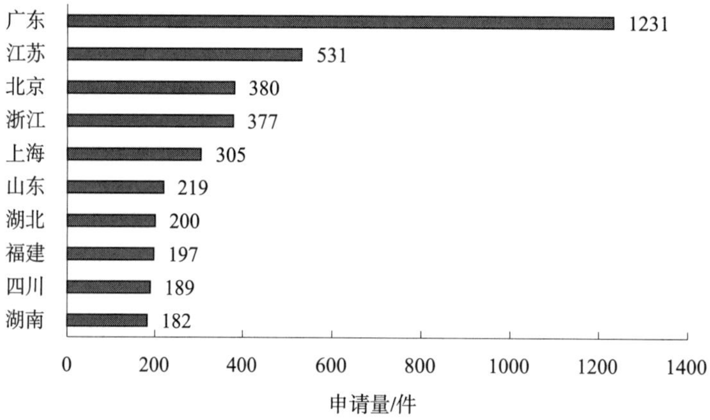

图7-4-12 电解质材料中国国内专利申请区域分布

4. 技术主题分析

为了进一步分析中国国内电解质材料各技术主题的专利现状，图7-4-13示出了中国国内电解质材料技术主题的专利发展情况。各技术分支的专利申请趋势与电解质材料中国国内整体申请趋势一致。2012年，液态、凝胶、固态的申请量出现第一个峰值，后续有所回落。2015~2018年，液态、凝胶、固态的申请量均在上升。从申请量统计来看，液态的申请量基本占据整体电解质申请量的一半，随后是固态、凝胶。

图7-4-14示出了电解质材料各技术分支来华专利分布状况，与整体申请量占比一致，中国各技术分支的申请量相对较多。其中，液态和固态两个分支相比，中国液态电解质的布局最高，日本相对中国在固态电解质的布局有所增多，韩国、美国、欧洲的申请量相对较少，其中，韩国更侧重液态电解质的布局，美国和欧洲各技术分支的申请量相对均衡。

5. 中国重点申请人分析

为了有针对性地对中国国内申请人现状进行分析，图7-4-15示出了电解质材料中国国内主要申请人以及海外来华主要申请人的专利申请量。

从图7-4-15可以看出，海外来华申请人中，日本松下电解质材料方面中国专利申请最多，其次是日本的丰田。对于国内申请人而言，排名前十的有2所高校、4家公司，其中，中科院的申请量最大，其次是宁德时代，随后基本与之持平的是比亚迪。另外，韩国申请人中，LG和三星在电解质材料方面中国的申请量最多。海外来华申请人中，除了丰田更侧重固态电解质的布局，其他都以液态电解质为主。而国内申请人中，中科院、珠海冠宇、华中科技大学和成都新柯力都在固态电解质方向进行了更多的布局，说明固态电解质材料的研发已经引起了国内申请人的重视。

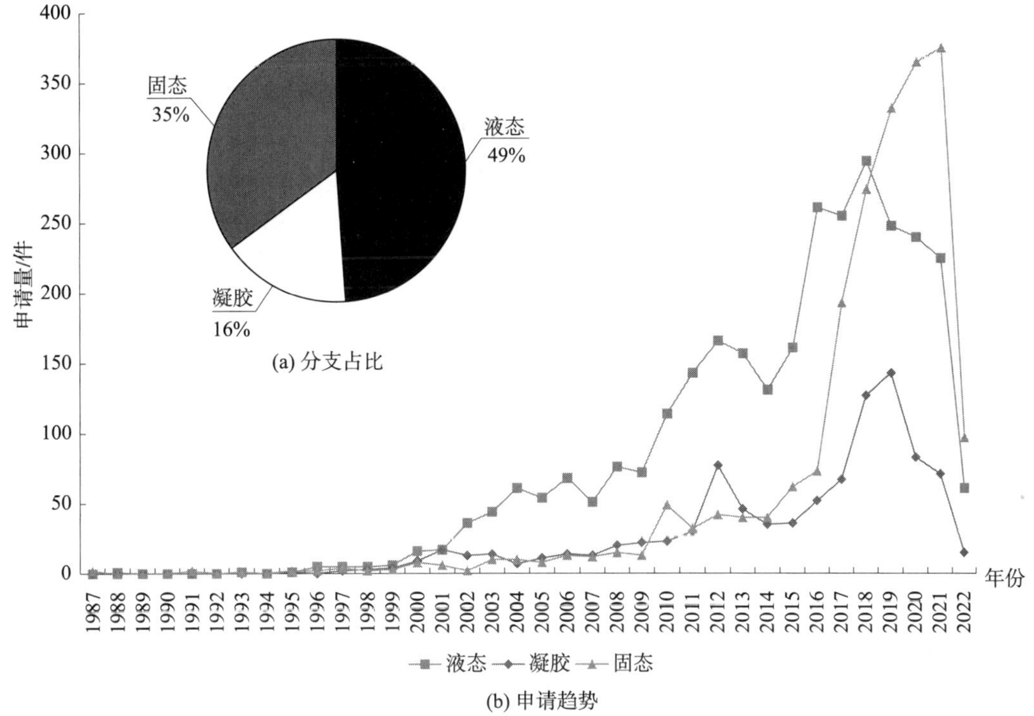

图7-4-13 电解质材料中国专利技术分支占比及申请趋势

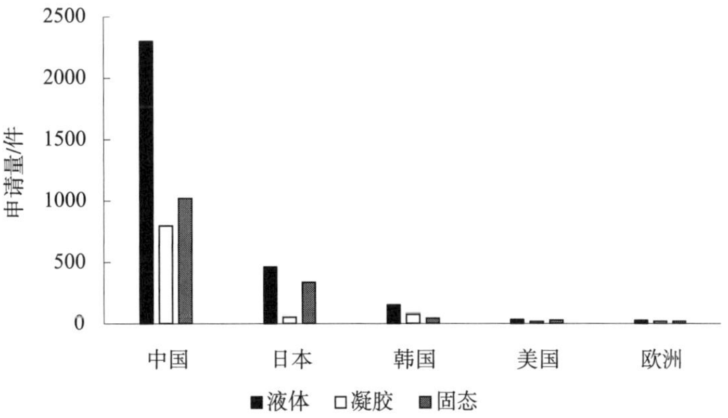

图7-4-14 电解质材料各技术分支中国国内和来华专利申请量占比

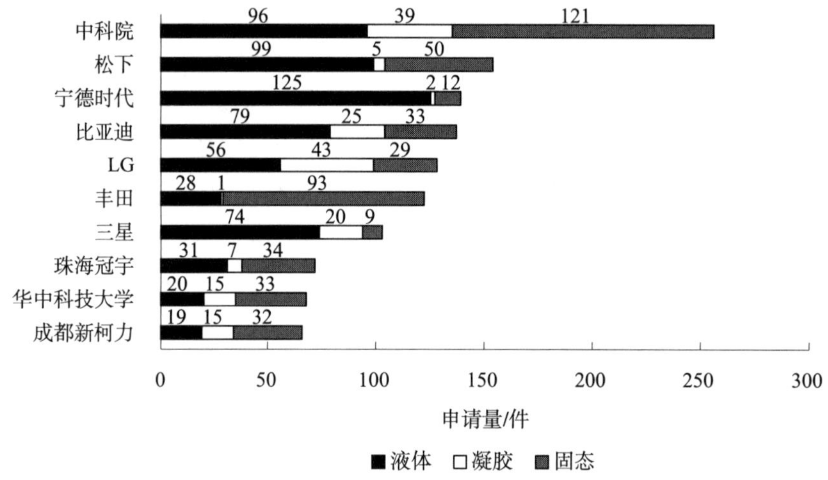

图7-4-15　电解质材料中国专利重点申请人申请量排名

7.4.3　液态电解质全球态势分析

为了展示全球专利液态电解质材料的专利分布状况，本节重点针对全球液态电解质方面专利的申请趋势、技术来源、目标市场、重点申请人进行分析。

1. 发展态势分析

如图7-4-16所示，从全球范围液态电解质材料专利申请量的逐年变化态势可以看出，全球范围专利申请量整体呈上升趋势。1995年以前，处于技术萌芽阶段，每年的申请量在20项以下。1996~2009年整体申请量处于缓慢增长期，年增长量在10项左右，增长速度较为缓慢，但整体处于波动上升状态。2010年以后，出现快速增长期，

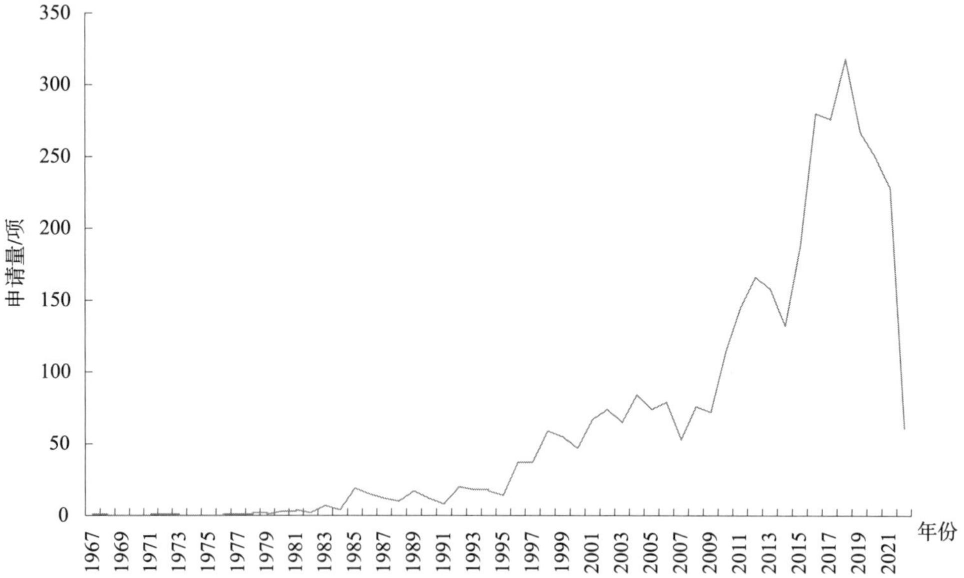

图7-4-16　液态电解质材料全球专利申请趋势

年申请量超过100项，2014年之后呈飞跃式增长，其中，2016年申请量已达2020年申请量的2倍，超过200项，2018年年申请量达到2020年申请量的3倍，超过300项。2019年液态电解质材料申请量出现略微下降，但此时固态电解质材料的申请量仍处于上升高位，二者并驾齐驱，说明产业对于已市场化的液态电解质和极具市场化前景的固态电解质同样看重。考虑2020年和2021年提交的专利申请还有较多未公开，可以预期该两年的申请量可能依然保持在一个较高的水平。

从图7-4-17可以看出，与全球液态电解质材料的申请趋势相比较，中国国内液态电解质材料的专利申请起步较晚，1995年开始缓慢增长，2000年申请量超过10件，2001~2009年处于慢速增长期，2010年后进入快速增长期，年申请量超过100件，增长迅速，这与全球液态电解质材料的申请趋势一致。

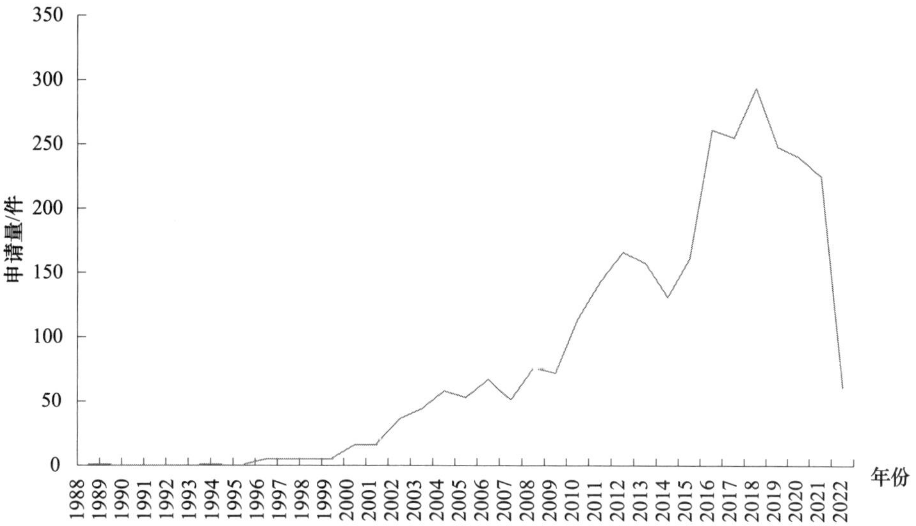

图7-4-17 液态电解质材料中国专利申请趋势

2. 技术来源分析

下面将专利申请的优先权国家/地区作为首次申请地来进行统计，分析专利申请的首次申请国家/地区分布，得出图7-4-18、图7-4-19所示的液态电解质材料主要申请来源地的申请量排名和年申请量趋势。

结合图可以看出，在液态电解质材料领域技术起步的初期，申请人主要集中在日本，中国和韩国开始进入该领域的时间相对较晚。直到2007年，日本的申请量一直处于领先地位，可见，日本持续重视技术创新的研发以及知识产权的保护。2007年以后，中国的年申请量超越日本，但累计申请量仍明显不足，随着国内新能源汽车以及动力电池装机量需求的增长，中国的专利申请量自2015年开始呈现飞跃式增长。

3. 目标市场分析

为了进一步展示全球液态电解质材料的目标市场分布，图7-4-20示出了全球液态电解质材料主要目标市场区域分布。

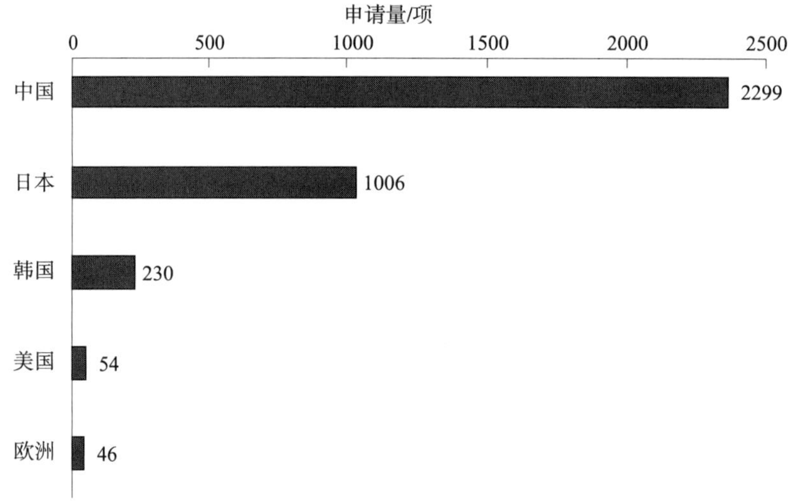

图7－4－18　液态电解质材料全球专利主要技术来源地申请量排名

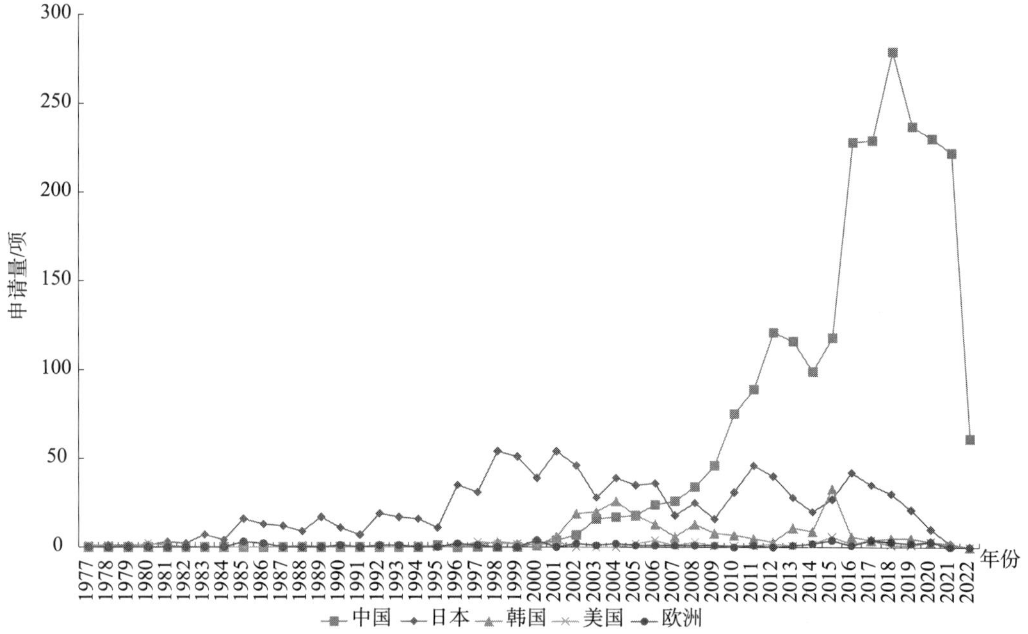

图7－4－19　液态电解质材料全球专利主要技术来源地申请趋势

从图7－4－20中可以看出，在液态电解质领域，中国作为目标市场的专利布局量是最多的，这是由于目前大部分国内申请人在国内进行专利布局。日本作为目标国，排名第二位。美国超过韩国和欧洲排名第三，这表明，虽然在技术产出方面，美国相对较少，但作为目标市场，美国相较于韩国和欧洲更为全球申请人所关注，在美国进行专利布局的数量也相对更多。

4. 重点申请人分析

为了对液态电解质领域主要申请人现状进行分析，图7－4－21、图7－4－22示出了液态电解质领域全球和中国主要申请人专利申请排名情况。

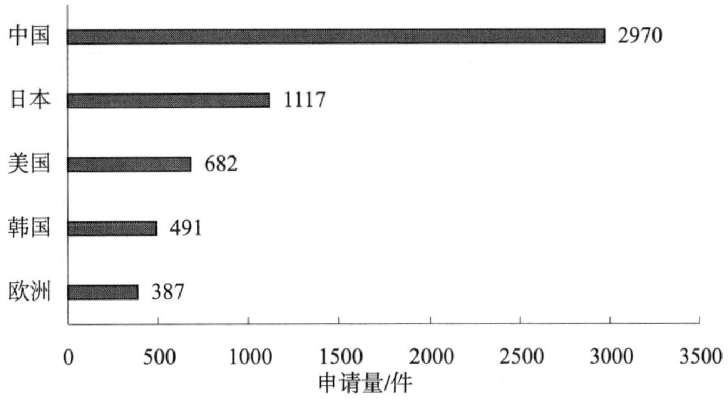

图7-4-20　液态电解质材料专利主要目标市场申请量对比

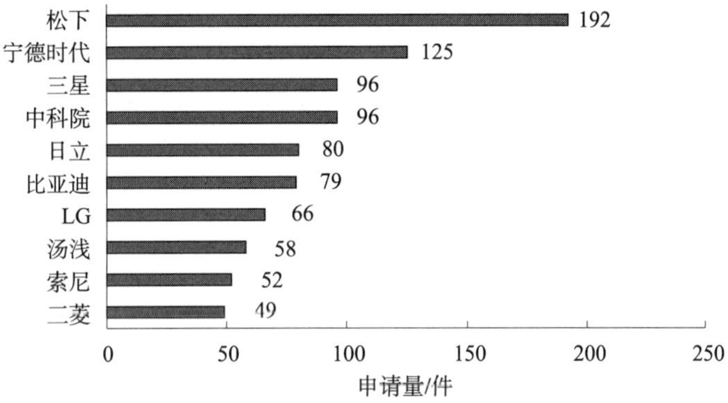

图7-4-21　液态电解质材料全球专利重点申请人申请量排名

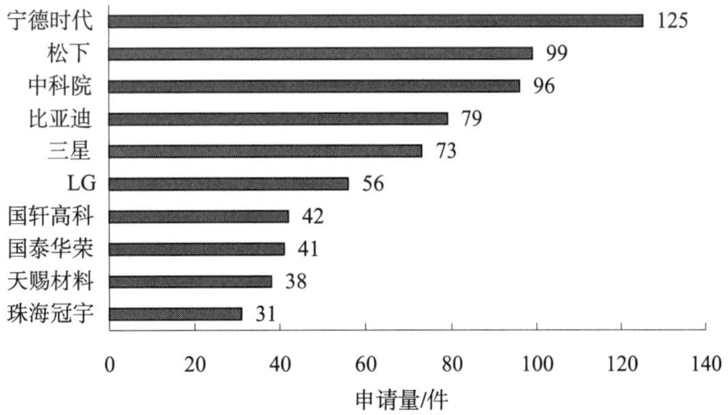

图7-4-22　液态电解质材料中国专利重点申请人申请量排名

由图7-4-21、图7-4-22可以看出，排名前十的申请人与液态电解质专利申请总量国家/地区排名一致，主要集中在中国、日本、韩国。对于全球专利申请布局而言，日本申请人所占的份额最多，松下申请量遥遥领先，且一半申请在中国布局；其余为日立、汤浅、索尼、三菱。中国进入全球专利申请排名前十的申请人为宁德时代、中科院、比亚迪。另外，全球专利排名前十的申请人中，韩国的三星、LG 分别排名第四、第七，其中超过 3/4 的专利在中国进行布局，足以体现其他国家企业在国内市场进行专利布局的重要性。

7.4.4 凝胶电解质全球态势分析

为了展示全球专利中凝胶电解质材料的分布状况，本节重点针对全球凝胶电解质材料专利的申请趋势、技术来源、目标市场、重点申请人进行分析。

1. 发展态势分析

如图 7－4－23 所示，全球范围专利申请量整体呈阶段性波动增长趋势。1995 年以前，处于技术萌芽期阶段，每年的申请量在 20 项以下。1996～2004 年处于第一阶段波动增长阶段，凝胶电解质材料作为液态电解质到固态电解质的过渡态，在该阶段迎来研究的第一阶段高峰期。随后，2005～2010 年经历了申请量的回落期，接着，2011 年以后凝胶电解质专利申请量呈飞跃式增长，这和新能源汽车行业的蓬勃发展以及动力电池的需求呈指数增长是分不开的，其作为液态电解质与固态电解质的过渡态，一直处于较为稳定的申请量范围内。

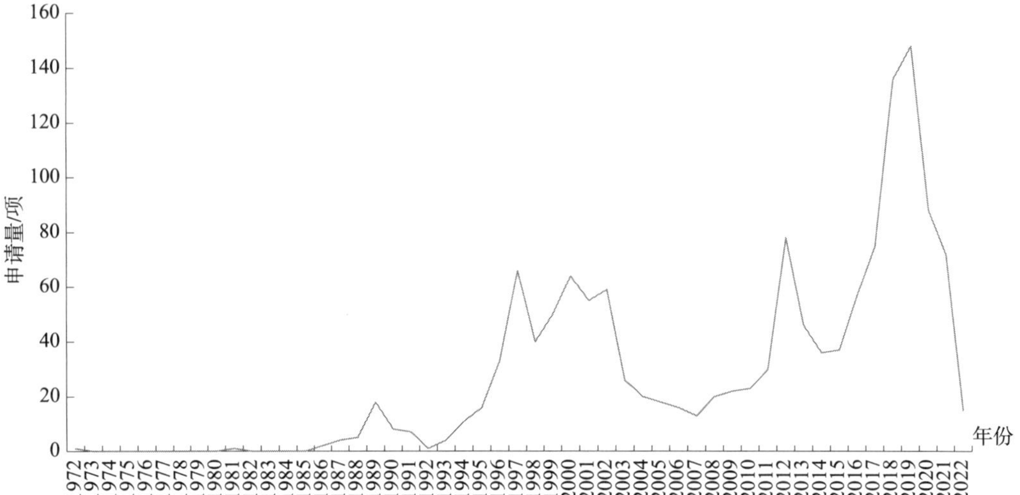

图 7－4－23 凝胶电解质材料全球专利申请趋势

从图 7－4－24 可以看出，与全球凝胶电解质材料的申请趋势相比较，在全球申请量处于第一阶段波动增长阶段期，中国国内凝胶电解质材料的专利申请才刚起步，随后至 2011 年前均处于缓慢的增长阶段，直至 2011 后随着新能源汽车行业的发展，以及 2013 年我国新能源汽车补贴政策出台以来，对于动力电池安全性能的关注度也越来越高，国内凝胶电解质材料的申请量出现快速增长。

2. 技术来源分析

下面将专利申请的优先权国家/地区作为首次申请来源地进行统计，分析专利申请的首次申请国家/地区分布，得出图7-4-25、图7-4-26所示的凝胶电解质材料主要申请来源地的申请量排名和年度申请量趋势。

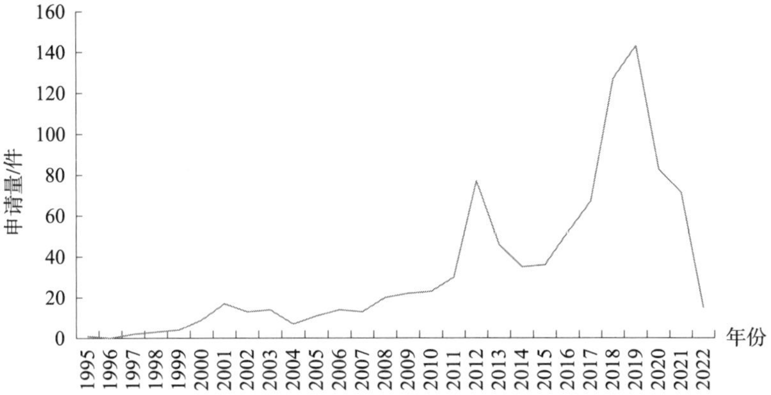

图7-4-24 凝胶电解质材料中国专利申请量趋势

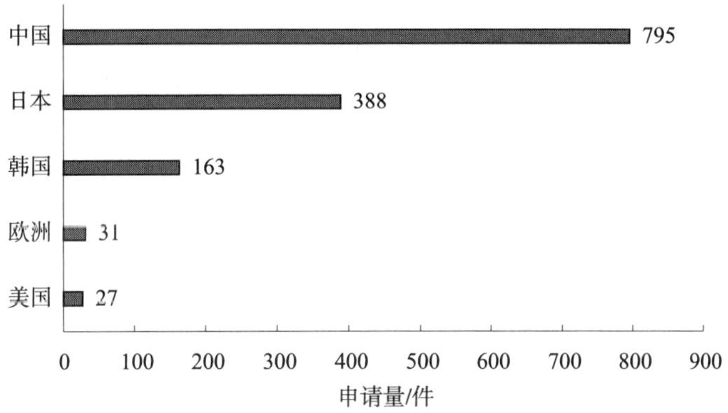

图7-4-25 凝胶电解质材料全球专利主要技术来源地申请量

结合图7-4-25、图7-4-26可以看出，在凝胶电解质材料领域技术起步的初期，申请人主要集中在日本和韩国，中国起步相对较晚。直到2006年左右，中国申请量超过日本，成为主要的申请国，且随后该领域的专利申请量一直处于领先地位。可见，随着中国新能源电动汽车产业的发展，国内对于动力电池的研发愈发重视，对包含凝胶电解质在内的各种电解质类型的研发均在不断尝试，各类电解质类型包括凝胶电解质的申请量均逐渐增加。

3. 目标市场分析

为了进一步展示全球凝胶电解质材料的目标市场分布，图7-4-27示出了全球凝胶电解质材料主要目标市场区域分布。

从图7-4-27中可以看出，在凝胶电解质领域，中国作为目标市场的专利布局量是最多的，这是由于目前大部分国内申请人在国内进行专利布局。日本作为目标国，排名第二位。相对于图7-4-25，美国超过韩国和欧洲排名第三，这表明，虽然在技术产出方面，美国相对较少，但作为目标市场，美国相较于韩国和欧洲更为全球申请人所关注，在美国进行专利布局的数量相对也更多。

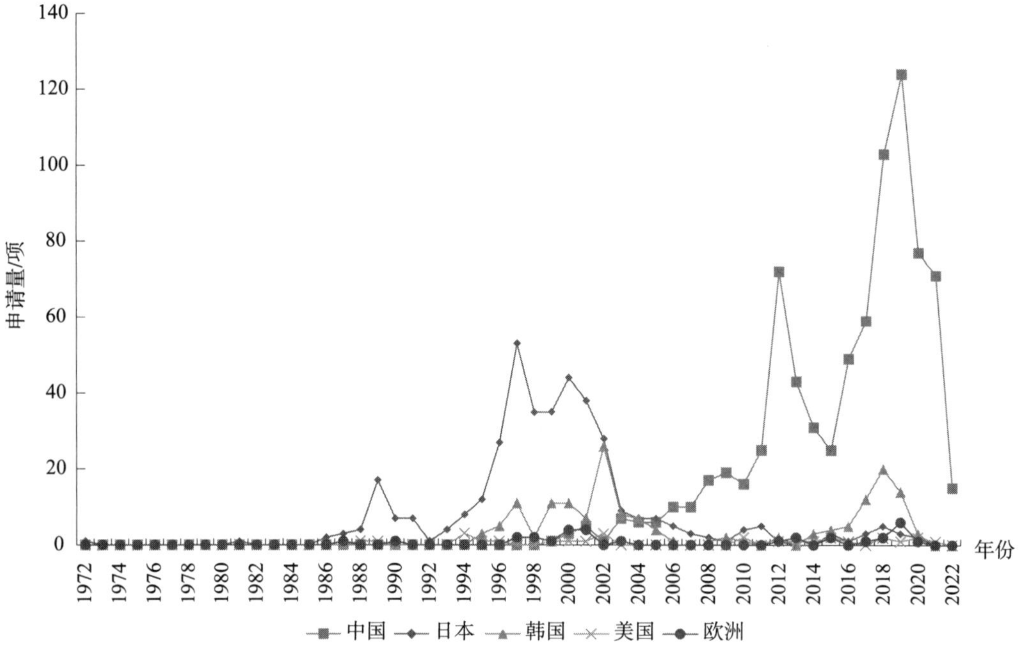

图7-4-26　凝胶电解质材料全球专利主要技术来源地申请趋势

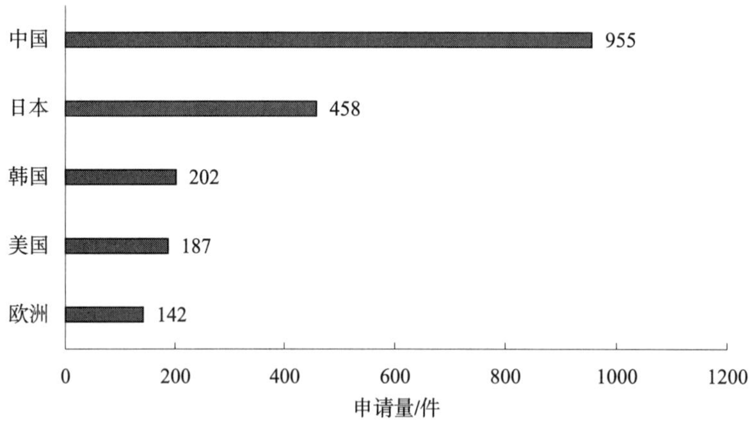

图7-4-27　凝胶电解质材料专利主要目标市场申请量对比

4. 重点申请人分析

为了对凝胶电解质领域主要申请人现状进行分析，图7-4-28、图7-4-29示出了凝胶电解质领域全球和中国专利申请的申请人排名情况。

由图7-4-28、图7-4-29可以看出，排名前十的申请人与凝胶电解质专利申请总量国家/地区排名一致，主要集中在中国、日本、韩国。对于全球专利申请布局而言，日本和韩国申请人所占的份额最多，韩国企业更为集中，主要集中在三星和LG，而日本企业对于凝胶电解质的早期专利申请较多，主要集中于松下、汤浅、三菱、日立。国内申请人主要以科研院所为主，如中科院、北京理工大学、华南师范大学，对于企业而言，比亚迪在凝胶电解质材料的研究使其进入全球专利申请人排名前十。对于中国专利申请排名前十申请人而言，研发起步最早的日本并未有企业在中国进行大量布局，而研发起步稍晚的韩国LG和三星在中国专利申请量较大。

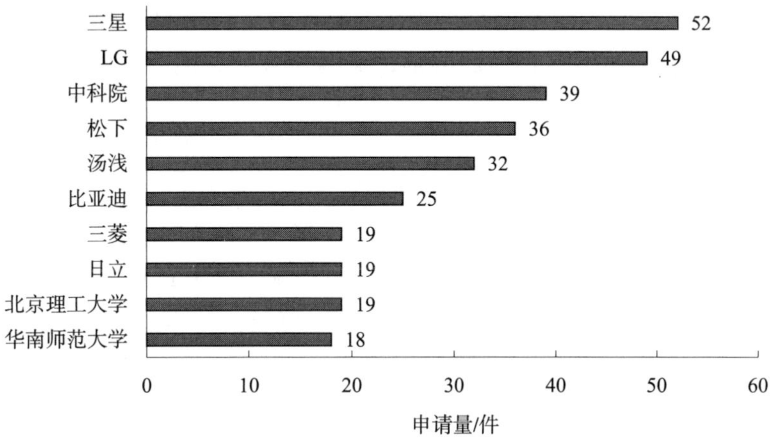

图7-4-28　凝胶电解质材料全球专利重点申请人申请量排名

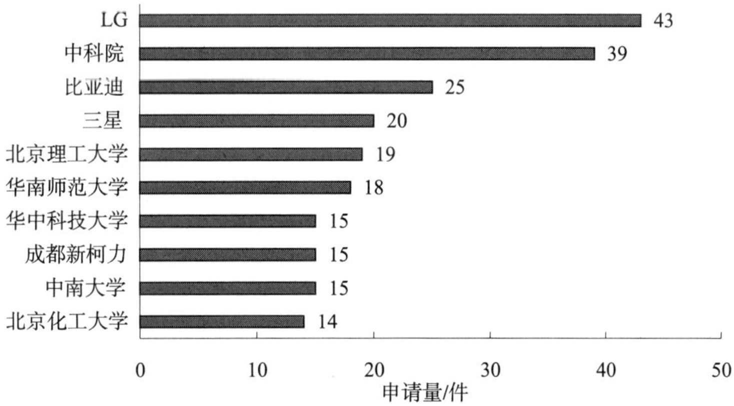

图7-4-29　凝胶电解质材料中国专利重点申请人申请量排名

第 8 章　固态电解质专利分析

目前商用锂离子电池以液态电解质为主，存在溶剂易泄漏和易燃的风险，具有很高安全风险。固态电解质不存在易燃溶剂，泄漏风险低，能有效降低电池安全风险。本章对固态电解质技术进行深入分析。

8.1　全球和中国专利竞争态势分析

为了展示全球专利中固态电解质材料的分布状况，本节重点针对全球、中国固态电解质方面专利的申请趋势、技术来源地、目标市场、技术主题、重点申请人进行分析。

8.1.1　发展态势分析

如图 8-1-1 所示，从全球范围固态电解质材料专利申请量的逐年变化态势可以看出，全球范围专利申请量整体呈上升趋势，并且大体可以分为三个阶段。

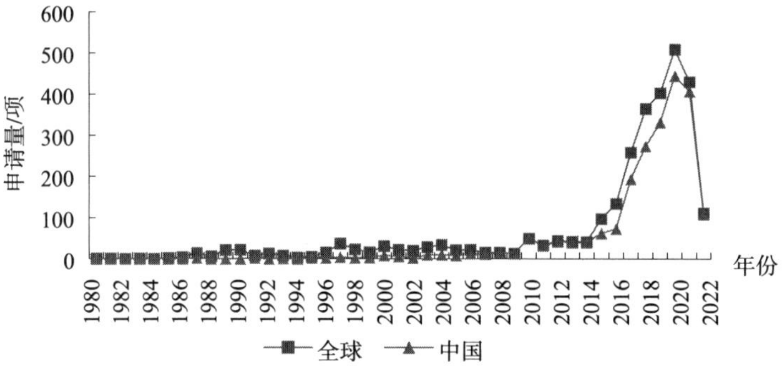

图 8-1-1　固态电解质材料全球和中国专利申请趋势

1. 技术萌芽期（1996 年之前）

1996 年以前，与锂离子电池固态电解质相关的专利申请数量较少，其间略有波动，但总体申请量不大。该阶段锂离子电池电解质的研发刚刚起步，申请总量较少。

2. 波动增长期（1996~2008 年）

1996 年开始，固态电解质相关的专利申请量开始增长，之后十余年间申请量基本稳定在 10~30 项。该阶段固态电解质材料的研发逐渐受到重视，研发投入整体处于一个相对平稳的态势。

3. 快速增长期（2009 年至今）

2009 年开始，固态电解质申请量开始呈现上升态势，2015 年之后呈飞跃式增长。2014 年以来新能源汽车的渗透率不断提高，对动力电池的需求呈指数增长，带动了对固态电解质材料的研发投入。2020 年申请量达 509 项，是 2015 年的 5 倍多，随着动力电池安全性问题逐渐突显，针对锂离子电池固态电解质材料的关注也在持续升温。2021 年和 2022 年的专利申请尚未完全公开，数据暂未分析。

中国国内固态电解质材料专利申请趋势与全球固态电解质材料的申请趋势整体一致。国内申请量从 2009 年开始增长，2017 年呈指数增长，此后一直保持强劲的发展态势。

8.1.2　技术来源地分析

本节将专利申请的优先权国家/地区作为首次申请来源地进行统计，分析专利申请的首次申请国家/地区分布，得出图 8－1－2、图 8－1－3 所示的固态电解质材料主要申请来源地的申请量排名和年申请量趋势。

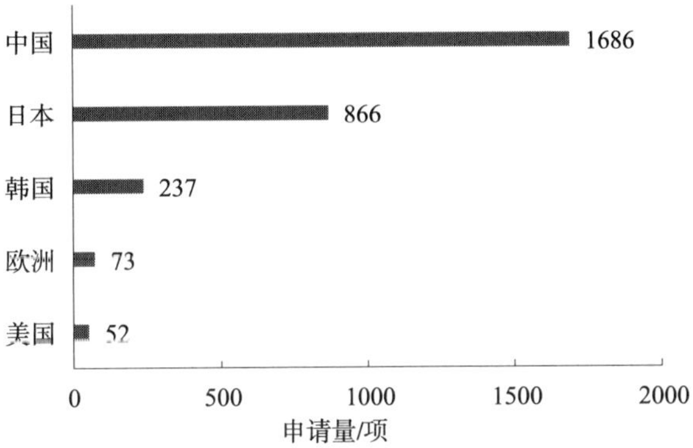

图 8－1－2　固态电解质材料技术来源地专利申请量排名

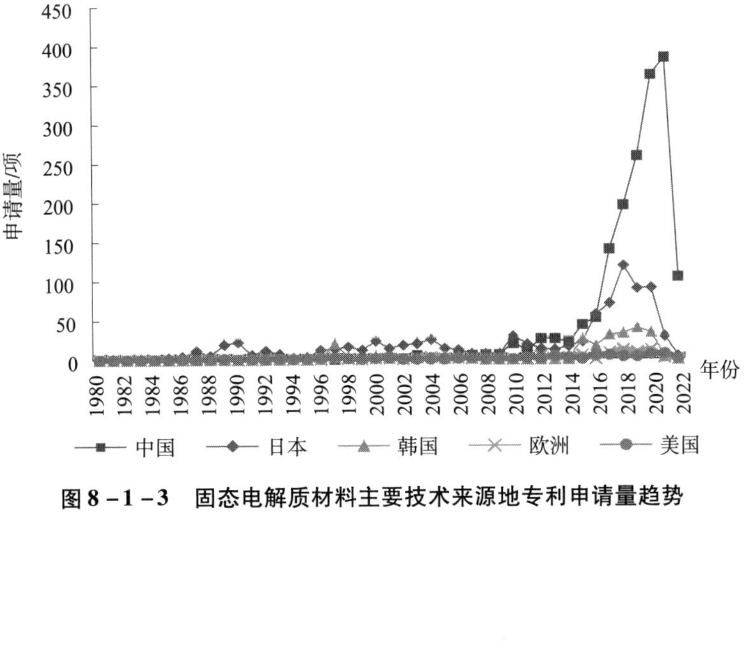

图 8－1－3　固态电解质材料主要技术来源地专利申请量趋势

在固态电解质材料领域技术起步初期，申请主要集中在日本和欧洲，直到2011年日本的申请量一直处于领先地位。可见，日本具有较为成熟的技术积累，但是前期固态电解质材料领域的申请量总体较少。在2014年之前，年申请量基本上不超过50件。从2015年开始，各国申请量都有显著增加。中国从2016年开始申请量呈现飞跃式增长，显著领先于其他国家/地区。近年来对于动力电池安全需求度提升，主要国家/地区对于固态电解质的关注程度也都明显增加，更加重视固态电解质的研发与专利布局。

8.1.3 目标市场分析

为了进一步展示全球固态电解质材料的目标市场分布，图8-1-4示出了全球固态电解质材料主要目标市场专利分布。

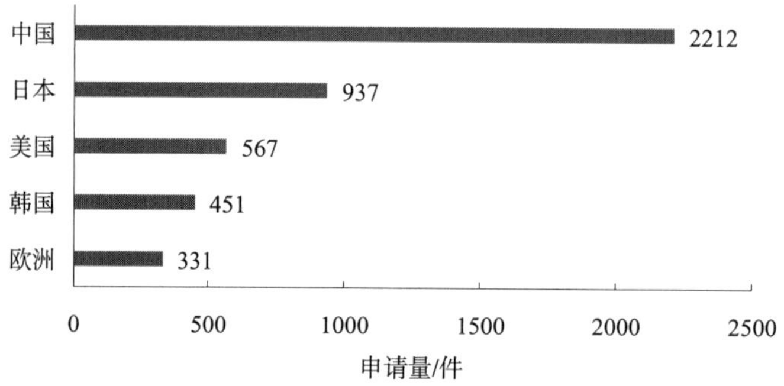

图8-1-4 固态电解质材料专利目标市场分析

在固态电解质领域，中国是排名第一位的目标市场，日本作为目标市场国，排名第二位。美国超过韩国和欧洲，排名第三位。在技术产出方面，美国相对较少，但作为目标市场，美国相较于韩国和欧洲更为全球申请人所关注，在美国进行专利布局的数量相对也更多。

8.1.4 技术主题分析

为了进一步展示固态电解质材料各技术分支的专利分布状况，图8-1-5和图8-1-6示出了固态电解质材料各技术分支的全球和中国专利发展现状。

固态电解质材料主要分为聚合物固态电解质、无机固态电解质和有机+无机复合固态电解质。从图8-1-5可以看出，聚合物固态电解质占比最多。无机固态电解质主要包括氧化物固态电解质和硫化物固态电解质，两者占比大致相当，氧化物固态电解质略为领先。聚合物固态电解质从最初起步到2005年一直是该领域的研究重点。之后，氧化物、硫化物、聚合物三个方向基本呈齐头并进之势，直到近两年聚合物的申请量又呈现明显的领先趋势。值得注意的是，从2016年开始，有机+无机复合固态电解质的申请量快速增长，将多种固态电解质材料复合使用也是近年来的重要研究方向之一，并且在整个技术发现过程中，还出现卤化物等新兴电解质类型。本课题未将其作为研究重点，以其他进行标注。

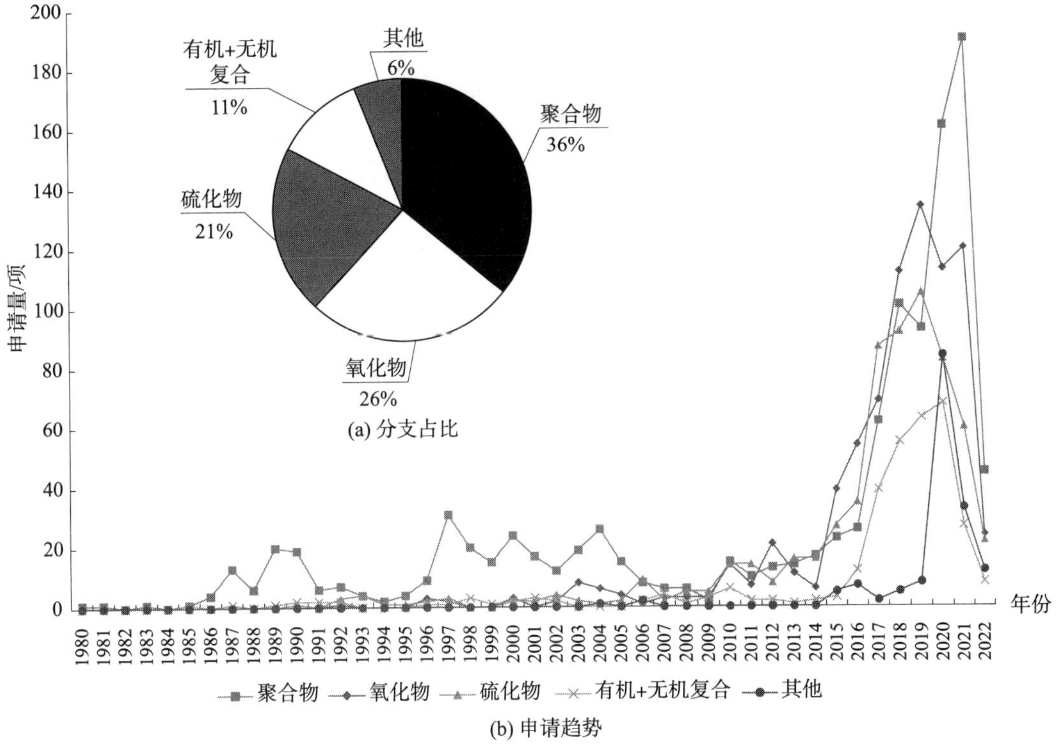

图8-1-5 全球固态电解质材料各技术分支专利占比及发展趋势

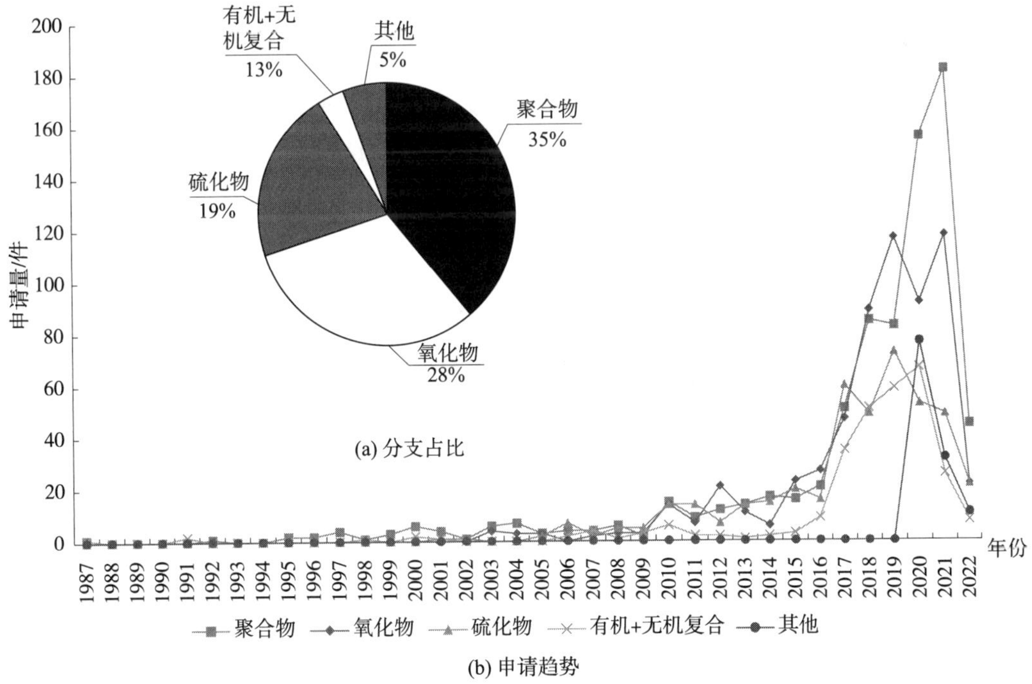

图8-1-6 中国固态电解质材料各技术分支专利占比及发展趋势

从图8-1-6可以看出，固态电解质技术分支在中国的占比和发展趋势与全球的情况相似。聚合物固态电解质占比最多，无机固态电解质中氧化物固态电解质相对于硫化物固态电解质申请量略为领先。中国国内固态电解质的研究起步相对较晚，2009年以前各分支申请量只有个位数。之后氧化物、硫化物、聚合物三个方向开始呈波动式上涨。从2016年开始，各分支的申请量都有爆发式增长。

图8-1-7示出了固态电解质材料各主要技术分支主要国家/地区专利的分布状况。除了硫化物方向日本的申请量最多，中国在其他技术分支上的申请量均为领先态势。中国、韩国、欧洲都是以聚合物电解质的布局最多。无机固体电解质方向，中国、欧洲、美国的氧化物电解质申请量高于硫化物，韩国和日本则更为侧重硫化物。有机+无机复合电解质综合了有机聚合物和添加无机物的性质，主要改性聚合物电解质性能不足，且和主流的锂离子电池体系制造设备兼容性较好。目前我国锂离子动力电池产业高位发展，对于有机+无机复合电解质申请相对其他国家/地区研发较多。

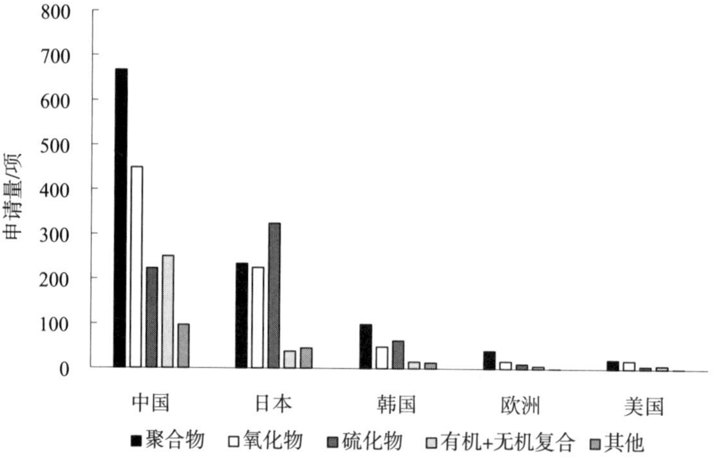

图8-1-7　固态电解质材料各技术分支主要国家/地区专利申请量占比分析

8.1.5　全球重点申请人分析

为进一步分析固态电解质材料领域重点申请人的专利分布状况，图8-1-8示出了固态电解质材料领域全球重要申请人的专利申请量排名。

固态电解质材料领域排名前十申请人主要集中在中国、日本、韩国。日本申请人所占的份额最多，排名前两位的是丰田和松下，其次分别是出光、富士胶片和日立。韩国申请人仅有LG排名第六位。中国申请人中，中科院排名第一，哈尔滨工业大学、珠海冠宇和华中科技大学分别居第七位、第九位和第十位。国内固态电解质领域的申请主要集中在高校、科研院所，固态电解质整体上处于技术研发阶段。中国申请人和韩国LG都是以聚合物固态电解质为主。日本申请人除日立和松下之外，丰田、出光和富士都将硫化物作为研发重点，日立和松下则分别在聚合物和氧化物方向进行了较多的布局。

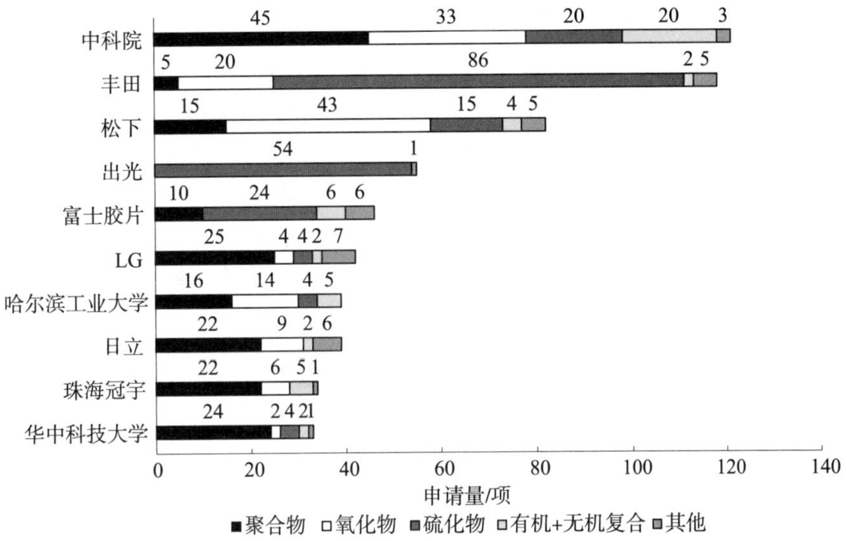

图8-1-8 固态电解质材料全球主要申请人专利申请排名

为了进一步明确固态电解质材料各分支的主要研发主体，课题组接下来分别对聚合物、氧化物以及硫化物的申请人进行排序，如图8-1-9所示。在聚合物电解质领域，以中科院、华中科技大学和珠海冠宇为代表的中国申请人无论在全球范围还是中

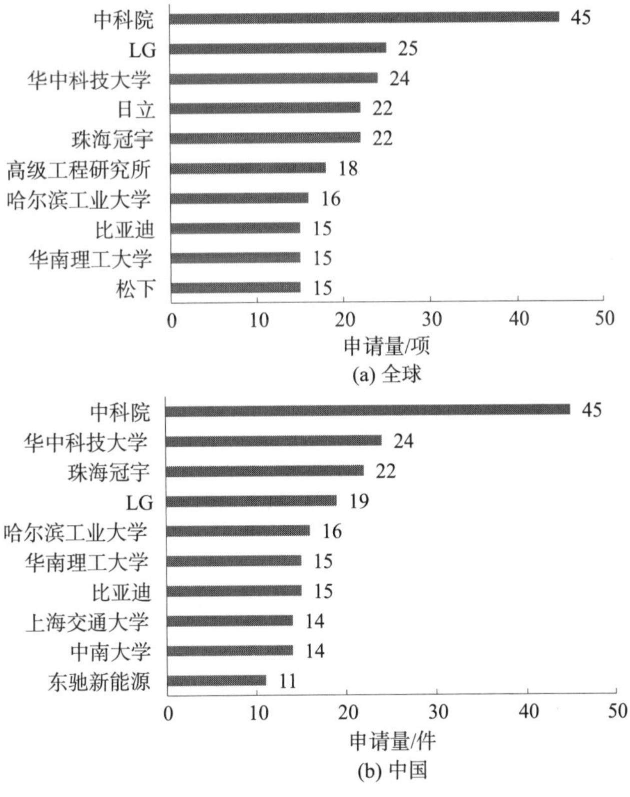

图8-1-9 聚合物电解质全球和中国主要申请人专利申请排名

国国内都占据领先地位。韩国的LG和日本的日立在聚合物电解质方向的申请量分别居全球第二和第四位，LG在中国主要申请人排名中位列第四，较为重视中国市场。中国的主要申请人以高校和科研院所为主，企业可以寻求与高校和科研院所的合作，以实现研发成果的有效转化。

在氧化物电解质领域，如图8-1-10所示。无论在全球范围还是中国国内，排名前五位的均为松下、中科院、精工、丰田和哈尔滨工业大学，全球排名前十的申请人中，韩国的申请人只有一个，且未在中国进行较多布局。排名靠前的中国国内申请人以高校和科研院所为主，此外，还有比亚迪和成都新柯力两家企业。

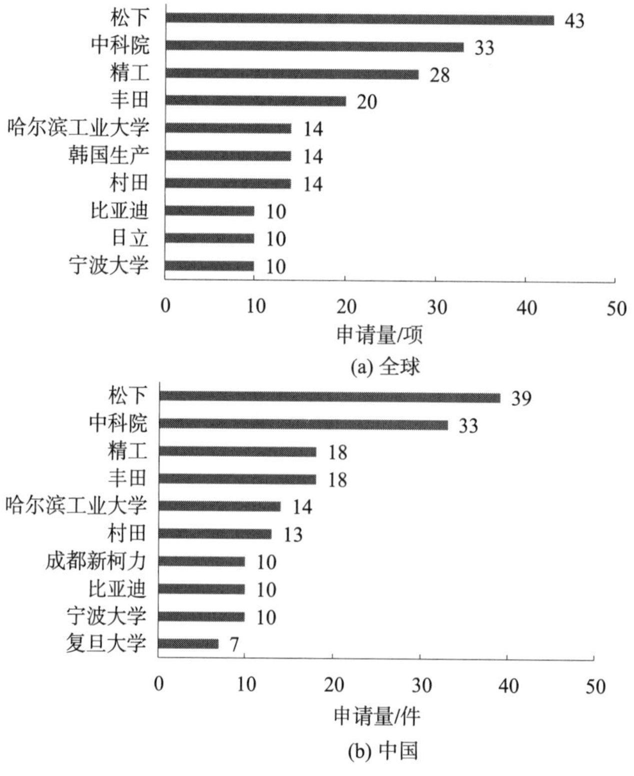

图8-1-10　氧化物电解质全球和中国主要申请人专利申请排名

在硫化物电解质领域，如图8-1-11所示，全球排名前十的申请人依然集中在中国、日本、韩国。其中，排名前三的丰田、出光和古河均为日本申请人，且丰田和出光在中国也进行了较多布局，分别位列第一和第二。可见，中国国内申请人在该领域要对日本申请人进行重点关注。韩国在硫化物电解质领域的主要申请人仅有现代，其相关专利均在中国进行了布局。

8.1.6　改进方向分析

为了明确固态电解质材料各技术分支主要的改进方向，图8-1-12示出了聚合物、硫化物和氧化物的改进侧重点。

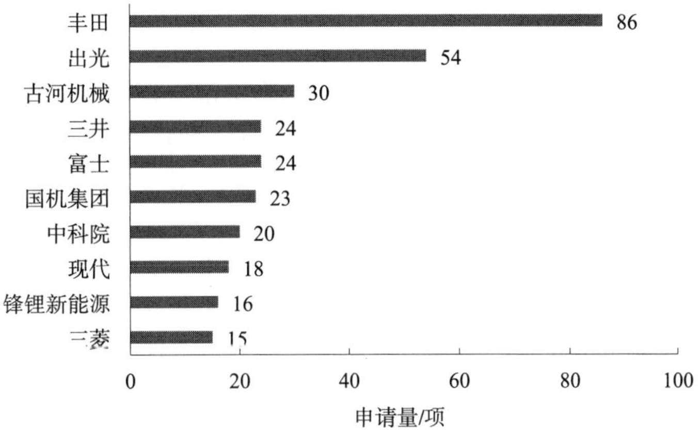

(a) 全球

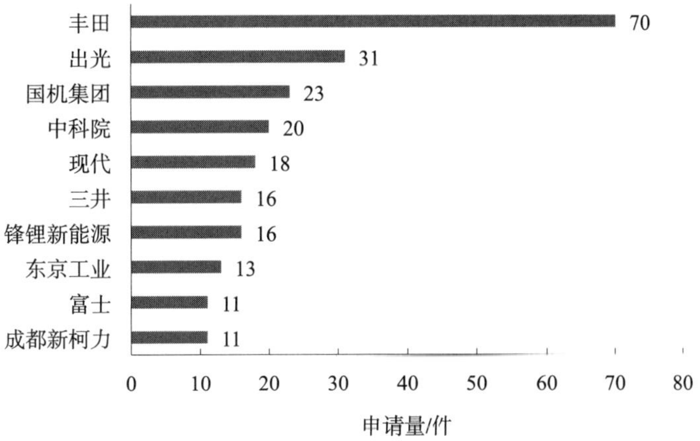

(b) 中国

图 8-1-11 硫化物电解质全球和中国主要申请人专利申请排名

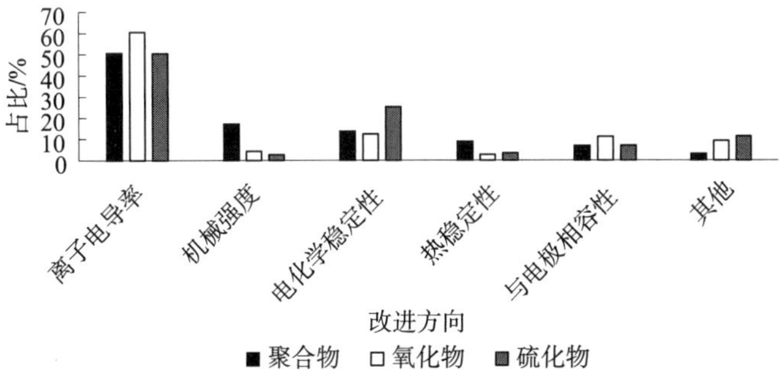

图 8-1-12 固态电解质材料各分支改进方向专利分析

对不同类型固态电解质进行深入分析，针对主要解决的问题进行归类可以发现，对离子电导率的持续改进是不同类型固态电解质的主要需求。相对液态电解质而言，固态电解质离子电导率较差。

此外，针对聚合物固态电解质而言，其主要改性方向在机械强度和电化学稳定性方面；而氧化物固态电解质和硫化物固态电解质主要改性方向在于提高电化学稳定性和与电极的相容性。聚合物固态电解质具有一定流动性，容易和电极界面形成较好的相容性，内阻低，但其机械强度较弱，在宽温度充放电时，电化学稳定性差。对于氧化物固态电解质和硫化物固态电解质，其离子电导率和机械强度相对聚合物电解质较高，但其和电极相容性差，界面阻抗较高，且随着充放电进行，上述物质稳定性降低。因此，氧化物固态电解质和硫化物固态电解质的改性主要集中在电化学稳定性和与电极相容性。

8.2 固态电解质重点申请人及其发明人团队分析

8.2.1 固态电池相关企业产业合作分析

目前全球范围内约有50多家制造企业、初创公司和高校科研院所致力于固态电池技术的研发和产业化。

在欧洲和美国，车企对固态电池初创企业关注度较高，车企通过收购、投资在固态电池领域中的初创企业如Solid Power、Solid Energy Systems、Ionic Materials等以获得技术储备。具体来看，宝马于2018年9月和Solid Power在固态电池方面深度合作，有望于2026年实现固态电池突破性进展并随后量产，新一代固态电池产品在宝马xEV系列车型上应用。大众于2018年6月宣布与美国电池初创公司Quantum Scape合作并向Quantum Scape注资1亿美元用于开发固态电池。2018年8月大众宣布将在欧洲建厂以生产固态电池，并计划在2025年以前实现量产。通用于2019年宣布关于固态电池的研发将在美国密歇根州通用汽车的沃伦技术中心进行。福特于2019年4月联合三星投资了美国固态电池初创公司Solid Power，并宣布与Solid Power正式达成合作，研发下一代电动汽车全固态电池。固态电池公司Sakit3在2019年12月宣称开发出了能量密度达到1000Wh/kg的固态电池，并称未来实现商业化之后，成本只有当前锂电池的20%，可以实现成本控制。戴森于2015年并购了固态电池公司Sakit3，开始自主研发固态电池技术，2018年戴森宣布投资14亿美元建设固态电池工厂。

在日本和韩国，日本车企在固态电池上的研发起点相对较早，三菱、日产、松下等企业纷纷加速布局固态电池行业，争取早日实现量产。具体来看，丰田在固态电池领域拥有大量专利，技术尚处于行业领先地位。传统化石能源公司出光利用了精炼石油时产生的副产物硫化氢，并在这方面拥有大量专利。2022年6月，出光与优美科宣布将结合双方在阴极活性材料（CAM）和固体电解质方面的技术，共同开发用于固态电池的高性能阴极材料。日立在2021年3月的展览会上发布了1000mAh的硫化物全固态电池，容量远超传统产品（容量140mAh），该产品的固体电解质使用了三井的硫化物类材料。汤浅开发的电解质是一种含氮硫化物固体电解质，其特点是离子电导率高、耐水性强，可以抑制有毒硫化氢的产生；通过有效选择与硫化物组合的最佳材料（氮化物和卤化物），成功合成了兼具高离子电导率和优异耐水性的含氮硫化物固体电解质。日产、三菱和雷诺联盟以及韩国现代投资了固态电池初创公司 Ionic Materials。2018 年，韩国三大电池企业 LG、三星和 SKI 组成联盟，共同开发包括固态电池的下一代核心技术。

在中国，国内企业不及日本、德国、美国等起步早，但越来越多的企业已经参与其中。参与主体包括赣锋锂业、宁德时代等电池企业，更有其他领域企业看好固体电池，进行跨界投资，如以汽车零部件为主的万向集团、新能源汽车企业比亚迪等。还有国内知名科研团队及其孵化出来的固态电池初创公司，如清华大学南策文团队及其创建的清陶新能源、中科院物理所陈立泉团队及其创建的卫蓝新能源、中科院宁波材料所许晓雄团队及其创建的锋锂新能源。具体来说，车企方面，比亚迪于 2018 年 1 月开始推进固态电池项目商用，并将固态电池作为下一步研发重点，积极推进相关产品的产业化研发应用。蔚来在 2019 年 8 月与辉能科技签署战略合作协议，双方将共同打造采用辉能 MAB 固态电池包的新能源汽车，并围绕固态电池的生产应用展开进一步合作。北汽于 2019 年投资了清陶新能源，并计划在 2025 年前上市的新车搭载 400Wh/kg 的固态电池。长城计划于 2025 年在量产车上应用能量密度达 350 ~ 500Wh/kg 的固态电池。哪吒在 2019 年与清陶新能源达成全面深度合作，共同推进固态电池的研发与应用。电池企业方面，以汽车零部件为主的万向集团于 2017 年投资美国公司 Solid Power，2018 年投资美国公司 Ionic Materials。卫蓝新能源于 2016 年成立，依托中科院物理所专注于下一代固态电池的研发与生产。清陶新能源在 2022 年 2 月投资 50 亿元的固态锂电池产业化项目开工，预计达到 100 亿瓦时年装机量。锋锂新能源在 2018 年正式启动 0.3GWh 固态锂电池中试生产线建设，并于次年建成投产。辉能科技于 2006 年在中国台湾地区成立，是一家锂陶瓷电池研发公司，曾发明全球第一款固态锂陶电池（Lithium Ceramic Batteries，LCB），于 2022 年 2 月获得了奔驰的投资。宁德时代于 2016 年公布了其硫化物固态电池研发路线，2021 年 5 月，宁德时代完成首批固态电池样品，预计到 2030 年实现量产。天齐锂业于 2017 年投资了固态电池初创公司 Solid Energy Systems。

通过梳理上述固态电池的产业合作信息，得到固态电池相关企业和车企的合作关系，如图 8 - 2 - 1 所示。图气泡大小代表固态电解质全球专利项数，气泡之间的连线代表合作关系。

从图 8 - 2 - 1 中可以看出，美国的固态电池企业以初创企业为主，其中 Solid Power 和 Ionic Materials 两家公司与全球很多车企和电池企业都有合作关系。日本的固态电池企业除了出光之外，以传统电池企业为主，并且在专利储备上处于优势地位。目前只有出光和优美科、三井和日立有明确的合作关系。

中国的固态电池企业除了宁德时代、比亚迪，还涌现出了多家初创企业，如清陶、锋锂等拥有较多的专利储备，车企也积极和这些初创企业合作。

韩国的三星和 LG 是传统的电池企业，车企现代也有一定的专利储备。

欧洲的车企多数和欧洲以外的电池企业合作。

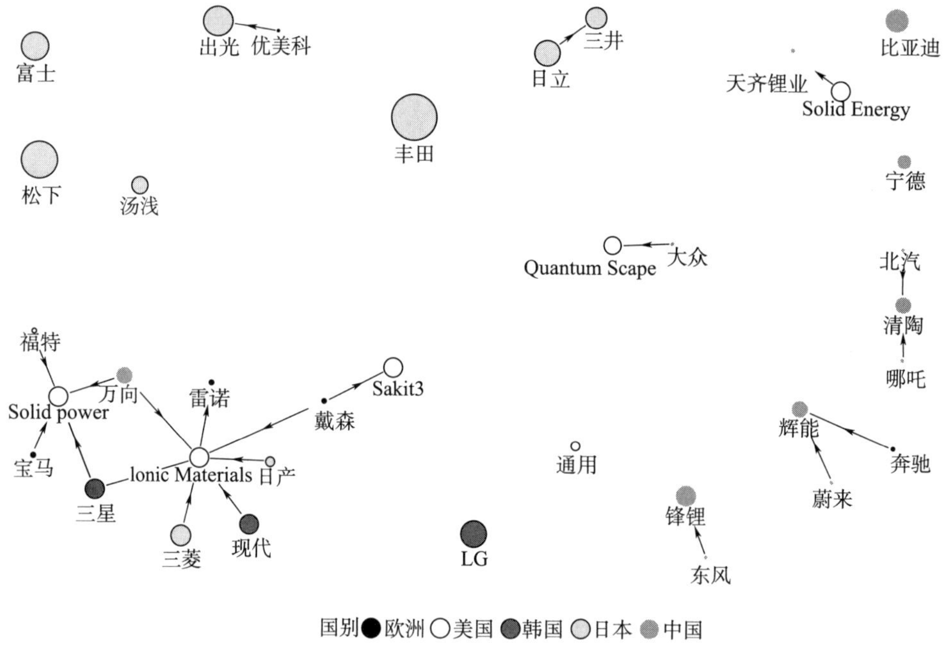

图8-2-1　固态电池相关企业和车企的合作关系网络

8.2.2　固态电解质重点申请人及其发明人团队分析

1. 固态电解质中国重点申请人及其发明人团队分析

从固态电池相关企业产业合作分析可以看出，固态电解质产业专利申请中国主要的申请人包括电池企业宁德时代和比亚迪，以及初创企业清陶、卫蓝和锋锂。结合表8-2-1，中国企业在产业布局中，以固液混合的半固态电解质为主，包括聚合物电解质或有机+无机复合电解质，同时存在硫化物全固态电解质，而日本以硫化物全固态电解质为主。固液混合电池只是为了快速商业化的过渡类型，全固态电解质才是真正的下一代技术。

表8-2-1　中国固态电池产量布局

企业	电池类型	理论密度/(Wh/kg)	量产布局	固态电解质专利类型
卫蓝	固液混合	300+	2GWh生产线	聚合物或有机+无机复合为主
清陶	固液混合	368	10GWh产业化	聚合物或有机+无机复合为主
辉能	固液混合	383	2022年年底量产	有机+无机复合
赣锋	固液混合	360	2GWH试装车	聚合物或有机+无机复合为主
蜂巢	硫基全固态	350	完成针刺试验	硫化物为主
恩力	硫基全固态	389	100圈保持率80%	硫化物为主

对于传统的电池企业来说，专利申请人基本是企业本身。而清陶、卫蓝、锋锂这三家典型的初创企业都是由科研院所的发明人团队创建，企业可以获得发明人团队的早期专利授权和转让。例如中科院物理所陈立泉团队的专利CN104466239B（发明名称为“富锂反钙钛矿硫化物、包括其的固体电解质材料及其应用”）于2018年2月转让给了卫蓝新能源。因此课题组在分析初创企业的专利申请时，不仅统计了企业本身的专利申请，还统计其发明人团队的早期专利申请。

三家初创企业的发明人团队主要包括清华大学的南策文团队、中科院物理所的陈立泉团队和中科院宁波材料所的许晓雄团队。

清华大学南策文团队创建的清陶是国内较早开展全固态锂电池技术研发的团队之一。该团队已攻克了固态电解质材料量产、固态电解质膜成型技术、复合正负极配方工艺、极片与电解质膜间固－固界面等一系列问题，研发的氧化物固态电解质材料、功能型离子导体陶瓷复合隔膜等材料已经投入使用。

卫蓝成立于2016年，创始人为陈立泉、李泓和俞会根，是中国科学院物理所清洁能源实验室固态电池技术的唯一产业化平台。卫蓝专注于混合固液电解质锂离子电池与全固态锂电池的研发与生产，应用覆盖新能源车船、规模储能、3C消费等行业领域。卫蓝总部位于北京，在北京房山、江苏溧阳和浙江湖州有生产基地。

2016年9月，赣锋锂业与中科院宁波材料所签署“高锂离子电导率固体电解质材料中试技术研发”的成果产业化合作协议。2017年，赣锋锂业与中科院宁波材料所合作共建固体电解质材料工程中心，引进以许晓雄博士为核心的研发团队，并成立子公司锋锂新能源。许晓雄在固态电池材料领域有超20年研究经验，其核心研发团队成员亦具备10年以上固态电池从业经历，参与多项固态电池行业标准制定。2018年，许晓雄团队宣布固态电池研发取得突破，纳米先导专项全固态电池课题通过验收；同年8月锋锂新能源旗下浙江锋锂正式启动0.3GWh固态锂电池中试生产线建设，并于次年建成投产。

本节对三家初创企业以及宁德时代、比亚迪的发明人团队涉及的申请人进行分析，得到中国主要发明人团队及涉及申请人关系网络，如图8－2－2所示（见文前彩色插图第5页）。图中发明人气泡大小代表其参与的专利申请数量，申请人气泡大小代表申请人的专利申请数量，连线箭头都由发明人指向其专利申请涉及的申请人，连线的宽度代表专利申请的数量，发明人团队气泡的颜色代表了不同的发明人团队，申请人气泡的颜色代表不同的申请人类型。

从图8－2－2可以看出，南策文团队的成员包括南策文、冯玉川、李峥和何泓材。许晓雄团队的成员包括许晓雄、吴林斌、黄晓和林久。陈立泉团队的成员包括陈立泉、李泓、吴凡和俞会根。宁德时代团队的成员包括洪响、梁成都和周墨林，比亚迪团队的成员包括刘荣华、马永军和易观贵。三家初创企业的发明人团队的专利申请的关联特点有所不同。南策文团队和陈立泉团队涉及的企业申请人较多，南策文团队涉及的企业申请人除了清陶，还包括丰田、华为、天赐材料和中航锂电，陈立泉团队涉及的企业申请人除了卫蓝，还包括贝特瑞、上汽和宁德时代。许晓雄团队涉及的企业除了锋锂新能源，只有丰田。此外，许晓雄团队成员的主要专利申请都和锋锂新能源关联，南策文团队的专利申请都和清陶关联，陈立泉团队的专利申请大部分不直接和卫蓝关联。比亚迪和宁德时代的专利申请关联相对简单，比亚迪团队成员的专利申请都只和本公司关联，宁德时代有1件与中科院的联合专利申请，团队成员和中科院有关联，其他专利申请都只和本公司关联。

如图8－2－3所示，固态电解质材料企业发明人团队都涉及了聚合物、硫化物、氧化物、有机＋无机复合四个技术分支。其中，南策文团队侧重有机＋无机复合，陈立泉团队没有特别明显的侧重，许晓雄团队和宁德时代侧重硫化物，比亚迪侧重聚合物。总体来看，企业发明人团队在硫化物和氧化物都有较多的专利布局。

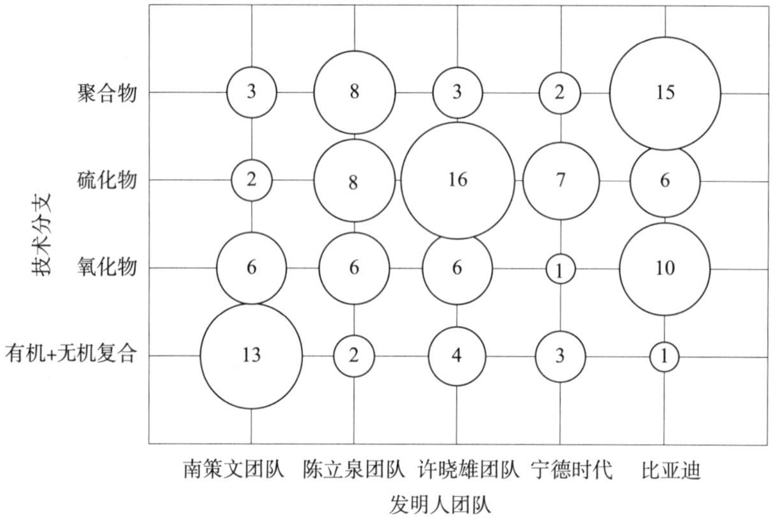

图8－2－3　固态电解质材料企业发明人团队技术分支专利分布

注：图中数字表示申请量，单位为件。

2. 固态电解质日本主要申请人及其发明人团队分析

从固态电池相关企业产业合作分析可以看出，固态电解质材料日本主要申请人以传统企业为主，主要包括丰田、出光、松下、日立、三井、富士、汤浅等。对日本主要申请人及其发明人团队进行分析，得到日本主要发明人团队及涉及的申请人关系网络，如图8－2－4所示（见文前彩色插图第6页）。图中发明人气泡大小代表其参与的专利申请数量，申请人气泡大小代表申请人的专利申请数量，连线代表发明人专利申请涉及的申请人，连线的宽度代表专利申请的数量，发明人团队气泡颜色代表不同的技术分支，申请人气泡颜色代表不同类型的申请人。

从图8－2－4可以看出，日本的主要发明人团队包括丰田、出光、松下、富士、三井、日立、汤浅的发明人团队以及大阪大学的辰巳砂昌弘团队、物质材料的高田和典团队、东京工业大学的菅野了次团队。大部分团队侧重硫化物，松下的发明人团队侧重氧化物，而三井和日立的发明人团队技术分支形成互补：三井侧重硫化物，日立侧重氧化物和聚合物，日立发布的硫化物全固态电池使用的也是三井的硫化物类材料。

大阪大学的辰巳砂昌弘团队涉及的申请人包括松下、出光和丰田，物质材料的高田和典团队涉及的申请人包括松下、出光、丰田和汤浅，东京大学的菅野了次团队涉及的申请人包括汤浅和丰田。这三个团队都侧重硫化物。进一步分析三个团队在不同申请年涉及的申请人如表8-2-2所示。可以看出三个团队早期都为松下和汤浅进行专利申请，后期都为出光和丰田进行专利申请。这也反映出日本申请人的时间迁移，同时也反映出日本的科研院所和企业之间的长期合作。

表8-2-2 日本主要科研院所团队专利申请在不同年代涉及的申请人情况

科研院所	发明人团队	1990~1996年	2000~2002年	2003~2006年	2011年之后
物质材料	高田和典	松下	汤浅	出光	丰田
东京工业大学	菅野了次	—	汤浅	—	丰田
大阪大学	辰巳砂昌弘	松下	—	出光	丰田

进一步结合图8-2-5所示日本主要申请人不同时期的专利申请量可以看出，日本的早期专利申请主要集中在松下、日立和汤浅，2010年以后的申请主要集中在丰田、松下、出光和富士。

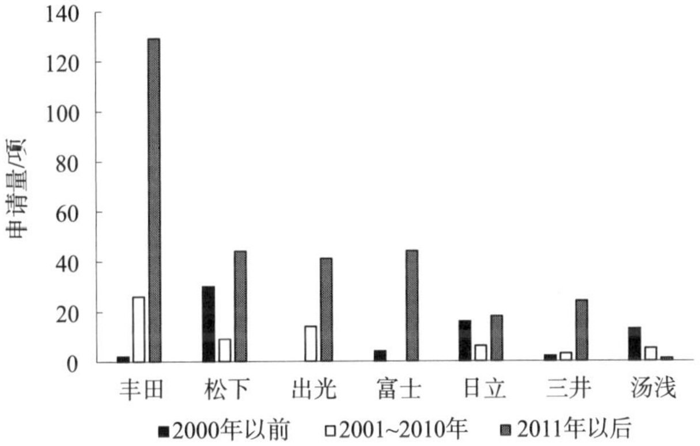

图8-2-5 固态电解质材料日本主要申请人不同时期的专利申请量

对日本主要申请人的联合申请进行分析，从图8-2-6可以看出，主要申请人的联合申请情况不尽相同。其中，丰田、汤浅和出光的联合申请占比较高。以丰田为例，进一步分析其具体的联合申请情况，如图8-2-7所示。

从图8-2-7中可以看出，丰田的联合申请涉及的申请人数量较多，以东京工业大学、大阪大学等科研院所为主，合作的企业申请人包括出光、富士、电装。从技术分支来看，除了聚合物总体申请数量较少以外，硫化物的联合申请绝对数量较多，氧化物的联合申请占比较高。其中，硫化物中的主要合作对象是东京工业大学的菅野了次团队，包括2011~2019年的12件联合申请，进一步分析，还有3件丰田独立申请（CN104185873B、CN104081577B、CN105453324B）的发明人中也包括了菅野了次。菅野了次教授作为硫化物固态电池发明者，也是全球著名的锂电池专家，长期从事固态电池材料的研究，在固态电池研究方面具有很高的造诣。丰田通过和菅野了次教授的长期合作获得了大量硫化物技术的专利。此外，与丰田合作的大阪大学的辰巳砂昌弘团队、物质材料的高田和典团队也是硫化物领域的知名科研团队。另外可以看出，与丰田合作的科研院所不仅包括日本的科研院所，还包括中国的上海交通大学和清华大学、美国的马里兰州大学。在氧化物领域，有1/3的申请是通过和高校为主的申请人联合申请。

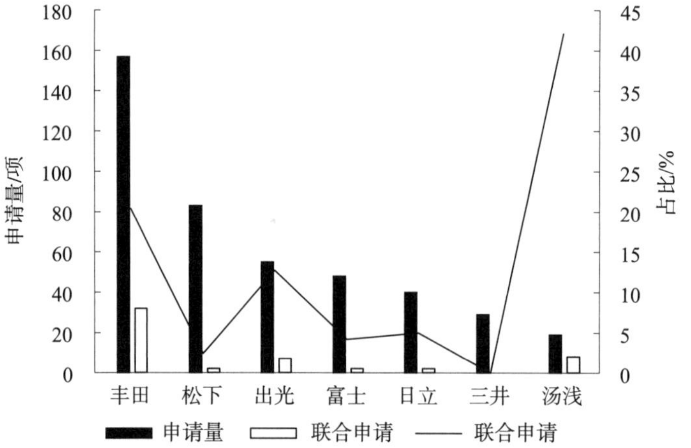

图8-2-6　固态电解质材料日本主要申请人联合申请专利情况

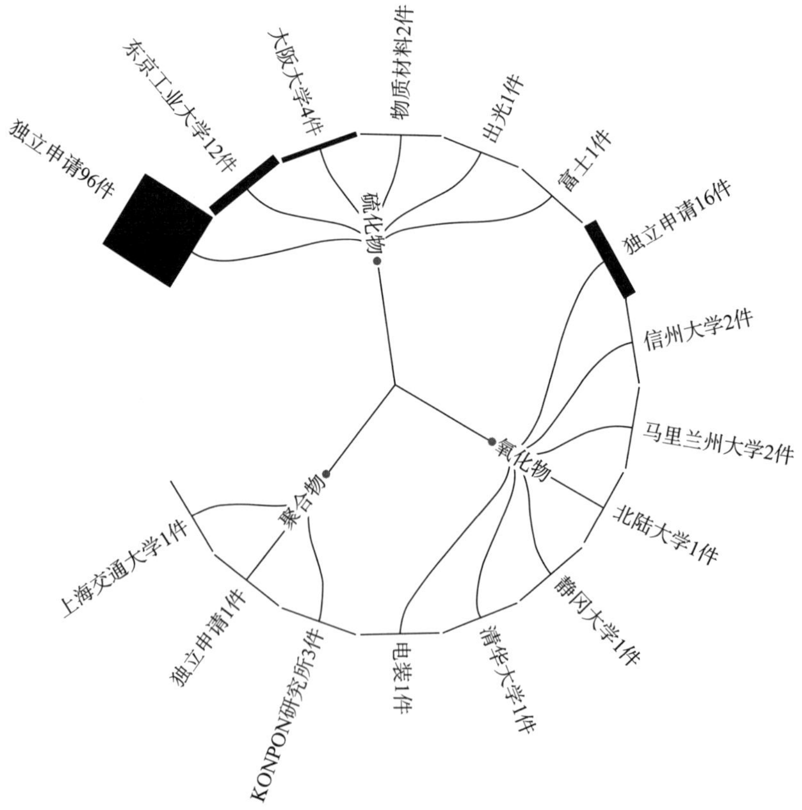

图8-2-7　固态电解质材料丰田各技术分支联合申请专利情况

8.2.3　重点企业技术发展路线

综合以上产业合作关系以及主要申请人排名等信息，课题组选择丰田、LG 和松下作为主要研究对象，对其技术发展路线进行深入剖析。

1. 丰田固态电解质技术

如图 8－2－8 所示。2000 年，丰田开始布局固态电解质，研究方向以聚合物为主；2008 年，研究以无机固态电解质为主；2012～2019 年，主要集中在无机固态电解质分支。无机固态电解质涉及硫化物和氧化物，硫化物申请量大于氧化物。但氧化物的研究一直持续进行，以太田慎吾研发团队为代表，且近几年申请量略有增加，改进主要集中在提升离子电导率方面。丰田对于硫化物电解质的研究早期主要关注如何减少硫化氢的产生，提高硫化物电解质与水接触的稳定性。2009 年起，提高硫化物固体电解质的锂离子导电性是重点研究方向。主要采取非晶化处理，配合元素掺杂、晶相调控等手段，提高离子导电率和硫化物固体电解质的稳定性。近几年，在硫化物的改性上更是趋于多元化。例如，对于粒径和形状的调控（CN110380109A、CN111490286A），比表面积 BET 的调控（CN111816912A），原料的选择与处理（CN113299998A、CN111755740A）等。

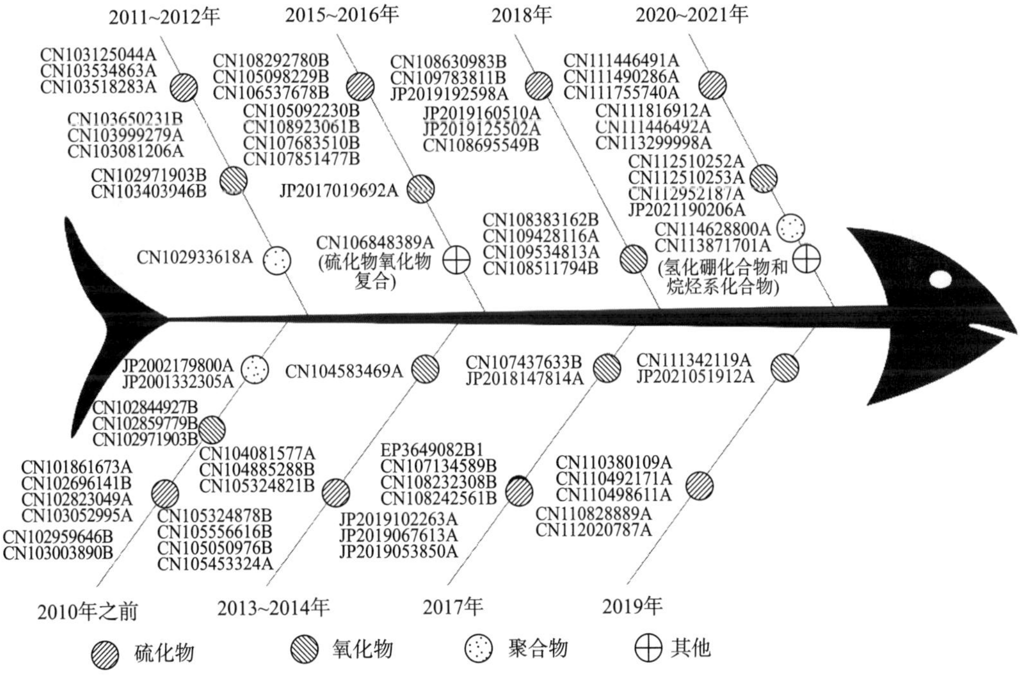

图 8－2－8　丰田固态电解质技术专利发展路线

2. LG 固态电解质技术路线

如图 8－2－9 所示。1997 年，LG 申请了一件聚合物固态电解质相关的专利，此后未进行固态电解质相关专利申请，2015 年才开始增加相关研发投入，2016 年以中国市场为主进行海外布局。2017 年，LG 将针对硫化物、氧化物和有机 + 无机复合固态电解质的研究都在中国进行布局。2018 年开始，针对聚合物方向的申请量明显领先于其他方向，且尝试不同的改进方式。例如将固态电解质填充多孔片材（CN113646940A）、设置锂化膨胀层（CN1134767499A）或者离子传导性中断层（CN113748552A）。可见，LG 对聚合物固态电解质进行了持续和重点的研究。LG 前期对聚合物电解质的改进多在提升离子电导率（KR19980075161A、KR102006717B1、KR102160705B1、KR102160706B1），同时涉及机械强度（KR102024889B1）、与电极的界面相容性（CN107636880B）的改进。之后对于聚合物的电化学稳定性（CN111095654A）、阻燃性能（CN111670515A、CN112042035A）研究较多。2020 年以来的关注点主要集中在抑制锂枝晶（CN112204797A、CN113661594A、CN113892205A）、提高电池耐热性方面（CN113692667A）。2017 年以来，LG 在固体电解质材料方面非常注重在中国的专利布局，重点专利在华均有布局。由于国内的研发主体从事聚合物电解质的数量较多，国内研发主体可以加强对 LG 相关专利技术的关注，以进行借鉴或规避。

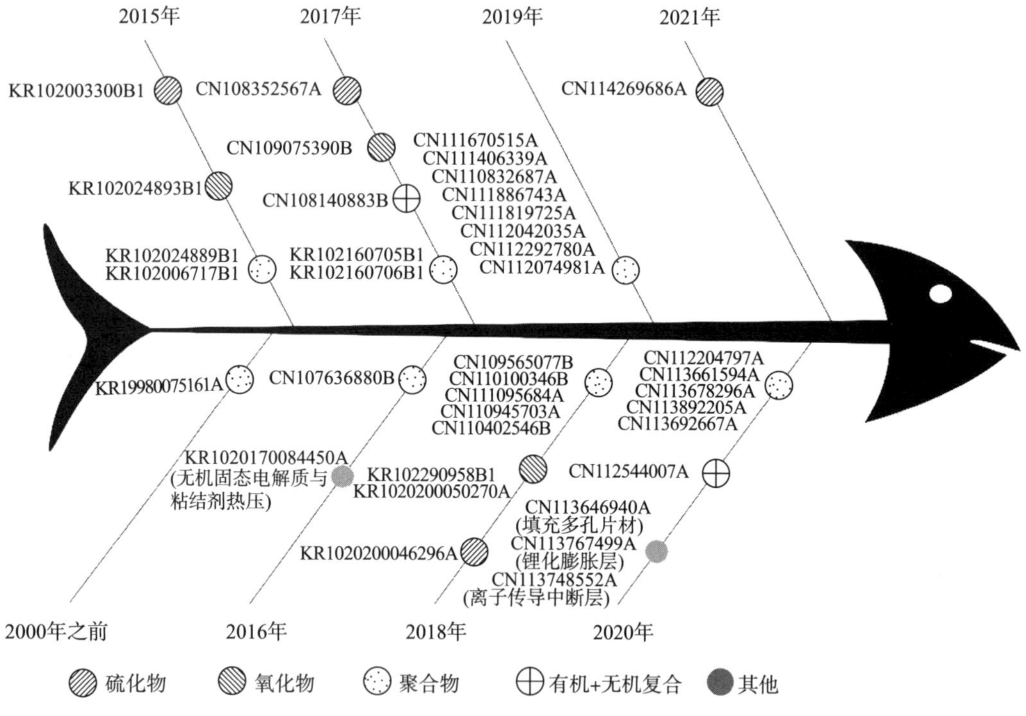

图 8-2-9　LG 固态电解质技术专利发展路线

3. 松下固态电解质技术路线

由图 8-2-10 可以看出，松下在固态电解质领域的技术路线经过了多次调整，目前研究卤化物电解质较多。20 世纪 90 年代初期，松下研究主要集中在聚合物和硫化物电解质方向。在 1991 年之前以聚合物为主，1992 ~ 1997 年更侧重硫化物电解质；1998 ~ 2000 年针对聚合物进行了布局。2003 ~ 2007 年，以氧化物固态电解质研发为主，之后

10 年左右的时间，松下在固态电解质领域专利申请属于空白。直到 2017 年，开始卤化物电解质的研究，布局专利 CN108701860A。该专利请求保护一种组成式为 $Li_{6-3z}Y_zX_6$ 的新材料，其中满足 $0<z<2$，X 是 Cl，该材料能够实现具有高锂离子传导率且不产生硫化氢。2018 ~ 2020 年，松下以该材料体系为主要研发重点，通过元素掺杂（CN111448619B、CN111295719B）、晶相调控（CN111316379A、CN111344811B）、表面改性（CN113853355A）等多个角度对其改进，并进行了一系列的相关专利布局。

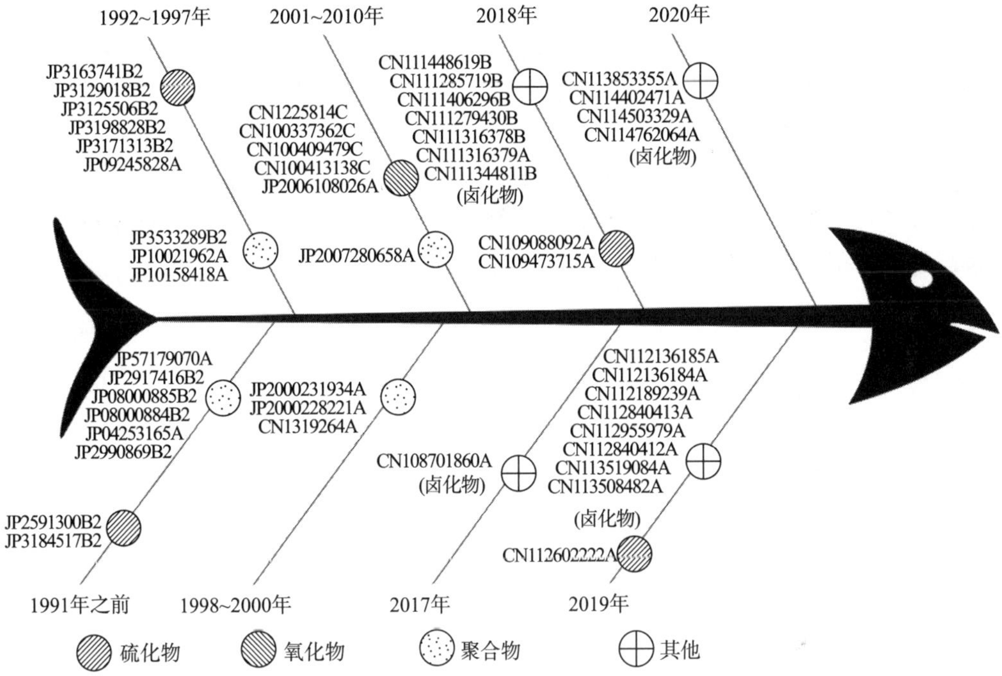

图 8-2-10　松下固态电解质技术专利发展路线

8.3　固态电解质关键技术专利分析

8.3.1　聚合物固态电解质专利分析

本节重点针对聚合物固态电解质方面专利的申请发展趋势、技术来源地、目标市场、技术主题、技术路线进行分析。

1. 发展态势分析

从全球范围聚合物固态电解质材料专利申请量变化态势可以看出，全球范围专利申请量整体呈上升趋势，并且大体可以分为三个阶段。

（1）技术萌芽期（1994 年之前）

1994 年以前，与锂离子二次电池固态电解质相关的专利申请数量较少，其间略有波动，总体上申请量不大。由于锂离子电池电解质的研发刚刚起步，处于试探性起步阶段，各大企业只有零星的专利申请，申请总量较少。

（2）波动增长期（1995～2009年）

1995年开始，聚合物固态电解质相关的专利申请量有所增长。之后的十余年申请量基本稳定，在40项以内小幅波动。该阶段固态电解质材料开始受到研究人员的重视，研发投入整体处于一个相对平稳的态势。

（3）快速增长期（2010年至今）

2010年开始，固态电解质申请量呈现上升态势，2015年之后呈飞跃式增长。自2014年新能源汽车的渗透率不断提高，对动力电池的需求呈指数增长，从而带动聚合物固态电解质材料的申请快速增加。考虑到2021年和2022年提交的专利申请还有较多未公开，可以预期该两年的申请量依然保持在一个较高的水平。

从图8-3-1进一步可以看出，国内电解质材料专利申请趋势与全球固态电解质材料的申请趋势整体一致。从2009年聚合物固态电解质申请量开始增长，自2016年开始呈指数增长。该时间点略晚于全球申请量激增的时间点，但是此后一直保持强劲的发展态势，紧跟全球发展的脚步并且申请量在全球范围内占比最高。

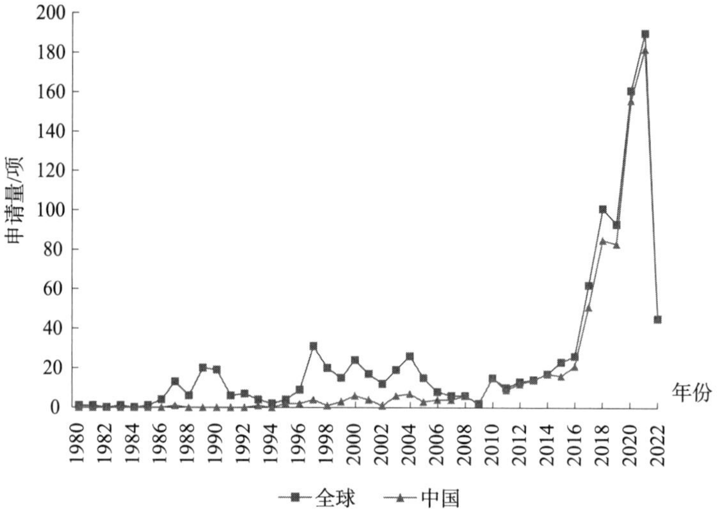

图8-3-1　聚合物固态电解质发展全球和中国专利技术发展趋势

2. 技术来源地分析

本节将专利申请的优先权国家/地区作为首次申请来源地来进行统计，分析专利申请的首次申请来源地分布，得出图8-3-2、图8-3-3所示的聚合物固态电解质材料主要申请来源地的申请量排名和年申请量趋势。

在聚合物固态电解质材料领域，中国是主要的申请来源国，其次是日本、韩国，欧洲和美国分别位列第四和第五。

在聚合物固态电解质材料领域技术起步的初期，申请人主要集中在日本，欧洲和美国也有零星的相关申请，中国和韩国开始进入该领域的时间相对较晚。到2004年左右日本的申请量一直处于领先地位，此后呈下降的态势。截至2015年，主要国家/地区申请量都有所增加，日本再次出现相关专利申请，但数量只在个位数。中国在聚合物方向的专利申请从2009年开始增加，2016年更是呈现飞跃式增长，显著领先于其他国家。可见，近年来对于动力电池安全需求度的提升，主要国家/地区对于聚合物固态电解质的关注程度也都有所增加，中国国内研发主体更是对聚合物固态电解质青睐有加。

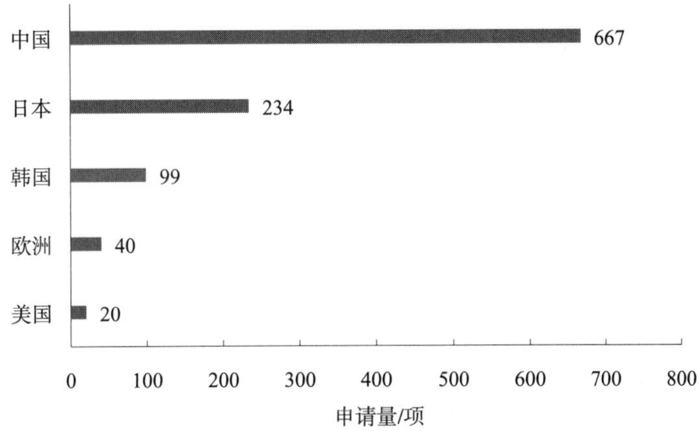

图8－3－2 聚合物固态电解质材料技术来源地专利申请量排名

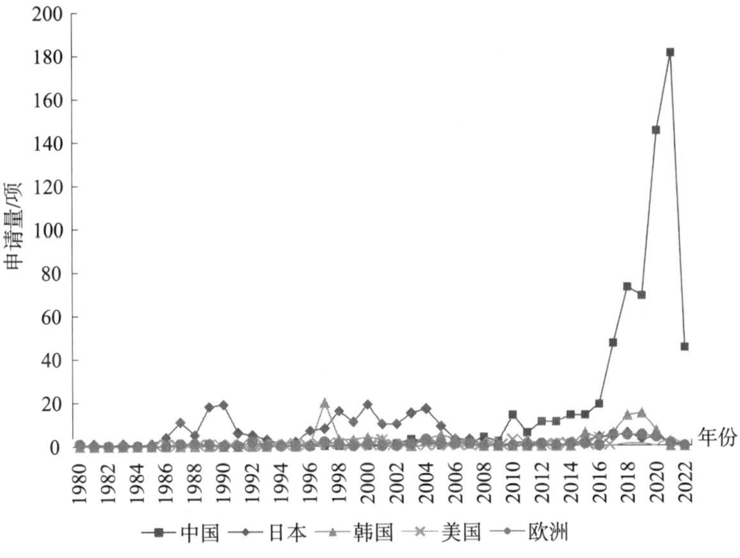

图8－3－3 聚合物固态电解质材料主要技术来源地专利申请量趋势

3. 目标市场分析

为了进一步展示全球聚合物固态电解质材料的目标市场专利分布，图8－3－4示出了全球聚合物固态电解质材料主要目标市场专利分布。

在聚合物固态电解质领域，中国作为目标市场的专利布局量最多，日本和韩国作为目标国，分别排名第二和第三。相比于技术来源地排名，美国超过欧洲排名第四。作为目标市场，美国相较于韩国和欧洲更为全球申请人所关注，在美国进行专利布局的数量相对更多。

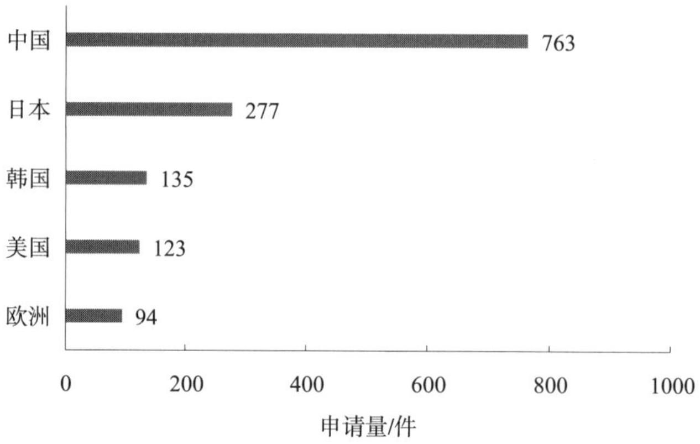

图8－3－4　聚合物固态电解质材料全球专利目标市场分析

4. 技术主题分析

为了进一步展示聚合物固态电解质材料各技术分支的专利分布状况，图8－3－5示出了聚合物固态电解质材料各技术分支的全球专利发展现状。

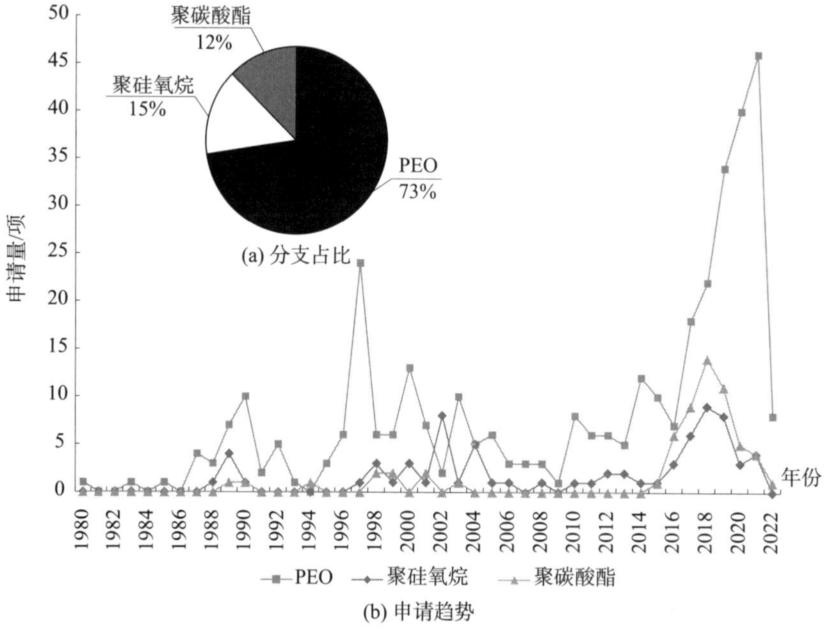

图8－3－5　全球聚合物固态电解质各技术分支专利占比及发展趋势

聚合物固态电解质材料的类型主要分为聚氧化乙烯（PEO）类、聚硅氧烷类和聚碳酸酯类。PEO类聚合物固态电解质占比最多，且是起步最早的聚合物固态电解质类型，在各个时期的申请量都超过聚硅氧烷和聚碳酸酯，是聚合物固态电解质的主流类型。排名第二的是聚硅氧烷，与聚碳酸酯大致同时期起步。2015年开始，聚硅氧烷和聚碳酸酯申请量明显上升，聚碳酸酯的年申请量反超聚硅氧烷。近年来，聚碳酸酯是除PEO之外更受行业关注的聚合物电解质类型。

如图 8－3－6 所示，聚合物固态电解质领域重点申请人在各技术分支的专利布局情况，除哈尔滨工业大学更侧重聚碳酸酯的研究之外，都以 PEO 类聚合物固态电解质为主。日本和韩国申请人中，除日立和 LG 之外，在聚碳酸酯方向的布局较少；中国申请人中，中科院、哈尔滨工业大学和华中科技大学在聚碳酸酯方面有所研究。可见，聚碳酸酯有可能成为能够实现弯道超车的研究方向，值得引起中国国内的研发团队关注。

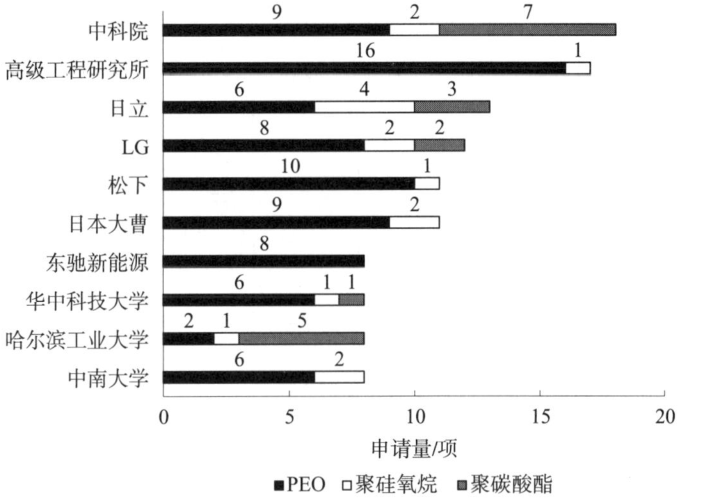

图 8－3－6　聚合物固态电解质全球重点申请人主要技术分支专利申请排名

5. 技术路线分析

如图 8－3－7 所示。20 世纪 80 年代，随着 PEO 被发现能够溶解金属盐类，开始出现 PEO 类固态电解质相关的专利申请。此后，PEO 类固态电解质一直是研究最深入、应用最广泛的聚合物电解质类型。改进方向主要有交联（FR2485274A1）、接枝（JP02024976A）和共混（JP2870988B2）。PEO 作为一种半结晶聚合物，在室温下只有在无定形区域可以进行金属阳离子的传输，通过交联、接枝或共混可以有效减弱 PEO 的结晶性以提高离子电导率，并且可以提高力学性能。后续的改进方向主要是在这三种基础处理方式上，对交联剂、接枝单元和掺杂剂等进行进一步选择。除了这三种主流改性方式以外，对 PEO 类电解质进行了一些其他的探索。如形成多层复合结构（CN10555243B），以及对端基官能团进行取代改性（CN1110402576A）等。聚硅氧烷和聚碳酸酯也是两种主要的聚合物电解质类型，起步晚于 PEO，且最初主要是作为配合 PEO 的改性组分使用。后续人们也开始将这两种类型的聚合物作为电解质主体材料进行研究。聚硅氧烷和聚碳酸酯的改进方式主要是接枝、交联和共聚，除了材料的具体选择外，聚硅氧烷和聚碳酸酯也采取了与多孔基材复合等改性尝试。此外，聚丙烯酸酯、聚氨酯等也被应用于固态聚合物电解质。目前，室温离子电导率低、机械性能和热稳定性差仍是聚合物电解质的短板。

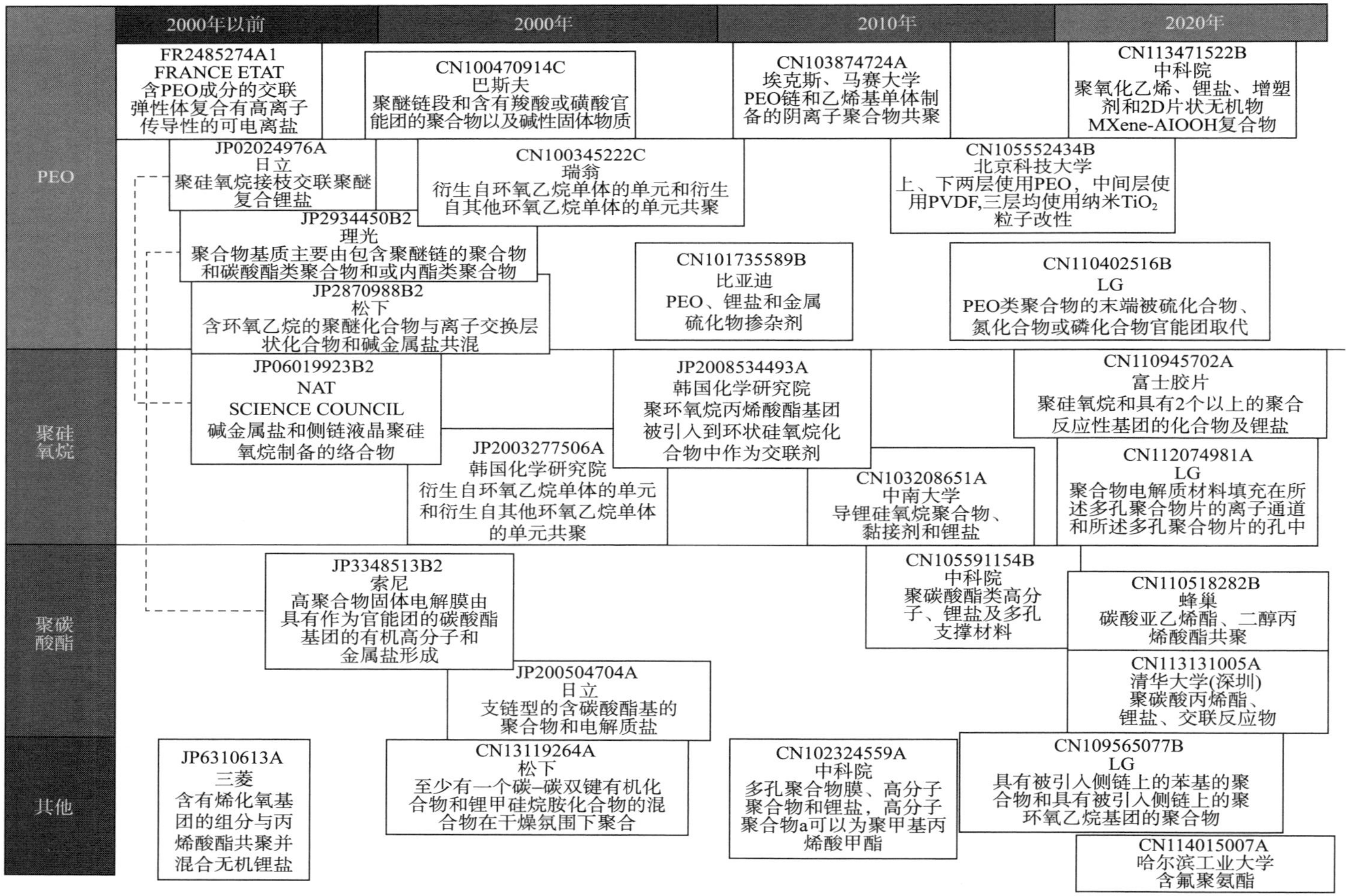

图8-3-7　聚合物固态电解主要技术分支专利技术路线

8.3.2 氧化物固态电解质专利分析

本节重点针对聚合物固态电解质方面专利的申请发展趋势、技术来源地、目标市场、技术主题、技术路线进行分析。

1. 发展态势分析

从全球范围氧化物固态电解质材料专利申请量的逐年变化态势可以看出，全球范围专利申请量整体呈上升趋势，并且大体可以分为三个阶段。

（1）技术萌芽期（2002 年之前）

2002 年以前，与氧化物固态电解质相关的专利申请数量较少，年均申请量不超过 5 项，研发刚刚起步，各大企业只有零星的专利申请，申请总量较少。

（2）波动增长期（2002 ~ 2009 年）

2002 年开始，氧化物固态电解质相关的专利申请数量开始有所增长，在 10 项以内小幅波动。2002 年开始，固态电解质材料受到研究人员的重视，研发投入整体处于一个相对平稳的态势。

（3）快速增长期（2009 年至今）

从 2009 年开始，固态电解质申请量开始呈现上升态势，自 2014 年之后呈飞跃式增长。2014 年新能源汽车的渗透率不断提高，对动力电池的需求呈指数增长，带动氧化物固态电解质材料的申请快速增加。考虑到 2021 年和 2022 年提交的专利申请还有较多未公开，可以预期该两年的申请量依然保持在一个较高的水平。

从图 8 - 3 - 8 进一步可以看出，中国国内电解质材料专利申请趋势与全球固态电解质材料的申请趋势整体一致。从 2009 年氧化物固态电解质申请量开始增长，自 2014 年呈指数增长。此后一直保持强劲的发展态势，紧跟全球发展的脚步并且申请量在全球范围内占比最高。

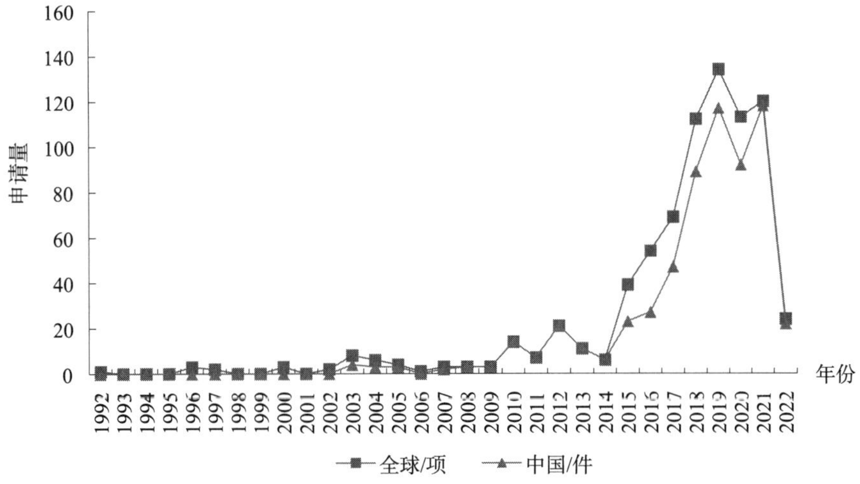

图 8 - 3 - 8 氧化物固态电解质发展全球和中国专利技术发展趋势

2. 技术来源地分析

下面将专利申请的优先权国家/地区作为首次申请来源地进行统计，分析专利申请的首次申请来源地分布，得出图8－3－9、图8－3－10所示的氧化物固态电解质材料主要申请来源地申请量排名和年申请量趋势。在氧化物固态电解质材料领域，中国专利申请量排名第一，约占全球总申请量的60%，其次是日本、韩国，美国和欧洲分别位列第四和第五。

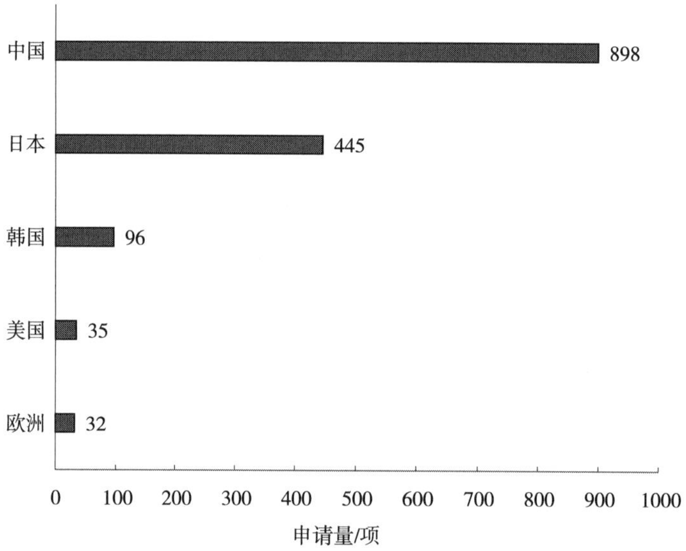

图8－3－9　氧化物固态电解质材料技术来源地专利申请量排名

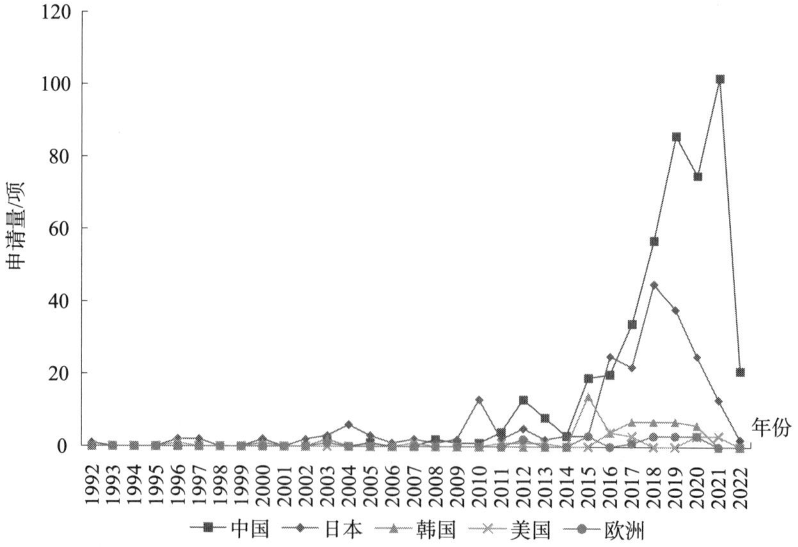

图8－3－10　氧化物固态电解质材料主要技术来源地专利申请量趋势

在氧化物固态电解质材料领域技术起步的初期，申请人主要集中在日本，中国和韩国开始进入该领域的时间相对较晚，直至2010年日本的申请量一直处于领先地位。到2016年日本的申请量又开始明显上升。可见，日本在氧化物固态电解质方向的研究具有较好的延续性。在此期间，中国的申请开始明显增长，2015年大幅增加，成为全球申请量最多的国家。同期，韩国的申请量也开始明显增加，美国和欧洲的申请量也呈上升态势。这表明，由于对于动力电池安全需求度的提升，主要国家/地区对于氧化物固态电解质的关注程度也都有所增加，以中国和韩国申请人的反应最快速，日本凭借良好的技术累积后来居上，申请量超过韩国居第二。

3. 目标市场分析

为了进一步展示全球氧化物固态电解质材料专利的目标市场分布，图8－3－11示出了全球氧化物固态电解质材料主要目标市场区域分布。

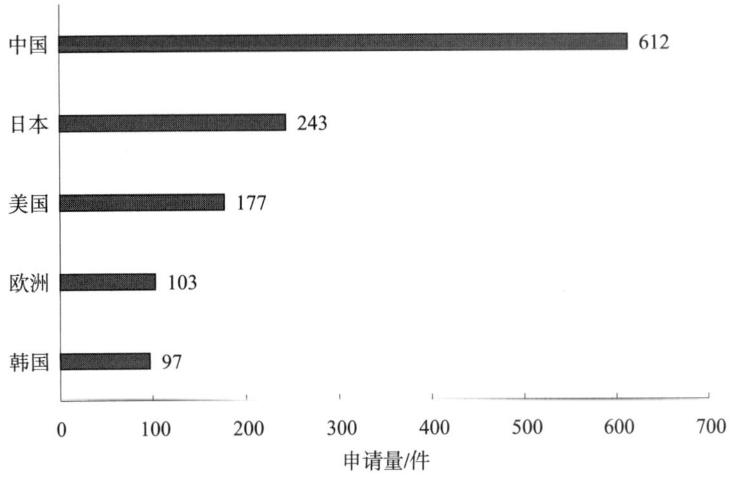

图8－3－11　氧化物固态电解质材料专利目标市场分析

在氧化物固态电解质领域，中国作为目标市场的专利布局量最多。日本排名第二位。美国和欧洲超过韩国分别位列第三、第四。这表明，虽然在技术产出方面，美国和欧洲相对较少，但作为目标市场，美国和欧洲相较于韩国更为全球申请人所关注，在美国和欧洲进行专利布局的数量也更多。

4. 技术主题分析

为了进一步展示氧化物固态电解质材料各技术分支的专利分布状况，图8－3－12示出了全球各技术分支的专利发展现状。

氧化物固态电解质材料的类型主要分为锆酸镧锂氧（LLZO）石榴石型、快离子导体型、钙钛矿型、锂磷氧氮（LIPON）和反钙钛矿型。LLZO石榴石型固态电解质起步较晚，总占比最多，2012年开始，申请量一直领先于其他技术分支。其次是快离子导体和钙钛矿型。这两种氧化物的起步比较早，直到2014年，申请量都只是在小范围波动。2014年之后，快离子导体型的增长速度更为明显。LIPON的起步时间略早于快离子导体，但是其申请一直是间断性的，年申请量只在个位数，一直没有取得大的突破。

反钙钛矿型从2015年开始出现相关申请，属于近年来一种新兴的氧化物固态电解质类型。

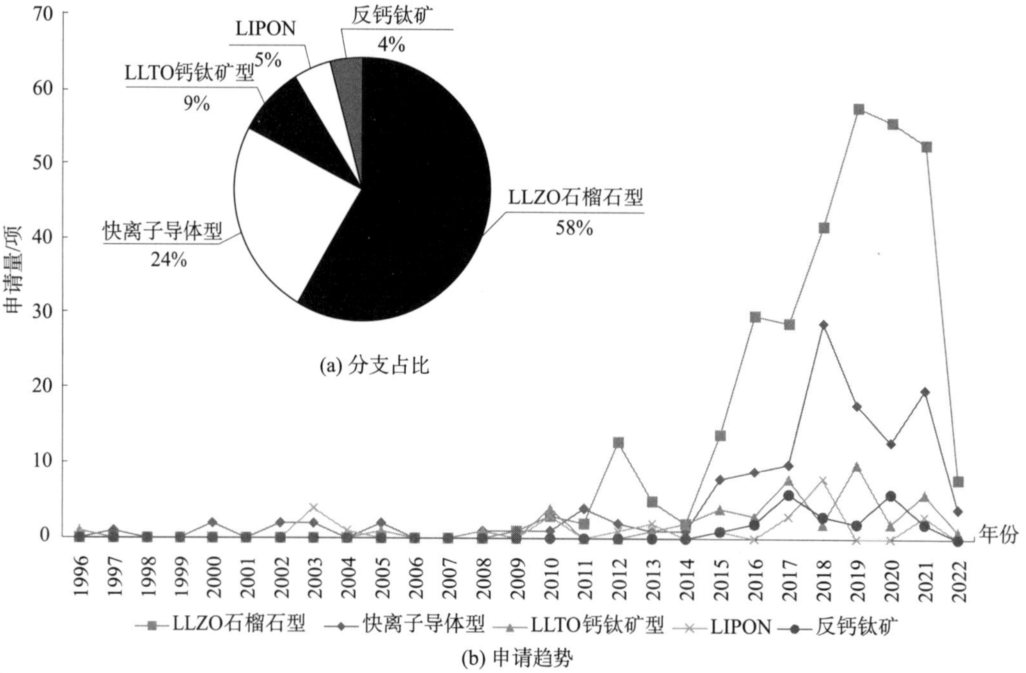

图8-3-12　全球氧化物固态电解质各技术分支占比及发展趋势

如图8-3-13所示。氧化物固态电解质领域的重点申请人主要的关注方向依然是LLZO石榴石型和快离子导体型，日本精工、丰田和韩国生产以LLZO石榴石型为侧重方向，村田和太平洋则以快离子导体型为主要布局方向，松下虽然整体申请量不算太多，但所涉及的分支最多，布局较为均衡。中国和日本的重点申请人都对钙钛矿型固

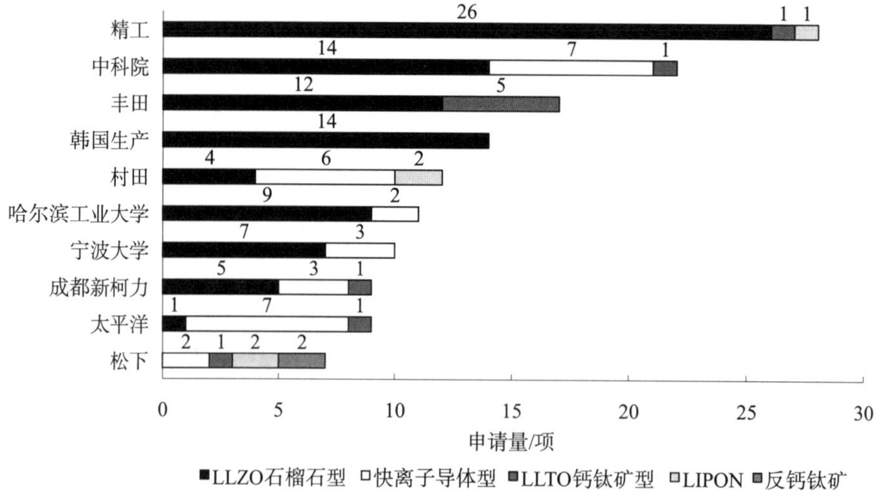

图8-3-13　氧化固态电解质全球重点申请人主要技术分支专利占比分析

体电解质进行了研究。值得注意的是，反钙钛矿型目前松下相关专利布局较多，作为新兴起的氧化物固态电解质类型，国内申请人也可以尽早关注。在国外重点申请人没有进行完善布局的情况下，尽早占领一席之地，获得主动权。

图 8－3－14 和图 8－3－15 以常见的 LLZO 石榴石型锆酸镧锂氧化物为例，深入分析其针对不同性能的改性手段。

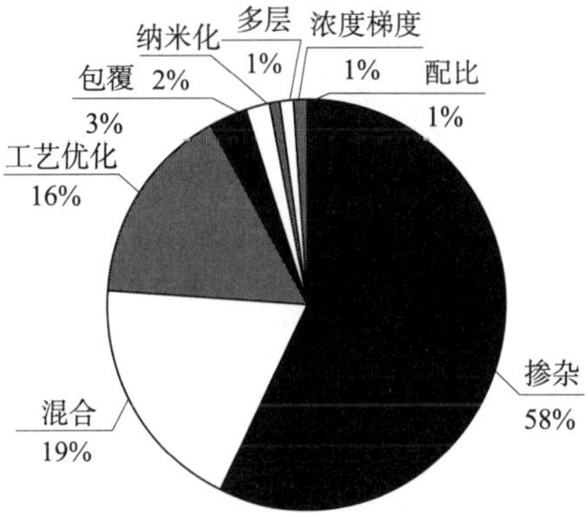

图 8－3－14　LLZO 石榴石型氧化物针对离子电导率的改性手段专利分布

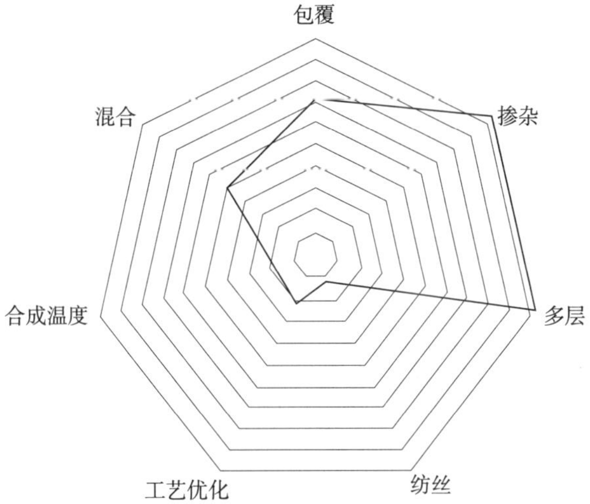

图 8－3－15　LLZO 石榴石型氧化物关于电极相容性的改性手段专利对比

针对 LLZO 石榴石型氧化物固态电解质主要的改性方向，分别从离子电导率和与电极的相容性进行深入分析。从改性手段入手，对两者进行比较发现，主要通过对氧化物进行元素掺杂、混合其他氧化物来提高电解质的离子电导率，或者通过工艺优化改性其晶型对电导率进行改性。而对于提高与电极相容性降低内阻而言，主要的改性手段为设置多层结构对界面层优化或者进行特定元素掺杂，以提高与电极的相容性。

5. 技术路线分析

从图 8－3－16 的功效矩阵中可以看出，从技术维度来看，掺杂、混合以及工艺优化的功效布局较为全面，是氧化物固态电解质改性的主要技术手段。而包覆和多层这两个技术手段，在提升热稳定性方面接近空白。同时，混合和工艺优化（其他）在提升热稳定性上也有进一步的提升空间，另外，包覆、掺杂和多层在改善机械强度上也有进一步发展的空间。国内研发主体可以从以上角度进行进一步研发，加强专利布局。

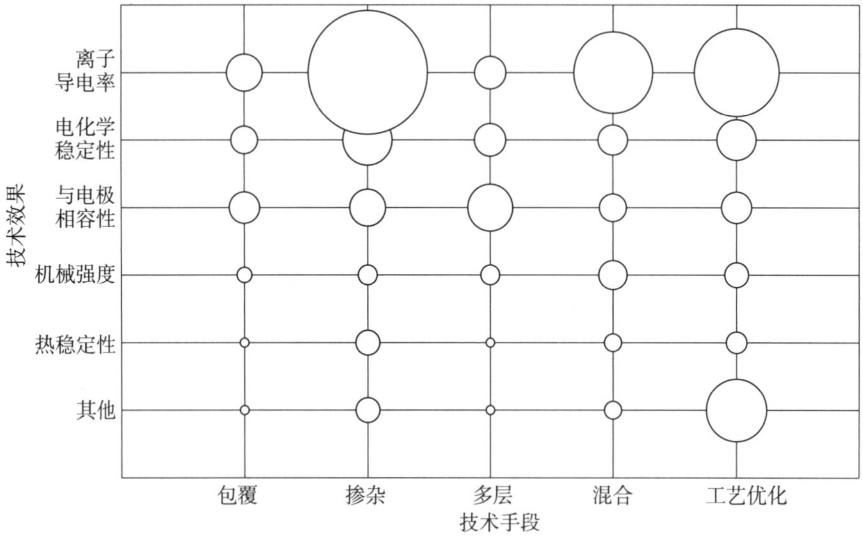

图 8-3-16　氧化物固态电解质专利技术功效矩阵

注：图中圆圈大小表示申请量多少。

从功效维度看，提高离子电导率是目前主要解决的技术问题，其次是电化学稳定性和与界面的相容性。国内研发主体可以考虑在其他技术问题，例如提高机械强度或热稳定性上寻找突破点。虽然氧化物本身的性质决定其在机械强度和热稳定性方面相对于其他固态电解质材料来说已经比较优秀，但是随着对能量密度和安全性需求的提升，对于薄层电解质的开发和使用也会对电解质的机械强度和热稳定性提出更高的要求。同时，离子的传输强烈依赖于固体颗粒的致密接触，是固态电池体系的最大制约。提升与电极的相容性是减少界面电阻、提升离子传输效率主要途径。目前，该方向上还存在专利布局的空间，国内申请人可以在该方向上继续开展研究。另外，氧化物的合成往往需要较高的温度条件，成本较高也是本领域亟待解决的问题，其他功效主要是针对降低成本和简化工艺方面。由图 8-3-16 可知，除工艺优化外，其他分支的布局均较少，国内申请人可以从这一技术问题出发，加快相关方面的专利布局。

8.3.3　硫化物固态电解质专利分析

1. 技术来源地和目标市场分析

由图 8-3-17 可以看出，在硫化物固态电解质领域，申请以日本和中国为主，两者申请占全球申请量的 88%。其中，日本申请超过 50%。韩国、美国、法国和德国在硫化物固态电解质领域都有涉及，但申请量不大。

图8－3－18对硫化物固态电解质领域全球专利主要技术来源地的申请趋势进行分析。涉足该领域的主要国家为日本、中国、韩国、美国，日本起步最早，研究一直持续至今。1990年，日本对硫化物固态电解质开始研究并申请专利，后续研究一直未曾中断。2010年出现第一次申请高峰，2014年申请量呈现指数增长。中国、韩国仅次于日本，申请排名第二、第三位。2006年，中国开始出现硫化物固态电解质的专利申请，且申请量不断增加。2019年，中国在该领域的专利申请量反超日本。2014年，韩国首次在硫化物固态电解质领域进行专利申请。随后一直有研发产出，仅在2018年出现小幅度下滑。美国是2017年开始硫化物固态电解质专利申请，申请量一直不大。从全球申请趋势来看，日本一直处于领先地位，其他国家都是后续进入，以日本和中国为主要技术来源地。

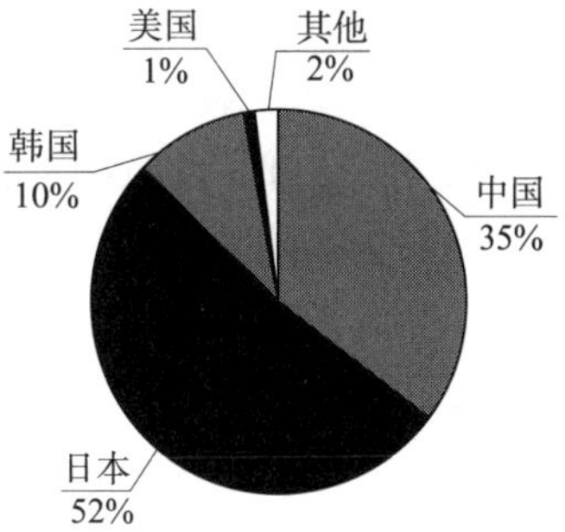

图8－3－17　硫化物固态电解质全球专利技术来源地申请量分布

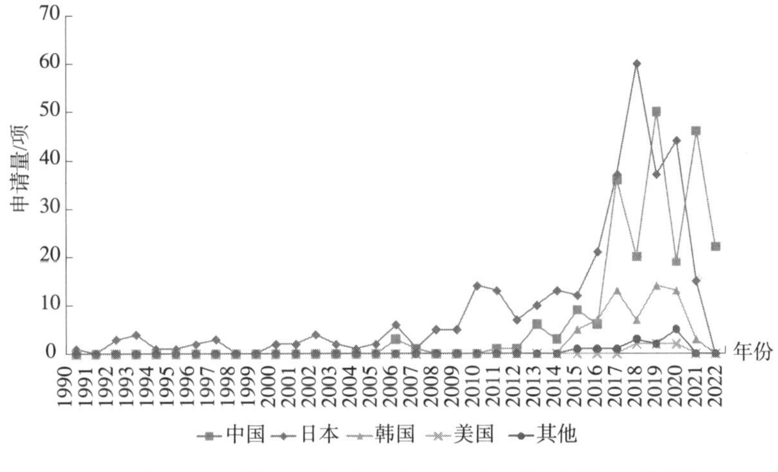

图8－3－18　硫化物电解质全球主要国家/地区专利申请趋势

从图8－3－19中可以看出，在硫化物固态电解质领域，中国是最大的目标市场国，日本作为目标市场国，排名第二位。结合图8－3－17，日本技术产出排名第一，中国排名第二。从以上技术产出和目标市场排名变动可以发现，日本申请人海外布局意识较强，注重海外市场申请。中国作为全球新能源市场最大的国家，是其他国家布局的首选市场，且国内申请人多在国内进行专利布局，从而使中国申请量远超日本。在硫化物固态电解质领域，我国作为目标市场的专利布局量是本国技术产出量的1.9倍。可见，在该领域尚未形成技术壁垒，但专利风险已然存在。下面课题组对中国和日本进行深入对比分析。

2. 中国和日本对比分析

在申请趋势的基础上，引入每年的申请人数量，通过采用每年申请量和申请人比值，可以不同程度反映不同国家企业的平均研发能力。由图8－3－20可以看出，2011年以前，全球硫化物固态电解质领域的专利申请基本集中在日本，该行业全球企业平均申请量和日本保持一致。当年，日本企业的平均申请量高于全球平均值，且远高于中国的平均申请量，一直保持至今。按照总体企业布局情况计算平均值，日本企业平均申请量＝328/125＝2.6，中国企业平均申请量＝223/132＝1.69。可见，日本在该领域企业的研发实力较强，技术产出高于中国企业。

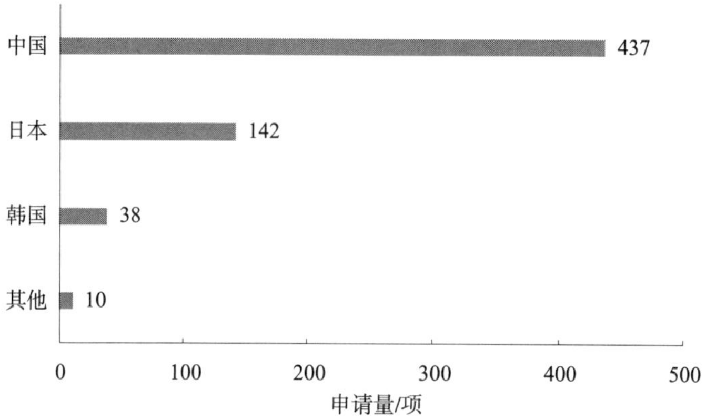

图8－3－19　硫化物固态电解质全球主要目标市场专利申请量

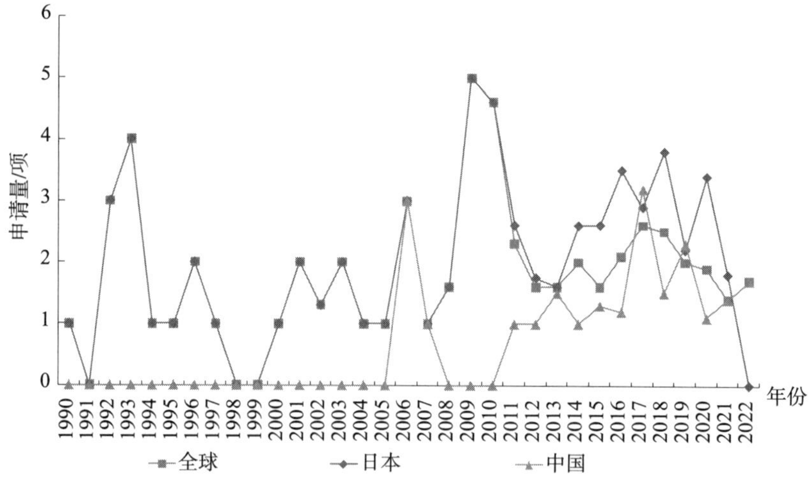

图8－3－20　硫化物电解质日本和中国企业专利平均申请趋势

3. 专利被引证分析

专利被引证数据在一定程度上体现专利质量。被引证次数越多，表示该技术被后续专利申请更关注，同时对于专利技术的延续具有一定的参考价值。通过对日本、中国专利被引证数据进行展示，在一定程度上可以反映日本、中国在该领域的技术连续性。如图8－3－21所示。

在硫化物电解质领域日本专利被引证次数最高值为236，日本被引证次数在25以上的专利申请有11件，所有专利申请被引证总数为1070。被引证数从高到低在前10%的专利申请中，其被引证总数为575，被引证数占比为575/1070 = 53.7%。

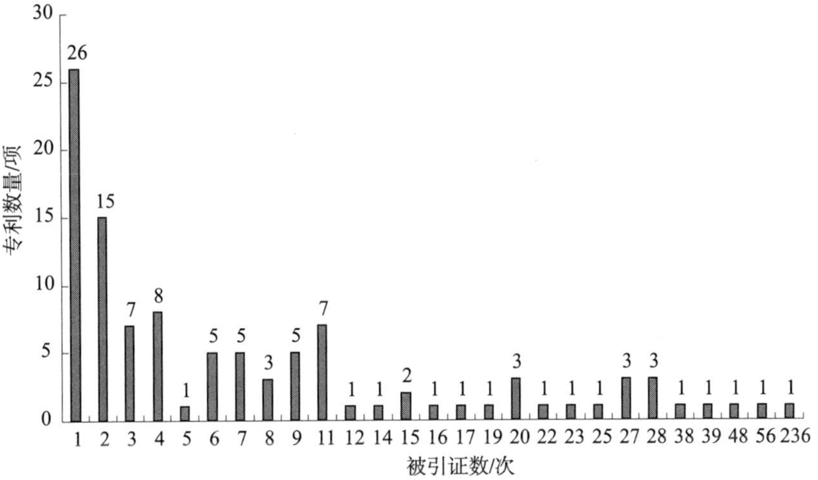

图8-3-21　日本硫化物电解质专利被引证数据

如图8-3-22所示，中国在该领域专利被引证次数最高值为25，远小于日本的最高被引证次数236；所有专利申请被引证总数为301；被引证数从高到低在前10%的专利申请中，其被引证总数位103，被引证数占比为103/301 = 34.2%。

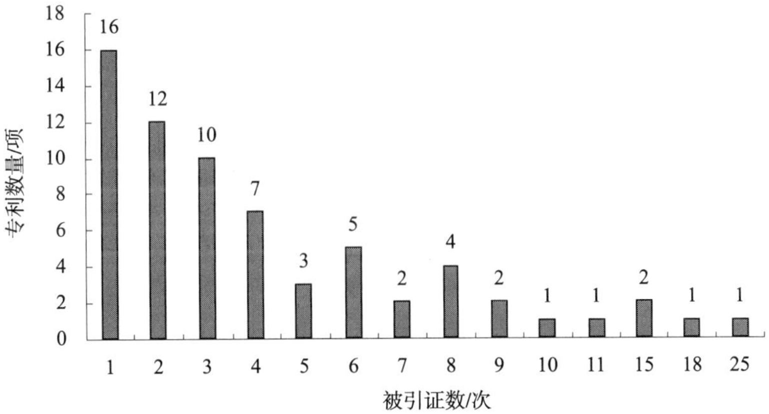

图8-3-22　中国硫化物电解质专利被引证数据

4. 技术贡献率分析

专利申请量并不能准确地反映专利申请质量。引入企业专利的被引证数据，辅助表征专利申请的质量，综合占比更能准确地表示企业的技术贡献情况。规定申请人的技术贡献率 = 申请人的申请贡献率 + 被引证贡献率。课题组选择日本和中国排名前20位申请人进行分析。

在硫化物固态电解质领域，如图8-3-23所示。日本技术贡献率排名最高的企业为丰田，其次为出光，接下来为大阪府立大学和松下。大阪府立大学和松下在该领域的申请量不大，由于其专利的高被引证量，其对该行业专利技术贡献排名靠前。通过计算可知，日本申请人的平均技术贡献率为6.5%。

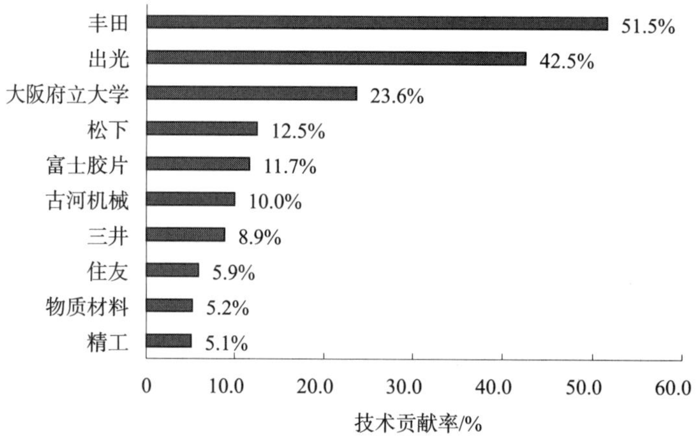

图8-3-23 日本硫化物电解质专利申请人技术贡献率对比

在硫化物固态电解质领域，如图8-3-24所示，中国技术贡献率排名最高的企业为锋锂，其次为中科院，第三位为国机集团。国机集团在该领域的申请量最大，但其专利被引证量较低，其技术贡献率弱于锋锂和中科院。进一步对国机集团专利进行分析，其申请集中在2017年，专利授权率为26%。中国申请人的平均技术贡献率2.7%，小于日本该行业专利申请人的平均技术贡献率（6.5%）。

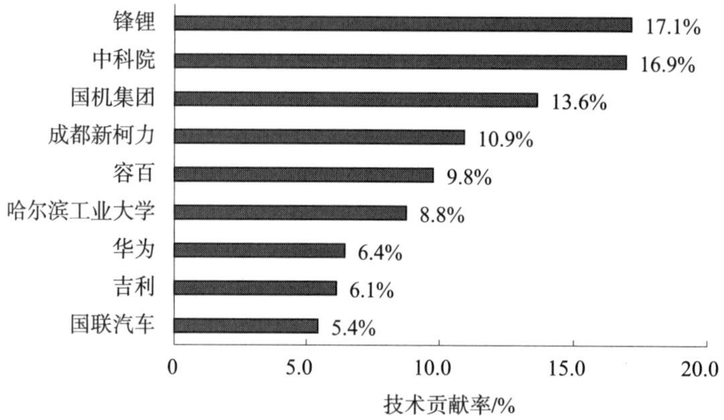

图8-3-24 中国硫化物电解质专利申请人技术贡献率对比

5. 有效专利情况分析

通常授权率越高，证明申请人技术的创新性相对较高。申请人通常综合维护成本、专利质量以及市场价值对持有专利进行维护，维持其有效专利保有量在一个适当范围。有效发明专利保有量也能反映申请人对专利质量的认可。因此，对日本、中国的专利授权率、有效发明专利量进行对比，如图8-3-25和图8-3-26所示。

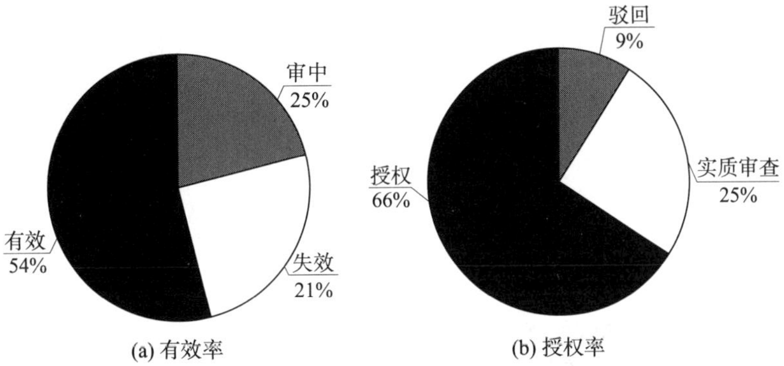

图8-3-25 日本硫化物电解质专利授权率和专利有效率分布

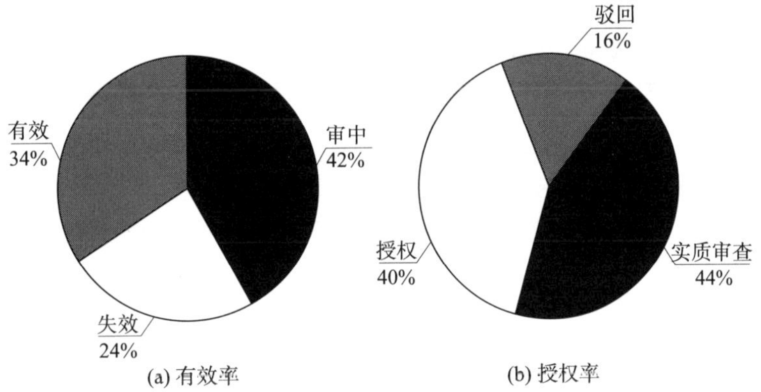

图8-3-26 中国硫化物电解质专利授权率和有效专利量分布

从图8-3-25可以看出，日本专利授权率为188/285=66%，日本专利有效率为154/285=54%；日本专利授权率相对较高，且维持有效比率较高，对专利重视程度较高。

从图8-3-26可以看出，中国专利授权率为40%，中国专利有效率为76/223=34%；中国硫化物电解质领域专利授权率和有效率都小于日本。

针对日本和中国在硫化物固态电解质领域的在审和授权专利，课题组对其同族专利布局情况进行了研究。考虑到同族专利数据的统计规则，选择同族专利个数在3个以上的数据进行对比。其中，日本专利申请同族专利个数在3以上的在审和授权专利总共173件，其高同族专利占比为173/260=66.5%。中国同族专利个数在3以上的在审和授权专利总共77件，高同族专利占比为77/171=45%，小于日本的66.5%。

有效专利的维持时间包括申请日至检索截止日的时间范围，失效专利的维持时间包括申请日到失效日的时间，单位为月。专利维持时间越长，说明其重要性和经济效益越大，市场价值越高，相对专利质量越高。如图8-3-27所示，日本维持年限在4~5年和8~9年时段的专利最高，最长维持年限为15年。考虑到发明从申请到实质审查等审查周期的影响，尤其对于国外申请，由于进入国家阶段等额外程序，其审查周期通常在一年以上，维持1～2年的专利，基本属于授权即放弃阶段，不能体现专利价值。因此，对日本专利选取4～20年为比较范围，该维持时间年限专利申请占比为100/109＝91.7%。

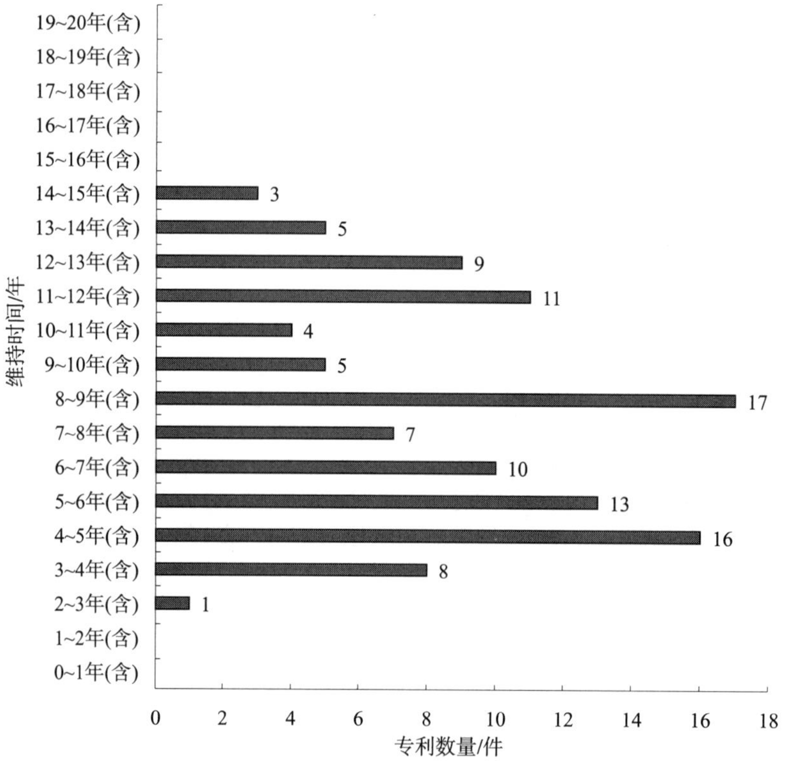

图8－3－27　日本硫化物电解质有效专利维持时间分布

如图8－3－28所示。中国专利维持年限在1～2年和3～4年最高，最长维持年限为17年。考虑到发明从申请到实质审查等审查周期的影响，其审查周期通常在一年左右，维持1～2年的专利，基本属于授权即放弃阶段，不能体现专利价值。因此，对中国专利选取3～20年为比较范围，通过计算该维持时间年限专利占比为61/85＝71.8%，小于日本的91.7%。

不同权利要求数量的专利数量分布情况，宏观上表明专利所保护的范围，权利要求数量越多，一定意义上反映专利的质量更高。如图8－3－29所示，日本在该领域申请专利的权利要求项数大多集中在6～10项，高达97件；而随着权利要求项数增多，其保护范围越大，即该技术的专利度越高，多于10项的专利，日本在该领域权利要求项数在10项以上占比为119/308＝38.6%。

如图8－3－30所示，中国在该领域申请专利的权利要求项数大多集中在6～10项，高达186件；而随着权利要求项数增多，即该技术的专利度越高，多于10项的专利，中国在该领域权利要求项数在10项以上占比为20/223＝8.9%，小于日本的38.6%。

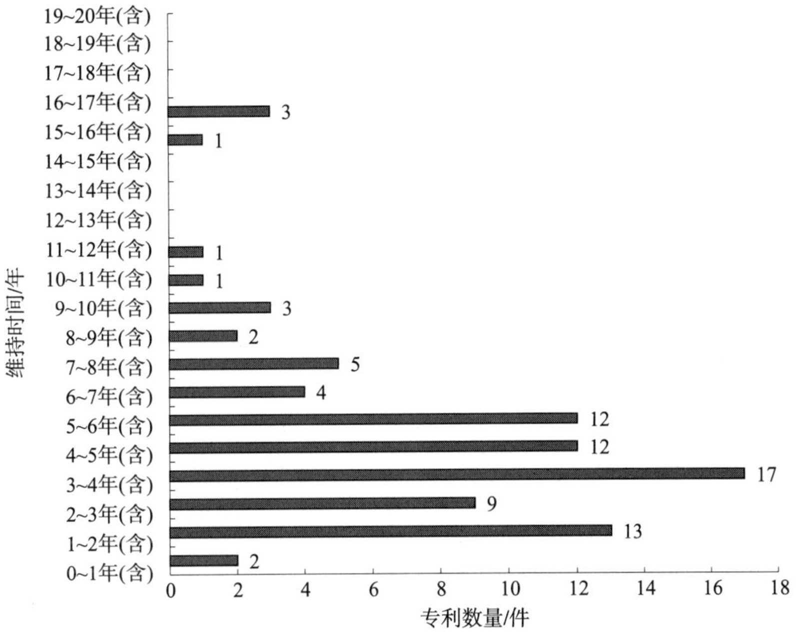

图8-3-28　中国硫化物电解质有效专利维持时间分布

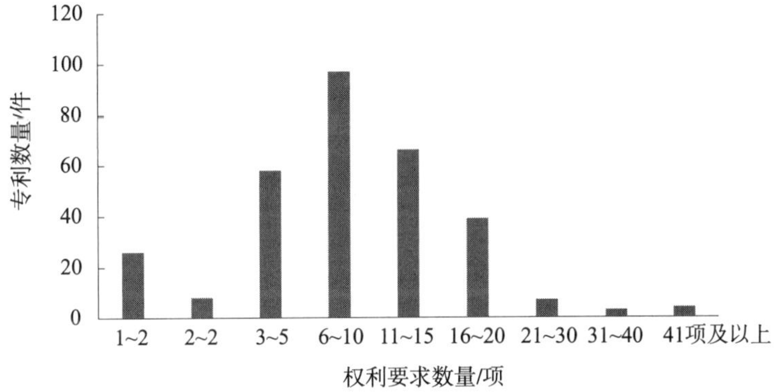

图8-3-29　日本硫化物电解质专利权利要求项数分布

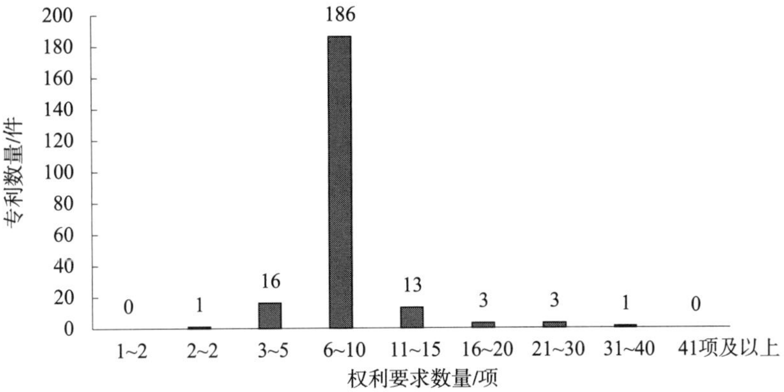

图8-3-30　中国硫化物电解质专利权利要求项数分布

根据专利侵权时的全面覆盖原则，首项权利要求的字数越少，越容易被全面覆盖，权利要求保护范围越大。不同首项权利要求字数的专利，表明专利采用的必要技术特征描述的详尽程度，可以体现权利要求特征数，有助于评价专利的质量。

日本专利申请首项权利要求字数大多集中在1～50字，高达98件，如图8－3－31所示。随着首项权利要求字数增多，专利申请数量递减，400字数以上时，专利数量都有小幅度增加，超过350～400字的申请量。日本在该领域专利申请，首项权利要求字数小于100字的专利占比为161/321＝50.1%。

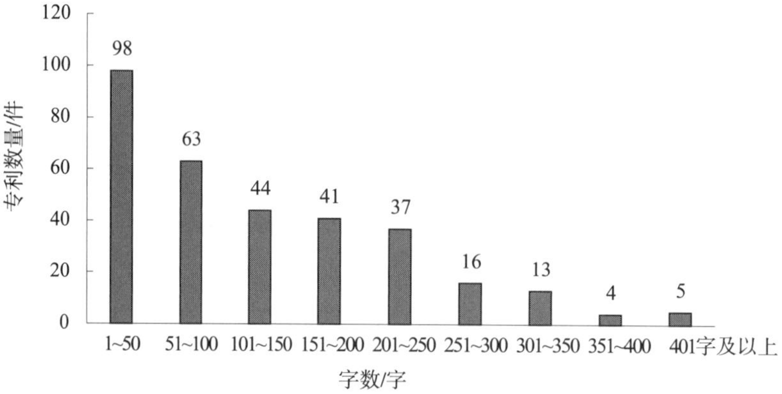

图8－3－31 日本硫化物电解质专利首项权利要求字数分布

中国专利申请首项权利要求字数大多集中在51～100字范围，高达55件，如图8－3－32所示。随着首项权利要求字数增多，专利申请数量递减，400字以上时，专利数量都有小幅度增加，超过350～400字的申请量。中国在该领域专利申请，首项权利要求字数小于100字的占比为58/223＝26%，小于日本的50.1%。

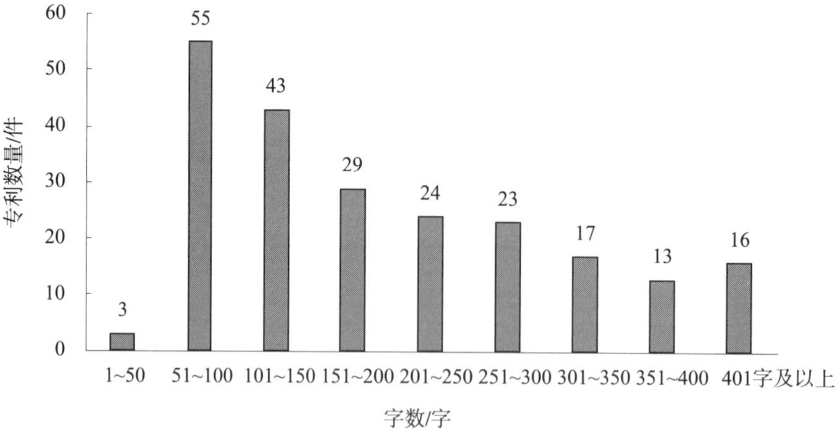

图8－3－32 中国硫化物固态电解质专利首项权利要求字数分布

6. 申请质量分析

为了综合比较在硫化物固态电解质领域日本、中国专利申请质量，课题组综合专利申请主体、专利撰写质量、专利保护范围以及专利布局等因素，通过对日本、中国专利相关数据进行对比，最终结果如图 8-3-33 所示。在硫化物固态电解质领域，中国目前处于追赶状态，和日本还有一定差距。

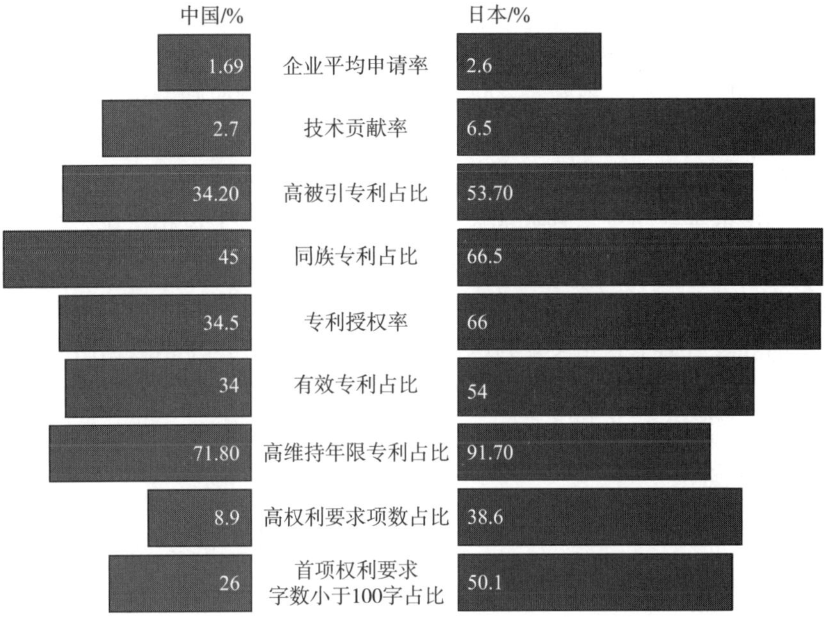

图 8-3-33 中国和日本硫化物固态电解质专利申请质量对比

7. 技术分支分析

目前硫化物固态电解质主要为晶体态物质和玻璃态物质。其中，晶体态物质包括硫代锂超离子导体和硫银锗矿型电解质两种常见类型，玻璃态体系常见为 $x\mathrm{Li_2S}$ - $(1-x)$ $\mathrm{P_2S_5}$或者 $x\mathrm{Li_2S}$ - $(1-x)$ $\mathrm{SiS_2}$。课题组对中国、日本在硫化物固态电解质各分支的专利具体情况进行了分析，结果如图 8-3-34 所示。

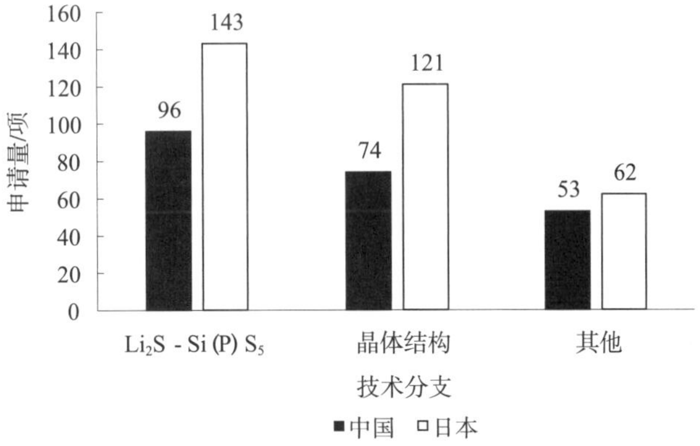

图 8-3-34 中国、日本硫化物固态电解质各分支专利申请量对比

其中，晶体结构包括硫代锂超离子导体和硫银锗矿型电解质两种常见类型。$\mathrm{Li_2S}$ - Si $(\mathrm{P})_2\mathrm{S}_5$为玻璃态体系，其他涉及对整体硫化物体系进行改性的专利。中国和日本布

局的重点都在 $Li_2S-Si(P)_2S_5$类玻璃态物质，其次为具有晶体结构的硫化物体系，最后为整体硫化物进行改性的专利。中国该部分专利占比23.76%；日本该部分专利占比为19%。

图8-3-35示出了中国、日本硫化物固态电解质各分支专利申请趋势。中国针对硫化物固态电解质的专利申请始于2006年，且晶体结构物质和 $Li_2S-Si(P)_2S_5$类玻璃态体系物质都是同步布局。2016年申请开始增长，到2019年达到申请高峰。2020年迅速降低，2021年晶体结构物质的申请迅速增长，超过玻璃态物质。在此之前，中国在各分支的专利申请基本同步，且玻璃态物质的申请一直处于领先地位。2017年，中国在 $Li_2S-Si(P)_2S_5$玻璃态体系物质的申请达到高峰，之后又迅速回落。经对该年份申请进行深入分析发现，2017年国机集团于同一天申请了23件玻璃态硫化物电解质的申请，在此之前和之后都未有相关专利申请，从而使2017年的申请数据出现波动。

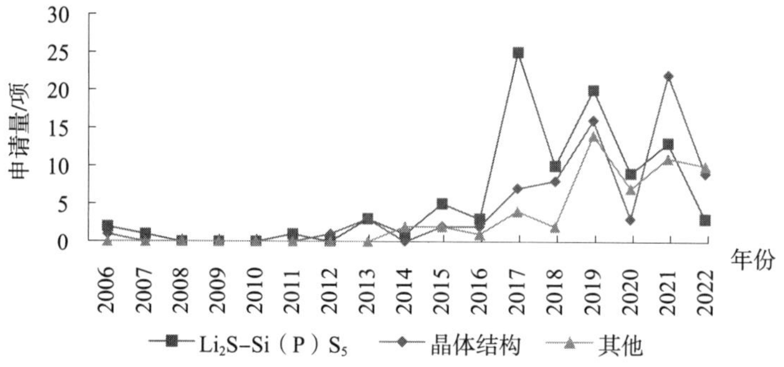

(a) 中国

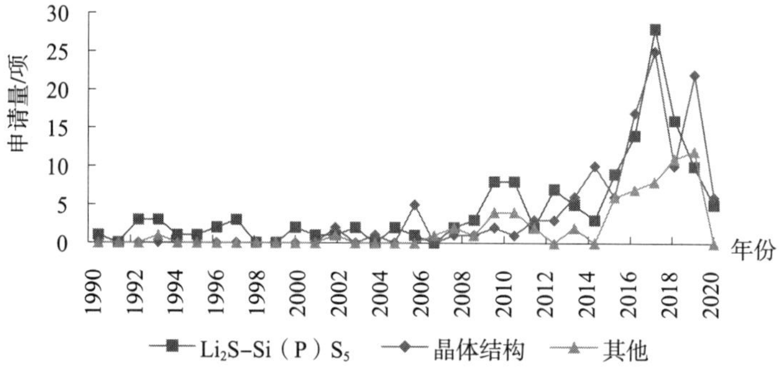

(b) 日本

图8-3-35　中国、日本硫化物固态电解质各分支专利申请趋势

日本在硫化物固态电解质的申请起始于1990年。1990~2001年都是以玻璃态硫化物固态电解质申请为主，2001~2015年，在各分支都有申请，且申请量各有起伏。2016年以后，各分支申请量开始增加，到2018年，玻璃态硫化物和晶体结构类硫化物申请量达到最高，此后开始回落，到2020年，晶体结构类硫化物申请量超过玻璃态硫化物申请量。

可以发现，中国在该领域申请起步晚于日本，但各分支申请同步布局。中国硫化物固态电解质的专利申请趋势基本和日本的申请趋势保持一致，申请高峰时间略有不同。日本在2018年申请达到高峰，2020年晶体结构硫化物申请超过玻璃态硫化物电解质。中国在2019年申请达到高峰，2021年晶体结构硫化物申请超过玻璃态硫化物电解质，申请波峰基本晚于日本1年。

8. 技术改进分析

课题组对硫化物固态电解质的改性目的进行了统计，其中的“其他”涉及通过优化来提高生产率、可制备性以及制造稳定性等。通过图8-3-36可以发现，晶体结构、玻璃态硫化物的改性目的基本保持一致，中国对晶体结构类硫化物在与电极相容性方面的改性超过了玻璃态硫化物电解质。中国对于硫化物改性的重点在离子电导率、其次为电化学稳定性，这和日本对该领域电解质的改性重点保持一致。日本在硫化物电解质改性的第三个重要方面是针对硫化物电解质生产率、可制备性等方面，更偏重于产业化的布局。中国在硫化物电解质的改性的第三方向是与电极的相容性，和日本略有不同。

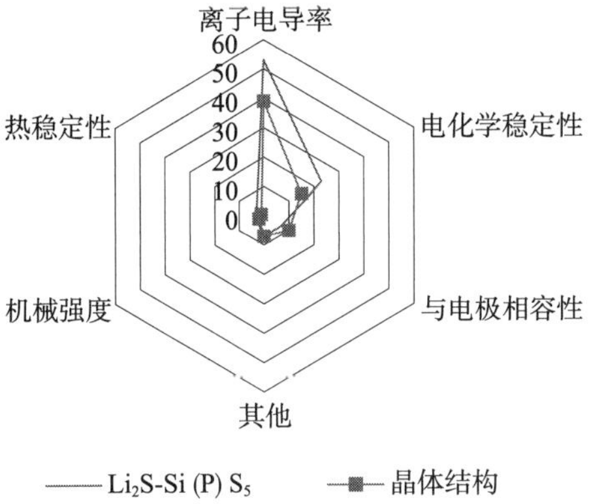

(a) 中国

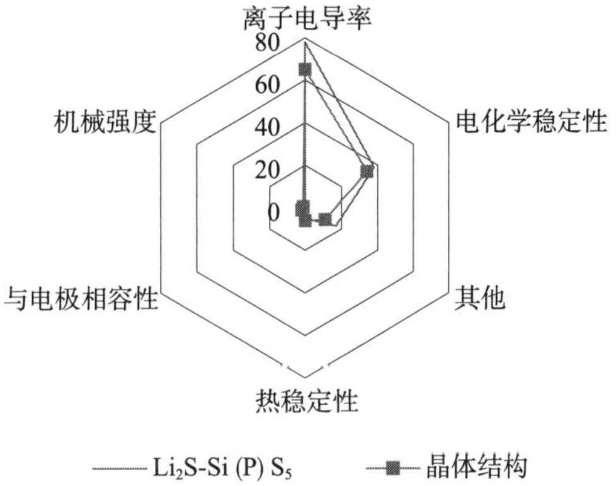

(b) 日本

图8-3-36 中国、日本不同类型硫化物固态电解质改性的专利技术效果对比

课题组对硫化物电解质领域中国主要申请人各分支的专利申请情况进行了统计，如图8-3-37所示。中国在各分支都有布局的申请人有中科院、锋锂、宁德时代和比亚迪，且上述申请人在硫银锗类布局都相对较少。其中，宁德时代布局更偏重$Li_{10}GeP_2S_{12}$（LGPS）晶体硫化物材料，比亚迪偏重对整体硫化物体系进行改性的专利申请。此外，蜂巢能源和屹锂新能源的布局更偏重硫银锗类晶体电解质材料。

课题组对硫化物固态电解质领域日本主要申请人各分支的专利申请情况进行了统计，如图8-3-38所示。日本在各分支都有布局的申请人为丰田、出光、三菱，其中，丰田、出光布局偏重玻璃类硫化物电解质，三菱偏重于$Li_{10}GeP_2S_{12}$（LGPS）晶体硫化物电解质。此外，三井布局更偏重硫银锗类晶体电解质材料，富士胶片布局更偏重于对硫化物固态电解质整体改性。

通过对中国、日本主要申请人各分支的专利申请量对比可以发现，中国主要申请人的申请量明显小于日本。这和中国在该技术的起步较晚相关。中国申请人各分支的布局相对较平均，较全面。中国申请人对硫化物电解质整体改性的布局较为偏重，中科院、锋锂和比亚迪在上述改性方面布局占比更大，对该部分的研究更有利于提高硫化物固态电解质的整体应用性能。

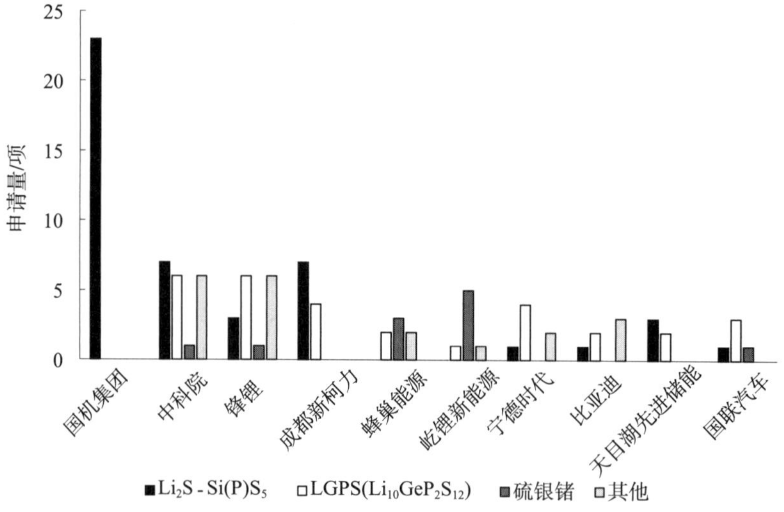

图8-3-37　硫化物固态电解质中国主要申请人各技术分支专利申请量分布

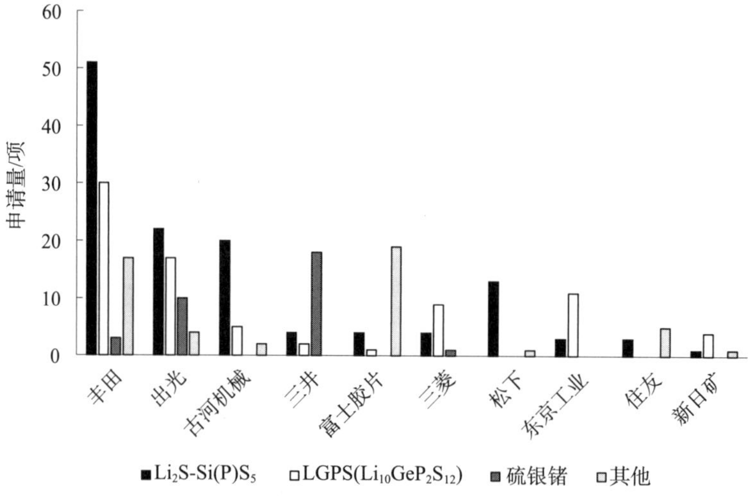

图8-3-38　硫化物固态电解质日本主要申请人各技术分支专利申请量分布

9. 主要研发人员合作关系分析

研发人员是技术创新的主要力量。针对中国硫化物固态电解质领域，课题组针对第一发明人进行统计，如图8-3-39所示。其中不同的图形和灰度代表不同的研发主体，各发明人之间连线表示合作申请的数量，图示箭头指向表示由第一发明人出发，指向合作发明人，发明人以下年限表示发明人在该领域研发年限范围。中国在该领域，许晓雄研发团队实力最雄厚，申请量最大，研发人员较多且交叉合作频繁；其次为陈庆、朱凌云和朱金辉研发人员。中国在该领域的研发人员较多，但合作较少，且研发主体过于分散，没有合作关系。

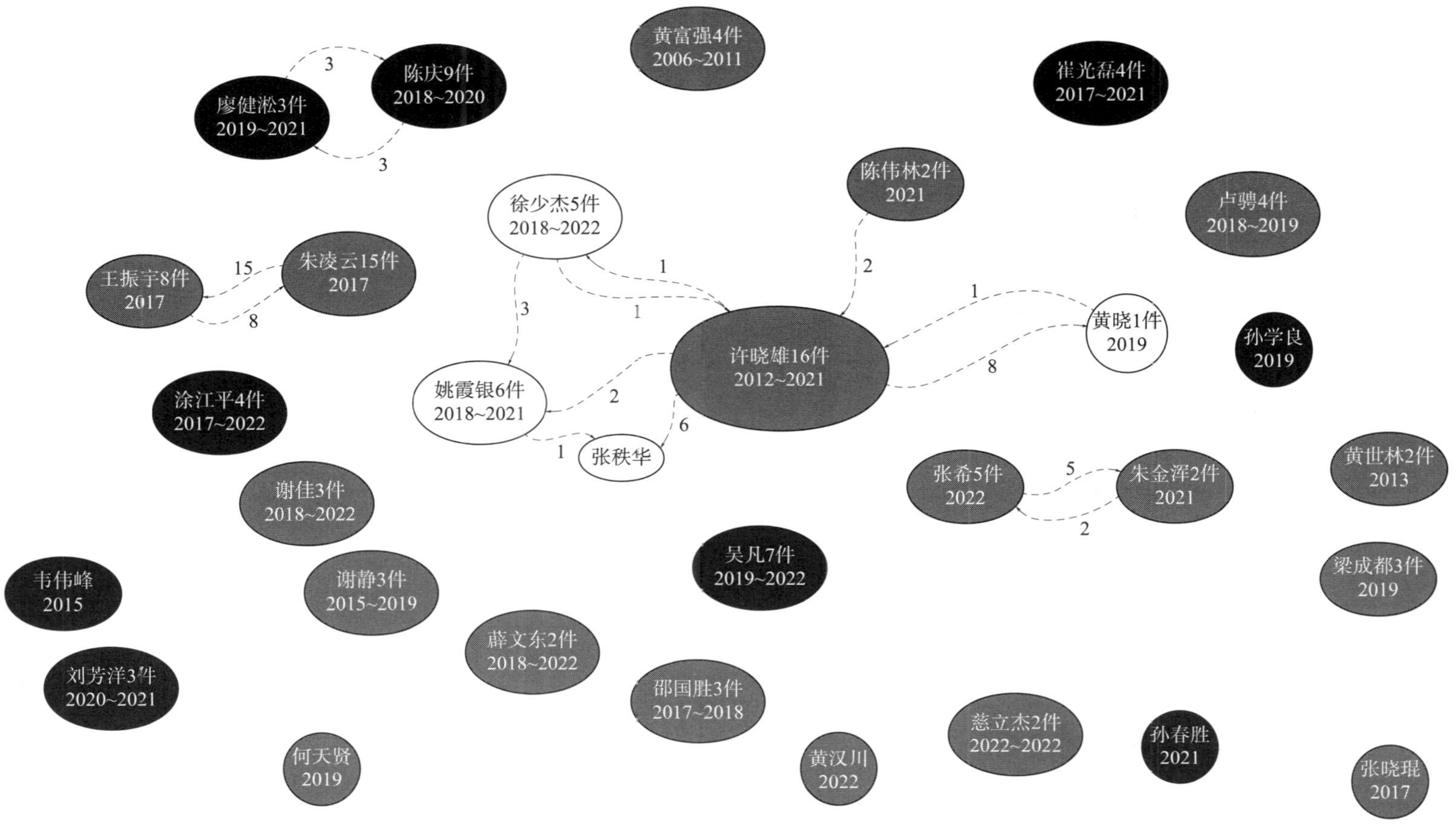

图8-3-39 中国硫化物固态电解质领域主要研发人员合作关系

黄富强作为进入该领域最早的发明人，2006年开始申请专利，申请年限跨度为2006～2011年。但未发现与其他作为第一发明人的合作申请，且其归属的研发主体在该领域申请专利也无持续性。同样的问题存在于其他研发人员，分属不同的研发主体，存在专利保护持续性较差的问题。研发合作最多的团队是许晓雄团队，其研发年限跨度为2012～2021年。该团队的姚霞银和徐少杰都在2018年之后持续专利申请，研究具有持续性，且后备人才成长较快，专利保护意识较强。该团队专利权归属中科院宁波材料所和/或锋锂。中科院宁波材料所属于科研机构，而锋锂属于企业。该团队具有成功的“产学研”合作模式，研发具有很强的持续性，存在明显的绑定关系，并且注重研发成果的专利保护。

课题组还对日本在硫化物固态电解质领域研发人员的合作关系进行了分析。由图8－3－40可以看出，日本研发人员在该领域协同创新较多，存在多个研发主体的协同创新。主要发明人为菅野了次、加藤祐树、田村素志、牧野雅臣、男圭一，主要分布在出光、古田、富士胶片、松下、三井、三菱等公司，其中以丰田研究人员居多，丰田、出光、松下的技术和科研机构紧密相关且有延续性。丰田研发团队最雄厚且专利布局较多。该公司和东京工业大学、大阪府立大学以及物质材料研究院都有合作，且合作技术具有延续性。松下的发明人青谷登在1992年即申请硫化物固态电解质相关专利，后续和物质材料研究院的高田和典继续研究相关技术。丰田主要的研究人员为菅野了次、加藤祐树、滨重规、土田靖、长田尚已以及大友崇督，且研究跨度从2008年至今。男圭一研究成果多集中在最近5年，且和其他人员合作较少。菅野了次、加藤祐树研究团队时间跨度从2010年至今，并且都和东京工业大学具有深度合作。同时其研究团队早期和土田靖、滨重规、大友崇督等研究人员都有合作。三井、三菱、古河机械、富士胶片等公司的研发团队较少，研发都集中在2018年以后。2018年4月，日本经济产业省与日本新能源产业技术综合开发机构宣布启动新一代高效电池“全固体电池”核心技术研发，项目包括丰田、松下、日产等23家汽车、电池和材料企业，以及京都大学、日本理化研究院等15家学术机构。上述公司应当是在此之后才参与硫化物固态电解质研究。

日本在该领域具有广泛的协同创新合作，专利布局意识强。包括科研机构、车企机构和材料厂商，合作跨度高达数十年，具有持续性。中国在硫化物固态电解质领域，起步较晚，专利布局不成体系。研发主体多且分散，不同研发人员之间协同创新较少，不同研发主体之间合作较少，研发持续性差。中国许晓雄团队协同创新较好，许晓雄在2011年和日本的高田和典存在共同申请。其团体专利意识较强，持续研发和专利布局，为国内其他研发人员提供了参考。

10. 技术路线分析

在玻璃态硫化物电解质的研发过程中，经历了碘化物A/I（A/I = AlI_3，ZnI_2，LaI_3）掺杂、氧化物掺杂玻璃材料。锂的化合物以及磁控溅射磷酸锂快离子导体层包覆，并且通过减压干燥、磁选除铁制备玻璃硫化物，锂芳香族化合物有机醚类溶液改性制备玻璃态材料等过程。如图8－3－41所示。2006年，中科院率先在玻璃态硫化物和晶体硫化物布局，其中专利CN100486024C保护Li_2S、La_2S_3和SiS_2以6：0.5：3的摩

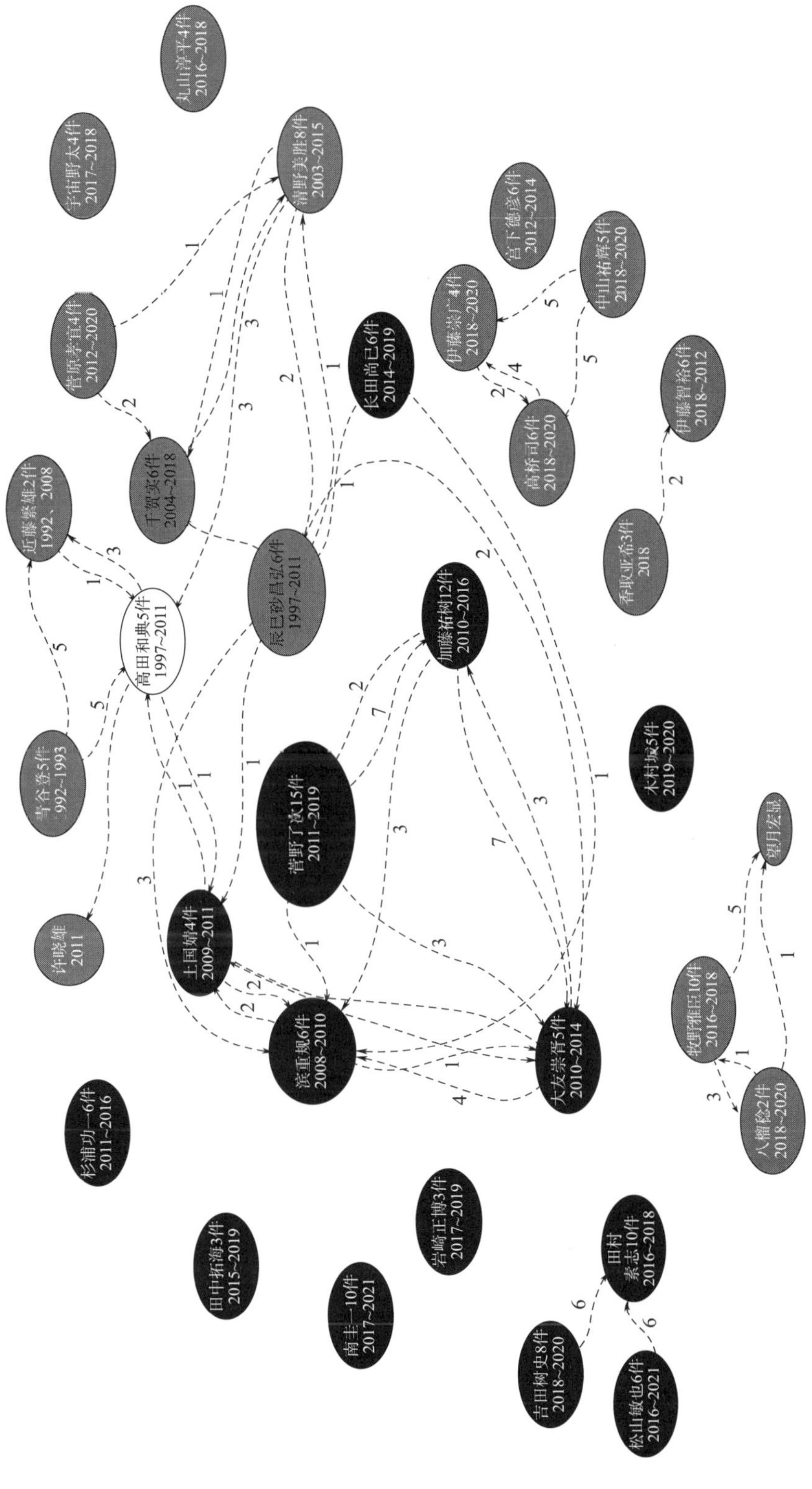

图 8-3-40 日本硫化物固态电解质领域主要研发人员合作关系

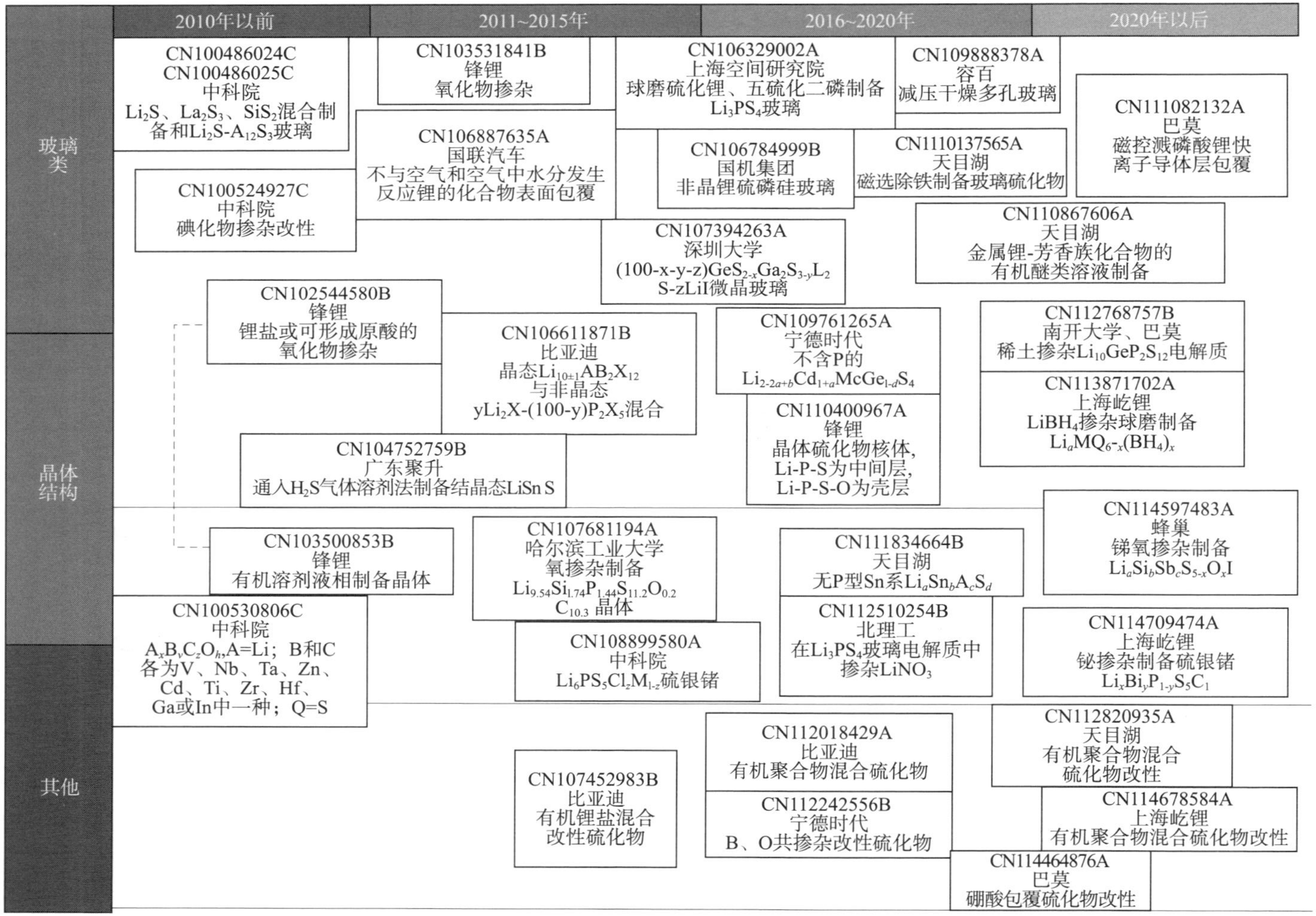

图8-3-41 中国硫化物固态电解质专利技术路线

尔比复合形成非晶态体系。随后专利 CN100486025C 涉及 $Li_2S-Al_2S_3$ 玻璃材料。2007 年中科院采用碘化物 A/I（A/I = AlI_3，ZnI_2，LaI_3）掺杂非晶态体系申请专利 CN100524927C。2013 年锋锂采用掺氧化物掺杂或复合玻璃材料布局专利 CN103531841B。2015 年国联汽车研发不与空气和空气中水分发生反应锂的化合物表面包覆无机硫系玻璃陶瓷态，布局专利 CN106887638A。2016 年，上海空间研究院通过球磨硫化锂、五硫化二磷制备 Li_3PS_4 玻璃，布局专利 CN106329002A。2017 年国机集团布局专利 CN106784999B，研发硫化锂、硫化磷、锂硅合金粉末和硫磺制备非晶锂硫磷硅玻璃。同年，深圳大学研发（100xyz）$GeS_{2x}Ga_2S_{3y}Li_2S_zLiI$ 微晶玻璃，布局专利 CN107394263A。2019 年，容百通过减压干燥多孔玻璃，布局专利 CN109888378A。同年，天目湖先进储能成立，并申请专利 CN110137565A，保护原料磁选除铁制备玻璃硫化物。其采用金属锂芳香族化合物的有机醚类溶液中加入单质硫和五硫化二磷混合制备玻璃，申请专利 CN110867606A。巴莫研发磁控溅磷酸锂快离子导体层包覆，申请专利 CN111082132A。晶体结构类硫化物电解质主要包括快离子导体类和硫银锗类物质。对于快离子导体的改性技术主要有锂盐或可形成原酸的氧化物掺杂，氧掺杂、$LiNO_3$、稀土、$LiBH_4$、铋、锑氧等掺杂改性；采用有机溶剂、通入 H_2S 气体溶剂法等制备工艺优化；取代掺杂形成的新晶体 LiSnS、不含 P 的 $Li_{22a+b}C_{d1+a}M_cGe_{1d}S_4$ 晶体、无 P 型 Sn 系 $Li_aSn_bA_cS_d$ 等物质。对于硫银锗型晶体布局有 $Li_6PS_5Cl_zM_{1z}$ 以及铋掺杂改性。中科院在 2006 年布局专利 CN100530806C，保护结构为 $A_xB_yC_zQ_h$ 的材料，A = Li；B 和 C 各为 V、Nb、Ta、Zn、Cd、Ti、Zr、Hf、Ga 或 In 中一种；Q = S。2012 年锋锂通过锂盐或可形成原酸的氧化物掺杂，布局专利 CN102544580B。同年锋锂采用有机溶剂液相制备晶体，申请专利 CN103500853B。2015 年，广东聚升通入 H_2S 气体溶剂法制备结晶态 LiSnS，申请专利 CN104752759B。同年，比亚迪采用晶态 $Li_{10\pm1}AB_2X_{12}$ 与非晶态 yLi_2X（100y）P_2X_5 混合，布局专利 CN106611871B。2017 年，哈尔滨工业大学通过氧掺杂得到 $Li_{9.54}Si_{1.74}P_{1.44}S_{11.2}O_{0.5}C_{l0.3}$ 晶体，布局专利 CN107681194A。2018 年，中科院布局专利 CN108899580A，保护 $Li_6PS_5Cl_zM_{1z}$ 硫银锗。2019 年，宁德时代布局专利 CN109761265A 保护不含 P 的 $Li_{22a+b}Cd_{1+a}M_cGe_{1d}S_4$ 晶体。同年，锋锂通过包覆改性，申请专利 CN110400967A，保护晶体硫化物核体，LiPS 为中间层，LiPSO 为壳层。2020 年，天目湖在专利 CN111834664B 中保护无 P 型 Sn 系 $Li_aSn_bA_cS_d$ 硫化物。同年，北京理工大学在专利 CN112510254B 保护 Li_3PS_4 玻璃电解质中掺杂 $LiNO_3$ 形成 $Li_{30.02x}P_{10.01x}N_xS_{40.04x}O_{3x}$。2021 年，南开大学、巴莫在专利 CN112768757B 中共同申请保护稀土掺杂 $Li_{10}GeP_2S_{12}$ 电解质；上海屹锂在专利 CN113871702A 中保护 $LiBH_4$ 掺杂球磨制备 $Li_aMQ_{6x}(BH_4)_x$；2022 年，申请铋掺杂制备硫银锗 $Li_xBi_yP_{1y}S_5Cl$ 的专利 CN114709474A。2022 年，蜂巢在专利 CN114597483A 中保护锑氧掺杂制备 $Li_aSi_bSb_cS_{5x}O_xI$。

此外，2016 年，比亚迪在专利 CN107452983B 中保护了有机锂盐混合改性硫化物，2019 年于专利 CN112018429A 中保护有机聚合物混合硫化物改性。同年，宁德时代在专利 CN112242556B 保护 B、O 共掺杂改性硫化物。针对硫化物和聚合物混合改性，2020 年天目湖布局专利 CN112820935A。2022 年上海屹锂布局专利 CN114678584A。

2021年，巴莫布局专利CN114464876A，保护硼酸包覆硫化物改性。

如图8-3-42所示。日本在玻璃态硫化物布局较早，2000年以前开始布局，以松下为主。改性方式包括LiI、氧原子和硅原子于硫化物交联改性、疏水聚合物、卤素、K_2S取代掺杂等手段，目前以卤素掺杂为主。液氮快速降温、晶粒优化、300℃以下低温煅烧、露点温度为-60℃以上的气氛中组装等工艺优化。蒸镀薄膜保护，形成不含湿气氧化层，附着抑制剂等包覆类改性。并且在该领域多采用特定衍射峰限定物质组成进行保护。2000年以前，松下采用液氮快速降温制备$Li_3PO_4-0.58Li_2S-0.39SiS_2$，布局专利JP3184517B2。同年申请了专利JP3163741B2保护LiI混合掺杂以及通过氧原子和硅原子于硫化物交联改性的专利JP3129018B2。大阪府立大学通过晶粒优化降低正负极界面阻抗布局专利JP3233345B2。日立控制300℃以下低温煅烧布局专利JP11144523A。物质材料研究院布局专利JP2001319520A保护多孔玻璃。2001年，住友在专利JP2002212705A中涉及蒸镀薄膜保护。2006年，出光对采用衍射峰限定含有Li、P和S元素系结晶化玻璃进行保护（CN1918668B）。2008年，丰田研发了$(Li_2S)/(P_2S_5+P_2O_5)<3$的玻璃硫化物在露点温度为-60℃以上的气氛中组装全固态型锂电池技术，布局专利CN102160232B。2009年，丰田布局专利CN101946361B、CN104064809A，分别保护硫化物表面包覆不含湿气氧化层以及球磨时添加附着抑制剂影响。2010年，丰田在专利CN102035021A中保护了不含桥接硫的疏水聚合物用于粘结硫化物固态电解质性能。同年，住友在专利CN102124600B中保护了玻璃硫化物，限定向正负极侧O浓度。2011年，丰田在专利CN103125044A中保护了卤素掺杂。2012年，出光同样涉及卤素掺杂技术，布局专利CN104025363A。2013年，在专利CN104937761B中，丰田和东京工业共同申请保护衍射峰限定玻璃。2018年，丰田在专利JP2019160510A中保护了K_2S对卤素掺杂玻璃的改性。2019年，古河机械在专利JP2020053220A对玻璃陶瓷进行研究也采用衍射峰限定。

对于晶体结构硫化物，日本主要研究了N-甲基吡咯烷酮溶剂、烃系溶剂等液相法制备对快离子导体晶体结构的影响以及元素掺杂的性能改性。大部分研究涉及硫银锗类晶体硫化物电解质，研究了卤素、硅、铝等掺杂对其性能改性，且多采用衍射峰限定保护范围。物质材料研究院在2002年布局专利JP2003206111A，限定$Li_3PS_{4-4x}O_{4x}$（其中$0<x<1.0$）晶体。2004年，出光在专利WO2004093099A1中研究了N-甲基吡咯烷酮溶剂法制备晶体。2006年，在专利JP2007273217A中，出光制备了$Li_xP_yS_zA_pO_q$晶体，并采用衍射峰限定。2008年，出光研发了烃系溶剂制备晶体的工艺并布局专利CN101821894B。2009年，丰田在专利CN101861673A中制备具有$LiSbS_2$结构的晶体。2011年，东京工业在专利CN102823049B中制备晶体结构物质并用衍射峰限定物质。2012年，三井在专利WO2013099834A1中保护了$Li_{7+x}P_{1-y}Si_yS_6$结构硫银锗晶体。2014年，三井在专利CN105229841A研究了卤素对硫银锗的影响$Li_{4-x}PS_{6-x}Ha_x$（Ha为Cl或Br）立方晶体。同年，东京工业、丰田申请了晶体结构专利CN106537678B并用衍射峰限定晶体。2016年，丰田在专利CN105914395B保护$Li_xSi_yP_zS_{1-x-y-z-w}X_w$（$0.37\leq x\leq 0.40$，$0.054\leq y\leq 0.078$）硫银锗。同年，和东京工业共同申请专利CN107851477B，同样采用衍射峰限定晶体。2017年，共同申请专利CN107046149B，保护$Li_{(4+x)}Al_x$

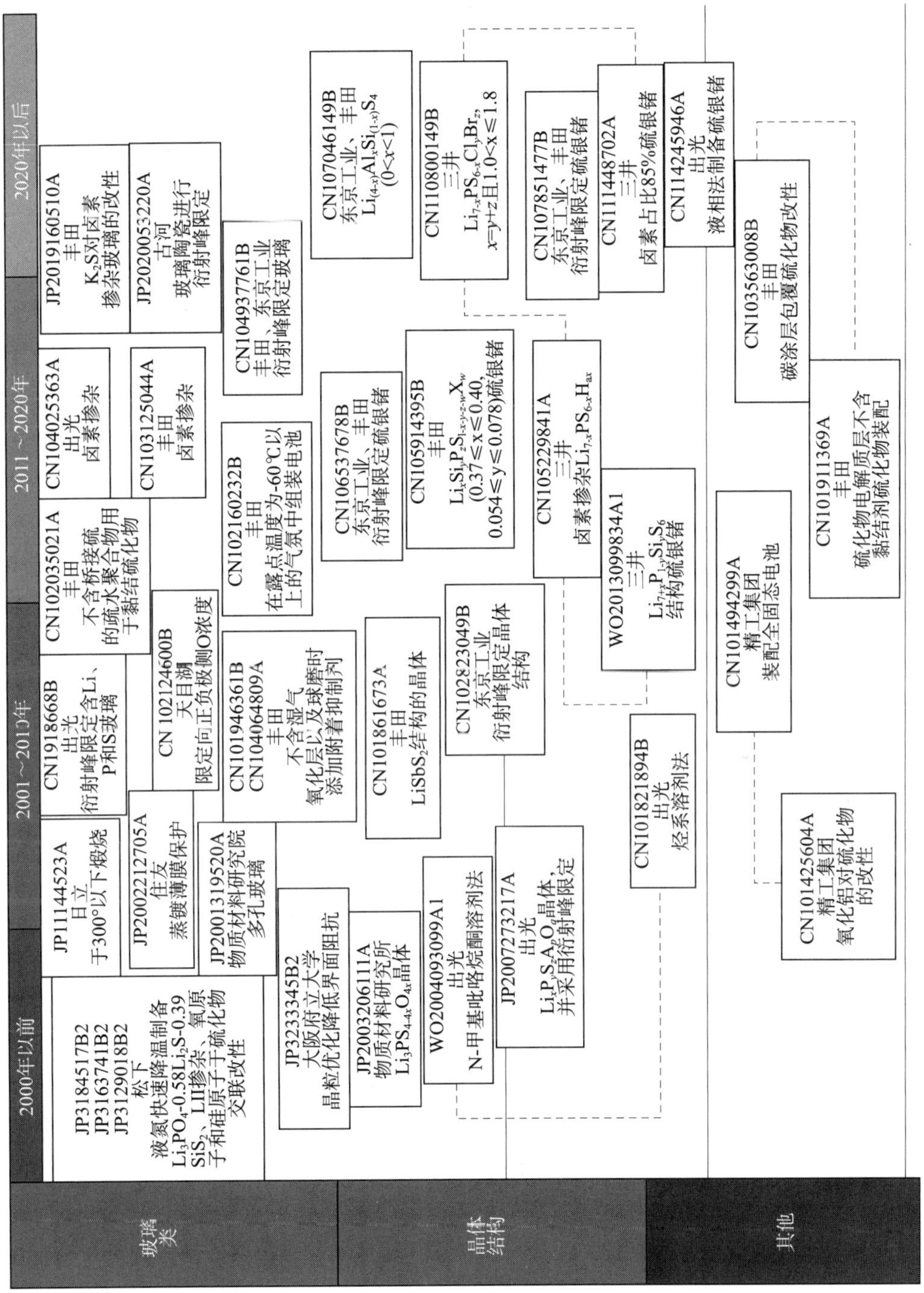

图8-3-42　日本硫化物固态电解质专利技术路线

$Si_{(1x)}S_4$（$0<x<1$）晶体。2018 年，三井布局专利 CN110800149B 保护 $Li_{4-x}PS_{6x}Cl_yBr_z$，$x=y+z$ 且 $1.0<x\leqslant1.8$ 硫银锗。2019 年，三井申请专利 CN111448702A 保护卤素（Ha）的占有率为 85% 以上硫银锗性能。2020 年，出光布局专利 CN114245946A 保护液相法制备晶体的工艺。

此外，2008 年精工研发了氧化铝对硫化物的改性以及采用其装配全固态电池，并申请专利 CN101425604A、CN101494299A；丰田于同年研发了硫化物电解质层不含黏结剂硫化物装配全固态电池工艺并申请专利 CN101911369A。2011 年，丰田申请专利 CN103563008B 保护了碳涂层包覆硫化物改性。

中国和日本在硫化物电解质的研发都是以研究机构开始。中国为中科院，日本为物质材料研究院，日本对于该领域的专利布局偏重采用衍射峰进行限定保护。对于玻璃态硫化物的改性，中国偏重于研究掺杂、包覆对物质的影响，而日本更偏重于工艺优化对物质结构的影响。对于晶体结构类硫化物的改性，中国研究的热点在快离子导体类晶体硫化物，而日本研究的热点已经从快离子导体类晶体硫化物转移到硫银锗类晶体硫化物。中国和日本硫化物固态电解质技术路线对比如图 8－3－43（见文前彩色插图第 7 页）所示。

11. 硫化物固态电解质专利风险预警分析

课题组结合图 8－3－44（见文前彩色插图第 8 页）硫化物固态电解质专利侵权风险预警分析，在技术发展的基础上，以改性手段为纵轴，结合研发时间、首项权利要求保护范围，对重要有效专利进行筛选，对我国在各改性路线上的专利布局状态进行预警分析。希望国内研发主体在相关技术产业化过程中，提高专利布局意识，提前制定相应知识产权策略。

由图 8－3－44 可以看出，针对复合和包覆的改性手段，属于产业化实施风险较大的区域。复合改性通常是指聚合物和硫化物固态电解质形成有机无机复合，提高硫化物电解质的性能。包覆改性通常是指形成核壳结构或者有机包覆改性，结合我国对聚合物研发的持续热度以及其和主流电池生产体系的兼容性，该领域一直是中国国内企业研发的热点。2011 年丰田布局的专利 CN103563008B 以及 2013 年布局的专利 CN105050976B 为代表，其授权独立权利要求 1 的保护范围分别如下“一种固体电解质材料，其特征在于，具有固体电解质粒子和在固体电解质粒子的表面形成的碳涂层，所示碳涂层是不具有晶界的层”“呈现 Li 离子传导性的硫化物固体电解质材料，其包含分子量在 30～300 范围内的有机化合物，其中，基于硫化物固体电解质材料的量，所述有机化合物的含量为 0.2wt% 或更多且 0.8wt% 或更少”。上述专利分别从涂层形式和含量进行限定，保护范围涉及所有硫化物固态电解质，属于典型的“圈地型”专利。因此，中国国内申请人在研发或者产业化过程中应当注意对相关专利进行规避。在混合和掺杂改性技术分支，由于物质类型不同或者制备手段差异，通常会影响材料性能，未见明显“圈地型”专利存在，国内申请人风险相对较小。硫化物电解质是研发的热点，也是和目前液态电解质离子电导率最接近的固态电解质材料，其产业化必将带动动力电池市场格局变化，中国国内企业应当提高专利布局意识，避免市场份额丢失。

第 9 章 新能源汽车新势力专利申请人分析

9.1 研究概况

9.1.1 产品市场概况

根据中国汽车工业协会发布数据显示，2022 年上半年新能源汽车产销量分别为 266.1 万辆和 260 万辆，同比均增长 1.2 倍，市场占有率达 21.6%。其中，新能源乘用车销量占乘用车总销量比重达 24%，中国品牌乘用车中新能源汽车占比已达 39.8%。具体厂商销量和同比增长情况如图 9－1－1 所示。

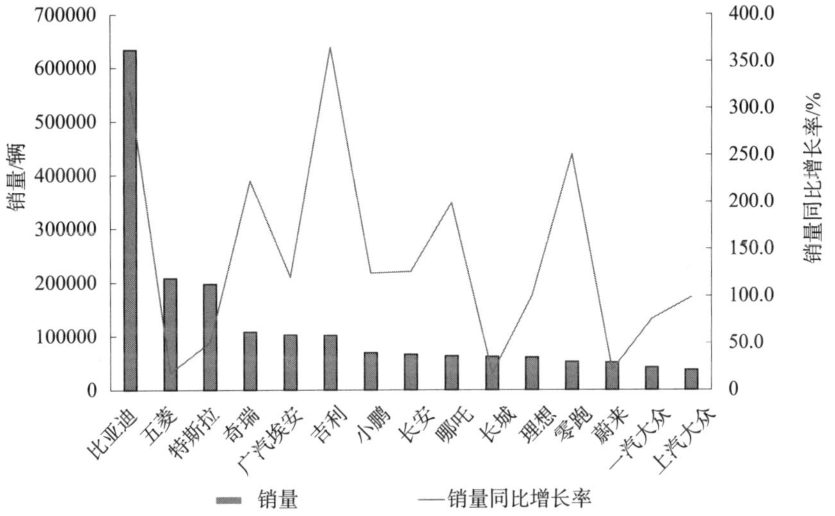

图 9－1－1 2022 年上半年新能源厂商销量对比和同比增长情况

从图 9－1－1 可以看出，比亚迪的销量处于绝对领先的地位，增速也处于较高水平，五菱和特斯拉销量处于第二梯队，其他厂商位于第三梯队。目前新能源汽车市场主要以国内厂商为主，并且大部分是从传统汽车厂商转型为新能源汽车厂商，例如比亚迪、五菱、奇瑞、吉利等，也有传统汽车厂商成立的新能源品牌，例如广汽埃安。除此之外，还有一批新势力厂商发展迅猛，包括特斯拉、蔚来、小鹏、理想、哪吒和零跑，在市场上占据了一定地位。

下面对这几家新势力厂商的概况和产品进行简单介绍。

在具体产品方面，特斯拉是一家美国电动汽车和能源公司，总部位于美国加利福尼亚州硅谷的帕洛阿托。2003年最早由马丁·艾伯哈德和马克·塔彭宁共同创立，产品主要包括2008年发布的两门运动型跑车Roadster、2012年发布的四门纯电动豪华轿跑车Model S、2012年2月9日发布的全尺寸纯电动SUV车型Model X、2016年3月31日发布的四门全电动紧凑型轿车Model 3、2019年3月发布的纯电动的中型SUV车型Model Y，以及电动半挂式卡车Tesla Semi、电动皮卡Cybertruck。

蔚来是一家全球化的智能电动汽车公司，于2014年11月由李斌主导创立，总部坐落于安徽省合肥市。旗下主要产品包括蔚来ES6、蔚来ES8、蔚来EC6、蔚来EVE、蔚来EP9、蔚来ET7等。

小鹏是一家智能汽车设计和制造公司，于2014年成立，总部位于广州。旗下主要产品包括小鹏P7、小鹏P5、小鹏G9等。

理想是一家集设计、研发、制造和销售豪华智能电动汽车为一体的中国新能源汽车制造商，于2015年7月创立，总部位于北京，自有生产基地位于江苏常州。创始人李想是中国著名连续创业者，曾创办全球访问量最大的汽车网站汽车之家，旗下主要产品包括理想ONE、理想L7、理想L8、理想L9等。

零跑成立于2017年，旗下主要产品包括零跑C01、零跑S01等。

哪吒是浙江合众新能源汽车有限公司旗下的汽车品牌，成立于2018年，旗下主要产品包括哪吒V、哪吒U、哪吒S等。

9.1.2 专利分析

从图9-1-2和图9-1-3可以看出，丰田和比亚迪专利申请起步早，专利申请总量具有明显的优势地位，同时新势力厂商的专利申请数量近些年也呈现迅猛增长的趋势，从新势力厂商的专利申请信息可以反映出其最新的技术发展趋势和市场趋势。

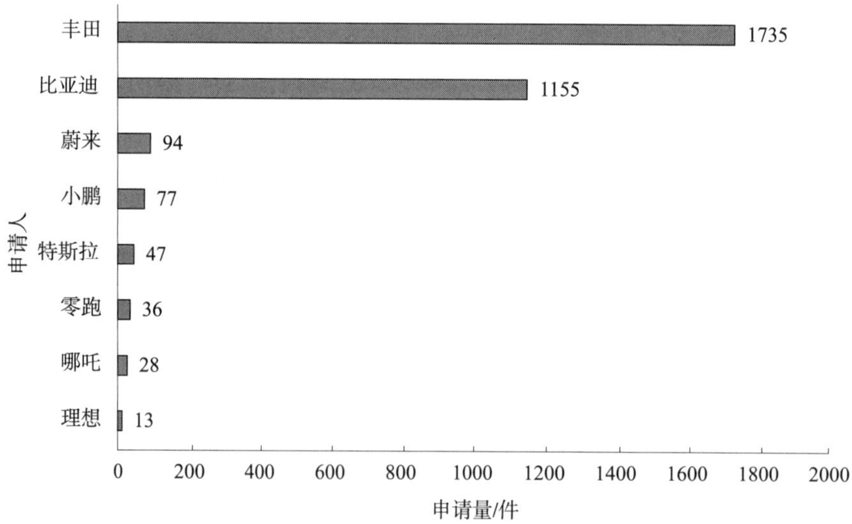

图9-1-2 新势力和传统厂商动力电池安全领域专利申请量对比

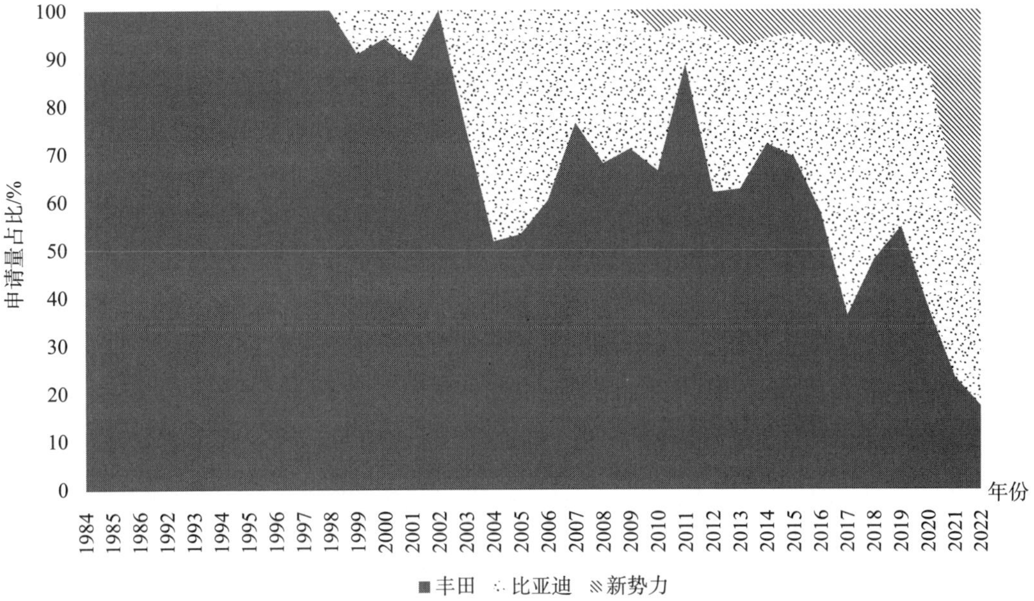

图9-1-3　新势力和传统厂商动力电池安全领域专利申请量占比对比

常规专利分析往往基于专利申请数量和占比等信息对排名靠前的申请人进行分析。由于成立较晚或者其他原因，新势力厂商往往在专利申请数量上并不处于优势地位，在前十位主要申请人中基本上看不到他们的身影。然而结合市场信息可知，这些新势力厂商的新能源汽车销售量占优，市场反应较好，其专利申请量虽然有限，但各有特点。伴随着产品竞争越来越激烈，关于核心技术的保护显得至关重要。这些新势力厂商想在未来的新能源汽车竞争中处于优势地位，必须重视自主知识产权的保护。因此，课题组针对新势力厂商的专利布局情况进行了详细分析，通过对标比亚迪、丰田的方式，发掘新势力厂商专利布局的特点，挖掘其专利布局中的不足，为国内新势力厂商的专利布局、知识产权保护提供更好的专利发展建议。因此，本章从市场角度选取特斯拉、蔚来、小鹏、理想、哪吒和零跑这六家新势力厂商作为研究对象，对其专利申请趋势、目标市场、专利技术构成、重点专利技术等进行对比分析，以发掘各自专利布局特点，以更有针对性地对其专利布局进行优化、调整。

9.2　专利申请趋势对比分析

通过对六家新势力厂商成立时间分析发现，除特斯拉成立时间较早外，其他五家国内厂商成立时间较为集中，但相对于丰田、比亚迪等传统厂商成立时间都相对较晚。

从图9-2-1可以看出，特斯拉作为六家厂商最早涉足新能源汽车的厂商，其专利布局也早于其他五家。自2010年起，特斯拉虽然每年申请量不多，但在新能源动力电池安全技术领域持续进行专利申请。其他五家均为国内厂商，成立时间较晚，但在新能源动力电池安全技术领域，专利申请量都在逐年增加，并且整体呈快速增长的趋势。部分厂商如蔚来、小鹏，每年提交的专利申请量都较大，后来居上，在申请总量上已经超过特斯拉。

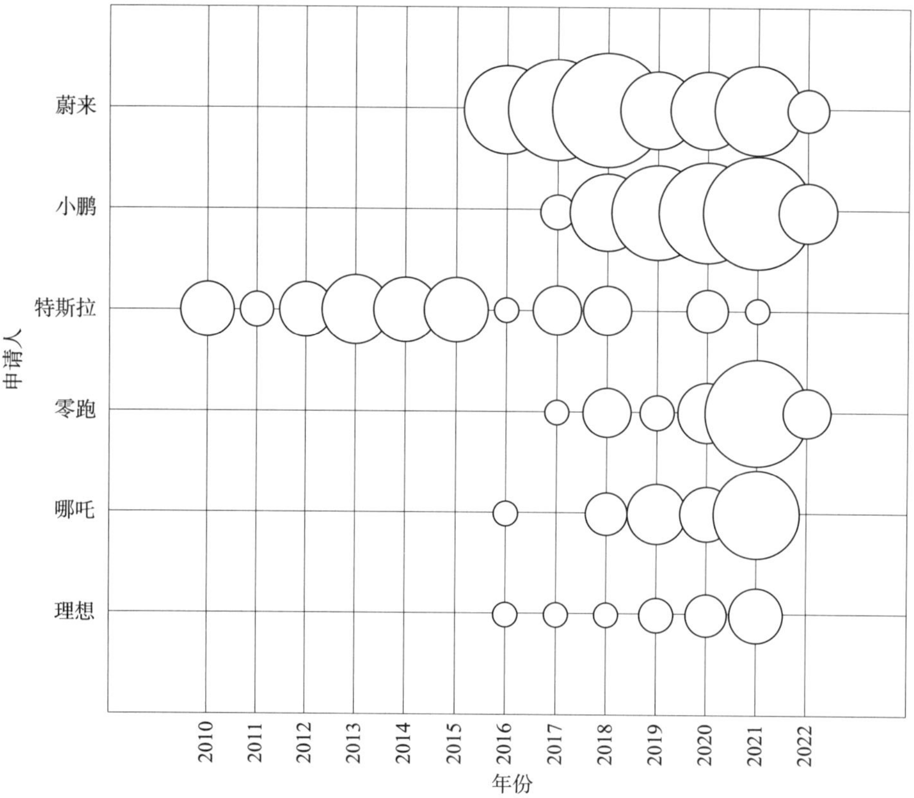

图9-2-1 新势力厂商动力电池安全领域专利申请趋势对比

注：图中圆圈大小表示申请量多少。

六家新势力厂商相比丰田、比亚迪等传统厂商，在新能源动力电池安全技术领域的专利布局存在较大差距，六家新势力厂商之间也存在较大的差别。从图9-2-2可以看出，蔚来、小鹏分别以94件、77件申请量分别居第一位和第二位，特斯拉在动力电池安全领域共布局47件专利申请，其他三家新势力厂商专利布局不足40件，理想专利布局仅13件。

虽然六家新势力厂商在专利布局上都较为重视，且申请量上也整体处于增长趋势，但与各家新势力厂商的市场占比相比，专利布局总量上仍较丰田、比亚迪等传统厂商存在较大的不足。建议各家新势力厂商在发展过程中时刻关注其他竞争对手的专利布局情况，在巩固自己技术优势的同时，积极布局合适的技术发展方向。

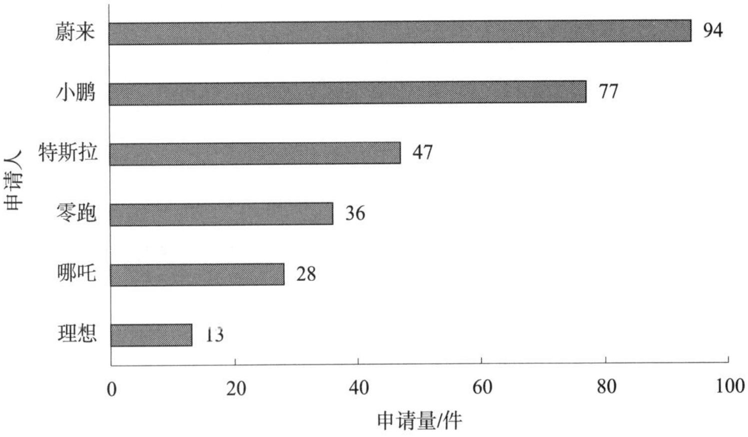

图9-2-2　新势力厂商动力电池安全领域专利申请量排名

9.3　目标市场对比分析

从表9-3-1可以看出，特斯拉的专利布局以美国为主，在欧洲、日本、中国、韩国布局了少量的专利。从特斯拉的专利申请量以及目标市场可以看出，特斯拉的专利申请量在全球排名中明显低于丰田、比亚迪，并且除了美国本土，在其他国家和地区专利申请量并不多，针对其核心技术实质上并不能得到有效的保护。结合特斯拉的申请趋势也可以看出，特斯拉的专利申请量近年来有所降低，这说明特斯拉近年来采用专利布局对其技术进行保护的意愿并不是很强烈，导致其已申请的专利覆盖面并不广，存在一定的局限性。特斯拉认为与其保守地进行专利保护，不如大方地予以开放，通过共享专利技术来提高特斯拉的知名度。

表9-3-1　新势力厂商动力电池安全领域专利申请目标市场对比

申请人	中国	日本	韩国	美国	欧洲	其他
蔚来	88	0	0	6	11	2
小鹏	77	0	0	0	1	0
特斯拉	8	12	5	37	14	4
零跑	36	0	0	0	0	0
哪吒	28	0	0	0	0	0
理想	13	0	0	0	0	0

中国的新势力厂商中，只有蔚来和小鹏在海外有少量专利布局，而零跑、哪吒和理想目前还没有在海外进行专利布局。虽然中国国内的新能源市场较为广阔，但市场

竞争已经相当激烈。据报道，各家新势力厂商都有向海外开拓市场的计划。为了在国际市场中处于主动地位，尽早地进行海外专利布局就显得相当关键。结合图9－3－1可知，该领域内专利布局较多的丰田和比亚迪在本国之外都有一定量的专利布局，尤其是丰田，在全球主要国家/地区都有相当数量的专利布局，海外专利占比非常高，值得国内新势力厂商借鉴。

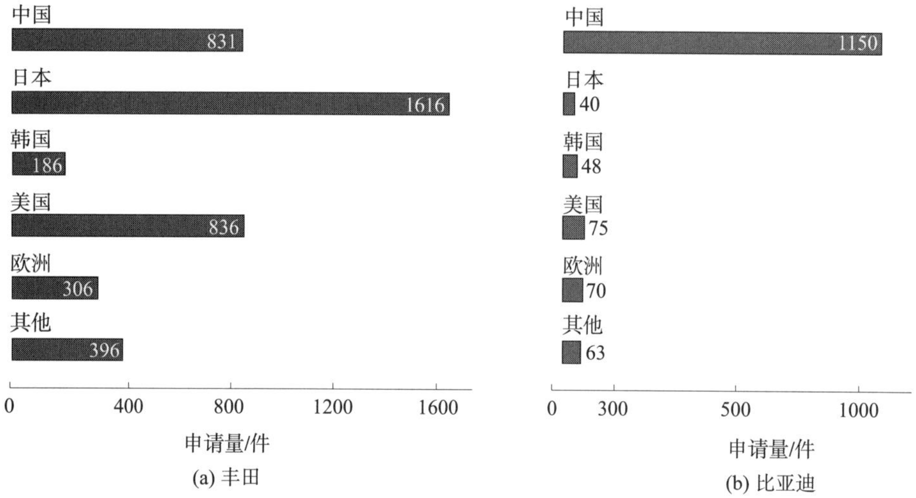

图9－3－1　丰田和比亚迪动力电池安全领域专利申请目标市场对比

9.4　专利技术构成对比分析

丰田在碰撞安全、热管理以及电池本征三个技术分支中的布局更加均衡，比亚迪在热管理、电池本征、碰撞安全方面的关注度依次降低。总的来说，丰田、比亚迪作为传统厂商在电池本征、热管理以及碰撞安全方面均进行了大量的专利布局，构建了较为完善的专利保护体系。而以蔚来、小鹏、理想、零跑、哪吒为代表的国内新势力厂商相对于丰田、比亚迪传统厂商，其专利申请所涉及的技术分支极不均匀。结合表9－4－1可以看出，哪吒、理想的专利布局方向比较单一，哪吒的专利申请主要以热管理为主，共申请了26件专利，而碰撞安全方面仅申请了2件专利申请，电池本征则不涉及；理想的专利申请主要涉及碰撞安全，共申请了12件专利，在热管理方面申请了1件专利，电池本征则不涉及。由此可以看出，哪吒和理想的专利申请技术侧重点非常明显，研发方向较为单一，可能面临较大的知识产权风险。零跑则在碰撞安全和热管理方面布局相对均衡，均申请了18件专利，电池本征方面则不涉及。从图9－4－1中可以看出，零跑相对于哪吒、理想而言，其专利布局相对均衡，但是在电池本征方面同样面临着较大的知识产权风险。蔚来、小鹏和特斯拉三者比较类似，其在三个技术分支都有所涉及，并且按照申请量从高到低排名依次是热管理、碰撞安全、电池本征。其中，蔚来汽车在热管理方面申请了51件专利，碰撞安全方面申请了39件专利，电池本征方面则申请了4件专利；小鹏汽车在热管理、碰撞安全和电池本征三个方面申请的专利量依次是61件、13件、3件；特斯拉则在热管理、碰撞安全和电池本征三个方面依次申请了33件、13件、1件专利。经分析可以看出，蔚来、小鹏相对于特斯拉的专利布局数量具有明显的优势，然而三者在电池本征方面的专利申请量均比较低，这说明这三家公司在电池本征方面同样存在较大的弱点、面临较大的知识产权风险。

表9-4-1 新势力厂商动力电池安全领域各技术分支专利申请量 单位：件

申请人	热管理	碰撞安全	电池本征
蔚来	51	39	4
小鹏	61	13	3
特斯拉	33	13	1
零跑	18	18	0
哪吒	26	2	0
理想	1	12	0

从表9-4-2可以看出，在二级技术分支中，小鹏所涉及的技术分支较多，其专利布局相对更加全面，尤其在热管理技术下的热监控和碰撞安全技术下的车身设计中的布局，小鹏均涉及了两者关键技术的研究，并且其占比相对于一级技术分支更加均衡。这说明小鹏在这两方面的研发方向和主流的研发方向比较一致。小鹏可以依靠现有的技术优势，积极深入地在这两个方面进行专利布局，以掌握动力电池安全技术的核心。小鹏在电池本征中的研究方向则比较单一，仅在电芯结构中有所布局，并不涉及电池本征中技术下的固态电解质的研究，因此在电池本征方面，小鹏要想占据技术优势，应当调整其研发方向，在电芯结构中研究同时也要将更多的精力投入固态电解质等未来发展方向的研究中。蔚来在二级技术分支中的专利布局则明显更加单一，热管理技术下主要涉及热结构的专利申请，其中空白部分代表热监控相关专利，其申请量十分有限；碰撞安全技术则聚焦在车身结构安全设计中，其他方面则涉及较少；电池本征中也不涉及具体的关键技术专利布局。由此可以看出，蔚来虽然专利布局量比较大，但是除了碰撞安全之外，其他两方面的专利布局都比较偏少，没有聚焦关键技术的专利布局，仅在关键技术外围进行了一定的布局。这说明蔚来要想在技术研发上取得主动权，必须对其研发方向进行调整，将更多精力集中在关键技术方面的研究中，形成以关键技术为核心、外围专利为辐射的多层次、全面化的专利保护体系。零跑在二级技术分支布局中虽然专利申请量有限，但是其涉及方向比较全，基本上覆盖了热管理和碰撞安全的所有二级技术分支，在关键技术研究中，车身碰撞安全的专利申请量较大，明显高于包壳设计，这说明零跑在碰撞安全方面聚焦关键，有一定的技术优势；而在热管理中，热监控的数据要明显低于热结构，因此零跑应当紧跟主流研发方向，加大对热监控的研究投入，力争在关键核心专利中占据一定地位。哪吒在热管理的二级分支热监控的投入相对于热结构虽然有所降低，但是差距并不大。理想在碰撞

安全的二级分支车身碰撞和包壳设计的专利申请基本相当。这说明哪吒和理想主要关注方向的专利布局较为合理，但是两者在一级技术分支中具有明显的侧重点。如有必要应当考虑影响动力电池安全各因素中的专利布局，避免布局方向单一造成专利保护漏洞。特斯拉作为全球电动汽车知名厂商，其在热管理和碰撞安全中的二级技术分支布局相对比较合理，热监控和热结构专利申请量相当，碰撞安全中以车身碰撞为主。这说明特斯拉在这两方面比较聚焦于关键技术的布局，这启示国内新势力厂商可以多向特斯拉学习，形成以关键技术的核心专利为基础的专利布局体系。

表9-4-2 新势力厂商动力电池安全领域专利多级分支布局 单位：件

申请人	热管理		碰撞安全		电池本征		总计
	热监控	热结构	车身	包壳	电芯材料	电芯结构	
蔚来	2	49	37	2	2	2	94
小鹏	23	38	6	7	0	3	77
特斯拉	19	14	13	0	1	0	47
零跑	4	14	13	5	0	0	36
哪吒	10	16	1	1	0	0	28
理想	0	1	5	7	0	0	13

9.5 重点专利对比分析

本节分析内容为动力电池安全技术三个技术分支中的关键技术，即热管理技术下的热监控技术、碰撞安全技术下的侧面碰撞技术以及电池本征技术下的关键技术。结合前文各章节针对关键技术的发展路线及特点分析，针对新势力厂商的相关重点专利进行梳理、分析，得出新势力厂商重点专利布局情况，以期对其专利布局进一步优化提供参考性的意见。

经研究发现，新势力厂商涉及热管理的专利最多，其次是碰撞安全，最后是电池本征。由于新势力厂商涉及热管理关键技术方面的专利最多，且涉及不同的研究方向，课题组针对新势力车企在热管理中的相关专利进行了详细的梳理，并绘制了整体技术流向图。

图9-5-1示出了新势力厂商动力电池安全领域热管理关键技术专利流向。从图中可以看出，小鹏涉及热管理关键技术的研究方向较全，控制技术方面主要涉及车辆不同使用状态下的电池热管理控制。例如充电过程中的动力电池热管理控制、针对车辆停车过程中电池热量控制方式，冷却或加热控制方式改进等方面技术。在测量技术方面，小鹏主要集中在针对冷却系统温度测量以及单体电池故障测量中。在分析技术中，主要涉及阈值设定分析以及模型预测分析这两方面技术。蔚来在热管理关键技术中，虽然专利数量有限，但是专利覆盖面相对较广。其中在测量技术方面，主要涉及

充电时电池温度控制；在分析技术方面中，涉及模型预测分析相关技术手段；在控制技术方面，涉及通过冷却液的方式对电池包进行散热、降温。哪吒在热管理关键技术中有一定程度的专利布局，主要涉及以下几个方面：测量技术涉及多参数测量技术；分析技术涉及阈值设定分析；控制技术涉及冷却或加热控制、技术和输出或负载控制以及针对充电过程的电池热管理控制。零跑在热监控关键技术中布局专利有限，主要涉及控制技术中的冷却或加热技术。特斯拉在热管理关键技术中的重点专利主要涉及针对电池的高温冷却以及低温加热控制技术，特斯拉同时针对热失控发生时气体释放进行了一定的研究。下文将结合新势力厂商重点专利的特点进行详细的分析。

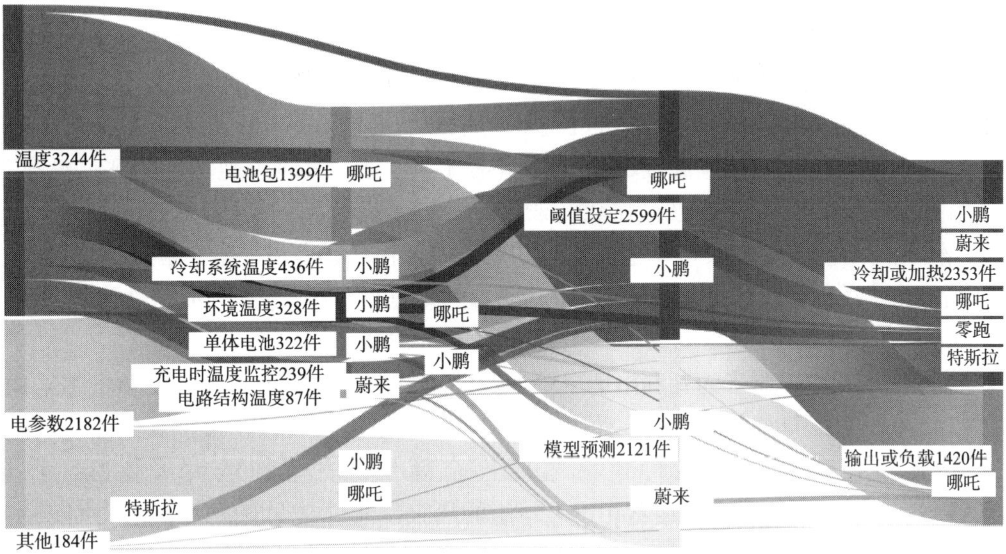

图9-5-1 新势力厂商动力电池安全领域热管理关键技术专利布局

注：图中数字表示专利申请量，单位为件。

9.5.1 蔚　来

1. 侧面碰撞

侧面碰撞中，蔚来的专利申请主要涉及三个技术手段：改进横梁、改进B柱以及对车架连接件的改进。其中，专利CN214729148U是围绕地板横梁进行的改进，其将前地板横梁总成由原本的开口状截型转变成闭口截型，从而减小车辆侧面碰撞时门槛的侵入量。专利CN214729128U通过将B柱加强板的上部设置为硬区，B柱加强板的下部设置为软区，硬区与软区之间设置为过渡区，能够在车辆遇到顶压时，由于B柱结构的上部分设置为硬区，材料强度较高，因而不易折弯；而在车辆遇到侧碰时，B柱结构的下部分由于设置为软区，因而能够吸能不易断裂；从而提升了新能源汽车在遇到碰撞时的安全性，解决了B柱结构难以同时满足高强度与吸能变形的要求。专利CN106864595B记载了一种车架连接件，以单个零件替代了传统车型的总成，实现对车架组件中多个零部件的连接，在车辆受到侧面冲撞时，根据具体的侧碰位置，首先将由 A 柱下内板与门槛纵梁来承受冲击；随后，剩余的能量经由连接件传递至前围下挡板与地板蒙皮，并最终传递至车身前地板的横梁，实现分散冲击，提高车辆安全性能。

2. 热监控

蔚来在热管理关键技术中虽然专利申请量有限但覆盖面较全。

在测量技术方面，蔚来主要涉及充电时电池温度管理。结合其具体的专利技术分析，专利 CN109037831A 公开了一种热管理系统及其控制方法、充换电站，其通过改进的热管理系统能够有效地利用第一目标主体或第二目标主体产生的热量，避免了因冷却液的固定流向导致出现的热量浪费、耗电量大等现象。在分析技术方面，蔚来主要涉及模型预测分析的相关技术手段。其中，专利 CN108749596A 公开了一种车机端启动方法，其利用机器学习算法构建车辆行为预测模型，进而能够准确预测车辆的出行概率，即能够准确预估车辆的使用时间，进而解决动力电池预加热的问题。在控制技术方面，涉及通过冷却液的方式来对电池包进行散热、降温。其中，专利 CN106921003A 公开了一种电动汽车电池包温度的智能控制系统和方法，其将电池温度的评估结果与目标温度或预设的温度范围进行比较，根据比较结果进行如下操作：热管理系统停止热管理操作、热管理系统使冷却液流向冷却装置或者使冷却液流向散热器，该技术能够在不增加成本的前提下针对电池的实时状态选择性地进行冷却，从而延长电池包寿命。

3. 电池本征

在电池本征中，蔚来的专利申请主要涉及电芯材料中的正极、隔膜以及电芯结构。其中，专利 CN109713236A 涉及一种用于锂硫电池的正极材料以及包含其的锂硫电池，采用硅碳负极配合含锂不可逆材料取代金属锂，安全性能大大提高。专利 CN205657108U 提供一种电池组和用于电池组的隔膜，通过在电池的两个电芯之间设置由复合材料制成的隔膜，用于解决电池组内电芯发生热失控后的连锁反应的问题。专利 CN114628863A 提供一种柱状电池，主要是为了解决现有的圆柱状电池多为两端出极耳的方式，导致电芯的有效高度方向利用率不高的问题；其将正极耳和负极耳设置在同侧，增加了电芯的有效空间利用率，同时降低了电芯的制作难度，提高电芯的生产效率；同时，将正极耳和负极耳设置成多圈环状分布，优化了极耳分布，减小了电芯内阻。专利 CN114725483A 涉及一种单体电池，该单体电池包括壳体和两个极芯，壳体具有隔板和四个极柱，其中两个极柱为正极柱，另外两个极柱为负极柱，隔板将壳体的内部分隔成两个腔体。

9.5.2 小　　鹏

1. 侧面碰撞

除涉及门槛结构改进，小鹏还涉及电池安装结构的改进。专利 CN216916058U 中的车辆门槛梁包括门槛梁本体、电池包固定部以及导引部，在发生侧面碰撞时，有助于导引部导引冲击力偏向电池包的底座方向，从而有助于减少对电池包的箱盖造成过大的冲击。专利 CN216916061U 通过将门槛内梁连接于电池包固定支架，并且门槛内梁设置于门槛外梁和电池包之间，能够在电动汽车的侧柱碰撞工况下，提高对电池包的防护性能，从而提升电动汽车在侧柱碰撞工况下的安全性能。

2. 热监控

小鹏在热管理关键技术中布局专利比较全面，主要涉及以下四个方面的改进。

（1）车辆不同使用状态下的电池热管理

①针对充电过程中的动力电池热管理。其中，专利 CN113232487A 涉及一种热管理系统，其能够对动力电池进行高效冷却和散热，提高动力电池的散热能力，从而提高动力电池的充电速度。专利 CN111382524A 涉及一种动力电池充电纯冷却剩余时间计算方法及装置、车辆、存储介质，其在充电纯冷却过程中，充分考虑了电池温度、环境温度等因素，针对动力电池的热量，可以准确计算动力电池充电纯冷却剩余时间。专利 CN208855459U 涉及一种电动汽车及其电池充电电路的接触器状态的检测装置，其根据电压和电流得到接触器的接触电阻；根据接触电阻、预设的电阻阈值、差值和预设的温升阈值得到接触器的状态，进而能够提高充电电池充电的安全性。

②针对车辆停车过程中电池热量管理。其中，专利 CN111731149A 涉及一种电池控制方法、装置以及电池管理系统，通过检测车辆是否进入休眠状态。如果车辆进入休眠状态，则检测电池是否发生异常，如果检测到电池发生异常，则输出异常信息，该异常信息的输出可以保证电池的安全性，在一定程度上可以避免热失控等严重事件的发生。

（2）针对测量技术中的电池热监控控制

小鹏主要集中在针对冷却系统温度测量以及单体电池故障测量。

①冷却系统温度测量。其中，专利 CN113135117A 涉及一种冷却系统检测方法、装置、车辆及存储介质。确定冷却介质入口处的第一温度值与冷却介质入口处的第二温度值的第一温差值，及电池单体的第一温度值与电池单体的第二温度值的第二温差值；根据第一温差值和第二温差值各自与预设温差阈值的大小关系，确定冷却系统是否失效。

②单体电池热管理。其中，专利 CN113135115A 涉及一种检测电池系统短路的方法、装置、车辆及存储介质，通过该方法可及时检测出车辆电池包内电芯的短路现象，及时检测电池热失控现象，以便用户及时排除短路现象，进而避免电池故障时车辆继续行驶所导致的安全问题，为用户的安全出行提供保障。

③多参数监测热管理。多参数主要包括温度、电参数等，其通过结合温度、电参数测量方式来对电池的使用状态进行监控热。其中，专利 CN111873853A 公开了一种电池管理方法、电池管理系统，其电池管理方法包括获取电池的运行参数，运行参数包括电压、电流、温度中的至少一种；根据运行参数以及故障参数阈值，确定电池的故障等级；以及根据故障等级，执行对应于故障等级的故障处理策略。

（3）针对分析技术的电池热监控技术，涉及阈值设定分析、模型预测分析这两方面技术

①阈值设定分析。其中，专利 CN110774860A 涉及一种电动汽车热管理系统的控制方法及电动汽车。通过该技术方案，一方面节省了补热的能耗，另一方面，可以为电动汽车的电池提前进行冷却。专利 CN109149011A 公开了一种电池管理系统（Battery

Management System，BMS）的热管理系统及其控制方法和装置，根据BMS的电芯与冷却液的温差控制冷却液进入或不进入BMS内部，避免对电芯造成的冷冲击或热冲击，延长电芯的使用寿命。

②模型预测分析。其中，专利CN113139338A涉及一种温度预测方法、温度预测装置和车辆，其直接通过电池管理系统获取动力电池的历史工况参数确认出动力电池的热阻参数和热容参数，并根据动力电池的热阻参数和热容参数训练得到神经网络预测模型，操作简单，节省时间，成本低廉，将当前工况参数输入预先训练的神经网络预测模型，预测得到精度较高的动力电池温度。

（4）针对控制技术的电池热监控技术，涉及冷却或加热控制技术

电池低温预加热方面。其中，专利CN112238789A涉及一种车辆的预热控制方法和装置。通过获取历史出行信息，其可以实现针对用户的历史出行信息，提醒用户开启预热功能，并在接收到预热请求后，将电池组件在预热过程中状态数据进行输出，用户能够感知电池组件的预热过程。专利CN109969040A涉及一种用于电动汽车动力电池的充电加热控制方法及系统。其能借用电网电能和动力电池自身电能，以适应不同类型的交流充电机和直流充电站，方便快捷地为动力电池进行充电加热。专利CN113246688A涉及一种热管理系统、控制方法和车辆。其在低温工况下，可采用热管理系统中的冷媒对动力电池进行加热，以避免动力电池可用的放电量衰减而导致续航里程下降严重。专利CN112193016A涉及一种热管理系统和车辆。其在第二泵和压缩机启动时的情况下，第二泵通过第二回路向第二换热装置输送液体以在第二换热装置内与冷媒回路中的冷媒进行热交换，从而加热第二回路中液体，以使第二回路中被加热后的液体流经第一换热装置时与第一回路中的液体进行热交换以加热第一回路中的液体，从而对电池进行加热。

3. 电池本征

在电池本征中，小鹏的专利申请主要涉及电池结构的改进。其中，专利CN114497695A涉及一种软包锂电池，软包锂电池包括软包壳体以及裸电芯，软包壳体包括壳体主体和加强件，其中加强件位于电芯主体的靠近极耳的一端；加强件可以为电芯主体提供挤压力，减小电芯主体中的极片之间在端部处的间隙，增加了对电芯主体的端部处的束缚力，继而限制了电芯主体热膨胀的程度。专利CN216928672U涉及一种锂离子电池电芯，包括互相配合的电芯外壳和电芯盖板。电芯外壳和电芯盖板均设有连接板，通过在电芯外壳的连接板与电芯盖板的连接板装配紧固件，以将电芯盖板固定在电芯外壳上。

9.5.3 哪　吒

1. 侧面碰撞

在侧面碰撞中，哪吒仅有1件专利申请，即专利CN216833960U。该专利通过增加蜂窝状的防撞梁，当纯电动汽车发生柱碰过程中，碰撞的能量能够被防撞梁吸收并传递到座椅横梁，保证车身最大的均匀变形吸能，最大限度地减少溃缩空间。

2. 热监控

哪吒在热监控关键技术中进行了一定程度的专利布局，主要涉及以下四个方面。

（1）针对充电过程的电池热管理。其中，专利CN111231767A涉及一种应用于新能源电动汽车上的电池充电保护系统及方法。其动力电池热管理模块采集组成电池包的各个电池模组的温度，并将结果随时反馈给动力电池管理模块及VCU，控制充电电流的大小及电池包冷却系统的运转。专利CN110509786A涉及一种电动汽车充电方法、充电系统、电动汽车，其通过先对第一电池组进行充电而第一电池组在充电过程中释放的热量可以用于对第二电池组加热，优化了第二电池组的使用环境和使用条件。

（2）测量技术中，涉及多参数测量技术。专利CN114069068A涉及一种动力电池热失控检测与预警系统。电池管理系统接收多个温度传感器、多个电压检测电路、火焰传感器、气压传感器、烟雾传感器检测到的检测信号，并根据检测信号计算并判断是否触发热失控管理。

（3）分析技术中，涉及阈值设定分析。专利CN114069080A涉及一种电池热失控预警方法及系统、智能终端、计算机可读介质。其通过获取第一热失控条件，获取第二热失控条件；根据第一热失控条件、第二热失控条件确定电池热失控情况；若第一热失控条件和第二热失控条件均满足，则触发热失控预警。专利CN113219353A涉及一种基于电池管理系统的热失控控制方法及其系统，其能够有效降低热失效误判，提高电池热失效故障的判断效率。

（4）控制技术中，涉及冷却或加热技术、输出或负载控制技术。

①在冷却或加热技术中，专利CN108357327A涉及一种纯电动汽车整车热管理系统。其将电驱动的热量导入空调系统，在低温工况下辅助空调系统进行采暖，实现了热量循环利用。同时，通过对热管理系统各循环回路的智能控制，从而保证了电驱动、电池等均在合适的温度区间内工作，实现电动汽车完整的冷热系统管理。专利CN112644337A涉及一种纯电动汽车电池热管理系统、一种纯电动汽车，包括：第一加热模块，用于在低温充电工况和低温放电工况下利用PTC对电池水冷板和充电机加热；第二加热模块，用于在低温放电工况下利用动力总成对电池水冷板辅热；第一散热模块，用于在高温充电工况下利用散热器对电池水冷板、充电机散热；第二散热模块，用于在高温充电工况和高温放电工况下利用冷凝器对电池水冷板散热。

②输出或负载控制中，专利CN112918211A涉及一种纯电动汽车电池热管理节能控制系统。其热管理系统包括控制单元系统、乘员舱空调系统、电池热管理加热系统和电池换热器冷水机组总成；通过让热管理系统根据整车不同使用工况采用不同的控制策略，能够保证电池的电芯基本放电活性，从而提升电池的工作效率、提升采暖速率，还能够有效避免反复调温造成的PTC加热器产生过多能量消耗以及外界系统的热损失。

9.5.4 零　跑

1. 侧面碰撞

在侧面碰撞技术中，零跑专利申请主要涉及门槛和横梁改进。其中，专利

CN114802457A 通过在门槛中设置第一空腔及第二空腔，门槛加强竖板与门槛外侧板将第一空腔分隔形成三个小腔室，若干个门槛加强横板及门槛加强竖板将第二空腔分隔形成若干个小腔室，能够留出更多电池包空间的同时，保证吸能效果。专利 CN112757885B 涉及电池包中部安装点与车身连接结构通用性的改进，其中后横梁加强板为两个且横向布置，后横梁加强板上设有横向加强筋，可在解决安装点处强度的同时提升座椅后横梁的横向侧碰传力性能。

2. 热监控

零跑在热监控关键技术中布局专利有限，主要涉及控制技术中的冷却或加热技术。其中，专利 CN110098445A 涉及一种方形电池模组嵌入式的热管理装置，其能够增大电池散热面积，提升电池散热效率，提升模组组装的集成度。专利 CN114523880A 涉及一种电池包二次冷媒直接换热管理系统，其避免单一冷媒形态在不同温度下的缺点，提高换热效率与温度均匀性；保证二次冷媒回路模块的换热效率与温度均匀性。专利 CN114475147A 涉及一种混合动力汽车热管理系统及其控制方法。其将发动机燃烧废气的热能回收利用，在环境温度较低时，以冷却液为热能搬运载体，利用发动机燃烧废气的热能给电池和空调暖风加热，提升客户对空调暖风的使用体验感，保证电池性能稳定；同时水暖 PTC 只通过冷却液，无须电加热，节省电池电量，增加电池续航里程，节省用车成本。

9.5.5 特斯拉

1. 侧面碰撞

在侧面碰撞中，特斯拉专利申请主要涉及门槛和横梁改进。专利 US8702161B2 通过在侧门槛组件内设置冲击能量吸收部件，来吸收侧面碰撞能量。专利 EP2468609B2 利用包括多个横穿电池组外壳的横梁的电池组外壳，吸收和分配至少一部分承受的载荷。

2. 热监控

特斯拉在热监控关键技术中的重点专利主要涉及针对电池的高温冷却以及低温加热控制技术，特斯拉同时还针对热失控发生时气体释放进行了一定程度的研究。

（1）在高温冷却方面。专利 EP2226887A1 涉及一种电池组的温度控制系统，其提供了一种用于在车辆关闭之后主动冷却电动汽车辆的电池组，从而限制温度对电池寿命的不利影响的方法和设备。提供不同的电池组冷却技术，不仅可以基于电池组的热需要，还可以根据所选方法的热容量和能量要求来选择在特定情况下使用的冷却技术。专利 EP2239811A1 涉及一种电池组温度优化控制系统，提供一种用于在车辆关闭之后限制温度对电动汽车辆的电能存储系统的不利影响的方法和设备；通常，冷却剂是否通过连接至电能存储系统的冷却剂回路进行循环取决于环境温度和预设温度之间的差异，预设温度通常对应于电能存储系统的温度。

（2）在低温加热方面。专利 US9694699B2 涉及一种电池组低温快速充电。该方法会定期确定一组相关操作条件的关键参数，确定是否可以进行快速充电，并在可能的情况下进行快速充电，否则采用根据当前的关键参数优化的动态缩放充电率，同时可以选择加热以减少或消除锂电镀的风险。

（3）在热失控发生时气体释放控制方面。专利 EP2244318A2 涉及一种电池组外壳，能够提供在热失控事件期间产生的热气体以受控方式从电池组外壳排出的流路。专利 EP2506336B1 涉及一种电池组排气系统，可将电池组内热失控的影响降至最低。

3. 电池本征

在电池本征方面，特斯拉只有 1 件专利 CN111247669A。该专利在 2022 年 6 月 16 日由麦斯韦尔技术股份有限公司转让获得，涉及电芯材料的正极。其公开了一种用于形成电极膜混合物的设备，可以具有：第一源，包括溶液，该溶液包括聚合物（例如聚四氟乙烯）和临界或超临界流体（例如超临界二氧化碳）；第二源，包括电极膜混合物的第二组分；混合器，被配置成接收溶液和第二组分并形成包括溶液和第二组分的浆料。

9.5.6 理　　想

理想汽车主要涉及侧面碰撞方面的专利，在电池本征和热管理方面并不涉及。

理想主要涉及对纵梁的改进。其中，专利 CN210338051U 提出了一种纵梁加强支架。其可以实现支架本体与纵梁外翻边的连接，保证支架本体与纵梁在高度方向上的连接稳定性，提高侧向抗撞击强度，满足柱碰测试要求。

第10章 总　　结

随着“双碳”目标的提出，新能源汽车作为未来代替燃油汽车的主流方式，对于实现可持续发展愈发重要，而动力电池安全技术是影响新能源汽车发展的关键因素。针对新能源汽车行业对于安全性能的迫切需求，课题组从与动力电池安全相关的三个方面碰撞防护、热管理、电池本征入手，采用“要素式”特色分析方法，结合产业实际情况对技术进行分解，并在充分调研产业和企业关注焦点的基础上，确定关键技术进行深入分析。

其中，第1章对新能源汽车动力电池安全技术发展进行概述，第2章对课题特色分析方法进行介绍，第3章进行了动力电池安全技术全景专利分析，第4章至第8章分别从动力电池碰撞安全、热管理、电芯结构、电芯材料、固态电解质关键技术开展深入的专利分析，第9章专门针对新能源汽车新势力申请人进行分析。通过全面分析新能源汽车动力电池安全相关的专利技术，对创新主体的技术研发、专利布局、海外市场拓展等提供参考意见，助力产业发展。

10.1　主要结论

10.1.1　专利全景分析

1. 美国起源较早，日本持续发力，中国后来居上

全球新能源动力电池安全技术方面专利申请经历了三个发展阶段：第一发展阶段为技术萌芽期（1914～1990年）；第二发展阶段为稳定增长期（1991～2008年）；第三发展阶段为快速增长期（2009～2022年）。其中，美国的专利申请起步较早，20世纪初开始出现涉及新能源动力电池安全技术的相关专利，近年来尤其是在2004年之后美国在这方面申请了大量的专利，其以动力电池热管理的研究为主，在电池本征、碰撞安全方面有一定程度的研究。

20世纪90年代开始，日本在该领域的专利申请呈现增长的趋势。申请量增长迅猛，逐步成为全球主要技术创新国。2012年开始，其申请量进入高位震荡阶段。2016年后，申请量开始逐步增长。在技术构成方面，日本以电池本征的研究为主，以电池热管理、碰撞安全为辅。日本在电池本征方面经历了几十年的发展，技术储备雄厚，具有一定的优势地位。

中国在该领域起步较晚，但是发展势头明显强劲。在2006～2015年专利申请量增长迅速，2015年开始相关专利申请量呈爆发式增长，远超其他国家/地区。在技术构成方面，中国以电池热管理研究为主，同时在电池本征方面进行了一定程度的研究，而碰撞安全方面的研究则相对较少。从中国的发展特点来看，虽然专利申请量大，但是发展周期短，对于需要较长时间发展的技术，例如电池本征，则技术基础相对薄弱。在该方面，应当密切关注日本、韩国等方面的研究。

2. 各分支态势基本一致，当前热管理占据主导

在新能源汽车动力电池安全技术的各分支中，发展态势基本一致，但是电池热管理发展态势前期相对滞后于电池本征，后期则增长迅猛，远超电池本征的研究。碰撞安全方面虽然申请量也呈现出增长态势，但是其增长速度和申请量要低于其他两个方面。从各技术分支的发展态势分析来看，前期以碰撞安全的研究为主，热管理研究为辅。从1967年开始，转向了对电池本征、碰撞安全和热管理的同步研究，其间关于电池本征和热管理方面的研究逐步增多，而关于碰撞安全的研究占比则呈现出下降的趋势。从1990年开始，碰撞安全的研究逐步增多，但是其整体数量依然要远低于电池本征和热管理的研究，尤其是从2009年开始关于电池热管理的研究超越电池本征的研究。由此可见，当前对于动力电池安全技术的研究，电池热管理技术占据主要地位，其次是电池本征，最后是碰撞安全。

3. 日本全球化战略强，中国海外布局薄弱

日本作为新能源汽车动力电池安全技术的强国，其专利申请量虽然也以本国为主，但是整体来看，其通过WIPO国际局途径提交了大量PCT申请，在美国、中国市场中的专利布局比例占到本国市场40%左右。除此之外，还在欧洲、韩国、德国等国家/地区进行了一定量的专利布局。我国专利申请量最大，但是以本国市场布局为主，通过WIPO国际局提出的PCT申请量相对于其他国家较少，以美国、欧洲的专利布局为主，同时在日本、韩国进行了一定量的布局。整体来看，中国在海外的专利布局相对薄弱。

10.1.2 碰撞安全

1. 全球快速增长，日本技术积淀深厚，中国发展迅猛，海外布局不足

碰撞安全是动力电池安全的重要分支，对动力电池安全有着重要影响，全球专利申请量处于快速增长阶段。早期日本在该领域申请数量较多，技术积淀深厚。中国在政策、市场等的驱动下该领域技术发展迅猛。

中国、日本、韩国、美国、德国和法国是该领域主要的专利产出国，合计占比超过全球申请总量的95%。目前全球申请量达到历史高峰，尤其是来自中国的专利申请量增长迅速。自2016年开始，中国每年的申请量达到全球的45%左右，近年来更是超过全球总量的一半以上。

我国专利大部分仅在国内申请，只有很少一部分在国外进行布局。即使是车企比亚迪，其在国外的申请也较少，仅有35件海外申请。而以丰田等为代表的日本企业，除在本国进行布局外，在国外其他地区也均有大量申请，十分注重视专利的全球布局。丰田仅在中国就有191件专利申请。中国企业在海外的专利布局严重不足。

2. 申请集中在头部企业，不同申请主体侧重点不尽相同

丰田、本田、比亚迪、宁德时代、LG等车企和电池企业在该领域申请占比较高，排名前15位申请人的专利申请量占总申请量的35%。蔚来、零跑等新势力厂商在该领域也有一些技术积累。中国企业在该领域的专利申请量排名也在不断上升。例如比亚迪总申请量排名第八位，比亚迪在2016~2022年的申请量排名中则居第三位。

整车企业更习惯从车身设计等方面解决电池防护安全问题，而电池厂商更习惯从电池包壳设计方面入手。比亚迪和丰田既是整车企业也是电池厂商，其在车身设计和电池包壳设计两方面均有不少的申请。但是从全球整体趋势来看，二者均是解决动力电池碰撞安全必不可少的环节，均受到相应的重视。而动力电池碰撞安全的技术重点和难点在于侧面碰撞和底部碰撞时对电池的防护。

3. 侧面碰撞设计方案多样化，车身底盘和电池包壳融合设计是趋势

在侧面碰撞防护方面，随着电池体积越来越大，动力电池平铺在底盘上的设计方案可以容纳更大体积的电池，已经成为业内共同的选择。在此基础上，侧向碰撞主要的技术演进方向是电池与底盘的高集成化，传统的纵梁设计逐渐消失。取而代之的是电池包直接安装在门槛梁或门槛梁的加强件上，门槛梁成为动力电池侧向外部防护冲击的唯一防线。由此衍生了大量的门槛梁改进方案，尤其是门槛梁内的溃缩吸能结构设计日趋多样化，而且有很大的设计空间。电池包直接安装在门槛梁或门槛梁的加强件上也衍生了大量相关安装结构的优化设计。同时，由于集成化的要求，电池内的横向构件，包括横梁、电芯等结构在横向碰撞中扮演越来越重要的角色。

4. 底部防护三种技术路线各有优劣，在动力电池下方设置防护结构是主流

在动力电池下方设置防护结构的技术路线可以全面防护各种类型的底部冲击，包括地面隆起、轮胎卷起的石子等，但是额外的底部防护结构进一步挤占了车辆底部空间。对于提高动力电池离地间隙的技术路线，其同时提高了车辆的通过性，但是对于卷起的石子缺乏有效防护，而且同样需要在空间和离地间隙二者之间进行取舍。在动力电池前方设置防护构件的技术路线可以很好地避免坚硬、大块的障碍物冲击动力电池，但是其对于卷起的石子同样无能为力，同时，还存在制造成本低的优点。从数据来看，2016年之后，在动力电池下方设置防护结构的技术路线由于其全面的防护效果，逐渐成为主流。

10.1.3 热管理

1. 美国起源较早，日本持续发力，中国势头强劲

在动力电池热管理方面，美国的专利申请起步较早，在20世纪70年代左右开始出现涉及热管理的相关专利。进一步的，克莱斯勒、福特、通用等规模较大的美国车企在20世纪末期已在测量、分析和控制领域均有相关专利布局。

21世纪初，日本在该领域的专利申请呈现增长的趋势，并在2005年左右开始保持较为稳定的相关专利申请量。在2011年前后，专利申请量上了一个新的台阶。

中国在该领域起步较晚，但是发展势头明显强劲。2013年开始相关专利申请量呈爆发式增长，并且远超其他国家。但是值得注意的是，在这部分申请中，与结构相关的专利申请占比较大，而与热监控相关的专利申请占比较小。目前，在动力电池热管理领域的专利申请还呈较为稳定增加的状态，这表明该专利技术仍在持续发展。同时也与电动汽车产业化进度加快、电动汽车动力电池安全问题逐步凸显密切相关。

2. 传统车企机理研究深入，新势力厂商智能化程度较高

在对动力电池热管理进行专利技术分析时可以明显发现，传统车企在动力电池热监控方面对于电动汽车动力电池的发热机理、老化机理等研究较为深入，多数车企基于所使用的电池类型构建了相关的机理模型，同时在技术演进中以机理模型为基础，如福特、宝马、通用等均有预期使用电池相关的电池机理模型，并围绕其进行不断的改进，形成较为明确的技术发展路线和专利保护体系。

新势力厂商则更倾向于借助大数据、深度学习等新兴起的技术，依靠云端强大的数据处理能力，对电池的发热进行预测。对于研究方式的选择，电池机理模型可解释性较强，能够从底层分析和判断电池状态，并通过对电参数的异常提前对电池热失控进行预警，但是对于企业研发实力、技术积累要求较高。而大数据分析则能够根据获取的海量数据，通过人工神经网络、深度学习网络、支持向量机等黑箱、灰箱模型完成电池热失控的预测。但是也存在泛化能力较弱、可解释性较差的问题。

3. 国外申请重持续，国内申请多同日

从专利申请特点和技术迭代角度来看，国外的重点申请人在动力电池热管理方面，都有较为清晰、具有自身特点的技术发展路线，可以从其专利申请中发掘技术发展的延续性。通常情况下，国外申请人每隔一段时间会更新其技术发展主线，非常看重该技术发展主线的专利有效性，在时间发展的角度上形成了具有持续性特点的专利布局。而对于服务于主线技术的其他技术，国外申请人则是进行有选择的专利申请；而其他更加次要的部分，他们会选择使用其他方式进行防御性公开。对于国内申请人而言，首先，其具有起步较晚但技术发展较快的特点；其次，在专利申请中，通常呈现出基于同一发明构思，同时对其各种改进形式和改进方向在同日申请提交多项专利申请，形成了在集中专利申请爆发的特点。一方面，企业可以通过这种方式，基于其核心发明构思形成较为完善的底层保护体系；另一方面，这种布局方式也会被认为是企业并未对其技术发展方向作出明确的选择，这也会导致其研发重心分散，并且在专利布局中产生较多支出。

4. 国外注重监控研究，国内注重结构改进

从国内外申请人申请量排名和申请分布情况来看，国内外申请人也各自具有较为鲜明的特点。以丰田、福特、通用为代表的国外重点申请人，在热监控和热结构方面都有专利布局且专利布局较为均衡的基础上，更加偏重于对热监控技术的研究，热监控与热结构申请量占比大约为1.3∶1。而对于以比亚迪、北汽、奇瑞等为代表的国内重点申请人，可以看出其专利布局情况不均衡，并且以对热结构改进为主，热结构技术分支下的申请量是热监控技术分支的2~3倍。造成这种差异的原因有很多，在技术层面，国内外对于技术研发的侧重确实存在不同，国内整车企业研发方向为提升车身与电池模组的配合程度以及一体化程度，因此在该方面改进较多，而国外则侧重于对既有的电池和车身技术进行优化，通过多种测量和分析方法辅助提升控制精度；在知识产权保护策略层面，国内申请人倾向于对技术改进以专利申请保护为主，而国外申请人在知识产权保护策略方面倾向于运用多种保护方式，更有目的性地将高质量的技术改进作为专利进行申请。

5. 丰田：重分析，脉络清，有合作；比亚迪：重整体，迭代快，较独立

丰田和比亚迪作为在动力电池热管理领域具有代表性的国内外申请人，在技术发展、研发重点上具有其特色。除技术分支申请量占比有明显差异外，从专利技术的角度进行分析可以看出，丰田在热管理技术中，重点在分析分支发力，并且在技术演进过程中有较为清晰的发展脉络。依托一套动力结构，通过不断完善其热管理体系，实现有效的电池热管理，确保电池安全。同时，丰田不仅在本土有较为固定的合作伙伴，在全球层面也存在合作研发。与之相对，比亚迪的热管理系统更注重将车辆整体的热量建立耦合关系，通过换热等手段使动力电池与座舱之间进行热量流动，以实现热量的高效利用。同时，与丰田这种传统车企不同，比亚迪重心是以动力电池为核心的新能源汽车，无需在研发投入上顾及传统车辆，促使其技术呈现阶梯式的发展。从产业上看，比亚迪直接实现了纯电平台技术整体的快速更新，而非基于同一技术平台进行修正和改进。同时，比亚迪作为整车企业，其研发能力较强且研发范围覆盖较为全面，这些特点使其技术研发较为独立，在产学研方面罕有合作。

6. 热结构申请数量大，热监控技术含量高

在动力电池热管理中，热结构主要侧重于对电池散热结构以及结构与车身配合的改进，其申请量占比较大。尤其是对整车企业来说，热结构的改进是整车安全中十分重要的组成部分。它一方面可以提升车辆一体化程度，在结构上提升车辆安全性能；另一方面可以为动力电池散热提供帮助。但是从专利申请类型来看，与热结构相关的专利中，实用新型专利数量较多，并且整体上看，从结构角度进行改进的难度比热监控的低。从技术重要性和先进性而言，在热管理领域中，申请人更偏重于对热监控进行研发和改进。按照热监控的技术分支，可以得到以下结论。

（1）优化测量方式为主线，扩展测量维度为探索

在测量分支中，申请人的测量维度较为固定，通常是电参数中的电压、电流参数，以及温度参数。在技术发展过程中，对电压、电流参数的测量改进主要是由其用途决定的，如估算内阻、热量等。而在温度参数改进，则更偏向于提升温度测量的精确性，如对电池单体温度的测量、优化对电池包温度测量位置以实现准确估计电池温度场等。在技术发展过程中，电参数和温度的测量逐渐由独立应用转化为结合使用。当前，主流的测量方式均涉及常见电参数和温度参数的测量，并且将测量参数共同应用于对电池热管理的分析方法中，共同服务于对电池热失控的分析。在常规的参数测量之外，部分车企还在探索其他能够反映电池热失控的参数，如机械尺寸的变化、内部压力的变化等。但是这些参数由于测量难度和测量精度的限制，目前仍不能取代电参数与温度的主流地位，只能作为辅助参数，在热监控中起到的作用有限。

（2）模型预测是发展趋势，机理模型与大数据结合是发展方向

在分析分支中，虽然与阈值设定相关的专利申请量较大，但是其中绝大多数是需

要以建模预测为技术支撑的。因为准确的电池模型可以从源头上发现电池异常，从而采取措施提前杜绝电池过快升温，造成不可控的局面。其中，机理模型与黑箱模型各有优劣，当下发展趋势逐渐演化为，以构建电池机理模型为基础，通过大数据和黑箱模型进行参数辨识。同时，可以实现数据的滚动更新，保持电池机理模型在使用过程中的准确性，为提高电池热控制效果服务，避免错误的控制带来电池热失控情况的出现。

经分析发现，国内高校在模型分析方面进行了较为深入的研究，并形成了一系列具有较高价值的研究成果。其中有代表性的研究团队以及相关技术是：江苏大学的陈龙、王丽梅团队，其在结合环境温度对电池特性研究（CN105539423A）、电池开路电压预测（CN105116344A）、电化学模型的SOP估算（CN113109716A）等方面进行了较为深入的研究。北京航空航天大学的杨世春、闫啸宇、刘新华等团队在模型预测中优化控制策略（CN110456635A）、基于电化学－热－机械耦合老化机理模型（CN111999665A）、锂离子电池老化机理及性能衰减模型（CN111665451A）、电化学－热－机械耦合老化机理模型（CN111505503A）、基于云端控制技术的动力电池模型（CN110492186A）、基于云端电池模型的数字孪生驱动（CN114240260A）、基于云端终身学习的动力电池热失控评估模型（CN114781256A）、基于云端的动力电池残值评估模型（CN113886976A）等方面进行了较为深入的研究。北京理工大学的孙逢春、熊瑞、何洪文等团队利用电池模型进行SOC/SOE预估模型（CN108544925A）、电池健康状态模型预测（CN106291381A）、动力电池模型建模成本低/精度高（CN103983920A）、基于数据驱动对单体电池建模（CN114509696A）、利用模型内阻参数进行电池系统寿命衰退分析（CN106443474A）、在线参数辨识和状态估计（CN106249171A）、基于数据模型融合的电池老化模型研究（CN10584262A）、电池荷电状态评估（CN104569835A）、云端电池模型（CN113895309A）等方面进行了较为深入的研究。吉林大学的陈虹、马彦团队在锂离子电池机理建模方法（CN104899439A）、电池模型能量与热量耦合建模（CN113928182A）等方面进行了较为深入的研究。南京航空航天大学的赵万忠团队在基于温度修正模型对宽温范围内的动力锂电池工作进行SOC精准估计（CN112444749A）、提高动力电池SOC估计的准确性（CN111060822A、CN112989690A、CN106959420A）等方面进行了较为深入的研究。清华大学的欧阳明高、刘光明、冯旭宁等团队在热失控模型控制（CN108248389A）、电池内短路方法（CN108562855A）等方面进行了较为深入的研究。

（3）优化控制是目标，内外协作效率高

在动力电池热监控中，测量和分析都是为了实现对动力电池温度进行有效控制。在此过程中，演化出了以对电池进行冷却或加热为基础的外部控制方法，和以调节电池输出或负载为基础的内部控制方法。在技术发展中，上述两种控制方法也经历了各自独立作用到共同作用的过程。从当前的技术发展来看，以调节电池输出配合外部冷却与加热，实现电池在恒定温度阈值工作，是技术发展的主流方向。其中，低温加热情形下，通常在控制中产生纹波，对电池进行内加热，并结合电池外部的加热装置，实现快速升温。代表性的专利技术有：上海威迈斯新能源有限公司的专利WO2021237990A1涉及利用电驱动系统对动力电池加热的方法及电动汽车。比亚迪的专利WO2021238925A1涉及利用高频震荡电流加热，专利CN113858966A涉及纹波自加热。北京理工大学的专利CN108595729A涉及基于BV方程的动力电池智能自调节加热电流计算方法、电池加热方法和电池管理系统，专利CN107171041A涉及一种动力电池交流电变电流梯次加热方法。北京航空航天大学的专利CN108847513A涉及锂离子电池低温加热控制方法，日本电装的专利JP2021524226A涉及为电动汽车的内部电池加热系统提供外部冷却剂。在高温冷却情形下，首先对高温电池进行定位，在此基础上通过开关控制调整对应电池输出，并结合冷却系统，实现对电池的精确降温。该技术较为普遍，代表性的专利有华为的专利CN111319514A涉及冷却通路独立控制，专利CN111403843A涉及动力总成和电池包分别独立散热，从而达到最节能工况。小鹏的专利EP3925814A2涉及冷却液加热，山东大学的专利CN111834700A涉及减少单体电池温差，马勒国际的专利US20200335838A1涉及具体的电池冷却装置等。

在输出或负载方面，虽然其整体研究比例偏低，但能够从电池内部对单体电池的输出性能进行优化调节，进而在不影响电池包输出的情况下在动力电池内部解决潜在的热失控问题。该控制方式主要是基于电池模型分析而衍生出来的控制手段，其需要依赖准确的电池模型。这是目前行业的难点，研究主体不多，其申请量整体偏低。经过调研发现，行业专家普遍认为从电池内部提前对热失控进行干预，能够将事故消除在萌芽阶段，是热失控比较有效的控制方式。通过专利分析也可以看出，实际上，我国虽然在控制或负载方面研究较少，但是国外，尤其是日本、美国在这方面投入了大量的研究，这也证明国外比较重视输出或负载控制技术。课题组针对输出或负载控制方面的相关技术，整理了具有代表性的相关重要专利。具体为：东风汽车的专利CN114193999A涉及在考虑电池和电机散热需求下，精确地确定了压缩机额定功率。清华大学的专利US20200348364A1涉及电池组一致性的评估方法和电池组平衡策略。一汽奔腾的专利CN112277564A涉及电池负载的四种工作模式控制。福特的专利DE102020133435A1涉及用于电池在线识别的EKF状态继电器策略，专利DE102019126533A1涉及具有低牵引电池放电极限的提高PHEV驾驶性的方法和系统。丰田的专利JP2021097569A涉及输入功率和输出功率的限流；专利US20210078411A1涉及当预期电池将无法释放指令值的电量，则控制器会通过增加在电池之前从发电机提供给电机的电量来减少电池的负载不能再以指令值的量放电；专利JP6816695B2涉及通过合理分配升压电路的负载率，以实现对电池的输出的细化控制；专利JP2019080404A涉及对每个升压电路采取不同的电器元件参数进行改进，避免电路中各元器件相互干扰而导致输出无法达到预定值，最终引发热失控的情况。松下的专利US20190322177A1涉及通过提供从第一DC/DC转换器输出的电压和从第二DC/DC转换器输出的电压来控制DC/DC控制器和第一负载。本田的专利US20190326652A1涉及通过缩短空调装置和电池温度调节装置两者都在工作的状态来减轻电池的负担。奥迪的专利DE102019202155A1涉及根据测量信号制定相应单体参数（38）在电池（22）内的位置分辨的分布函数。博世的专利DE102019200032A1涉及每个电池电流的限制。

10.1.4 电芯结构

1. 气路设计是电芯结构安全研发热点，电路设计次之；中国企业各有侧重，日本、韩国企业偏重电路设计

在全球范围内，动力电池电芯结构相关专利申请中，中国占比高达82.21%，其次是韩国和日本。中国从2004年开始申请量呈明显上升趋势，2005年申请量超过日本。气路设计是电芯结构改性安全的研发热点，占比高达61.33%。中国是主要目标市场，也是技术产出大国，其次是美国、日本、韩国和欧洲。中国代表企业是宁德时代和比亚迪。宁德时代在气路设计方面专利布局最多，电路设计次之。比亚迪相对更加重视电路设计。韩国代表企业是三星和LG，在电路设计和气路设计的专利布局均较多，其中更侧重于电路设计。日本代表企业是三洋和松下。2008年松下收购了三洋之后，在气路设计和电路设计布局都较多。

2. 防爆阀是气路设计布局重点，中国市场占有量最大，日本在该领域研究具有持续性；宁德时代在防爆阀的专利布局值得借鉴

在气路设计中，宁德时代排名首位，合肥国轩、比亚迪、新能源、比克国际以及蜂巢等申请人也具备较强专利实力。气路设计中防爆阀的申请量明显高于防爆薄弱部的申请量，是研究重点。防爆阀的技术研发主要围绕更快响应温度和压力预警，兼容冷却、断流等其他功能结构，优化防爆阀位置设置等，其结构及材质优化等仍需重点探索。防爆薄弱部设置方式改进一直是关注热点。

中国在防爆阀的专利申请量高达1865件，占全球87.2%，其次是日本和韩国。但是，中国的专利平均被引证次数为0.91，而日本专利平均被引证的次数为2.93，可见日本在电池防爆阀方面的专利质量更高。针对防爆阀，国内头部企业宁德时代围绕基础专利ZL201521112402.7，分别从防爆阀本体、外部、连接件以及上盖等进行全面布局，形成以此基础专利为核心的专利包，专利控制力比较强。且该基础专利经历了多次无效宣告请求依然维持全部有效，赢得多场侵权诉讼，从防御性专利布局开始向进攻性策略转变方面取得了初步胜利，值得行业其他创新主体借鉴。

10.1.5 电芯材料

1. 中国、日本、韩国为主要技术产出国，中国起步晚发展快，成为全球第一目标市场

从锂离子电池正极、隔膜、电解质相关电芯材料的申请量趋势来看，全球和中国专利申请整体呈增长态势。2008年前增长较为缓慢，2009年后快速增长。2014年后，随着新能源汽车行业的发展，新能源汽车的渗透率不断提高，对动力电池的需求呈指数增长，带动电芯材料相关领域申请的迅猛增长。就全球技术来源地而言，主要集中在中国、日本、韩国。其中，日本在电芯材料各技术领域的起步最早，研究投入持续性较好，具有较为成熟的技术积累和专利布局。中国和韩国起步相对较晚，中国在新能源发展政策的支持和国内新能源市场的蓬勃发展情况下，专利布局数量大幅增加。

韩国在各技术领域的专利申请布局相对平稳。中国在电芯材料各技术领域，目标市场均排名第一。

2. 正极安全改性聚焦三元，磷酸锰铁锂复合热度上涨，隔膜改性以有机+无机复合涂覆为主，固态电解质有望成就下一代电池

三元材料自身结构存在稳定性不足的缺陷，成为全球和中国产业进行正极安全性能改进的重点。其中，磷酸锰铁锂具有与磷酸铁锂相同的橄榄石结构，拥有较佳的热稳定性，且与三元电压平台相近，将其与三元材料进行复配，可以保证在高能量密度的前提下，改善安全性。自2003年以后，该方面申请量开始缓慢增长。2010年随着全球对绿色能源发展的关注，申请量快速增长。2014年起呈指数增长，反映出新能源动力汽车的发展对于正极材料改性研发的带动。此外，还存在磷酸锰铁锂与其他正极材料如钴酸锂、锰酸锂、镍酸锂、钴镍酸锂、磷酸铁锂等正极材料的复配使用，主要提升正极材料的热稳定性和电化学性能。磷酸锰铁锂的安全性能改性主要通过混合、掺杂、制备方法的改性提高其导电性。拥有磷酸锰铁锂安全性能改进技术专利的创新主体，国内主要集中在比亚迪，但其仅在国内布局；国外主要集中在日本住友，其在他国均有布局。国内企业的海外布局意识仍需加强。

隔膜作为防止正负极短路的重要部件，表面涂覆是改善其安全性能的主要手段，早期以无机涂覆为主，逐渐过渡到兼顾有机涂覆和无机涂覆改性优势互补的有机+无机复合涂覆方面。

液态电解质是目前商业运用成熟的电解质类型，累积申请量最多。凝胶电解质作为从液态向固态过渡的中间形态，仍不能从根本上解决安全性的问题，整体申请量占比相对较少。固态电解质较液态电解质具有不可燃、耐高温、无腐蚀、不挥发的安全性优势。2018年起，固态电解质的年申请量开始明显超过液态电解质，成为年申请量占比最多的技术分支，足见产业研究重点的演进。采用固态电解质的电池有望成为下一代电池。

3. 中国、韩国创新主体集中度高，日本创新主体各有侧重

全球排名前十的申请人主要集中在中国、日本、韩国，均以企业科研主体为主。其中，中国各技术分支全球排名前十申请人的情况是：正极分支有5位、电解质分支有3位、隔膜分支有2位，企业创新主体主要集中在比亚迪、宁德时代、国轩等，中科院是唯一进入全球排名前十的科研院所。韩国仅有LG、三星两家进入各分支前十。中国、韩国创新主体在电芯材料各个方向均有布局。日本进入全球排名前十的创新主体企业重合度较低，包括日立、住友、三菱、松下、丰田等。企业各自有相应的研发侧重。除日立进入各分支前十以外，住友主要在正极布局，三菱、旭化成、东丽、帝人进入隔膜排名前十，松下、丰田、汤浅主要在电解液布局。

10.1.6 固态电解质

1. 日本起步早，技术积累成熟，中国是主要的目标市场；全球和中国聚合物类固态电解质占比最多，日本持续侧重硫化物电解质研究

日本技术起步早，直到2011年左右日本申请量一直处于领先地位。从2015年开始，随着我国新能源动力汽车产业的蓬勃发展，中国作为目标市场的专利布局量达到最多，日本次之。固态电解质从最初起步到2005年左右一直聚焦聚合物固态电解质，之后氧化物、硫化物、聚合物三个方向基本呈齐头并进之势，直到近两年聚合物的申请量呈现明显的领先趋势。中国、欧洲、美国在无机固态电解质方向的氧化物电解质申请量高于硫化物，韩国和日本则更侧重于硫化物。目前，中国在各技术分支上的申请量基本是最多，但在硫化物方向，日本持续保持领跑地位。

2. 中国重点申请人以高校、科研院所为主，且其倾向于创建初创企业，与他人合作较少；日本、韩国重点申请人以企业为主，日本的科研院所倾向于在不同时期与该领域内主要创新主体进行深入合作

固态电解质材料领域排名前十的重点申请人主要集中在中国、日本、韩国。日本申请人所占份额最多。丰田和松下排名前列，其次是出光、富士胶片和日立。中国申请人中，中科院排名第一，哈尔滨工业大学、珠海冠宇、华中科技大学分别排名第八至十位。韩国申请人仅有LG，排名第七位。

中国申请人在各技术分支上均有布局，科研院所发明人团队倾向初创企业。主要包括清华大学的南策文团队创建的苏州清陶新能源科技有限公司、中科院物理所的陈立泉团队作为创始人的卫蓝新能源、中科院宁波材料所的许晓雄团队与赣锋锂业合作成为浙江锋锂的主导研发团队。创新主体之间的合作较少，且缺乏长期合作，涉及的技术分支也较为分散。而日本的申请人侧重点则更为鲜明。日本的高校、科研院所发明人团队在同一时期基本都会和该领域的主要企业创新主体进行合作，且合作具有一定的持续性。例如东京工业大学的菅野了次团队长期专注于硫化物的研究，其在2011~2019年与丰田联合申请了15件硫化物专利。

3. 丰田持续聚焦硫化物，LG持续聚焦聚合物，松下技术路线经数次调整，目前主要布局卤化物

丰田从2000年开始固态电解质专利布局，早期研究聚合物。2008年开始，丰田研究侧重点明显向无机固态电解质倾斜，重点关注硫化物。早期主要研究减少硫化氢的产生。从2009年起，提高硫化物的锂离子电导率是重点研究方向。通过对材料进行非晶化处理，同时配合元素掺杂、晶相调控等手段，以提高离子导电率和电化学稳定性。丰田相关专利授权率高，其核心技术在华均有布局。国内相关研究机构和企业需要加强对其关注，避免侵权风险。

在20世纪90年代，LG开始对于固态电解质的研究，2015年申请量开始增多。早期仅在韩国申请，2016年之后加大海外布局力度，非常重视中国市场。LG对聚合物固态电解质的研究具有持续性，前期改进重点在提升离子电导率，以及机械强度、与电极的界面相容性。之后更偏重对电化学稳定性、阻燃性能的研究。2020年以来的关注点主要集中在抑制锂枝晶、提高电池耐热性方面。同样，LG重点专利在华均有布局，国内的研发主体应当加强对LG相关专利技术的关注。

松下在固态电解质领域的技术路线经过了数次明显的调整。前期对于聚合物、硫化物和氧化物方向都进行了一些尝试性研究。从2017年起，开始研究卤化物电解质。

该材料结构稳定，且能够实现不含硫的全固体二次电池，安全性优异。此后，2018～2020年，松下以卤化物固体电解质为主要方向，并通过元素掺杂、晶相调控、表面改性等多个角度对其进行改进，并进行了一系列专利布局。松下在卤化物方向的专利申请均在海外进行了布局，且已有多项在华专利获得了授权。相较而言，该材料处于研发的早期，目前并非研发主流体系，国内申请人可以考虑对该领域布局。

4. 中国对聚合物的研发具有持续性，PEO类聚合物技术积累较多，聚碳酸酯方向有望弯道超车，交联、接枝、共混是主要的改性手段

聚合物固态电解质中PEO类起步最早，占比最多，是聚合物固态电解质的主流类型。2015年开始，聚硅氧烷和聚碳酸酯研发热度上升，且聚碳酸酯的年申请量反超聚硅氧烷，成为更受行业关注的聚合物电解质类型。但日本和韩国申请人中，除日立和LG之外，都较少在聚碳酸酯方向布局。中国申请人中，中科院、哈尔滨工业大学和华中科技大学均在聚碳酸酯方面有所研究。离子电导率较高的聚碳酸酯有可能成为一个实现弯道超车的研究方向，值得引起国内研发团队的关注。

通过交联、接枝或共混可以有效减弱PEO的结晶性，提高力学性能，一直以来都是延续的主流改进方式。后续的改进方向主要采用无机氧化物粒子掺杂或交联、接枝含羟基官能团的有机单元等。聚硅氧烷和聚碳酸酯的改进方式主要也是接枝、交联和共聚。这是由于离子电导率和机械强度是聚合物固态电解质所面对的共性问题。近年来，也有申请人开展将聚硅氧烷和聚碳酸酯与多孔基材进行复合的尝试，以提高机械强度和能量密度。此外，其他类型的聚合物，如聚丙烯酸酯、聚氨酯等也被尝试应用于固态聚合物电解质。

5. 石榴石型氧化物固态电解质是研发热点，提高离子电导率是首要目标；其次是改善电化学稳定性和与界面的相容性，掺杂、混合、工艺优化是主要改性手段

氧化物固态电解质材料的类型主要分为石榴石型、快离子导体型、钙钛矿型、锂磷氧氮和反钙钛矿型。从2012年开始，石榴石型固态电解质申请量一直领先于其他分支，是受关注度最高的一个类型。其次是快离子导体和钙钛矿型。2014年之后，快离子导体型的增长速度提升更为明显。锂磷氧氮的起步时间略早于快离子导体，但是一直没有取得大的突破。反钙钛矿型申请占比例最少，从2015年开始出现相关申请，属于近年来新兴的氧化物固态电解质类型。

研发企业更关注石榴石型和快离子导体型。日本精工、丰田和韩国生产以石榴石型为侧重点，村田和太平洋则以快离子导体型为主要布局方向，松下布局较为均衡。中国和日本的重点申请人都对钙钛矿型固体电解质进行了研究。此外，日本申请人对锂磷氧氮也有相关专利布局。反钙钛矿型目前以松下布局为主。作为新兴的氧化物类型，国内研发主体应当在延伸主流研究的同时，尽早关注布局新型类型。

从技术的维度来看，掺杂和混合以及工艺优化是氧化物固态电解质改性的主要技术手段。对于采用包覆、多层在提升热稳定性方面接近空白，采用混合、工艺优化在提升热稳定性上也有较大提升空间。另外，使用包覆、掺杂和多层在改善机械强度上也有进一步发展的空间。提高离子电导率是当前共同追求的首要目标，其次是电化学稳定性和与界面的相容性。国内的研发主体可以考虑在提高机械强度或热稳定性上，寻找技术突破点。同时，提高与电极的相容性是减少界面电阻、提升离子传输效率主要途径。目前，该方向上还存在专利布局的空间。氧化物的合成往往需要较高的温度条件，成本较高也是本领域亟待解决的问题。当前简化工艺方面已有一定布局，但是采用其他技术手段解决该问题的布局均较少。国内申请人可以从该技术问题出发，加快相关方面的专利布局。

6. 硫化物固态电解质方向，日本占据领先地位，中国处于跟随研发阶段，中国比日本专利质量差距明显；日本申请人具有广泛的协作创新合作，专利布局意识较强，中国起步较晚，专利布局尚不成体系，缺乏交叉持续创新

在硫化物固态电解质领域，以日本和中国为主，两者申请占比全球申请量的88%。其中，日本申请超过50%，且起步最早，研究一直持续至今，未曾中断。以企业平均申请量、技术贡献率、专利授权率、维持年限、高引证专利占比等条件对日本、中国专利相关数据进行标准化处理，加权计算之后进行质量对比，中国专利质量处于劣势，和日本还有一定差距。

目前硫化物固态电解质主要为晶体态物质和玻璃态物质，其中晶体态物质包括硫代锂超离子导体和硫银锗矿型电解质两种常见类型，以及另一种玻璃态体系，常见为 $x\mathrm{Li_2S}-(1-x)\mathrm{P_2S_5}$ 或者 $x\mathrm{Li_2S}-(1-x)\mathrm{SiS_2}$。中国、日本的申请重点在 $\mathrm{Li_2S-Si(P)_2S_5}$ 类玻璃态物质，其次为具有晶体结构的硫化物体系。中国在硫化物的申请趋势基本和日本的申请趋势保持一致，但申请高峰基本晚于日本申请1年，技术上处于明显跟随状态。

对于晶体结构、玻璃态硫化物的改性目的基本一致。改性重点首先在于离子电导率，其次为电化学稳定性。除此之外，日本在硫化物电解质改性的另一重要方面是针对硫化物电解质的生产率、可制备性等，更偏重于产业化布局。而中国则是在与电极的相容性方面，和日本有所不同。

硫银锗矿晶体逐渐受到各国企业关注。日本更注重材料的基础研究，中国更注重改进应用方向。其中，中国在各分支都有布局的申请人有中科院、锋锂、宁德时代和比亚迪。其中，宁德时代布局更偏重LGPS晶体硫化物材料，中科院、锋锂、比亚迪则偏重于对整体硫化物体系进行改性。上述创新主体在硫银锗类晶体布局都相对较少；蜂巢和屹锂新能源的布局更偏重硫银锗类晶体电解质材料。日本在各分支都有布局的申请人有丰田、出光、三菱。其中，丰田、出光偏重于玻璃类硫化物电解质，三菱偏重于LGPS晶体硫化物电解质。上述创新主体在硫银锗类晶体电解质和对整体硫化物体系进行改性的布局都相对较少，三井布局则更偏重于硫银锗类晶体电解质材料，富士胶片布局更多在于对硫化物电解质整体改性。

日本在硫化物固态电解质领域具有广泛的协作创新合作，且专利布局意识较强，不同类型的研发主体之间合作活跃。其中，有的车企与科研院所、材料厂商合作时间长达数十年，确保了合作研发的持续性。中国起步较晚，专利布局体系化不足。虽然专利数量快速追赶日本，但主要是市场热度催生更多的创新主体进入该领域所带来的。

不同的创新主体之间协同创新较少，几乎不存在不同研发主体之间的研发人员交叉持续创新的情况。其中，相对来说，中科院的许晓雄团队在协同创新方面较为积极，与丰田、赣锋锂业均有合作。该团队领头人许晓雄曾在日本有电池材料方面的研发经历，和日本的高田和典在2011年共同申请专利。其带领的团队一直深耕硫化物固态电解质方向，持续进行专利布局。其协同创新模式和专利布局意识值得国内其他创新主体借鉴。

中国和日本在硫化物固态电解质的早期研发阶段均是研究机构主导，中国为中科院，日本为物质材料研究院。对于玻璃态硫化物的改性，中国偏重于研究掺杂、包覆对物质的影响，而日本更偏重于工艺优化对物质结构的影响。对于晶体结构类硫化物的改性，中国更偏重于快离子导体晶体类硫化物改性。而日本偏重于硫银锗类物质改性，研究了卤素、硅、铝等掺杂对其性能的影响，且大部分改性采用衍射峰限定保护范围。

针对复合和包覆的改性手段属于侵权风险较大的领域，这也是国内研发的热点领域。部分专利保护范围涉及硫化物体系以及和有机物相关的专利布局，属于明显的“圈地型”专利。因此，国内申请人在研发过程中应当注意对相关专利的规避，或者对其专利发起无效宣告请求以解除风险。在混合和掺杂改性手段领域，由于其物质类型不同或者制备手段差异，通常会影响材料性能，未见有明显“圈地型”专利存在，国内风险相对较小。硫化物固态电解质是和目前液态电解质离子电导率最接近的材料。若其能产业化，必将带动动力电池市场格局变化。建议国内企业加紧研发进度，提高专利布局意识，为抢占市场份额打好基础。

10.1.7 新势力厂商

1. 新势力厂商起步晚，发展迅速

本部分选取特斯拉、蔚来、小鹏、哪吒、零跑、理想六家新势力厂商进行分析。从申请趋势看，特斯拉是最早涉足新能源汽车的厂商，其专利布局也早于其他五家新势力厂商。自2010年起，虽然其年申请量不多，但在动力电池安全性上有持续性投入。其他五家厂商均为国内厂商，成立时间较晚。在动力电池安全相关领域，专利申请量逐年增加，整体呈快速增长趋势。部分厂商，例如蔚来、小鹏，自起步开始，每年提交的专利申请量都较大，并后来居上，超过特斯拉。

六家新势力厂商相比丰田、比亚迪等传统车企，在动力电池安全领域专利布局存在较大差距。六家厂商之间也存在较大的差别。其中，蔚来、小鹏分别以94件、77件申请量分别居六家厂商的第一、第二位，特斯拉在动力电池安全领域共布局47件专利申请，其他三家厂商布局专利不足40件，理想仅13件。

2. 新势力厂商海外布局明显不足，难以支撑海外市场拓展

除特斯拉在全球主要国家/地区有专利布局外，只有蔚来和小鹏在海外有少量专利布局，而零跑、哪吒和理想还没有在海外进行专利布局。虽然中国的新能源汽车市场最为广阔，但目前市场竞争已经相当激烈。各家厂商纷纷向海外开拓市场，尽早进行海外布局就显得相当关键。专利布局较多的丰田和比亚迪在本国之外有一定量的专利布局。尤其是丰田，在全球主要国家/地区都有相当数量的专利布局，海外专利占比非常高。这一点值得国内厂商借鉴。

3. 新势力厂商热管理和碰撞安全各有侧重，较少涉及电池本征

六家新势力厂商以整车研发为主，较少涉及电池本征研发。从专利布局来看，以热管理和碰撞安全技术分支的专利为主。其中，哪吒侧重于热管理研究，涉及部分碰撞安全研究。理想则相反，主要涉及碰撞安全。零跑在碰撞安全和热管理方面布局相对均衡。蔚来、小鹏和特斯拉三者比较类似，在三个技术分支都有所涉及，并且按照申请量从高到低布局依次是热管理、碰撞安全、电池本征。

小鹏所涉及的分支最多，其专利布局更加全面。尤其在电池热管理中的热监控和碰撞安全技术下的车身设计分支的布局，均涉及两者关键技术的研究。蔚来在热管理方面主要涉及热结构专利布局，热监控相关专利申请量十分有限。碰撞安全方面则聚焦在车身结构安全设计中，包壳设计则较少涉及。蔚来虽然专利布局量比较大，但是除了碰撞安全之外，其他两方面的专利布局都较少，没有聚焦核心关键技术的专利布局，仅在关键技术的外围进行了一定的布局。零跑基本上覆盖了热管理和碰撞安全的所有二级技术分支。在关键技术研究中，车身碰撞安全的专利申请量较大，明显高于包壳设计。这说明零跑在碰撞安全方面聚焦关键，有一定的技术优势。而在热管理中，热监控的数据要明显低于热结构。哪吒、理想专利布局比较单一，哪吒在热管理的二级分支热监控的投入相对于热结构虽然有所降低，但是差距并不大。理想在碰撞安全的二级分支车身碰撞和包壳设计的专利申请基本相当。这说明哪吒和理想目前的专利布局较为合理，但是其一级分支中技术关注方向明显单一。

4. 新势力厂商的重点专利主要布局在热管理技术，其次是碰撞安全，电池本征涉及很少

在热管理重点专利中，小鹏涉及热监控关键技术较全，主要涉及车辆不同使用状态下的电池热管理控制。例如充电过程中的动力电池热管理控制、针对车辆停车过程中电池热量控制方式。在测量技术中的电池热管理控制，小鹏主要集中在针对冷却系统温度测量以及单体电池故障测量中。在分析技术的热管理技术中，主要涉及阈值设定分析以及模型预测分析这两方面技术。在控制技术的热管理技术，涉及阈值设定分析以及模型预测分析这两方面技术。蔚来在热管理关键技术中，虽然其专利数量有限，但是专利覆盖面相对较广。其中，在测量方面，主要涉及充电时电池温度控制。在分析方面中，涉及模型预测分析的相关技术手段。在控制方面，涉及通过冷却液的方式来对电池包进行散热、降温。哪吒在热管理关键技术中进行了一定程度的专利布局，主要涉及针对充电过程的电池热管理。测量技术中，涉及多参数测量技术。分析技术中涉及阈值设定分析。控制技术中心涉及冷却或加热控制技术和输出或负载控制技术。零跑在热监控关键技术中布局专利有限，主要涉及控制技术中心的冷却或加热技术。特斯拉在热管理关键技术中的重点专利主要涉及针对电池的高温冷却以及低温加热控制技术，特斯拉同时还针对热失控发生时气体释放进行了一定的研究。

在碰撞安全重点专利中，尤其是侧面碰撞安全部分，新势力厂商的专利布局方向均不同。蔚来的专利申请主要涉及改进横梁、改进B柱以及对车架连接件的改进3个技术手段。零跑专利申请主要涉及门槛、横梁改进。特斯拉专利申请主要涉及门槛、横梁改进。小鹏除涉及门槛改进外，还涉及电池安装结构的改进。理想主要涉及对纵梁的改进。哪吒仅一件专利申请，涉及横梁的改进。

在电池本征重点专利中，只有蔚来、小鹏和特斯拉有少量布局，其他厂商目前尚未布局。蔚来的专利申请涉及电芯材料中的正极、隔膜以及电芯结构。其中，电池材料的专利涉及下一个电池体系中的锂硫电池的改进。小鹏的专利申请仅涉及电芯结构，特斯拉仅有一件电池材料的专利由转让获得。

10.2 主要建议

10.2.1 技术创新与专利保护建议

我国在动力电池碰撞安全、热管理、电池本征方面的技术现状各不相同。在碰撞安全方面，底部防护和侧面防护是技术改进重点。在热管理方面，我国对于电池机理模型研究，尤其是结合数据驱动的电池机理模型研究略显欠缺，亟待补强；但在电池热控制中，整车一体化的热管理系统与电池自加热技术的研究处于领先地位。在固态电解质方面，我国在不同的技术路线上均有涉及，发展情况各不相同。目前固态电池尚未商用，可研发空间较大。创新主体可以针对不同技术分支的技术状况，加大研发投入，并进行相应的专利布局。

1. 碰撞安全建议

（1）提高功能构件和结构件的集成化；借鉴现有技术，加强门槛梁溃缩设计

新能源汽车已从政策驱动向消费驱动型市场转型，消费者对电动汽车续航能力和安全性的双向需求，要求动力电池碰撞防护技术紧跟车身电池一体化趋势。电池体积越来越大，其侧部和门槛梁之间的间隙越来越小。消费者对电池能量密度的要求越来越高，也进一步压缩了电池结构件的设计空间。在这种情况下，门槛梁的设计显得尤其重要，尤其是门槛梁溃缩设计。门槛梁溃缩设计的特点是设计空间大、重要度高、现有技术易规避。基于此，可以借鉴丰田、特斯拉、福特、大众的现有门槛梁溃缩设计思路。

（2）侧面碰撞防护上，提高电池包功能构件的结构强度，继而提高电池包在侧面碰撞防护上的参与度；底部碰撞防护上，根据电池包内部布置方式，合理利用功能构件形成底部防护

在侧面碰撞防护方面，提高电池包功能构件的结构强度，包括电芯、上盖、隔热板、水冷管等，继而提高电池包在侧面碰撞防护上的参与度。其中，特斯拉提出的电池包内横梁的优化设计（US20120161472A1、US8696051B2、US9045030B2）已经无法适应现在对电池能量密度的需要，但在特定情景下依然值得借鉴。特斯拉和比亚迪在

CTC/CTB 技术都利用了电芯和上盖作为重要的防护结构件。下一步，可以提高隔热板、水冷管等功能构件的强度来参与侧面碰撞防护，进一步提高集成性。对于下方布置冷却液管道的方案，通过增加管道刚度提高其应对底部冲击的能力；对于倒立电芯方案（例如麒麟电池），通过增加电芯底部的高压连接件、烟道的刚度，提高其应对底部冲击的能力。

2. 热管理建议

（1）优化传感器布局，推进智能电池研究，降低电路复杂程度

在测量技术中，当前已形成了以温度和电参数为主的测量手段。与此同时，应当关注以下几个方面的研究：①通过调整温度传感器布局位置，实现同样精度下降低传感器的使用数量，或是在同等数量传感器的基础上，提升电池包整体温度场估计精度；②带有单体温度传感器的智能电池研究；③通过优化电路布局降低电路复杂程度，如通过复用电路提升电路使用效率。

（2）模型预测是关键，校企合作是重要突破手段

在分析技术中，模型预测能够提前对潜在的热失控进行判断，因此其预测的准确性至关重要，是热失控分析方式的主要发展方向。建议重视这方面的研究。国内清华大学的欧阳明高团队，北京理工大学的孙逢春、熊瑞团队，江苏大学的陈龙、王丽梅团队，北京航空航天大学的杨世春、闫啸宇、刘新华团队，吉林大学的陈虹、马彦团队，南京航空航天大学的赵万忠团队在模型预测分析的多个方向均具有较为深入的研究。国内的整车制造企业掌握了大量的实际应用场景的动力电池相关数据。因此，若能够与对应高校建立联系与合作，开放部分数据使用权限，可以实现相关资源的整合，充分发挥人才和数据的优势，提高模型预测分析技术的发展速度。

（3）输出负载是重点，内外协作优化控制目标是关键

在控制技术中，建议重视输出/负载方面的研究。通过内外协作的方式优化控制目标，保证控制手段的多层次、多元化。内部控制主要调节电池输出和负载使用，是基于电池模型分析而衍生出来的控制手段，其需要依赖准确的电池模型。国内在这方面研究偏弱，应当重视日本、美国、德国在这方面的演进技术。日本丰田在输出和负载控制分支的研究最多，应当尤为关注。美国福特、日本本田、德国奥迪、宝马电池模型研究上也均有相关专利，应当予以全面关注。在外部控制中，当前纹波自加热、人工可控短路等形式能够实现对电池快速升温，并且基于全新的电动汽车平台实现座舱和电池舱的温度耦合与传递，是我国创新主体技术发展相对较强的领域。可以进一步结合新的纯电平台和车身一体化的趋势，强化该研究方向。

3. 电池本征建议

（1）针对电芯结构，建议扩大气路设计优势，尤其是对防爆阀进行专利布局；增加电路设计和强度设计布局

目前，我国在电芯气路设计上占据优势，尤其是防爆阀的专利布局。其中以宁德时代为代表，得益于我国市场占有率相对较高，产品集中度高。日本和韩国在电路设计和强度优化布局较多。应当提前布局针对电路设计和强度优化的专利，避免市场产

品替代之后造成专利纠纷，降低市场竞争力。

（2）针对电芯材料，建议加大对正极、隔膜的安全改性布局，积极推动固态电解质的产业化应用，尤其加快硫化物固态电解质的研发

针对正极材料，建议关注对三元材料的安全改性，加快对三元材料混合改性的布局。通过混合低产热正极材料是提高三元材料安全性能的重要手段，尤其是混合磷酸锰铁锂。针对隔膜材料，以涂覆隔膜为主，有机＋无机共涂覆是目前改性的热点，加大对合适无机材料选取。该领域应当加大对新型涂覆材料的研究，以及提高涂覆工艺，提高产品良品率。固态电解质是对电解液安全改性的重要手段，也是目前研究的热点。其中以聚合物固态电解质研发最多，其次是氧化物和硫化物等无机固态电解质，研发的热点以有机＋无机复合为主。聚合物的PEO类通过交联、接枝或共混改性，提高多层复合结构、对端基官能团进行取代改性研究。聚硅氧烷和聚碳酸酯尝试采用与多孔基材复合改性提高机械性能。氧化物研发的热点是通过掺杂、混合或者工艺优化提高离子电导率，加大通过包覆或者设置多层结构在改性热稳定性方面研究。针对硫化物，加强工艺优化对玻璃态硫化物物质结构的影响研究，对于晶体结构类硫化物，提高硫银锗类物质改性研究。

10.2.2 产业发展建议

在产业方面，深化电动汽车产业链的全面合作，促进产学研合作，做好防御型专利布局。

1. 产业专利布局建议

（1）碰撞安全方面，综合利用不同专利类型分级分类进行保护，加大侧面碰撞和底部碰撞的专利布局，形成完整的技术路线

对于碰撞安全的专利布局，建议综合利用发明专利、实用新型专利等不同专利类型进行不同方式的保护。对于核心、重要专利通过发明专利进行保护，对于一些优先层级较低、更新较快的技术通过实用新型专利进行保护。建议持续关注丰田、本田、福特等公司的专利申请，在其技术方案的基础上进行进一步的改进，并形成自身完整的技术路线。针对碰撞安全，建议加大对车身设计中侧面碰撞和底部碰撞的布局，特别是利用电池包壳自身及其内部结构提高侧面碰撞和底部安全性等方面的专利布局。

（2）热管理技术方面，要细化市场主体定位，根据企业特色优化专利布局

对于热管理，建议细化市场主体定位，不同类型市场主体可采取不同发展策略。依据研发实力、市场占有等因素，可以将国内车企大致分为三类，以比亚迪、奇瑞等为代表的车企，在国内电动汽车领域起步较早，在热管理领域发展较为成熟，具有较强的自主研发能力。建议继续保持新技术的研发，同时对已有知识产权进行筛选，降低维护成本。对于北汽、广汽等企业，具有较好的平台资源，但是在电动汽车赛道上起步并非最早。建议结合自身优势选取技术发展方向进行重点布局，如依托现有生产线，在热管理方向首先考虑从结构改进入手，基于结构改进，对控制系统进行优化。另外，在热管理领域，热结构的技术布局非常密集，因此还需要注意避免结构的改进

是否会落入其他专利的保护范围中。

（3）电芯结构企业以市场拓展为需求和提高产品市场控制力进行专利布局；电芯材料企业以安全改性技术专利布局为主；针对下一代固态电解质材料采取积极专利布局策略，尤其注重对核心材料体系以及主要改性方向的基础专利布局

针对电池本征，电芯结构类产业主要以电池制造商和PACK制造商为主。该产业专利布局以产品为基础，通常是对特定产品结构优化，以龙头企业宁德时代为代表。建议宁德时代、比亚迪等第一梯队电池制造企业，专利布局以市场拓展为需求，尤其注重海外市场提前布局，满足市场份额的海外扩展。第二梯队电池制造企业专利布局以防御性为主，围绕核心产品进行专利布局，提高产品的市场控制力。电芯材料类产业，不同材料类型，产业格局不同。针对正极、隔膜、电解液等主流材料体系，技术发展已经成熟，主要产品体系经历了多次诉讼，权利归属相对清晰。目前，布局重点以改性技术为主，紧扣市场需求，建议以安全改性技术专利布局为主。针对下一代固态电解质材料，市场格局处于萌芽阶段，专利壁垒尚未形成，建议采取积极专利布局策略，注重对专利权范围的划定，尤其注重对核心材料体系以及主要改性方向的基础专利布局。

（4）针对新势力厂商，建议选择高价值的研究方向，加大电动汽车核心技术研究

以蔚来、小鹏、理想、哪吒等为代表的新势力厂商，以设计、资源整合能力在电动汽车领域占据一席之地。建议其将制造转为创造，通过吸纳人才等方式，深入研究与电动汽车相关的核心技术。由于企业规模、资产等限制，可以对重资产相关技术暂缓研究，优先对轻资产技术的投入。如对电池电热管理的耦合，电池热监控中的测量、控制领域的研究等。选择高价值的研究方向，依托仿真和实验室环境实现相关技术的创新。同时，鼓励企业通过PCT、巴黎公约等方式，有计划地在产品出口国对关键专利进行防御性布局。

2. 研发合作建议

（1）碰撞安全方面，强化整车企业和电池企业的设计合力

针对碰撞安全领域，在车身电池一体化的趋势下，根据创新主体总体战略，强化整车企业和电池企业的设计合力。得益于整车和电池超强的整合能力，特斯拉和比亚迪CTC/CTB技术走在行业前列。比亚迪CTB技术在整合电池上盖和地板、保留传统横梁的基础上，增强门槛溃缩能力，将电芯粘接提高整包结构刚度，保障了整车侧面碰撞防护能力。丰田在整车侧面碰撞防护上统筹了门槛溃缩结构和电池包内横梁的设计。而宁德时代的第三代CTP技术（麒麟电池），考虑到车型的适配，并未像特斯拉和比亚迪那样将电芯直接整合到车身，在进行车身整体刚度设计时需要和相关整车企业合作。随着车身电池一体化的发展，电池自身在对其侧面碰撞防护中扮演越来越重要的角色。电池企业和整车企业需要深度合作，才能打造高集成性、高安全性的底盘方案。合作不仅在于下游的整车企业对上游的电池企业提出具体的强度、溃缩能力目标，而且要重视门槛、电池包溃缩结构件的统筹设计，门槛、电池包刚度的统筹设计，门槛溃缩结构件和电池包横向结构件的统筹设计等。

（2）热管理方面，结合企业数据信息，发挥高校研发优势，加快电池机理模型与大数据、人工智能的融合

针对热管理领域，建议加强高校研发能力和企业掌握数据的有效融合，提高热管理模型预测分析的精度。新能源车企拥有庞大的数据资源，部分车企将数据资源视为公司资产的一部分，不便对外披露。而高校则拥有较强的科研资源，但是数据更新有限，存在学术研究对象和产业脱节的问题。因此，建议深化高校、科研院所与企业的合作，加快研究电池机理模型与大数据和人工智能的融合，实现电池热管理精度的进一步提升。

（3）电芯结构企业拓展海外市场建议强强联合；电芯材料企业建议联合优势企业；针对下一代固态电解质，建议加大企业和科研机构的长期合作，积极联合国内头部化石能源公司完善国内上游供应链

针对电芯结构，我国头部企业宁德时代在气路设计分支处于相对优势地位，比亚迪在电路设计分支处于相对优势地位。二者在拓展海外市场进行布局中，可以强强联合，形成研发优势合力。针对电芯材料，正极材料可以增大对磷酸锰铁锂的研发，优选与比亚迪合作。针对固态电解质，加大企业和科研机构的长期合作。针对聚合物体系，除中科院以外，华中科技大学和哈尔滨工业大学研发较多。国内企业可以寻求与其合作。针对氧化物体系，中科院研发布局较多，此外，我国宁波大学也有深入研究，可以寻求与其合作。另外，可以参考中科院与锋锂合作方式，通过校企联合，提供长期人才培养积累。此外，主导国内企业和日本等优势企业的合作研发，宁德时代和丰田、出光等优势企业的联合研发，提前布局下一代电解质技术。日本传统化石能源公司出光主要从事硫化物原材料生产，从原料优化改善硫化物性能。当前在全球硫化物固态电解质领域申请量排名第二，并在硫化物领域和丰田等车企存在长时间联合研发。建议产业积极联合国内头部化石能源公司，完善新一代固态电池的国内上游供应链。

3. 创新主体发展建议

（1）企业根据自身特点针对性地开展碰撞安全研发和专利布局

针对碰撞安全技术，建议不同企业针对性地开展研发和专利布局等工作。对于比亚迪等拥有电池研发和整车设计全产业链的企业，建议统筹电池包壳设计和车身设计，形成适用于自身CTB技术的、全方位提升动力电池安全性的技术路线。同时随着比亚迪产品在欧洲、日本等地上市，建议加强碰撞安全方面的海外专利布局，注意规避侵权风险。对于北汽、长城等整车企业，建议充分发挥自身优势，加强通过车身设计提高碰撞尤其是侧面碰撞和底部碰撞等安全性方面的技术研发和布局。同时建议与电池厂商的深度合作。对于宁德时代、蜂巢等电池厂商，建议持续从电池包壳设计方面提高动力电池碰撞安全性，并与整车厂商深入合作。

（2）热管理技术中，比亚迪应当加强模型预测和输出/负载的专利布局，强化产学研合作，创造更多高价值专利

针对热管理技术，建议比亚迪加强模型预测和输出/负载的专利布局，强化产学研合作，创造更多高价值专利。比亚迪虽然在热管理各分支的专利布局都占据主要地位，

但是在模型预测和对输出、负载调整方面偏弱。而日本、美国则在这方面进行了较为深入、持续的研究。尤其是日本的丰田，其在分析分支的技术演进过程中有较为清晰的发展脉络，模型预测方面具有优势。建议比亚迪关注这方面的前沿技术，强化自身在这方面的专利布局。针对专利布局策略，比亚迪通常围绕一个技术点申请多件专利。对此，可以进一步提高专利申请质量，围绕核心技术点进行专利布局，形成具备核心专利和外围专利的多元化保护体系，保证授权专利具有合适、稳定的保护范围，形成质量优先、数量并行的高价值专利保护体系。

（3）电芯结构创新主体注意规避海外市场侵权风险，正极材料磷酸锰铁锂混合改性是研究热点，隔膜领域关注优势企业技术；固态电解质特别是硫化物固态电解质重点关注日本企业，建议国内加强产学研引导技术攻关

针对电池制造企业创新主体，电芯结构方面，建议关注电路设计的韩国优势企业三星和 LG。在拓展海外市场中，注意规避侵权风险。隔膜领域方面，可重点关注日本旭化成、东丽等优势技术企业。正极材料方面，磷酸锰铁锂混合改性是提高正极安全的研究热点，国内比亚迪、日本住友在磷酸铁锰的研究具有研发优势。固态电解质领域我国以科研机构为主，且多自行成立企业，和其他国内企业合作不紧密。针对硫化物固态电解质，日本企业研发处于明显领先地位，尤其以丰田和出光为代表。我国研发企业参与较多。应当注意关注日本企业技术，并积极和科研机构合作尽早进行技术攻关，提前对相应技术进行专利改性，布局专利保护墙。

（4）针对新势力厂商，应当加强热管理和碰撞安全技术专利的布局，积极寻求电池本征技术方面的合作

对于新势力厂商，建议加强热管理和碰撞安全技术专利布局，积极寻求电池本征技术方面的合作。目前新势力整车企业为了降低成本，实现产业链一体化，纷纷效仿比亚迪向上游扩展。例如蔚来和小鹏都在寻求自建电池工厂实现部分电池自给，例如蔚来投资阿根廷锂矿项目。因此，建议新势力厂商进一步加强热管理和碰撞安全技术专利，也应更加提前关注电池本征技术的专利布局，积极拓展全产业链的技术优势。同时由于目前国内市场竞争激烈，海外市场的争夺显得愈加重要。可以积极借鉴丰田和比亚迪的专利布局策略，尽早加强海外专利布局，抢占先机。

附录　申请人名称约定表

国别/地区	约定名称	对应的申请人名称
韩国	三星	三星 SDI 株式会社
		三星电管株式会社
		三星电机株式会社
		三星电子株式会社
	LG	LG 化学株式会社
		株式会社 LG 化学
		LG 电线有限公司
	现代	现代自动车株式会社
	SK	SK 能源
		SK 能源株式会社
		SK 新技术
		SK 化学股份有限公司
	高级工程研究所	INSTITUTE FOR ADVANCED ENGINEERING
日本	出光	出光兴产株式会社
	三洋	三洋电机株式会社
		三洋化成工业株式会社
		三洋零件欧洲有限公司
	松下	松下电器产业株式会社
		松下知识产权经营株式会社
		松下电池工业株式会社
	三菱	三菱电机株式会社
		三菱化学株式会社
		三菱树脂株式会社
		三菱丽阳工程株式会社
		三菱丽阳株式会社

续表

国别/地区	约定名称	对应的申请人名称
日本	三菱	三菱人造丝株式会社
		三菱麻铁里亚尔株式会社
		三菱制纸株式会社
		三菱重工业株式会社
		三菱电线工业株式会社
	日立	日立麦克赛尔能源株式会社
		日立麦克赛尔株式会社
		株式会社日立制作所
		日立车辆能源株式会社
		日立麦克赛尔株式会社
		日立化成工业株式会社
		日立马库塞鲁株式会社
		日立金属株式会社
		日立粉末冶金株式会社
	丰田	丰田自动车株式会社
		株式会社丰田中央研究所
		丰田汽车株式会社
		丰田自动车工程及制造北美公司
		株式会社丰田自动织机
	住友	住友电气工业株式会社
		住友化学株式会社
		住友电工超效能高分子股份有限公司
		住友化学工业株式会社
		住友金属矿山株式会社
		住友大阪水泥股份有限公司
		住友金属工业株式会社
		住友电木株式会社
	三井	三井东压化学株式会社
		三井化学株式会社
		三井金属矿业株式会社

续表

国别/地区	约定名称	对应的申请人名称
日本	三井	三井物产株式会社
		三井造船株式会社
	汤浅	株式会社杰士汤浅国际
		株式会社杰士汤浅
		日本汤浅国际
	古河机械	古河机械金属株式会社
	旭化成	旭化成电子材料株式会社
		旭化成工业株式会社
		旭化成化学株式会社
		旭化成株式会社
	日产	日产自动车株式会社
	日本帝人	帝人株式会社
	富士胶片	富士胶片株式会社
	物质材料	国立研究开发法人物质材料研究机构
		独立行政法人物质材料研究机构
	本田	本田技研工业株式会社
		本田汽车公司
	富士重工	富士重工业株式会社
	铃木	铃木株式会社
	马自达	马自达汽车株式会社
	索尼	索尼公司
		索尼株式会社
美国	QUANTUM SCAPE	QUANTUM SCAPE
	IONIC MATERIALS	IONIC MATERIALS
	SOLID ENERGY SYSTEMS	SOLID ENERGY SYSTEMS
	SOLID POWER	SOLID POWER
	SAKIT3	SAKIT3
	通用	通用汽车公司
		通用汽车环球科技运作公司
		通用汽车环球科技运作有限责任公司

续表

国别/地区	约定名称	对应的申请人名称
美国	福特	福特汽车公司
		福特全球技术公司
		福特全球技术公司
欧洲	巴斯夫	巴斯夫欧洲公司
		巴斯夫公司
		巴斯夫磁学有限公司
	保时捷	保时捷股份公司
	PSA	标致雪铁龙汽车股份有限公司
		标致雪铁龙汽车公司
	法雷奥	法雷奥日本株式会社
	雷诺	雷诺股份公司
	大众	大众汽车有限公司
		上海大众汽车有限公司
	宝马	宝马汽车股份有限公司
		宝马汽车制造股份公司
	博世	罗伯特·博世有限公司
		株式会社博世汽车系统
	戴姆勒	戴姆勒股份有限公司
		戴姆勒－克莱斯勒公司
中国	宁德新能源	东莞新能源电子科技有限公司
		宁德新能源科技有限公司
		东莞新能源科技有限公司
	宁德时代	宁德时代新能源科技股份有限公司
	天赐	广州天赐高新材料股份有限公司
		九江天赐高新材料有限公司
		广州市天赐高新材料科技有限公司
	贝特瑞	深圳市贝特瑞电子材料有限公司
		深圳市贝特瑞新能源材料股份有限公司
		天津市贝特瑞新能源材料有限责任公司
	比亚迪	比亚迪股份有限公司

续表

国别/地区	约定名称	对应的申请人名称
中国	比亚迪	上海比亚迪有限公司
	容百科技	宁波容百新能源科技股份有限公司
	山东精工电子	山东精工电子科技有限公司
	国轩高科	合肥国轩高科动力能源有限公司
	珠海冠宇	珠海冠宇电池股份有限公司
	成都新柯力	成都新柯力化工科技有限公司
	卫蓝	北京卫蓝新能源科技有限公司
	清陶	清陶（昆山）能源发展有限公司
		苏州清陶新能源科技有限公司
	辉能	辉能科技股份有限公司
	锋锂	浙江锋锂新能源科技有限公司
		江西赣锋电池科技有限公司
		新余赣锋新能源产业投资合伙企业（有限合伙）
	东驰新能源	吉林省东驰新能源科技有限公司
	蜂巢	蜂巢能源科技有限公司
		蜂巢能源科技（无锡）有限公司
		蜂巢能源科技股份有限公司
	一汽	中国第一汽车股份有限公司
	吉利	宁波吉利汽车研发有限公司
		浙江吉利汽车研究院有限公司
	长城	长城汽车股份有限公司
		保定长城汽车集团有限公司
	奇瑞	奇瑞汽车股份有限公司
	北汽	北京汽车集团有限公司
		北京汽车股份有限公司
	东风	东风汽车公司
	阿尔特	阿尔特汽车技术股份有限公司
	奥动	奥动新能源汽车科技有限公司
	广汽	广州汽车集团股份有限公司
	昶洧	昶洧新能源汽车发展有限公司

续表

国别/地区	约定名称	对应的申请人名称
中国	江淮	安徽江淮汽车股份有限公司
		安徽安凯汽车股份有限公司
	上汽	上海汽车集团股份有限公司
		上海申沃客车有限公司
		南京汽车集团有限公司
	沃特玛	深圳市沃特玛电池有限公司
	蔚来	广汽蔚来新能源汽车科技有限公司
		蔚来汽车有限公司
		合创汽车科技有限公司
	长安	重庆长安汽车股份有限公司
	零跑	浙江零跑科技股份有限公司
		浙江零跑科技有限公司
	比克国际	比克国际（天津）有限公司
	惠州亿纬	惠州亿纬锂能股份有限公司
	天津力神	天津力神电池股份有限公司

图 索 引

表 索 引

书号	书名	产业领域	定价	条码
9787513006910	产业专利分析报告（第 1 册）	薄膜太阳能电池 等离子体刻蚀机 生物芯片	50	9 787513 006910 >
9787513007306	产业专利分析报告（第 2 册）	基因工程多肽药物 环保农业	36	9 787513 007306 >
9787513010795	产业专利分析报告（第 3 册）	切削加工刀具 煤矿机械 燃煤锅炉燃烧设备	88	9 787513 010795 >
9787513010788	产业专利分析报告（第 4 册）	有机发光二极管 光通信网络 通信用光器件	82	9 787513 010788 >
9787513010771	产业专利分析报告（第 5 册）	智能手机 立体影像	42	9 787513 010771 >
9787513010764	产业专利分析报告（第 6 册）	乳制品生物医用 天然多糖	42	9 787513 010764 >
9787513017855	产业专利分析报告（第 7 册）	农业机械	66	9 787513 017855 >
9787513017862	产业专利分析报告（第 8 册）	液体灌装机械	46	9 787513 017862 >
9787513017879	产业专利分析报告（第 9 册）	汽车碰撞安全	46	9 787513 017879 >
9787513017886	产业专利分析报告（第 10 册）	功率半导体器件	46	9 787513 017886 >
9787513017893	产业专利分析报告（第 11 册）	短距离无线通信	54	9 787513 017893 >
9787513017909	产业专利分析报告（第 12 册）	液晶显示	64	9 787513 017909 >
9787513017916	产业专利分析报告（第 13 册）	智能电视	56	9 787513 017916 >
9787513017923	产业专利分析报告（第 14 册）	高性能纤维	60	9 787513 017923 >
9787513017930	产业专利分析报告（第 15 册）	高性能橡胶	46	9 787513 017930 >
9787513017947	产业专利分析报告（第 16 册）	食用油脂	54	9 787513 017947 >
9787513026314	产业专利分析报告（第 17 册）	燃气轮机	80	9 787513 026314 >
9787513026321	产业专利分析报告（第 18 册）	增材制造	54	9 787513 026321 >
9787513026338	产业专利分析报告（第 19 册）	工业机器人	98	9 787513 026338 >
9787513026345	产业专利分析报告（第 20 册）	卫星导航终端	110	9 787513 026345 >
9787513026352	产业专利分析报告（第 21 册）	LED 照明	88	9 787513 026352 >

书　号	书　名	产 业 领 域	定价	条　码
9787513026369	产业专利分析报告（第 22 册）	浏览器	64	9 787513 026369
9787513026376	产业专利分析报告（第 23 册）	电池	60	9 787513 026376
9787513026383	产业专利分析报告（第 24 册）	物联网	70	9 787513 026383
9787513026390	产业专利分析报告（第 25 册）	特种光学与电学玻璃	64	9 787513 026390
9787513026406	产业专利分析报告（第 26 册）	氟化工	84	9 787513 026406
9787513026413	产业专利分析报告（第 27 册）	通用名化学药	70	9 787513 026413
9787513026420	产业专利分析报告（第 28 册）	抗体药物	66	9 787513 026420
9787513033411	产业专利分析报告（第 29 册）	绿色建筑材料	120	9 787513 033411
9787513033428	产业专利分析报告（第 30 册）	清洁油品	110	9 787513 033428
9787513033435	产业专利分析报告（第 31 册）	移动互联网	176	9 787513 033435
9787513033442	产业专利分析报告（第 32 册）	新型显示	140	9 787513 033442
9787513033459	产业专利分析报告（第 33 册）	智能识别	186	9 787513 033459
9787513033466	产业专利分析报告（第 34 册）	高端存储	110	9 787513 033466
9787513033473	产业专利分析报告（第 35 册）	关键基础零部件	168	9 787513 033473
9787513033480	产业专利分析报告（第 36 册）	抗肿瘤药物	170	9 787513 033480
9787513033497	产业专利分析报告（第 37 册）	高性能膜材料	98	9 787513 033497
9787513033503	产业专利分析报告（第 38 册）	新能源汽车	158	9 787513 033503
9787513043083	产业专利分析报告（第 39 册）	风力发电机组	70	9 787513 043083
9787513043069	产业专利分析报告（第 40 册）	高端通用芯片	68	9 787513 043069
9787513042383	产业专利分析报告（第 41 册）	糖尿病药物	70	9 787513 042383
9787513042871	产业专利分析报告（第 42 册）	高性能子午线轮胎	66	9 787513 042871
9787513043038	产业专利分析报告（第 43 册）	碳纤维复合材料	60	9 787513 043038
9787513042390	产业专利分析报告（第 44 册）	石墨烯电池	58	9 787513 042390

书　号	书　名	产业领域	定价	条　码
9787513042277	产业专利分析报告（第 45 册）	高性能汽车涂料	70	9 787513 042277
9787513042949	产业专利分析报告（第 46 册）	新型传感器	78	9 787513 042949
9787513043045	产业专利分析报告（第 47 册）	基因测序技术	60	9 787513 043045
9787513042864	产业专利分析报告（第 48 册）	高速动车组和 高铁安全监控技术	68	9 787513 042864
9787513049382	产业专利分析报告（第 49 册）	无人机	58	9 787513 049382
9787513049535	产业专利分析报告（第 50 册）	芯片先进制造工艺	68	9 787513 049535
9787513049108	产业专利分析报告（第 51 册）	虚拟现实与增强现实	68	9 787513 049108
9787513049023	产业专利分析报告（第 52 册）	肿瘤免疫疗法	48	9 787513 049023
9787513049443	产业专利分析报告（第 53 册）	现代煤化工	58	9 787513 049443
9787513049405	产业专利分析报告（第 54 册）	海水淡化	56	9 787513 049405
9787513049429	产业专利分析报告（第 55 册）	智能可穿戴设备	62	9 787513 049429
9787513049153	产业专利分析报告（第 56 册）	高端医疗影像设备	60	9 787513 049153
9787513049436	产业专利分析报告（第 57 册）	特种工程塑料	56	9 787513 049436
9787513049467	产业专利分析报告（第 58 册）	自动驾驶	52	9 787513 049467
9787513054775	产业专利分析报告（第 59 册）	食品安全检测	40	9 787513 054775
9787513056977	产业专利分析报告（第 60 册）	关节机器人	60	9 787513 056977
9787513054768	产业专利分析报告（第 61 册）	先进储能材料	60	9 787513 054768
9787513056632	产业专利分析报告（第 62 册）	全息技术	75	9 787513 056632
9787513056694	产业专利分析报告（第 63 册）	智能制造	60	9 787513 056694
9787513058261	产业专利分析报告（第 64 册）	波浪发电	80	9 787513 058261
9787513063463	产业专利分析报告（第 65 册）	新一代人工智能	110	9 787513 063463
9787513063272	产业专利分析报告（第 66 册）	区块链	80	9 787513 063272
9787513063302	产业专利分析报告（第 67 册）	第三代半导体	60	9 787513 063302

书　号	书　名	产 业 领 域	定价	条　码
9787513063470	产业专利分析报告（第 68 册）	人工智能关键技术	110	9 787513 063470
9787513063425	产业专利分析报告（第 69 册）	高技术船舶	110	9 787513 063425
9787513062381	产业专利分析报告（第 70 册）	空间机器人	80	9 787513 062381
9787513069816	产业专利分析报告（第 71 册）	混合增强智能	138	9 787513 069816
9787513069427	产业专利分析报告（第 72 册）	自主式水下 滑翔机技术	88	9 787513 069427
9787513069182	产业专利分析报告（第 73 册）	新型抗丙肝药物	98	9 787513 069182
9787513069335	产业专利分析报告（第 74 册）	中药制药装备	60	9 787513 069335
9787513069748	产业专利分析报告（第 75 册）	高性能碳化物 先进陶瓷材料	88	9 787513 069748
9787513069502	产业专利分析报告（第 76 册）	体外诊断技术	68	9 787513 069502
9787513069229	产业专利分析报告（第 77 册）	智能网联汽车 关键技术	78	9 787513 069229
9787513069298	产业专利分析报告（第 78 册）	低轨卫星通信技术	70	9 787513 069298
9787513076210	产业专利分析报告（第 79 册）	群体智能技术	99	9 787513 076210
9787513076074	产业专利分析报告（第 80 册）	生活垃圾、 医疗垃圾处理与利用	80	9 787513 076074
9787513075992	产业专利分析报告（第 81 册）	应用于即时 检测关键技术	80	9 787513 075992
9787513075961	产业专利分析报告（第 82 册）	基因治疗药物	70	9 787513 075961
9787513075817	产业专利分析报告（第 83 册）	高性能吸附 分离树脂及应用	90	9 787513 075817
9787513081955	产业专利分析报告（第 84 册）	高端光刻机	70	9 787513 081955
9787513082198	产业专利分析报告（第 85 册）	动力电池 检测技术	120	9 787513 082198
9787513082433	产业专利分析报告（第 86 册）	热交换介质	128	9 787513 082433
9787513081962	产业专利分析报告（第 87 册）	商业航天 装备制造	110	9 787513 081962
9787513081924	产业专利分析报告（第 88 册）	电动汽车 续航技术	120	9 787513 081924

书　号	书　名	产业领域	定价	条　码
9787513086387	产业专利分析报告（第 89 册）	EDA	108	9 787513 086387
9787513086370	产业专利分析报告（第 90 册）	近眼显示	158	9 787513 086370
9787513086363	产业专利分析报告（第 91 册）	新能源汽车动力电池安全关键技术	128	9 787513 086363
9787513086356	产业专利分析报告（第 92 册）	可持续航空燃料	68	9 787513 086356
9787513086349	产业专利分析报告（第 93 册）	航空航天用特种钢材	138	9 787513 086349
9787513041539	专利分析可视化		68	9 787513 041539
9787513016384	企业专利工作实务手册		68	9 787513 016384
9787513057240	化学领域专利分析方法与应用		50	9 787513 057240
9787513057493	专利分析数据处理实务手册		60	9 787513 057493
9787513048712	专利申请人分析实务手册		68	9 787513 048712
9787513072670	专利分析实务手册（第 2 版）		90	9 787513 072670